OpenStack
架构分析与实践

管增辉　曾凡浪◎编著

中国铁道出版社
CHINA RAILWAY PUBLISHING HOUSE

内 容 简 介

本书以实战开发为原则，以关键模块架构分析及项目开发为主线，通过 OpenStack 开发中常用的 8 个典型组件和若干典型项目案例，详细介绍了云平台中的计算、网络、存储、服务编排、智能运维等模块，并针对 OpenStack 中通用的关键技术进行了详细介绍。对于每一部分内容的讲解，章节的最后都会配备相应的实战案例供大家参考。

本书内容全面丰富，案例典型、常见，实用性强，适合各个层次想要学习 OpenStack 开发技术的人员阅读，尤其适合有一定 OpenStack 基础而要进行 OpenStack 应用开发的人员阅读。本书内容通俗易懂，章节安排由浅入深，因此，也适合作为高校学生云计算的入门书籍。

图书在版编目（CIP）数据

OpenStack 架构分析与实践/管增辉，曾凡浪编著.—北京：中国铁道出版社，2018.12
ISBN 978-7-113-24963-2

Ⅰ.①O… Ⅱ.①管… ②曾… Ⅲ.①计算机网络Ⅳ.①TP393

中国版本图书馆 CIP 数据核字（2018）第 215395 号

书　　名：	OpenStack 架构分析与实践
作　　者：	管增辉　曾凡浪　编著

责任编辑：	荆　波	读者服务热线：	010-63560056
责任印制：	赵星辰	封面设计：	MXK DESIGN STUDIO

出版发行：中国铁道出版社（100054，北京市西城区右安门西街 8 号）
印　　刷：三河市兴博印务有限公司
版　　次：2018 年 12 月第 1 版　　2018 年 12 月第 1 次印刷
开　　本：787mm×1092mm　1/16　印张：24.5　字数：575 千
书　　号：ISBN 978-7-113-24963-2
定　　价：69.00 元

版权所有　侵权必究

凡购买铁道版图书，如有印制质量问题，请与本社读者服务部联系调换。电话：（010）51873174
打击盗版举报电话：（010）51873659

前言 Preface

本书缘起

仿佛就在一夜之间，云计算火了，一跃成为业内很受关注的热点话题之一。如果读者关注互联网圈子的话，应该听说过早在 2011 年时，国内大大小小的公司就瞄准了云计算的百万级市场，也就是从那时起，云计算成了互联网上毫无疑问的又一大风口。

2018 年新年伊始，小米就与微软达成了云计算合作意向，进一步深化战略性合作伙伴关系，以微软在云计算、人工智能等领域的先进技术实力，与小米在多样化的移动、智能设备及服务领域的市场优势相结合，共同致力于打造更加优质的产品和服务，并全力助推小米产品进军国际市场。

通信巨头华为更是把云计算作为 2018 年的重点投入领域，并着力发展其公有云和私有云业务。

AWS 推出的无服务器计算功能，从另一个方面助力于云计算的发展。无服务器计算，意味着开发人员不再需要担心设置或管理服务器。相反，他们可以将代码上传到云上运行。

万物互联的物联网（IOT）时代，更是要求云计算为基础设施层提供更强大的能力和更加丰富的功能。从移动互联网向 IoT 的迅速转变会对基础设施带来新一轮的挑战。这个挑战表现在几个层面：第一个是敏捷性，第二个是成本，第三个是复杂性。以上三个层面的问题可以通过云平台轻松得以解决。

诸如此类，我们这里就不一一列举了，但云计算的火爆程度，已然可见一斑。

OpenStack 作为云计算领域最大的开源项目，结构复杂、内容繁多，官网上给出的参考资料不足以让初学者达到快速入门的目的；目前图书市场上关于 OpenStack 的图书不少，但写作水平参差不齐，大部分书籍都是基于较低版本的 OpenStack 进行写作的，内容上略显陈旧，相较于 OpenStack 每年发布两个新版本的速度而言，不足以让读者全面细致地了解 OpenStack 的最新功能和它所采用的前沿技术。

除此之外，OpenStack 对其中的一些组件做了较大的变动，如果不是专业的开发及架构人员，很难全面把握应用与实践的方向。

考虑到以上因素，本书基于官方资料及个人相关从业经验，立足架构、着眼开发、兼顾实践，包含系统的 OpenStack 架构原理与云平台实践方法，全面提高读者的 OpenStack 实战能力。

本书特色

尽管云计算引入我国不过七八年时间，但在这短短的时间里，其相关的教学和科研成果层出不穷，与云计算相关的书籍可谓是"百花齐放，百家争鸣"，因此，读者在学习云计算时，可供选择的参考资料更多了、可以研习的材料也更多了，在众多的选择中，却让人感到有些无所适从。

观察目前市面上的云计算书籍，大部分教材注重原理介绍和理论阐述，在很大程度上忽略了相关知识的应用与实现，作为典型的理工类书籍，脱离实战讲理论，对于初学者而言，难免枯燥与晦涩，对于具备一定经验的工程师而言，这样的书籍又显得毫无营养可言。

本书力求避其短而扬其长，以典型模块、典型案例为研究与讲解对象，将理论及原理介绍与实战相结合，巧妙地将大量实战经验与原理介绍融入到本书的每一个章节，最大限度地提高本书的含金量，以给读者奉上一顿云计算的营养大餐。

笔者一直本着重点突出、结合实战、求同存异的思想努力将本书写好。总体上而言，本书的主要特色有以下三点：

1. 深入浅出、通俗易懂

注意从实际生产中择取典型问题，针对关键模块本着"模块分析，架构先行"的理念进行重点分析，配备典型实战案例，引导读者一步一步学习，以期达到"学中做，做中学"的学习效果。

2. 问题典型、案例经典

始终本着"关键问题，重点分析"的宗旨，本书介绍的基本理论知识，都是使用非常贴近生活场景的实例来引导的，这样就避免了知识讲述过于抽象，非常易于理解。通过对典型问题的分析和经典案例的讲解，增加了本书的趣味性和实效性，以期达到"理论联系实际"的最佳效果。

3. 道法自然、内外兼修

笔者在过去的工作当中，累积了大量生产实践经验，可以帮助学有所长的读者快速进入到一个实际操作的场景中进一步提高自己的实操能力，从而使得学习之路变得不那么坎坷。

4. 基于 OpenStack 较新版本进行写作，技术实效性强

本书基于 Ocata 版本（个别章节会涉及 P 版本的内容），从技术新颖度与成熟度而言，都极具参考性。P 版本的 OpenStack 中新功能的添加并不是很多，更多的是针对 OpenStack 易用性的改进；而新版本 Q 版本中尚有许多不足之处，并且生产实践中部署比较少。

5. 描述清晰，讲解透彻

书中尽量避免使用大量的文字进行描述，能用图表来说明的地方尽量使用简单明了的图表表示，坚持"一图胜千言"的原则。

本书愿景

在信息化飞速发展的今天，由于大量时间的碎片化，学完的东西总感觉不是那么的系统，知识是学到了，但是结构比较零散，遇到实际问题的时候还是会有一种"知之但难用之"的感觉。

作为技术类的书籍，本书希望从浅显易懂的知识切入，贯穿实操，做到既能满足大家系统掌握基础知识的欲望，也要能让读者在学习的过程中品尝到新鲜有营养的高规格"饕餮盛宴"。

"授之以鱼，不如授之以渔"，看别人写的书只是我们学习的一种途径，我们更希望读者在看完本书的内容后，在实际工作中可以"自行其书"、"不囿于书"，将本书中学到的知识应用到实际问题的解决中去。读其书会其书，是为法；学习其书用其书，是为道。这是我们对每一位读者的期望，更是本书的真诚愿景。

赠君云梯

万丈高楼平地起，层层都会设楼梯。本书考虑到不同层次的读者水平，在内容组织方面也是有所考虑，目的是让每一位"小白"都能一步一个台阶的登堂入室，踏实地迈向 OpenStack 高手的云中楼阁。

云中楼阁第一梯：成为圈中人。技术是开放的，开源的技术更是如此，谈开源但又不迈入开源，那么只能是门外汉；开篇向大家介绍了如何更好更快地加入到 OpenStack 的开源社区中。

云中楼阁第二梯：云中拾零。武侠中我们经常会看到这样一幕：一位武林高手使出"大招"后，可以瞬间定胜负。这个"大招"其实并非简单的一招一式，而是经过马步、梅花桩等小技巧的点滴修炼共集而成。OpenStack 就像是这个"大招"，它是一个庞大的系统，但是无论系统多么的庞大，它也总是由一个个小的"部分"组成，在这里我们称之为服务或组件。这里的"云中拾零"，拾的就是这些零零散散的组件，各个组件各个击破。

云中楼阁第三梯：云中舞剑。本书的学习过程中，我们会嵌入有许许多多的实践示例，意在让大家能够理论实践相结合，在实践中领略个中乐趣的同时，还能将知识学扎实了。

云中楼阁最高梯：云中望月。我们期望读者在学完本书后，能在脑海中形成一幅相关 OpenStack 架构和实践的云天大图，在实践中游刃有余。

学习建议

书中个别章节相对独立，目的在于顾及不同读者需求的同时，但又不失系统化。第一章节为入门章节，主要介绍如何"入门"社区。后续章节是分别对 OpenStack 中不同的模块进行讲解，理论讲解的同时还有实操。

- 如果您具有一定的开发经验又对开源有过切身经历，那么第一章节可以略过，直接开始正文的学习。
- 如果你对 OpenStack 已经轻车熟路，只是想学习了解其中的某一个模块，那么您大可以单刀直入，直接进入到您感兴趣的章节。
- 如果您是一名初学者，建议您从第一章节开始就仔细研读所有的知识点，这对后续的学习非常重要。

二维码下载包
- 书中源代码
- OpenStack Super User

本书读者
- IT 部门首席信息官（CIO）
- 企业首席技术官（CTO）
- 云计算基础设施建设者
- IT 主管
- IT 技术工程师
- 互联网公司员工
- 网络运维人员

除以上关键人员，教育机构的师生通过阅读本书，可以很好地建构自己的云计算知识体系。总之，每位读者都能从中获益，至少对云计算不再"云里雾里"了。

编者
2018 年 5 月

目 录
Contents

第 1 章　走进 OpenStack

1.1　OpenStack 是什么 1
　　1.1.1　OpenStack 的作用 1
　　1.1.2　OpenStack 的应用场景 2
　　1.1.3　什么类型的工作要学 OpenStack 3
1.2　为什么要学习 OpenStack 3
　　1.2.1　OpenStack 在云计算中的地位 3
　　1.2.2　云计算新时代：容器 vs 虚拟化 4
1.3　如何学习 OpenStack 4
　　1.3.1　对学习者的技术要求 4
　　1.3.2　OpenStack 的学习路线 4
1.4　OpenStack 的基本架构 5
1.5　OpenStack 的核心组件 7
　　1.5.1　计算资源管理：Nova 组件 7
　　1.5.2　存储资源管理：Cinder/Swift 组件 8
　　1.5.3　网络资源管理：Neutron 组件 9

第 2 章　OpenStack 部署与社区贡献流程

2.1　OpenStack 部署方式 12
　　2.1.1　DevStack 方式部署 13
　　2.1.2　手动部署分布式 OpenStack 环境 18
　　2.1.3　RDO 方式部署 OpenStack 22
2.2　为 OpenStack 社区作贡献 25
　　2.2.1　提交前的环境准备 26
　　2.2.2　代码贡献流程 28
　　【示例 2-1】代码贡献流程之 bug Fix 28
　　2.2.3　文档贡献流程 30
　　【示例 2-2】以 heat 为例来演示 HTML 的生成过程 31
　　2.2.4　其他内容的贡献流程 32
2.3　开发工具之 Pycharm 33

2.3.1　Pycharm 的安装与配置 33
2.3.2　使用 Pycharm 对代码进行远程调试 34
【示例 2-3】通过 Pycharm 调试 OpenStack 中 nova list 的代码 34
2.3.3　Pycharm 与 PDB 的选用比较 35
【示例 2-4】开发工具之 PDB 断点调试 35

第 3 章　虚拟化

3.1　虚拟化技术的现状 37
3.2　KVM 的管理工具 Libvirt 38
  3.2.1　Libvirt 简介 38
  【示例 3-1】通过 Libvirt 提供的 API virsh 对虚拟机生命周期实现管理 39
  3.2.2　Libvirt 的体系结构 40
3.3　OpenStack 与虚拟化的结合 42
3.4　虚拟机配置 libvirt.xml 详解 45

第 4 章　OpenStack 通用技术

4.1　RPC 服务实现分析 49
  【示例 4-1】在 OpenStack RPC 中创建 Server 并实现 Client 向 Server 发送请求
    （以 rpc、call1 为例）.. 53
4.2　消息队列服务分析 54
  4.2.1　透彻理解中间件 RabbitMQ 54
  【示例 4-2】通过 "Hello World" 演示如何 RabbitMQ 的消息收发过程 55
  4.2.2　RabbitMQ 实现 RPC 通信 58
  【示例 4-3】RabbitMQ 之 RPC 通信案例 58
4.3　RESTful API 开发框架 64
  4.3.1　灵活但不易用：基于 Pastedeploy 和 Routes 的 API 框架 65
  【示例 4-4】通过 nova list 获取虚拟机的命令，根据 Nova 的 api-paste.ini 来说明
    是如何路由的 68
  4.3.2　基于 Pecan 的 API 框架 69
4.4　TaskFlow 的实现 72
  4.4.1　TaskFlow 常见使用场景 72
  4.4.2　TaskFlow 中必须理解的重要概念 73
  4.4.3　TaskFlow 具体实现 74
  【示例 4-5】TaskFlow 仔细看，重实践得体感 74
  【示例 4-6】TaskFlow 功能多，长流程特别火 76
4.5　基于 Eventlet 的多线程技术 78

4.5.1 进程、线程与协程 78
4.5.2 Eventlet 依赖的两个库：greenlet 和 select.epoll 79
【示例 4-7】greenlet 库应用之协程切换 79
4.5.3 创建协程的常用 API 80
4.5.4 定时和监听：Hub 81
4.5.5 Eventlet 中的并发机制 83

第 5 章 Nova——计算组件

5.1 Nova 架构 84
5.1.1 Nova 基本架构及服务组成 85
5.1.2 Nova 内部服务间的通信机制 86
5.1.3 Nova 内部服务间协同工作 88

5.2 nova-api 服务 89
5.2.1 nova-api 服务的作用 89
5.2.2 nova-api 服务的启动流程 91

5.3 nova-scheduler 服务 95
5.3.1 基本原理及代码结构 96
5.3.2 调度过程 97
5.3.3 配置分析 100

5.4 nova-compute 服务 101
5.4.1 nova-compute 服务的作用 101
5.4.2 nova-compute 服务的启动流程 103
5.4.3 nova-compute 服务的日志分析 105

5.5 周期性任务的实现 106
5.5.1 什么是周期性任务 107
5.5.2 周期性任务的代码 108

5.6 资源及服务刷新机制 111
5.6.1 服务上报机制 111
5.6.2 主机资源刷新机制 112

5.7 典型流程分析 117
5.7.1 nova-scheduler 服务的启动流程 117
5.7.2 虚拟机创建的流程 120

5.8 案例实战——Nova 以 Ceph 作为后端存储 122

第 6 章 Neutron——网络组件

6.1 Neutron 的发展历程 126

- 6.2 网络基础 ... 127
  - 6.2.1 网络的基本概念 ... 127
  - 6.2.2 常用的网络设备 ... 131
  - 6.2.3 虚拟网络技术 ... 131
  - 6.2.4 Neutron 网络的基本概念 ... 133
- 6.3 Neutron 核心架构 ... 135
  - 6.3.1 Neutron 部署结构 ... 135
  - 6.3.2 Neutron 组成部件 ... 136
  - 6.3.3 ML2 Core Plugin ... 138
  - 6.3.4 DHCP 服务 ... 141
  - 6.3.5 路由服务 ... 142
  - 6.3.6 元数据服务 ... 144
  - 6.3.8 Neutron 使用示例 ... 147
- 6.4 高级服务（Advanced Services）... 149
  - 6.4.1 Load Balancer as a Service（LBaaS）... 149
  - 6.4.2 Firewall as a Service（FWaaS）... 153
  - 6.4.3 VPN as a Service（VPNaaS）... 155
- 6.5 典型网络模型分析 ... 156
  - 6.5.1 Linux Bridge + Flat/VLAN 网络模型 ... 156
  - 6.5.2 Open vSwitch + VxLAN 网络模型 ... 161
  - 6.5.3 小结 ... 171

第 7 章 Heat——服务编排组件

- 7.1 Heat 架构分析 ... 172
  - 7.1.1 Heat 组件的基本架构 ... 173
  - 7.1.2 Heat 对资源的管理 ... 175
  - 7.1.3 认识 HOT 模板 ... 177
  - 7.1.4 小实例：通过 HOT 模板创建虚拟机 ... 180
- 7.2 Heat 中的锁机制 ... 182
- 7.3 Heat 中的 Hook 机制 ... 184
  - 【示例 7-1】在通过 Heat 进行资源定义时，应该如何使用 Hook（钩子）... 185
  - 【示例 7-2】通过 Heat 创建一个 Stack，在创建 Stack 时，需要通过 Environment 来定义 Hook（钩子）... 186
- 7.4 案例实战——Heat 典型案例 ... 189
  - 7.4.1 通过 Heat 模板创建 Stack ... 189
  - 7.4.2 Heat Stack 创建流程 ... 195

第 8 章 Keystone——认证组件

- 8.1 Keystone 的架构 198
  - 8.1.1 Keystone 的作用 199
  - 8.1.2 Keystone 与其他组件间的关系 201
  - 8.1.3 基本架构解析 203
  - 8.1.4 自定义 Keystone Plugin 205
  - 8.1.5 支持使用 External Plugin 206
- 8.2 Keystone 中的基本概念 207
  - 8.2.1 API V2 和 API V3 207
  - 8.2.2 其他常见概念 208
  - 8.2.3 多区域 multi-region 209
- 8.3 Keystone 的安装部署与基本操作 211
  - 8.3.1 Keystone 的安装部署 211
  - 8.3.2 Keystone 基本操作 212
  - 【示例 8-1】使用 OpenStack user create 创建一个名为 test 的用户 212
- 8.4 Keystone 的认证流程 215
  - 8.4.1 认证方式 215
  - 【示例 8-2】以查看虚拟机列表为例，使用 X-Auth-Token 构造一个合法的 HTTP 请求 215
  - 8.4.2 令牌生成方式 216
  - 8.4.3 Keystone 工作流程 220

第 9 章 Cinder——块存储组件

- 9.1 Cinder 架构分析 222
- 9.2 Cinder 的安装 225
  - 9.2.1 安装与配置存储节点 225
  - 9.2.2 安装与配置控制节点 227
  - 9.2.3 安装与配置 Backup 服务 231
  - 9.2.4 安装正确性验证及 Cinder 基本操作 232
  - 9.2.5 Cinder 配置存储后端 234
  - 【示例 9-1】LVM 作为 Cinder 的后端存储 234
- 9.3 案例实战——通过 Heat 模板创建 Cinder Volume 235
- 9.4 Cinder API 服务启动过程分析 238
  - 9.4.1 cinder-api 代码目录结构 239
  - 9.4.2 cinder-api 服务启动流程 240

9.4.3 REST 请求的路由 242
9.5 案例实战——关键代码分析 245
    9.5.1 Volume 创建示例 245
    9.5.2 代码分析之 cinder-api 接收请求 247
    9.5.3 代码分析之 cinder-scheduler 进行资源调度 249
    9.5.4 代码分析之 cinder-volume 调用 Driver 创建 Volume 251

第 10 章 Ceilometer——数据采集组件

10.1 Ceilometer 架构分析 254
    10.1.1 Ceilometer 中的基本概念 255
    10.1.2 旧版 Ceilometer 架构 256
    10.1.3 新版 Ceilometer 架构 258
10.2 数据处理 260
    10.2.1 Notification Agents 数据收集 261
    10.2.2 Polling Agents 数据收集 262
    10.2.3 数据转换与发布 263
10.3 Pipelines 265
10.4 计量项 267
10.5 Agent 和 Plugin 269
    10.5.1 Polling Agents 270
    10.5.2 Plugins 272
10.6 案例实战——Heat 与 Ceilometer 结合，搭建一个弹性伸缩系统 274
    10.6.1 系统介绍 274
    10.6.2 准备模板 275
    10.6.3 创建系统 277

第 11 章 Glance——镜像组件

11.1 Glance 架构分析 279
11.2 状态分析 280
11.3 代码结构与概念分析 281
    11.3.1 Metadata 定义 283
    11.3.2 Domain 模型 285
    【示例 11-1】自定义 Gateway 方法 285
    11.3.3 Task 定义 287
11.4 Glance 的安装与配置 287
    11.4.1 Glance 安装部署 288

	11.4.2 Glance 基本配置	292
	【示例 11-2】修改 Glance 后端存储为 RBD	292
11.5	镜像缓存	293
11.6	案例实战——Glance 常见场景之镜像创建	294

第 12 章 智能运维 Vitrage——RCA 组件

12.1	Vitrage 架构	297
	12.1.1 High Level 架构设计	298
	12.1.2 Low Level 架构设计	300
12.2	Vitrage 安装部署	301
	12.2.1 手动方式安装部署 Vitrage	301
	12.2.2 通过 DevStack 安装 Vitrage	303
12.3	Vitrage 模板	304
	12.3.1 Templates（模板）的结构	304
	【示例 12-1】Host 处于 ERROR 状态时，触发告警的模板	305
	12.3.2 模板的加载过程	306
	12.3.3 添加自定义模板	307
12.4	Vitrage Evaluator	310
12.5	自定义 Datasources	312
12.6	案例实战——Vitrage 中的告警解决方案	314

第 13 章 OpenStack 其他组件及智能运维方案

13.1	Mistral——工作流组件	317
	13.1.1 Mistral 应用场景	318
	13.1.2 Mistral 中的重要概念	318
	13.1.3 Mistral 功能介绍	320
	13.1.4 Mistral 架构分析	322
	13.1.5 Mistral 实战应用	322
	【示例 13-1】为 Mistral 添加用户自定义 Action	322
	【示例 13-2】通过 Mistral 获取虚拟机数据	323
13.2	OpenStack 智能运维解决方案	326
	13.2.1 可视化的 Dynatrace	327
	13.2.2 VirtTool Networks	327
	13.2.3 智能运维 Vitrage	329

第 14 章　OpenStack 应用实战：自动编排和配置高可用 Redis 系统

14.1　利用 cloud-init 配置虚拟机 332
  14.1.1　cloud-init 的安装与配置 333
  14.1.2　cloud-init 对 VM 进行配置 338
  【示例 14-1】通过 cloud-init 配置虚拟机 341
  14.1.3　cloud-init 调试过程与问题分析 343
14.2　Redis 数据库的 HA 实现及 Redis 集群的创建 347
  14.2.1　Redis HA 方案实现 347
  14.2.2　Redis Cluster 集群实现 358

第 15 章　OpenStack 架构与代码实践

15.1　OpenStack 架构设计思路 366
  15.1.1　业务架构设计思路 366
  15.1.2　部署架构设计思路 368
  15.1.3　平台用户角色设计 369
15.2　案例实战——向 Heat 中添加自定义资源 370
  15.2.1　实现原理及思路分析 370
  15.2.2　向 Heat 中添加 Zabbix 资源 371
  15.2.3　定义 Zabbix Action 373
  15.2.4　实现 AutoScaling 模板 375
  15.2.5　资源查看 377

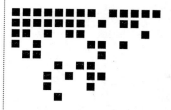

Chapter 1 第 1 章

走进 OpenStack

本书是以 OpenStack 为例，讲解云计算架构与实践的书。云计算是 21 世纪初才兴起的热门名词，当 Google 率先在 2006 年的搜索引擎大会上提出后，各大公司纷纷投向云计算开发的大潮。

云计算是一个比较大的概念，在发展之初，市面上就存在多种云计算产品，随着技术的发展，OpenStack 开始一枝独秀，占据了不可小觑的份额。本章从简单介绍 OpenStack 开始，循序渐进地带领读者通过基础架构、学习路线等方面全面了解 OpenStack。

通过对本章的学习，希望读者有以下几点收获：
- 掌握 OpenStack 的基础架构及关键组件；
- 理解 OpenStack 与云计算的关系；
- 理解 OpenStack 与容器化的关系；
- 了解如何学习 OpenStack。

1.1 OpenStack 是什么

本书主要讲解 OpenStack 的相关内容，可能有些读者完全没有接触过 OpenStack，只闻其名，不知其实。本节就对 OpenStack 做个简单的介绍，让读者对它有一个大概的认识。

1.1.1 OpenStack 的作用

OpenStack 是一个云计算平台，它能管理数据中心的大量计算、存储、网络资源，并且向用户提供一个管理资源的 Web 界面，同时提供功能相同的命令行和 RESTful API 接口。图 1.1 展示了 OpenStack 所提供的功能。

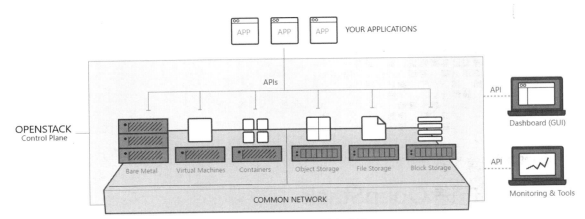

图 1.1 OpenStack 平台功能

OpenStack 位于基础设施之上，管理集群中的物理机、虚拟机、存储和网络等资源，应用程序运行在 OpenStack 之上，从 OpenStack 获取它所需要的资源，和传统运行在物理服务器上的方式一样。OpenStack 暴露一组管理资源的 API，它的 Web 界面 Dashboard 向用户提供图形操作界面，后端则是调用这些 API。同时也提供采集和分析集群中资源使用情况数据的工具。

OpenStack 是一个自由和开源的软件项目，它由美国的计算公司 Rackspace 和美国国家航空航天局 NASA 在 2010 年联合发布。在 2016 年，OpenStack 由 OpenStack 基金会接管。OpenStack 基金会是在 2012 年 9 月成立的一个非盈利性公司，旨在推动 OpenStack 软件和社区发展。如今全球有 600 多家企业加入了 OpenStack 基金会，AT&T、Ericsson、华为、Intel、Rackspace、Red Hat, Inc. 和 SUSE 是其中的白金会员。

1.1.2 OpenStack 的应用场景

OpenStack 由于兼有高成熟度和开源的特点，因此适用于多种环境。对于技术和资源尚不充裕的中小公司，可以很容易地使用原生的 OpenStack 部署出一套私有云环境，为线上应用提供基础设施平台。而对于技术资金雄厚的大型企业，还可以基于 OpenStack 进行二次开发，实现满足自己需求的功能，或者对外提供公有云服务和私有云解决方案。基于 OpenStack 衍生出的企业服务大致分为以下几类。

- 培训业务：针对 OpenStack 的培训课程，比如 Linux Foundation、Oracle University 等。
- 发行版和应用：继承 OpenStack 的发行版，方便企业快速部署私有云平台，比如 Mirantis 的 MCP、VMware 的 VIO、Cisco 的 Metacloud、EasyStack 的 ESCloud、联想的 ThinkCloud、华为的 FusionSphere 等。
- 公有云服务：Rackspace、Cloud&Heat，国内的 UnitedStack、网易云、金山云等。
- 私有云托管服务：Ubuntu 的 BootStack、IBM 的 Bluemix Private Cloud Local 等。
- 咨询和技术支持服务：Red Hat、Aptira、NEC、99Cloud 等。
- 厂商驱动：设备厂商为 OpenStack 提供自己的硬件支持，使用户能够将 OpenStack 运行在自己的设备上。这类涉及的主要是存储和网络设备厂商，如 Dell EMC、IBM、HPE、Hitachi、Scality、Cisco、Big Switch、Juniper、华为、H3C。

注意：OpenStack 的应用场景并非限于上述简单的几种，随着业务的不断发展，相信它可以为更多场景提供 IaaS、PaaS 和 SaaS 服务。

IaaS：基础设施即服务，比如各种硬件资源（计算资源、网络资源及存储资源）、AWS、Google 云、Alicloud 等，我们可以把 IaaS 比作日常生活中的水电煤。

PaaS：平台即服务，比如 MySQL、RabbitMQ、Java、OpenShift 等，借助水电煤（IaaS 提供的资源），再去买点些别人做好的火烧和煮好的肉及一些调味品（即 PaaS 资源），我们就可以做出美味的肉夹馍了。

SaaS：软件即服务，比如 IM、Facebook、钉钉等，这些内容的特点是我们拿来就可以用，不需要再做其他的开发或改造。接着上面的例子来讲，如果我们平时工作很忙，没有时间去做肉夹馍，那么我们可以选择去买别人做好的肉夹馍，这里的"做好的肉夹馍"就可以理解为是 SaaS。

1.1.3 什么类型的工作要学 OpenStack

在对 OpenStack 有了大致的了解之后，读者朋友心中应该对 OpenStack 是不是符合自己的需求有数了。如果你认为自己能够用到 OpenStack，或者希望了解 OpenStack 技术，欢迎继续阅读后面的内容。

本书主要介绍 OpenStack 相关的技术知识，会涉及到 OpenStack 的系统架构和在实际使用中的实践经验。因此本书的目标读者是企业中的云计算基础设施建设者、开发者或是运维人员。当然，读者如果只是抱着学习的目的，单纯想学习 OpenStack，本书对你也会有所帮助。

1.2 为什么要学习 OpenStack

在了解了 OpenStack 是什么之后，读者可能还会考虑是否要去学习 OpenStack，因为提供云平台功能的方案有很多，公有云和私有云解决方案。开源云平台也不仅仅 OpenStack 一种。在这一节会介绍 OpenStack 在云计算领域中的地位，阅读完这节之后，相信读者对自己要不要学习 OpenStack 会有一个明确的判断。

1.2.1 OpenStack 在云计算中的地位

随着云计算的迅猛发展，在云计算领域涌现出了大量的平台，可谓是百花齐放。公有云平台中用户量较大的有 AWS、GCE、Azure、阿里云等。私有云平台又分为两种：闭源平台，以 VMware vSphere 为代表；开源平台，有 OpenStack、OpenNebula、CloudStack、Eucalyptus 等。不同的云平台有各自的特性，没有好坏之分，用户可以根据自己的需求，选择适合自己应用场景的平台。根据笔者的了解，大多数企业都会同时使用公有云和私有云平台，而私有云平台中，VMware vSphere 和 OpenStack 是使用率最高的两种方案，前者由于成熟稳定被用户认可；后者则因其灵活、高度定制性而受用户青睐。

OpenStack 自问世以来，广受开发者和用户的认可，在短短一两年内就收获了大量用户。由于看到它不可限量的前景，Red Hat、Mirantis、VMware、IBM 等国际企业纷纷加入 OpenStack 基金会。到 2014 年，OpenStack 在国内也逐渐普及开来，成为各个公司公有云和私有云平台的基石。华为等企业也在 OpenStack 项目中投入越来越多的资源，逐渐在 OpenStack 社区中崭露头角。目前已经有 600 多家企业加入了 OpenStack 基金会，这是在其他开源云平台中所看不到的。随着 OpenStack 项目不断成熟，它在开源云平台中的地位愈发难以撼动。毫无疑问，现在 OpenStack 正在经历它最辉煌的时期。

1.2.2 云计算新时代：容器 vs 虚拟化

在云计算中不可忽视的另一项重要技术就是容器技术，它和几年前的虚拟化技术一样，正在蓬勃发展。在容器世界中有一个非常活跃的开源项目，就是 Kubernetes。它在容器技术中的地位和 OpenStack 在虚拟化世界的地位非常相似。它们都是集群层面的管理平台，也都是各自领域的主流开源项目。虚拟机与容器、KVM 与 Docker、OpenStack 与 Kubernetes 在技术栈上可以看作是一一对应的关系。

看到容器技术欣欣向荣，读者可能会担心是否还有必要去学习 OpenStack，它是否会马上被淘汰了。其实这是一个并不存在的问题，关键在于弄清楚，容器和虚拟化是不是互为替代的关系。

OpenStack 解决的是 IaaS 层面的问题，而容器提供的是 PaaS 功能。容器技术主要解决应用打包部署的不便，提供一种高效的应用发布方式，它还是要运行在现有的计算、存储和网络资源上。而 OpenStack 正是提供这些资源的平台，相反，它在应用层面做的工作并不多。可以说，OpenStack 和现在火热的容器技术是一个互补的关系，它们相互合作能够为用户提供更加便捷高效的应用环境。OpenStack 中有许多新孵化的项目，比如 Magnum、ZUN、Kuryr 等，就是为了解决 OpenStack 和容器结合的问题。

1.3 如何学习 OpenStack

俗话说：乘势待时，事半功倍。通过前两小节的分析，我们可以很清楚地看到云计算"大势"已到，"时机"也已成熟，在如此背景下，相信大批技术狂人早已按捺不住内心的激动，恨不能把 OpenStack 这顿大餐一下全都吃进肚。学知识是一个循序渐近的过程，学而得其法，方能事半功倍。本节将从其学习路线上讲解如何以正确的姿势快速学习 OpenStack。

1.3.1 对学习者的技术要求

OpenStack 项目非常庞大，它涉及的底层技术相当繁杂，因此要求读者在学习 OpenStack 之前有基本的计算机功底。同时，由于 OpenStack 运行在 Linux 系统（主要是 Ubuntu 和 CentOS）之上，因此要求读者对 Linux 有所了解，至少清楚基本目录结构和常用命令，最好有一个熟悉的发行版，因为各个发行版的系统工具是有差别的，选择一个适合自己的发行版，更易于理解 OpenStack 的部署和底层结构。

另外，如果读者希望了解 OpenStack 项目的代码实现、基于 OpenStack 进行定制或二次开发，甚至向 OpenStack 社区贡献代码，那么读者需要具备开发能力。OpenStack 是使用 Python 实现的，读者需要熟悉 Python 语言。

1.3.2 OpenStack 的学习路线

鉴于 OpenStack 的复杂性，初学者不可能一下将它全盘掌握，必须按部就班地一点点加以学习。本书按照这个理念，为读者提供了一个循序渐进的学习过程。

第 1 章帮助读者对 OpenStack 建立起基本的认识框架，同时简单地介绍一下 OpenStack 的基本架构和核心组件。

第 2 章介绍了基础学习环境的准备工作，包括如何基于现有成熟的工具部署一套 OpenStack 环境，如何手动部署分布式 OpenStack 集群，OpenStack 开发环境的配置和参与 OpenStack 社区贡献的步骤。读者可以依照这些内容快速搭建出可用的学习环境，便于后面内容的学习。限于篇幅，不会给出详细的配置文档，如果读者希望了解详细的 OpenStack 配置方法，可以参考官方 Step-by-Step 的安装手册（https://docs.OpenStack.org/install-guide/OpenStack-services.html）。

第 3 章介绍了虚拟化的基础知识。OpenStack 作为一个虚拟化管理平台，势必要涉及底层虚拟化技术，学习这些基本知识，能帮助读者更好地理解 OpenStack。

第 4 章介绍了 OpenStack 使用的通用技术。OpenStack 中有着众多组件，它们在技术栈和代码实现上有很多共同之处，OpenStack 将这些通用的技术抽象出来，应用到各个项目中。了解这些技术，有助于快速在不同的项目中理清脉络，筛选出项目的关键内容。

第 5~11 章介绍了 OpenStack 中使用最广泛的几个核心组件，每一章都由浅入深，从项目架构、底层原理和内部实现进行分析，然后提供典型的使用实例，使读者对其能有全面地认识。

第 12 章介绍了 OpenStack 中一些目前使用不是非常活跃的新兴项目，它们代表了云计算的发展方向；了解这些内容，可以指明未来学习的一个大致方向。除此之外，还介绍了有关智能运维在 OpenStack 中的实践案例。

第 13 章介绍了几个 OpenStack 在实际环境中的实践经验，帮助读者对 OpenStack 的实用性有一个感性的认识。

第 14 章着重对典型案例进行分析，结合前几章学习的内容，以实践应用为导向，介绍了如何在云平台中快速搭建 Redis 集群。

第 15 章介绍了 OpenStack 的开发实践，讲解如何在 OpenStack 中集成当前较为流行的第三方监控工具。通过这个案例，希望读者可以达到触类旁通的效果，在生产实践中，可以结合本章节并根据自己的需求，自行进行第三方工具的集成。希望参与开发的读者可以通过对这章的学习，明白如何在 OpenStack 上进行开发工作，结合第 2 章的内容，还可以将自己的开发成果提交到社区上。

经过以上步骤的学习，读者会对 OpenStack 有一个逐渐清晰的认识，掌握它的核心内容之后，可以很容易地根据自己的需要将它应用到实际环境中。

注意：本书中各个章节的安排遵循由浅入深的顺序，不同水平的读者可以根据自身需要，有选择地学习书中的相关章节。如果您对原理性的东西已经很熟悉了，可以直接阅读学习每章节最后的实战部分。

1.4 OpenStack 的基本架构

为了让大家更好地从整体上对 OpenStack 的架构有比较清楚的认识，同时也为了更好地了解不同组件在 OpenStack 中的位置，在讲解各个核心组件前，我们还是先看一下 OpenStack 的整体架构。

OpenStack 的基本架构如图 1.2 所示。

从这个图中比较容易看出 OpenStack 的组件与组件、组件与虚拟机之间的关系。对 OpenStack 早期的核心组件而言，说白了它们都是围绕着虚拟机在转，从图 1.2 中可以看出，很多组件都为虚拟机提供服务。

我们从上往下依次看一下各个组件。

- Heat 组件

位于最上层，这个组件的主要作用是对 OpenStack 中的资源进行编排，例如，通过 Heat 组件，我们可以编排出网络资源，也可以编排出存储资源，还可以编排出虚拟机资源。但最常使用的还是用 Heat 进行系统编排，例如，通过 Heat 可以编排出弹性扩缩容的主机组，也可以编排出 Redis 集群，还可以编排出负载均衡器等。随着 OpenStack 组件的不断发展，Heat 现在还可以对容器进行编排。

- Horizon 组件

这个组件的主要作用是提供 OpenStack 的 UI 服务，可以对 OpenStack 中的资源进行可视化展示，对于 OpenStack 的用户而言，通过 Horizon 可以很方便地创建诸如虚拟机、网络、存储等资源而不需要记忆烦琐的命令。这个组件极大地提高了 OpenStack 的易用性。

- Neutron 组件

这个组件用来提供 OpenStack 中的网络相关的服务，比如，创建 Network、Subnet、防火墙、安全组等。这个组件也是 OpenStack 中比较复杂的一个组件，参与这个组件开发的人员众多，代码的风格也不尽相同，所以如果想学习 OpenStack 代码的话，不建议从这个组件入手，可以从 Nova 组件入手。

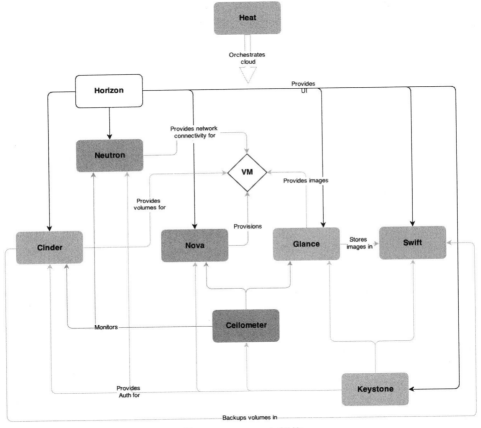

图 1.2　OpenStack 架构

- Cinder 组件

为 OpenStack 提供块存储服务，有关这个组件的详细介绍将在下一小节中涉及。

- Nova 组件

为 OpenStack 提供计算服务，通过这个组件可以在 OpenStack 中创建虚拟机，可以选择不同 CPU/RAM 的配置来创建虚拟机。

- Glance 组件

提供镜像服务，通过 Glance 提供的镜像一般会被 Nova 创建虚拟机时使用。

- Swift 组件

提供对象存储服务。

● Ceilometer 组件

提供数据监控与告警服务。这里需要注意的是，在 Ocata 版以后的版本中，Ceilometer 组件的功能（如数据存储、告警）被拆分了出去，分别由其他组件负责，Ceilometer 更多的关注于数据的采集。

● Keystone 组件

这是一个与其他组件交互最多的组件，它的主要功能是为其他组件提供认证服务，用户只有通过了 Keystone 的认证才有资格执行其他操作。例如，Nova 创建虚拟机时，需要通过 Glance 来获取镜像，Nova 发送请求时需要从 Keystone 中获取认证信息，当 Glance 接收到 Nova 的请求，需要拿认证信息到 Keystone 中再次确认。

注意：以上只是 OpenStack 的部分组件，但是 OpenStack 是以每年两个版本的速度进行迭代的，所以，后续会有许多组件产生，这就要求大家时刻关注 OpenStack 社区中的最新动态，特别是每年的 OpenStack 峰会，每次峰会上都会有一些典型的应用案例和新技术可以学习。

1.5 OpenStack 的核心组件

前一小节主要是从架构的方面带领大家认识 OpenStack，确切地说是从服务部署与节点配置的角度来理解，本小节将会从更加细粒度的角度——核心组件来讲解 OpenStack。由于 OpenStack 中的服务组件比较多，并且随着时间的推移，组件也在不停的增加，因此本节仅会选择几个核心的组件来介绍。

本节仅做简单介绍，如果需要深入学习某些模块，请参考本书第 4 章之后的内容。

1.5.1 计算资源管理：Nova 组件

Nova 是 OpenStack 中最早的核心组件之一，主要负责 OpenStack 中的计算服务，直白点儿说就是它主要服务于虚拟机，对虚拟机的生命周期进行管控，但 Nova 本身并不会提供任何虚拟化能力，它仅仅是调用相关的 API 与第三方 Hypervisor 进行交互。

当 Nova 进行虚拟机生命周期管理时，同样也需要与 OpenStack 中的其他组件进行交互。虚拟机创建过程中，首先需要有相应的镜像，虚拟机获取镜像的方式是调用 Glance 的 API 从 Glance 中获取镜像；其次虚拟机中网络创建时，Nova 也需要调用 Neutron 的相关 API 进行创建。

在 OpenStack 中比较重要的一点就是，当需要调用相关组件的 API 时，首先要做的事情就是得通过 Kestone 的认证，当通过认证拿到 Token 后，才能再去调用其他组件，同样的，当其他组件收到 REST 请求后，需要拿这个 Token 再次到负责认证的组件进行二次认证，只有通过认证后，此组件才会为其他组件提供服务。

作为 OpenStack 的核心组件之一，Nova 的主要功能和特点如下：

● 虚拟机生命周期管理；
● 提供 REST 风格 API；
● 使用 RPC 进行通信；
● 管理计算资源；
● 支持不同的虚拟化方式。

为方便对虚拟机生命周期进行管理，Nova 内部维护了一个针对虚拟机的状态机，从虚拟机开始创建到最终的删除操作，都有相应的状态与之对应。虚拟机创建成功后，会在数据库中存放一条与之对应的记录；当虚拟机被删除时，与虚拟机相关的记录会被"软删除"，即记录还是存在的，只是这条记录中的某个字段被设置为 1，用以表示此记录被删除。

图 1.3 简单列出了 Nova 中虚拟机的一些状态。这个状态并非虚拟机的全部状态，只是列出了其中比较常用的几种，有关虚拟机的所有状态信息，可以参考 Nova 的代码：nova/compute/vm_states.py，里面是虚拟机的所有状态。

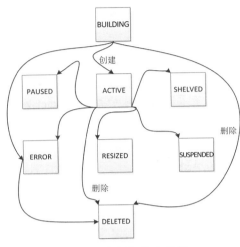

图 1.3 虚拟机状态信息

对于虚拟机而言，有三类状态我们需要特别关注一下：
- 虚拟机状态（VM State）；
- 任务状态（Task State）；
- 电源状态（Power State）。

以上三类状态分别可以从 nova/compute/vm_states.py、nova/compute/task_states.py 和 nova/compute/power_state.py 中查看到详细信息。以上三类状态有助于对出现的问题虚拟机进行排查，因为根据出错时的状态，大致可以推测出虚拟机出错的原因并给出解决方案。

注意：上述只是虚拟机的部分状态，在实际的应用场景中，虚拟机还有许多状态，所有状态都依靠 Nova 自身的状态机来实现。

Nova 组件本身代码逻辑相对其他代码比较清晰，并且它在进行虚拟机创建时会涉及到与其他组件的交互，所以，读者如果想要了解代码的话，可以从这个模块入手。

1.5.2 存储资源管理：Cinder/Swift 组件

Cinder 和 Swift 是为 OpenStack 提供存储服务的两个组件，虽然它们都可以提供存储服务，但是二者还是有较大差别的，前者提供的是块存储，后者提供的是对象存储。与其他组件类似，它们也是通过 REST API 为别的组件提供服务。

1. Cinder 组件

我们知道，对于操作系统而言，存储空间一般可以有两种方式。第一种是通过诸如 iSCSI、SAN 等协议，将裸盘直接挂载到虚拟机上，然后对这个磁盘分区、格式化及创建文件系统等；第二种是通过 NFS 等协议远程挂载文件系统。像第一种这样挂载裸盘的方式叫作块存储，每一块裸盘也被称为卷（Volume）。

Cinder 的基本功能如下：
- 创建/删除 Volume；
- 从快照创建 Volume；
- Volume QoS 设置；
- 镜像与 Volume 相互复制；
- 转移 Volume 的所有权；
- 支持不同的 Volume 驱动。

在 OpenStack 中，Cinder 默认情况下只会支持 LVM 这一类型的存储后端。在实际的应用场景中，这样的使用方式往往不能满足用户的需求，云环境下用户对存储的需求是多种多样的，针对用户需求，Cinder 也开始支持多存储后端。

Cinder 支持配置多个后端，各个后端可以配置成 SATA 磁盘组成的容量存储池、SAS/SSD 磁盘组成的性能存储池，也可以使用传统存储阵列 SAN 组成一个存储池，还可以用开源 SDS 存储，如用 Ceph、GlusterFS 等作为后端存储。Cinder 的多后端能力，为构建完整的存储解决方法提供了可行的途径，配置多后端之后，OpenStack 会为每个后端启动一个 cinder-volume 服务。

2．Swift 组件

Swift 是 OpenStack 中比较成熟的一个组件，它的功能类似于一个分布式的存储平台，对外提供 REST API 进行访问，它不但可以集成到应用程序中，同时，还可以存储或归档一些比较小的文件。

在 Swift 中有两个比较重要的概念：对象和容器。对象就是存储的实体，当我们把一个文件通过 Swift 存储时，实际上 Swift 会把这个文件进行切片，然后把这个数据片分别存放到不同的磁盘中，这样做可以极大地提高数据的安全性。而容器类似于 Windows 中文件夹的概念，对象必须存放在容器中。

Swift 采用分层的数据模型，除了对象和容器的逻辑结构外，还包含名为"账户"的逻辑结构，其分层的数据模型如图 1.4 所示。

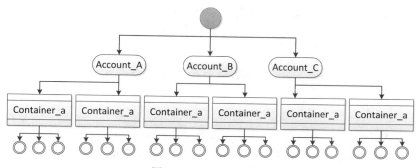

图 1.4　Swift 数据模型

与传统的文件服务器不同，Swift 可以在多个系统中进行分布式存储。它会自动存储每个对象的多个副本，最大限度地提高可用性和可扩展性。对象版本控制为防止数据意外丢失或覆盖提供了额外保护。

1.5.3　网络资源管理：Neutron 组件

Neutron 为 OpenStack 提供了网络服务，它可以说是 OpenStack 中最为复杂的一个组件了。Neutron 可以提供多种网络功能，比如一些基础功能：防火墙、路由器、网络和子网等，还有一些高级功能，如负载均衡、VPC 等。不过需要注意的一点是，Neutron 组件中的大部分网络功能，都是通过插件的形式来实现的,但像是 DHCP 这样的功能除外。从功能上而言,如图 1.5 所示,Neutron 可以分成两部分:提供 REST API 和运行相应的 Plugin(插件)。

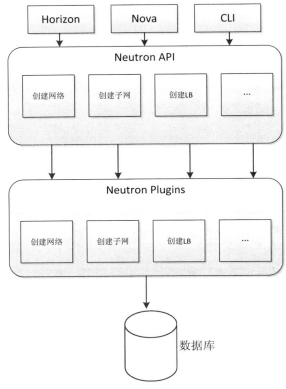

图 1.5　Neutron REST API 和 Plugins

Neutron 按照三层交换机的概念,把网络分为了如下三种。
- Network:它类似于交换机根据不同的 VLAN 创建的一个三层接口,不同的网络可以通过 VLAN tag 进行包的转发与流量控制。
- Subnet:它属于某一个 Network,创建一个 Subnet 就相当于交换机创建了一个三层的接口地址。
- Port:它相当于交换机的一个物理端口,需要与某一个 Subnet 相关联,即 Neutron 会从 Subnet 中为某个 Port 分配 IP;对于虚拟机而言,如果一个 Port 被绑定到了虚拟机上,那么可以把 Port 看成是它的一块网卡,与正常的网卡一样,Port 也是 MAC 地址的。

Neutron 不同租户创建的网络可以通过 VLAN 或 VxLAN 实现天然隔离,即默认情况下,不同租户中的网络是相互隔离的。图 1.6 总结了 Neutron 中一些核心的数据模型。

从图 1.6 可以看出,端口在 Neutron 中实际上处于很重要的位置,首先,它可以作为虚拟机的网卡,绑定内网 IP 和 Floating IP;其次,它还可以作为路由器的端口,与路由器绑定;第三,我们可以在端口上绑定安全组,进而实现对虚拟机的访问端口的控制。

端口中的 IP 是从子网上分配的,而 Floating IP 是从外部网络上分配得到。当把 Floating IP 绑定到某个端口上后,这个端口就可以从外部进行访问了。还需要注意的一点就是,端口与子网是一对多的关系,即某个端口必须属于某个子网,一个子网可以有多个端口。

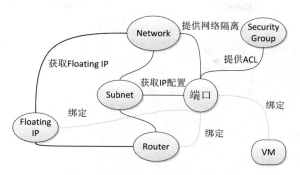

图 1.6　Neutron 中核心数据模型

　　注意：Neutron 这一部分的内容是最为复杂的，其架构也是最为麻烦的，仅仅学习本书的内容不足以让读者全面掌握 Neutron 的相关知识，所以，对于 Neutron 的学习，还是需要大家多动手、多思考。

Chapter 2 第 2 章

OpenStack 部署与社区贡献流程

OpenStack 是一个实践性很强的开源项目，只有亲自动手实践了，才能从中发现问题。对一个新手而言，在不清楚 OpenStack 的一些基础知识前就着手看代码，这样会增加学习 OpenStack 的难度。对于新事物的学习，往往"用中学，学中用"的思路比较受用，OpenStack 其自身复杂性的特点，注定了从"实物"入手会比较直观一些。另外，一方面，在环境部署的过程中，我们可以对一些常用组件有个较为浅显的认识，简单了解一下每个组件在 OpenStack 中的作用；另一方面，除了简单的动手搭环境外，积极的参与社区也是十分推荐的，针对特定问题深入分析。因此，为了让新手能够更快更好地深入到 OpenStack 中，本章将从两个大方面——OpenStck 部署与社区贡献，带领读者学习 OpenStack。

第一节主要讲解几种常用的部署方式；第二节介绍如何更好地参与到 OpenStack 开源社区中；最后一节开发工具对 Pycharm 进行讲解，并以一个实例讲解如何使用 Pycharm 对 OpenStack 的代码进行调试。

通过对本章的学习，希望读者有以下几点收获：
- 掌握 OpenStack 部署方式；
- 掌握如何参与社区开发；
- 了解常用调试工具的使用。

2.1 OpenStack 部署方式

OpenStack 发展至今，针对不同的应用场景，出现了多种部署工具。有针对开发场景的 DevStack，也有支持企业化部署的 Fuel、Kolla、OpenStack-Ansible（OSA）、RDO 和 Charms 等。对于 OpenStack 的部署，软件的安装与配置比较简单，相比较而言，网络的处理是最麻烦的地方，不同的用户对于各自的网络模型都有自己的定义，除此之外，OpenStack 自身的网络也比较复杂。

工欲善其事，必先利其器。在前一章节了解了 OpenStack 的基本服务后，本小节就从部署实践方面进一步直观地感受一下 OpenStack。下面我们就其中个别的部署方式简单介绍一下。

1. DevStack

DevStack 是面向开发者的一个 OpenStack 部署工具，用户可以指定源码分支进行安装。

DevStack 借助于 Shell 脚本实现 OpenStack 的自动化部署。感兴趣的读者可以阅读一下它的安装脚本 stack.sh（git clone git@github.com:openstack-dev/devstack.git），这个脚本默认会安装并配置 Nova、Glance、Horizon 和 Keystone。除此之外，我们也可以通过 enable_plugin 自定义安装其他服务，例如我们如果想通过 DevStack 安装 Heat 服务，可以在 local.conf 中添加以下内容：

```
enable_plugin heat http://git.trystack.cn/OpenStack/heat
```

有关 local.conf 的详细介绍将在 2.1.1 节进行讨论。通过 DevStack 安装时，通常会遇到各种各样奇怪的问题，这些问题大多是由于国外网络不稳定导致的，所以为了提高成功率，最好使用国内提供的 OpenStack 的 GitHub 镜像：http://git.trystack.cn。

2. Fuel 和 MCP

Fuel 是由 Mirantis 推出的开源工具，主要负责 OpenStack 部署与管理。它支持通过 Web GUI 的方式来部署与管理 OpenStack，并且已在 Dell（C6220 & R320）、HP（DL380）、Supermicro（6027TR-HTRF）、Lenovo ThinkServer（RD530）和 Cisco UCS-C 平台上进行了验证。在 Fuel 之后，Mirantis 又推出了新一代的云管平台 MCP（Mirantis Cloud Platform）来实现对 OpenStack 云平台的 Day-1（部署）和 Day-2（更新）的管理。

3. Kolla

Kolla 专注于基于容器化的方式部署 OpenStack 服务。它的基本思路是为 OpenStack 的每个服务创建一个对应的 Docker 镜像，通过这个镜像可以方便地对 OpenStack 进行个别服务并升级而不影响其他服务；部署的方法是借助于 Heat 对 Kolla 集群资源进行编排，然后借用 Ansible 工具对服务进行多节点部署。

4. RDO

RDO 是由 Red Hat 开发的一个快速部署 OpenStack 的工具，它基于 Puppet 实现。有关 RDO 的详细介绍可以参阅 https://www.rdoproject.org/。

注意：在本书写作过程中，上面提到的这几种部署方式是较为成熟的部署方式，当然，社区里也提供诸如 Kolla-Ansible 等的部署方式，该内容不在本书的讨论范围之内。

2.1.1　DevStack 方式部署

DevStack 是开发人员用得最多的一种环境部署方式，也是 OpenStack 官方代码测试的环境，每当有新的代码提交到 gitreview 时，都会触发单元测试，所有的测试用例都是运行在 DevStack 环境中的。

本例中使用 VirtualBox 创建虚拟机，并在这个虚拟机中部署一个 All-in-One（即所有的服务都部署在同一个节点上）的 OpenStack 环境。具体步骤如下：

（1）配置 VirtualBox 全局网络。依次找到 File→Preferences→Network，添加一个 Host-only 网络，如图 2.1 和图 2.2 所示。

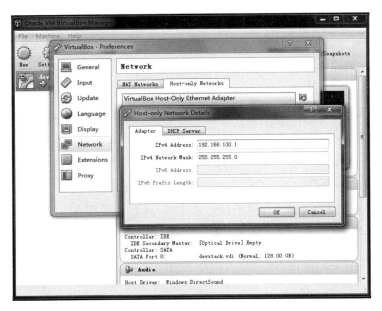

图 2.1　VirtualBox 全局网络配置（一）

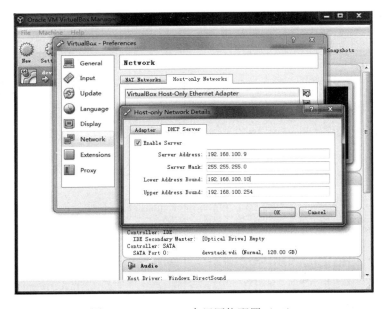

图 2.2　VirtualBox 全局网络配置（二）

　　以上网络配置仅供参考，用户可以根据自己的需要自行配置网络，如果全局网络发生变化后，下文中虚拟的网络也要做相应的修改。

　　使用 Host-only 网络的目的是可以通过本机直接访问虚拟机。另外，设置为 Host-only 也可以方便我们直接在本机上使用这个网络访问 Horizon。

　　如图 2.3 所示是虚拟机的网络配置，在虚拟机中，我们添加了一块 Host-only 的网卡，这里所选的网络是上面添加过的网络。

第 2 章　OpenStack 部署与社区贡献流程

图 2.3　虚拟机网络配置

（2）通过 Ubuntu 镜像启动虚拟机

（3）配置虚拟机。为了提高网络的稳定性，我们需要对 pip 源和 yum 源进行修改。

① 修改 pip 源，代码如下：

```
root@devstack-zenghui:~# touch /root/.pip/pip.conf
```

修改/root/.pip/pip.conf 中的内容为：

```
root@devstack-zenghui:~# cat /root/.pip/pip.conf
[global] index-url = http://pypi.douban.com/simple
[install] trusted-host=pypi.douban.com
```

② 修改 yum 源，代码如下：

```
root@devstack-zenghui:~# wget -O CentOS-Base.repo http://mirrors.aliyun.com/repo/Centos-7.repo
root@devstack-zenghui:~# wget -O /etc/yum.repos.d/epel.repo http://mirrors.aliyun.com/ repo/epel-7.repo
root@devstack-zenghui:~# yum clean all
root@devstack-zenghui:~# yum makecache
```

（4）下载 DevStack 的源码。

```
root@devstack-zenghui:/opt# git clone git@github.com:openstack-dev/devstack.git
```

（5）生成 stack 用户。DevStack 的安装与运行都要在 stack 用户下进行，不能通过 root 用户来安装。代码如下：

```
root@devstack-zenghui:/opt/stack/devstack/tools# ./create-stack-user.sh
```

注意：DevStack 的安装需要使用 stack 用户来执行。

（6）准备 local.conf 文件。DevStack 有一些默认安装的服务，比如：Keystone、Nova、Glance、Cinder、Horizon、Rabbitmq、Mysql，这些默认安装的服务是在/opt/stack/devstack/stackrc 中指定的。

另外，我们也可以自定义安装一些额外的服务，比如：Heat、Magnum、Ceilometer，这些额外服务的安装与否是在 local.conf 文件中通过 enable_plugin 来指定的，代码如下：

```
root@devstack-zenghui:/opt/stack/devstack# cat local.conf | grep -v "^#" | grep -v ^$
[[local|localrc]]
ADMIN_PASSWORD=r00tme
DATABASE_PASSWORD=$ADMIN_PASSWORD
RABBIT_PASSWORD=$ADMIN_PASSWORD
SERVICE_PASSWORD=$ADMIN_PASSWORD
HOST_IP=192.168.100.11
GIT_BASE=http://git.trystack.cn/
LOGFILE=$DEST/logs/stack.sh.log
LOGDAYS=2
SWIFT_HASH=66a3d6b56c1f479c8b4e70ab5c2000f5
SWIFT_REPLICAS=1
SWIFT_DATA_DIR=$DEST/data
enable_plugin heat http://git.trystack.cn/openstack/heat
enable_plugin magnum http://git.trystack.cn/openstack/magnum
enable_plugin ceilometer http://git.trystack.cn/openstack/ceilometer
```

下面对 local.conf 文件中的内容简单解释一下，如表 2.1 所示。

表 2.1　local.conf 参数与说明

参数名称	说明
GIT_BASE	指定 DevStack 安装时使用国内的 OpenStack 镜像，如果不改为国内的镜像，DevStack 安装过程中会因为网络的原因导致一些难以排除的故障
enable_plugin	指定要额外安装的服务。每一个 OpenStack 项目的代码下面，都会有一个 DevStack 目录，里面会介绍如何通过 DevStack 安装该服务
HOST_IP	OpenStack 服务之前通信使用的 IP

（7）安装 DevStack

代码如下：

```
root@devstack-zenghui:/opt/stack/devstack# su stack
stack@devstack-zenghui:~/devstack$ ./stack.sh
```

安装完成后，会创建两个新的用户 admin 和 demo，我们可以通过下面的命令设置环境变量的值，以 admin 用户为例：

```
stack@devstack-zenghui:~/devstack$ source openrc admin admin
WARNING: setting legacy OS_TENANT_NAME to support cli tools.
```

运行完上面的命令后，可以尝试一下 OpenStack 的一些命令了。

① 查看虚拟机，如图 2.4 所示。

图 2.4　nova list

② 登录 Horizon 页面，如图 2.5 所示。

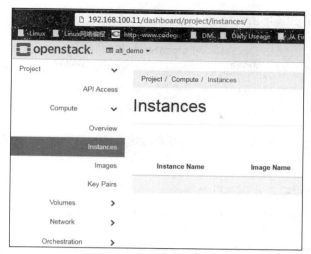

图 2.5　虚拟机 UI 列表

服务相关问题[①]。DevStack 中所有的服务都是以下面格式命名的：

devstack@$servicename.service

所以，如果我们想启动 nova-api 的服务，可以使用下面的命令：

stack@devstack-zenghui:~/devstack$ systemctl start devstack@n-api.service

log 相关问题[②]。最新版的 DevStack 不再使用 screen，而是使用 Systemd 来管理 OpenStack 服务，查看 log 可以使用下面的命令：

stack@devstack-zenghui:~/devstack$ sudo journalctl --no-pager -a -f -u devstack@n-api.service

源码相关问题。DevStack 部署完 OpenStack 环境后，OpenStack 服务源码（nova-api、cinder-api、nova-scheduler 等）默认安装在了/opt/stack 目录下，客户端源码（novaclient、keystoneclient 等）安装在了以下目录：

/usr/local/lib/python2.7/dist-packages

网络相关问题。DevStack 安装完成后，会默认创建图 2.6 所示的网桥。（关于网络的详细介绍请参阅第 6 章）

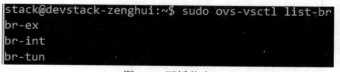

图 2.6　网桥信息

注意：以上是网桥的基本配置，在实际应用中，不仅有图 2.6 所示的这 3 个网桥，远比这个复杂得多。但是无论怎么变，这 3 个网桥一般是会存在的。

---

① DevStack 中服务的管理：https://docs.openstack.org/devstack/latest/systemd.html#manipulating-units
② DevStack 中服务的 log：https://docs.openstack.org/devstack/latest/systemd.html#querying-logs

2.1.2　手动部署分布式 OpenStack 环境

上一节我们了解了如何使用 DevStack 对 OpenStack 进行 All-in-One 方式的部署，这样可以使我们以比较快速且直观的方式了解 OpenStack。脚本化可以使安装方便快捷，但随之带来的一个弊端是其过于自动化，它会隐藏一些细节，这样不利于全面了解 OpenStack 各服务间的关系，为了引导大家深入了解部署细节，本节我们采用手动方式，部署一个分布式的 OpenStack 环境。

注意：在生产环境中，一般都采用分布式部署的方式进行 OpenStack 部署，DevStack 仅适用于开发环境。

通过手动部署，也可以提高我们分析 OpenStack 问题的能力。本节只会安装一些核心的 OpenStack 服务，比如：Keystone、Neutron、Nova、Glance、Cinder，其他非核心服务可以在了解了安装方式后自行安装。

本环境只部署两个节点：控制节点（Controller Node）和计算节点（Compute Node）。图 2.7 是两个节点的硬件要求。

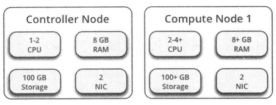

图 2.7　节点配置

（1）控制节点上运行着认证服务（Keystone）、Nova 服务（nova-api、nova-scheduler、nova-conductor、nova-cert、nova-novnc-proxy）、镜像服务（Glance）、块存储服务（Cinder）、网络服务（Neutron）。

（2）计算结点上运行着 Nova 服务（nova-compute）、网络服务（openvswitch-agent）。

两个节点上安装的服务详情如图 2.8 所示，图中实线部分是本节要安装的服务，虚线部分不安装。

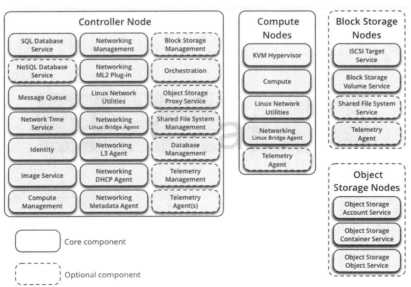

图 2.8　服务部署

手动安装大致步骤为：环境准备→安装认证服务 Keystone→安装计算服务 Nova→安装镜像服务 Glance→安装网络服务 Neutron。

本小节只是梳理一下核心服务的安装过程，并不会对其中的配置细节做过多描述，接下来我们针对 Keystone 和 Nova 的安装过程进行简单讲解。

注意：其他组件的安装可以参考 Keystone 和 Nova 组件，安装思路基本一致。

1．环境准备

请使用 CentOS7 创建两台虚拟机，一台用作控制节点，一台用作计算节点。

（1）最小硬件配置

控制节点：1 个 vCPU + 4GB RAM + 5GB Disk

计算节点：1 个 vCPU + 2GB RAM + 10GB Disk

（2）网络配置

管理网供 OpenStack 服务内部通信所用，Provider Network 用来提供外部访问虚拟机的能力，我们通常所说的 Floating IP 就是从这个网段中获得的。虚拟机的第一块网卡供管理网使用，第二块网卡供 Provider Network 使用，如图 2.9 所示。

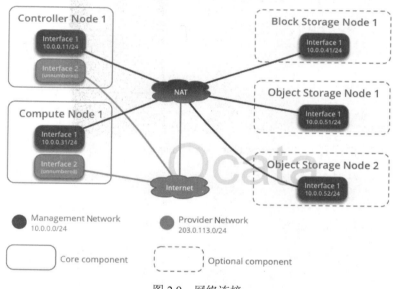

图 2.9　网络连接

（3）设置/etc/hosts

```
# 控制节点
10.0.0.11    controller
# 计算节点
10.0.0.31    compute
```

（4）配置控制节点和计算的 NTP 服务

● 控制节点：

```
root@dev:~$yum install chrony
```

修改配置文件/etc/chrony.conf，添加以下内容：

```
server NTP_SERVER iburst
allow 10.0.0.0/24     # 允许其他节点连接控制节点上的chrony进程
```

- 计算节点：

```
root@dev:~$yum install chrony
```

修改配置文件/etc/chrony.conf，添加以下内容：

```
server controller iburst
```

分别在控制节点和计算节点上运行下面的命令，修改 chrony 为开机启动，并启动 chrony 服务。

```
root@dev:~$systemctl eable chronyd.service      #设置开机启动
root@dev:~$systemctl start chrony.service       #运行chrony服务
```

2. 安装认证服务 Keystone

本服务安装在控制节点上。

（1）在数据中创建 Keystone 的表

代码如下：

```
root@dev:~$ mysql
MariaDB [(none)]> CREATE DATABASE keystone;
MariaDB [(none)]> GRANT ALL PRIVILEGES ON keystone.* TO 'keystone'@'localhost' IDENTIFIED BY 'keystone';
MariaDB [(none)]> GRANT ALL PRIVILEGES ON keystone.* TO 'keystone'@'%' \
IDENTIFIED BY 'keystone';
```

（2）安装 Keystone 的包

代码如下：

```
root@dev:~$ yum install openstack-keystone httpd mod_wsgi
```

（3）修改 Keystone 的配置文件/etc/keystone/keystone.conf。

代码如下：

```
[database]
#...
connection = mysql+pymysql://keystone:keystone @controller/keystone

...
[token]
#...
provider=fernet
```

（4）同步数据库

```
root@dev:~$su -s /bin/sh -c "keystone-manage db_sync" keystone
```

（5）设置 Keystone 的 Endpoint

代码如下：

```
root@dev:~$ keystone-manage bootstrap --bootstrap-password ADMIN_PASS \
  --bootstrap-admin-url http://controller:35357/v3/ \
  --bootstrap-internal-url http://controller:5000/v3/ \
  --bootstrap-public-url http://controller:5000/v3/ \
  --bootstrap-region-id RegionOne
```

（6）修改 Apache 服务的配置文件/etc/httpd/conf/httpd.conf

```
ServerName controller
```

（7）将服务设置为开机启动

```
root@dev:~$ln -s /usr/share/keystone/wsgi-keystone.conf /etc/httpd/conf.d/
root@dev:~$systemctl enable httpd.service
root@dev:~$systemctl start httpd.service
```

3. 安装计算服务——Nova

步骤（1）～（5）在控制节点上执行，安装完成后，控制节点将运行 nova-api、nova-scheduler、nova-conductor、nova-cert 服务；步骤（6）在计算节点上执行，安装完成后，计算节点上将运行 nova-compute 服务。

（1）在数据中创建 Nova 的表

代码如下：

```
mysql -u root -p
MariaDB [(none)]> CREATE DATABASE nova_api;
MariaDB [(none)]> CREATE DATABASE nova;
MariaDB [(none)]> CREATE DATABASE nova_cell0;

MariaDB [(none)]> GRANT ALL PRIVILEGES ON nova_api.* TO 'nova'@'localhost' \
   IDENTIFIED BY 'nova';
MariaDB [(none)]> GRANT ALL PRIVILEGES ON nova_api.* TO 'nova'@'%' \
   IDENTIFIED BY 'nova';
MariaDB [(none)]> GRANT ALL PRIVILEGES ON nova.* TO 'nova'@'localhost' \
   IDENTIFIED BY 'nova';
MariaDB [(none)]> GRANT ALL PRIVILEGES ON nova.* TO 'nova'@'%' \
   IDENTIFIED BY 'nova';
MariaDB [(none)]> GRANT ALL PRIVILEGES ON nova_cell0.* TO 'nova'@'localhost' \
   IDENTIFIED BY 'nova';
MariaDB [(none)]> GRANT ALL PRIVILEGES ON nova_cell0.* TO 'nova'@'%' \
   IDENTIFIED BY 'nova';
```

（2）创建 Nova 服务，创建 User 并绑定 Role

代码如下：

```
OpenStack user create --domain default --password-prompt nova
OpenStack role add --project service --user nova admin
OpenStack service create --name nova --description "OpenStack Compute" compute
```

（3）创建 Nova 的 Endpoint

代码如下：

```
OpenStack endpoint create --region RegionOne compute
public http://controller:8774/v2.1
internal http://controller:8774/v2.1
admin http://controller:8774/v2.1
```

按上述方法再创建一个 Placement 服务。

（4）安装并配置 Nova 服务

代码如下：

```
yum install openstack-nova-api openstack-nova-conductor \
  openstack-nova-console openstack-nova-novncproxy \
  openstack-nova-scheduler openstack-nova-placement-api
```

(5) 同步 Nova 数据库

代码如下：

```
su -s /bin/sh -c "nova-manage db sync" nova
```

(6) 将服务设置为开机启动

代码如下：

```
# systemctl enable openstack-nova-api.service \
  openstack-nova-consoleauth.service openstack-nova-scheduler.service \
  openstack-nova-conductor.service openstack-nova-novncproxy.service
# systemctl start openstack-nova-api.service \
  openstack-nova-consoleauth.service openstack-nova-scheduler.service \
  openstack-nova-conductor.service openstack-nova-novncproxy.service
```

(7) 在计算节点上安装并配置 nova-compute 服务

代码如下：

```
yum install openstack-nova-compute
```

此处省略的详细配置步骤，请参阅 OpenStack 官方文档[①]。

注意：在安装过程中遇到什么问题，首先需要查阅的就是官方文档，所以要养成通过文档学习的能力。

2.1.3　RDO 方式部署 OpenStack

通过前面几节的介绍，相信大家对于 OpenStack 的部署有了一定的认识。本小节我们将通过 Packstack 来安装一个 All-in-One 的 Ocata 版 OpenStack 环境。Packstack 不仅支持单点部署，同时也支持多节点部署，对于多点分布式部署感兴趣的读者可以参考官网给出的文档进行部署。本节采用的是 OpenStack-in-OpenStack 的方式来简化虚拟机及网络的配置，即在已有的 OpenStack 中创建虚拟机，再在这个创建出来的虚拟机中通过 RDO 安装 Ocata 版的 OpenStack。需要说明的是，如果没有事先安装好 OpenStack 环境，我们也可以使用 VirtualBox 或 VMware 来创建本例中用到的虚拟机。

注意：如果想要深入研究这种方式，可以参考 RDO 官方文档。

在利用 RDO 进行部署时，大致可以分为以下几步：
（1）环境准备
（2）配置 yum 源和 pip 源
（3）安装 RDO Repository
（4）安装 Packstack
（5）生成 answer-file.txt
（6）运行 Packstack 进行 OpenStack 部署

---

① Ocata 官方部署文档：https://docs.openstack.org/ocata/install-guide-rdo/

下面我们分别看一下每个步骤的操作方法。

（1）环境准备

为了操作简便，本例中使用的虚拟机是通过 OpenStack 来创建的，如图 2.10 所示。

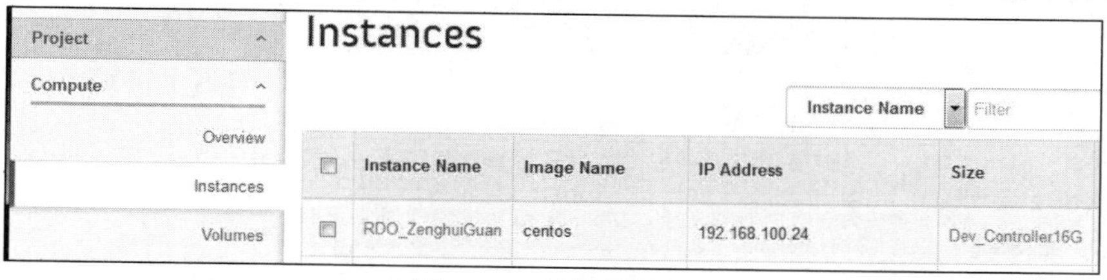

图 2.10　虚拟机列表

Flavor 采用 Dev_Controller16GB（8 个 vCPU + 16GB RAM + 70GB disk），如果硬件资源达不到上述要求，可以适当调小。我们这里使用的是 CentOS 系统，其详细信息如下：

```
[root@rdo-zenghui ~]# uname -a
Linux rdo-example 3.10.0-229.el7.x86_64 #1 SMP Fri Mar 6 11:36:42 UTC 2015 x86_64 x86_64 x86_64 GNU/Linux
[root@rdo-example ~]# cat /etc/redhat-release
Derived from Red Hat Enterprise Linux 7.1 (Source)
```

网络信息如下：

```
[root@rdo-zenghui ~]# cat /etc/sysconfig/network-scripts/ifcfg-eth0
DEVICE="eth0"
BOOTPROTO="dhcp"
ONBOOT="yes"
TYPE="Ethernet"
USERCTL="yes"
PEERDNS="yes"
IPV6INIT="no"
PERSISTENT_DHCLIENT="1"

[root@rdo-zenghui ~]# cat /etc/resolv.conf
; generated by /usr/sbin/dhclient-script
nameserver 114.114.114.114
```

可以通过修改 /etc/environment 将语言类型设置为英语。

代码如下：

```
[root@rdo- zenghui ~]# cat /etc/environment
LANG=en_US.utf-8
LC_ALL=en_US.utf-8
```

（2）配置 yum 源和 pip 源

为了保证网络的稳定性，提高安装速度，我们改用 yum 源和 pip 源。

（3）安装 RDO Repository

本例是安装 Ocata 版本的 OpenStack，所以使用下面的命令来安装 Ocata 版 OpenStack 所用到的 RPM 包。

```
[root@rdo-zenghui ~]# yum install -y centos-release-openstack-ocata
[root@rdo-zenghui ~]# yum update -y
```

(4)安装 Packstack

```
[root@rdo-zenghui ~]# yum install -y openstack-packstack
```

(5)生成 answer-file.txt

在这个文件中,可以指定要安装的服务、用户名、密码等。

代码如下:

```
[root@rdo-zenghui ~]# packstack --gen-answer-file=~/answer-file.txt
[root@rdo-zenghui ~]# ls
answer-file.txt
```

以下是默认情况下会配置的服务,如果我们不想安装某个服务,可以进行修改。

```
[root@rdo-zenghui ~]# cat answer-file.txt | grep "=y"
CONFIG_MARIADB_INSTALL=y
CONFIG_GLANCE_INSTALL=y
CONFIG_CINDER_INSTALL=y
CONFIG_NOVA_INSTALL=y
CONFIG_NEUTRON_INSTALL=y
CONFIG_HORIZON_INSTALL=y
CONFIG_SWIFT_INSTALL=y
CONFIG_CEILOMETER_INSTALL=y
CONFIG_AODH_INSTALL=y
CONFIG_GNOCCHI_INSTALL=y
CONFIG_CLIENT_INSTALL=y
CONFIG_RH_OPTIONAL=y
CONFIG_SSL_CACERT_SELFSIGN=y
CONFIG_CINDER_VOLUMES_CREATE=y
CONFIG_NOVA_MANAGE_FLAVORS=y
CONFIG_NEUTRON_METERING_AGENT_INSTALL=y
CONFIG_HEAT_CFN_INSTALL=y
CONFIG_PROVISION_DEMO=y
CONFIG_PROVISION_OVS_BRIDGE=y
```

(6)运行 Packstack 进行 OpenStack 部署

代码如下:

```
[root@rdo-zenghui ~]# packstack --answer-file=answer-file.txt
Welcome to the Packstack setup utility

The installation log file is available at: /var/tmp/packstack/20170813-041147-2mM19Q/OpenStack-setup.log

Installing:
Clean Up                                          [ DONE ]
Discovering ip protocol version                   [ DONE ]
Finalizing                                        [ DONE ]
...

 **** Installation completed successfully ******

Additional information:
 * Time synchronization installation was skipped. Please note that unsynchronized
```

```
time on server instances might be problem for some OpenStack components.
 * File /root/keystonerc_admin has been created on OpenStack client host
192.168.100.24. To use the command line tools you need to source the file.
 * To access the OpenStack Dashboard browse to http://192.168.100.24/dashboard.
Please, find your login credentials stored in the keystonerc_admin in your home
directory.
 * The installation log file is available at: /var/tmp/packstack/20170813-041147-
2mM19Q/OpenStack-setup.log
 * The generated manifests are available at: /var/tmp/packstack/20170813-041147-
2mM19Q/manifests
You have mail in /var/spool/mail/root
```

安装完成后会在当前目录下生成两个新的文件：keystonerc_admin 和 keystonerc_demo，其中，OS_USERNAME 和 OS_PASSWORD 是登录前端的用户名和密码，可以输入网址 http://$YOURIP/dashboard 来登录前端。本例中，YOURIP 是 192.168.100.24。因为本例是在 OpenStack 中部署的 OpenStack，所以要想通过浏览器登录前端，需要为本台虚拟机绑定一个 Floating IP，如图 2.11 所示。

图 2.11　绑定 Floating IP

绑定完 Floating IP 后就可以通过 http://10.100.219.119/dashboard 来登录前端页面了。

RDO 方式安装完成后，会自动创建 OVS 网桥，可以使用如下命令查看：

```
[root@rdo-zenghui ~(keystone_admin)]# ovs-vsctl list-br
br-ex
br-int
br-tun
```

使用下面的命令可以查看网桥的详细信息：

```
[root@rdo-zenghui ~(keystone_admin)]# ovs-vsctl show
```

2.2　为 OpenStack 社区作贡献

OpenStack 是一个开源的云计算管理平台，其中囊括了众多项目，不同项目是相互独立开发的，每年出两个版本，版本的命名都取自于 OpenStack 峰会的举办地。社区开发人员遍布世界各地，同一个项目可能由多个公司共同开发，曾有人评论说：OpenStack 社区是一个可以与 Linux 社区相媲美的开源社区。那么面对如此具有活力的一个社区，我们作为初学者，怎么样才能比较好地参与其中，做出自己的贡献呢？本小节将从环境准备、代码贡献和文档贡献几个方面带大家了解一下如何以正确的姿势参与到社区中来[①]。

注意：积极参与社区的讨论与开发，可以更加深入地了解组件内部的详细设计背景，我们只需要寻找一个自己感兴趣的组件并深入研究即可。

---

① 社区参与指南：https://wiki.openstack.org/wiki/How_To_Contribute#Contributor_License_Agreement

2.2.1 提交前的环境准备

OpenStack 的代码托管在 GitHub 上，通过 Gerrit 作为它的代码 review 的工具，每当有新的提交时，都会通过 Jekins 提供 CI/CD 环境自动运行代码的单元测试。要了解 OpenStack 的代码贡献是怎样的一个过程，我们先来看图 2.12 所示的来自社区的图，从这张图上我们可以将代码贡献流程简单归纳为以下几步：

（1）环境准备。分别对 git 及 gerrit 环境进行配置。

（2）代码 clone。从上游目标分支中 clone 代码到本地。

（3）代码修改。

（4）代码提交。代码修改完毕后，代码会首先提交到 gerrit 中，当通过了 Jekins 单元测试后，后面才会被 reviewer 进行 review。

（5）提交更新。代码提交完成后，首先会由社区的开发人员进行 review，只有当 Code-Review 变为+2 后，代码才会被合进代码分支中；当 reviewer 对提交的代码有 comments 时，我们应该按照 comments 进行修改然后再次提交。

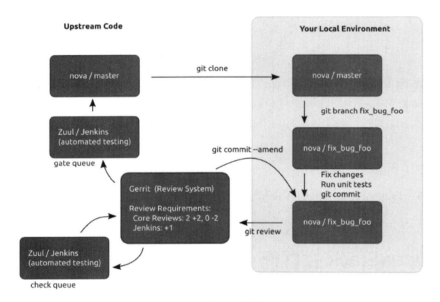

图 2.12 代码贡献流程

本小节先从如何准备环境开始介绍。环境的准备也可以从以下几个方面进行：

（1）账户注册与 gerrit 设置。要参与社区的贡献，我们需要先注册一个 Launchpad 账户，然后设置 Launchpad ID、上传 SSH 公钥。之后设置 gerrit，上传自己的 SSH 公钥到 gerrit 中，设置 gerrit 密钥的目的是为了自己能有权限提交代码。设置完成后，可以通过网址 https://launchpad.net/~double12gzh 登录 Launchpad，如图 2.13 所示。

（2）签署 CLA（Contributor License Agreement）[①]。

（3）安装 git 和 gitreview 并进行配置。git 和 gitreview 的安装非常简单就不再多讲了，这里我们看一下它的配置方法。

---

① 注册 Foundation Member：https://www.openstack.org/join/register/?membership-type=foundation

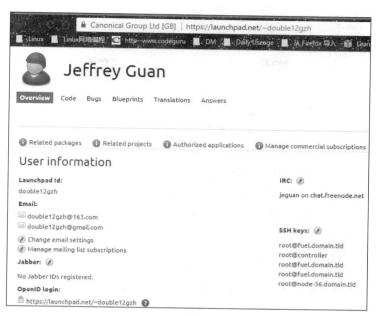

图 2.13　Launchpad 信息

① 设置 git 的用户名和密码。

代码如下:

```
git config --global user.name "Jeffrey Guan"  #把Jeffrey Guan替换成自己的名字
git config --global user.email double12gzh@gamil.com  #替换为自己的邮箱
git config -global gitreview.username double12gzh #替换为自己的Launchpad ID
```

② 设置 gitreview，把以下内容添加到 .gitconfig 中。

```
[gitreview]
username=double12gzh  #把double12gzh替换为自己前面设置的Launpad ID
```

设置完成后可以通过以下命令查看:

```
root@dev:~# cat /root/.gitconfig
[user]
    name=Jeffrey Guan
    mail=double12gzh@163.com
    email=double12gzh@163.com
[gitreview]
    username=double12gzh
[color]
    status=auto
    diff=auto
    branch=auto
    interactive=auto
[core]
    editor=vim
```

至此，我们后面所用到的开发环境已经全部准备完毕，下一小节将会和大家一起来了解如何向社区贡献自己的代码。

注意：使用 DevStack 可以很方便地追踪社区组件的最新动态。

2.2.2 代码贡献流程

OpenStack 的一个比较完善的地方就是它的代码管理，任何代码的修改都会经过 reviewer 和 Jekins 的严格检查，我们为了能够提交一个符合社区要求的代码修改，这一节以一个修正 bug 的实例进行演示。

【示例 2-1】代码贡献流程之 bug Fix。

假如我们在使用 OpenStack 的过程中，发现了其中一个 bug，可以遵循下面的步骤去修正：

（1）登录 Launchpad，找到相应项目。比如，我们发现的是 Mistral 的一个 bug，首先登录到 Lanuchpad（https://launchpad.net/），然后找到对应的项目。

（2）Report bug（报告错误），输入 bug 信息，如图 2.14 所示。

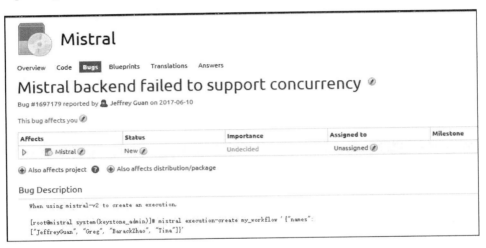

图 2.14　bug 信息

（3）提交 bug。每一个 bug 都有一个与之对应的 bug ID，例如网址 https://bugs.launchpad.net/mistral/+bug/1234567 中，1234567 就是 bug 的 ID。

（4）给自己分配 bug。把 bug 分配给自己，然后修改 Status 为 In Progress，如图 2.15 所示，当 bug 被合并进分支后，这个状态会自动变为 Fix Committed。

（5）bug 修改与提交。

① 从代码分支上克隆代码到本地。

```
git clone https://github.com/openstack/mistral.git
```

② 创建一个新的分支。如果我们正在修改的是一个 bug，可以给这个分支起名为 bug/BUG_NUMBER（例如：bug/1234567），这个名字将会在 gerrit 上显示，所以起一个见名知义的名字也方便他人阅读。

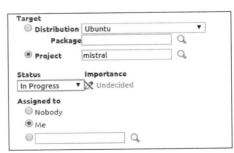

图 2.15　bug 状态

```
git checkout -b TOPIC-BRANCH
```

③ Fix bug 并 Commit。当修改完成后，我们需要运行下面的命令进行 Commit：

```
git commit -a
```

运行完上面的命令后，输入 Commit Message，一个好的 Commit Message 应该包含以下内容：

```
#Bug内容描述
#...

Closes-Bug: #######
Change-Id: I4946a16d27f712ae2adf8441ce78e6c0bb0bb657
```

其中 Change-Id 是自动生成的，不能修改。如果运行完上述命令后，发现需要再次修改 Commit Message，可以运行 git commit --amend 来修改。

④ 进行单元测试。每次提交代码之前，应该在本地先做一下单元测试，只有当单元测试都通过了，才能继续往下做。

注意：在修改代码后，一定要进行单元测试，这样可以及时发现代码中的问题，减少无用信息的产生。

如果是对单个项目做单元测试，可以按以下步骤进行：
a. 打开一个终端并转到项目目录，本例是 Mistral。
b. 运行 ./run_tests.sh 命令。例如：

```
root@dev:/opt/stack/mistral#./run_tests.sh /opt/stack/mistral/mistral/tests/unit/actions/test_action_manager.py
```

如果是对某个用例做单元测试，可以按以下步骤进行：
a. 打开一个终端并转到项目目录，本例是 Mistral。
b. 运行 ./run_tests.sh <file path>:<class name> 命令。例如：

```
root@dev:/opt/stack/mistral#./run_tests.sh /opt/stack/mistral/mistral/tests/unit/actions/test_action_manager.py: ActionManagerTest
```

如果是对某个方法进行单元测试，可以按以下步骤进行：
a. 打开一个终端并转到项目目录，本例是 Mistral。
b. 运行 ./run_tests.sh <file path>:<class name>.<method_name> 命令。例如：

```
root@dev:/opt/stack/mistral#./run_tests.sh /opt/stack/mistral/mistral/tests/unit/actions/test_action_manager.py: ActionManagerTest.test_register_standard_actions
```

⑤ 提交代码到 gerrit。当上述单元测试在本地运行通过后，下一步就是把本地代码提交到 gerrit 中，让 code reviewer 对我们的代码 review。

```
git review
```

提交完成后，可以到网址 https://review.openstack.org/#/c/273487/ 中查看提交的结果。

⑥ 二次修改。当代码被 review 后，如果 reviewer 有 comments，我们应该到 gerrit 上找到图 2.16 所示的界面把代码 pull 到本地，然后根据 reviewer 的 comments 进行修改，修改完成后，再次提交。

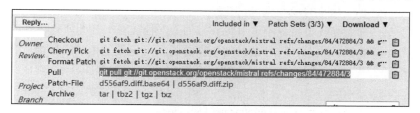

图 2.16　review 地址

经过以上步骤后，如果代码最终通过了 review，代码会被合并到相应的分支，同时 Launchpad 上的 bug 状态会变成图 2.17 所示的状态。

```
OpenStack Infra (hudson-openstack) wrote on 2017-07-12: Fix merged to mistral (master)
Reviewed: https://review.openstack.org/472884
Committed: https://git.openstack.org/cgit/openstack/mistral/commit/?id=d556af949c7
7705d5e702075749a03376e6525c5
Submitter: Jenkins
Branch: master
```

图 2.17　bug 新状态

另外，也可以通过 gerrit 查看 bug 的状态，如图 2.18 所示。

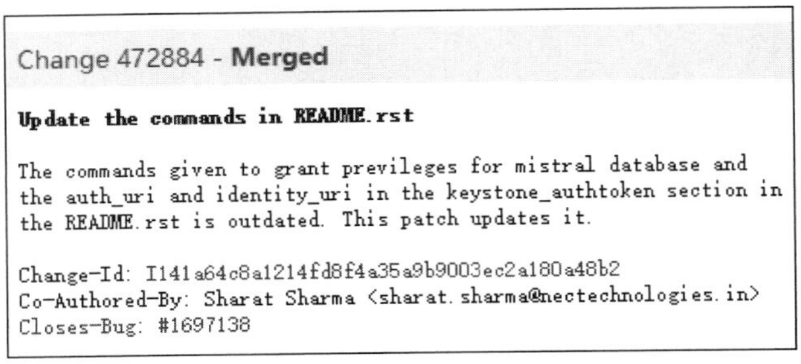

```
Change 472884 - Merged

Update the commands in README.rst

The commands given to grant previleges for mistral database and
the auth_uri and identity_uri in the keystone_authtoken section in
the README.rst is outdated. This patch updates it.

Change-Id: I141a64c8a1214fd8f4a35a9b9003ec2a180a48b2
Co-Authored-By: Sharat Sharma <sharat.sharma@nectechnologies.in>
Closes-Bug: #1697138
```

图 2.18　bug 状态

需要注意的是，如果对于同一个问题，有多次 Commit，最好不要多次提交，应该使用下面命令把所有的 Commit 一次提交：

```
git checkout master
git pull origin master
git checkout TOPIC-BRANCH
git rebase -i master
```

更不要使用同一个 Commit ID 修改多个问题。

对于初学者而言，对 bug 进行 Fix 是深入了解 OpenStack 的方法之一，通过对源代码的分析，可以更加深入地理解 OpenStack 的基本框架和工作原理，正所谓实践出真知，在今后的学习过程中，应该多多参与社区的 bug Fix[①]。

以上对 bug Fix 的方法进行了讲解，除参与社区的 bug Fix 之外，我们也可以为社区的 BP（Blueprints）作贡献。每一个项目都有以<project-name>-specs 命名的 Repository，用来管理开发者提出的设计构想，每个项目也都会定期开会商讨 BP 的实现情况，当 BP 通过审核后，开发者便可针对某一个 BP 进行代码开发的工作。

2.2.3　文档贡献流程

社区的参与度极高，不同的项目其复杂程度也不尽相同，对于初学者而言，通过代码入手 OpenStack 可能不是一件容易的事情。不过值得欣慰的是，社区在一开始就意识到了这一点，所以，除了对贡献代码做了严格的流程外，同样的，对于文档的规范也做了相应的规定。对于每一个项目，从服务的安装、配置、代码结构等，社区都会有一个相对完备的文档[②]。

[①] 开发人员文档：https://docs.openstack.org/infra/manual/developers.html#account-setup
[②] OpenStack 社区文档贡献的详细信息请查看：https://docs.openstack.org/contributor-guide/quickstart.html

注意：文档贡献也是一种不错的参与社区的形式，积极发现文档中的不足之处并指出，对于我们理解组件也有很大的帮助。

因此，我们除了从代码层面上参与到 OpenStack 社区外，还可以从文档入手参与社区。在 2.1.2 节中，我们讲到了 OpenStack 的安装流程，实际上社区是给出了安装手册的，初学者可以按照社区给出的文档一步步地安装 OpenStack，在实践中如果发现问题或有什么建议，可以向社区相关服务的负责人提出 bug，其 bug 管理与代码的 bug 管理相似，都是托管在了 Launpad 中。

每一个项目的文档都放在 project_name/doc 目录下。例如，heat 项目的文档在源码中的路径如图 2.19 所示。

OpenStack 的所有文档都是 RST 格式，开发人员可以很方便地对文档进行修改与编辑，修改完成后，通过以下命令可以在本地生成 HTML 格式的文档：

```
sphinx-build /path/to/source/path/to/build/
```

图 2.19　heat 源码目录

【示例 2-2】以 heat 为例来演示 HTML 的生成过程。

首先到 GitHub 下载 Heat 的源码：

```
git clone git@github.com:openstack/heat.git
```

然后在 **config.py** 所在的目录执行以下命令：

```
root@dev:~/heat/doc/source# sphinx-build /root/heat/doc/source/ /root/Jeffrey
Running Sphinx v1.6.3
connecting events for OpenStackdocstheme
/usr/local/lib/python2.7/dist-packages/sphinx/util/compat.py:40: RemovedInSphinx17Warning: sphinx.util.compat.Directive is deprecated and will be removed in Sphinx 1.7, please use docutils' instead. RemovedInSphinx17Warning)
Keystone V2 loaded
loading stevedore.sphinxext
loading pickled environment… not yet created
…
generating indices… genindex
writing additional pages… search
copying static files… done
copying extra files… done
dumping search index in English (code: en)… done
dumping object inventory… done
build succeeded,22 warnings.
```

执行完成后，就会在 /root/jeffrey 目录下生成我们想要的 HTML 文件：

```
root@dev:~/jeffrey# ls
genindex.html  glossary.html  index.html  objects.inv  search.html  searchindex.js  _sources  _stati
```

打开其中的 **index.html** 文件，效果如图 2.20 所示。

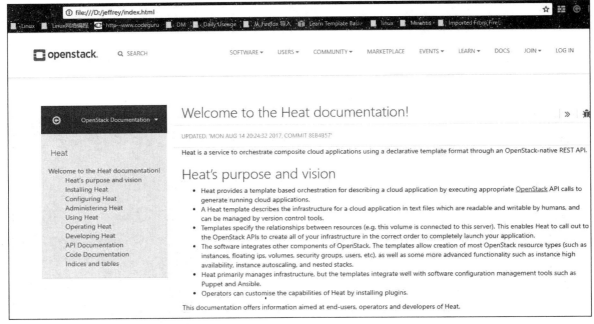

图 2.20　index.html

2.2.4　其他内容的贡献流程

前两小节讲的是如何参与社区已有的项目，也就是在别人的基础上贡献代码或文档。那么，如果我们自己有一个比较好的想法，也想把它加到 OpenStack 的项目中，我们该如何向社区提交一个新的项目[①]呢？

注意：对于刚入门的 OpenStack 用户而言，不适合自己提交新的项目。这种方式的贡献是需要有一定基础的，且难度较大。

OpenStack 社区中的项目分为两大类：核心项目和孵化项目。它们都托管在 GitHub 上，前者托管在 OpenStack[②]项目下，后者托管在 StackForge[③]项目下。对于新加的项目，一般都会先被放在孵化项目中，在经过几个版本的迭代后，如果能够做到比较成熟并且为社区所接受，那么将会成为核心项目。对于初学者而言，向社区提交代码难度相对较大，这里不做过多的讲解，只是把简略的步骤罗列一下，当我们有一定的 OpenStack 开发经验后，可以尝试着到社区中提交一个新的项目。

新提交一个项目一般应该完成以下事情：

（1）创建项目的 Git Repository。

（2）在 Launchpad 上注册项目。

（3）创建 bug tracker。

（4）创建 Blueprint。

---

① 向社区提交新项目：https://docs.openstack.org/infra/manual/creators.html

② OpenStack：https://github.com/openstack

③ StackForge：https://github.com/stackforge

（5）把项目添加到 OpenStack 的 CI 系统。
（6）设置 gerrit 和 Jekins。
（7）完善代码文档、代码格式及单元测试用例。

社区如此庞大，我们参与其中的方式也是多种多样，除了贡献代码、修改文档、提交项目外，还有其他的参与方式，如参加项目的 IRC 频道[①]、订阅项目的邮件列表。

2.3 开发工具之 Pycharm

一个好的开发工具，可以极大地提高我们的开发效率。当然，开发工具的好坏也会因个人习惯的不同而不同。对于 C++的开发者，相信大多数人用的是 Visual Studio 或是 Source Insight，也有人使用 VIM。对于 Python 开发人员，Pycharm 应该不是一个陌生的开发工具，它可以提供 pep8 检查、代码检查、集成 git/cvs 等，有着比较出色的用户体验。本节内容会用到 2.1.1 节中我们通过 DevStack 创建的 OpenStack 开发环境。

本节首先简单介绍 Pycharm 的安装与配置；然后通过一个实例向大家展示如何通过 Pycharm 远程调试 OpenStack 代码；最后，再介绍 PDB 调试代码。如果你有一定的 Python 开发经验，本节内容可以忽略。

注意：对于开发工具而言，可以根据个人喜好进行选择，由于笔者平时使用的 Pycharm 比较多，所以这一节主要对 Pycharm 进行讲解。

2.3.1 Pycharm 的安装与配置

Pycharm 的安装方法比较简单，直接在官方网站下载 exe 安装文件即可安装，没有特别要求。
Pycharm 的配置方法如下：

（1）安装 Pycharm 后，在安装目录下可以找到这样一个文件：C:\Program Files (x86)\JetBrains\PyCharm 2016.1.4\debug-eggs\pycharm-debug.egg，把这个文件复制到我们的环境中。

（2）在 OpenStack 所在的虚拟机中安装 debug.egg。
代码如下：

```
stack@dev:~# easy_install pycharm-debug.egg
Processing pycharm-debug.egg
creating /usr/local/lib/python2.7/dist-packages/pycharm-debug.egg
Extracting pycharm-debug.egg to /usr/local/lib/python2.7/dist-packages
Adding pycharm debug to easy-install.pth file

Installed /usr/local/lib/python2.7/dist-packages/pycharm-debug.egg
Processing dependencies for pycharm===debug
Finished processing dependencies for pycharm===debug
```

（3）配置 Pycharm。Pycharm 安装完成后，并不能直接使用它来远程调试 OpenStack 的代码，需要对它进行简单配置。

① 打开 Pycharm，依次选择 Run→Edit Configurations，如图 2.21 所示。

[①] IRC：https://wiki.openstack.org/wiki/Meetings

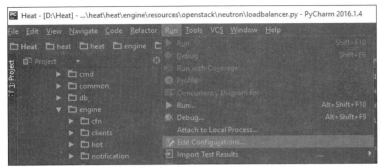

图 2.21 选择 Edit Configurations

② 在打开的窗中单击“+”→Python Remote Debug。根据自己的环境将其中的 Local host name 和 Port 进行修改，如图 2.22 所示。完成后保存配置即可。

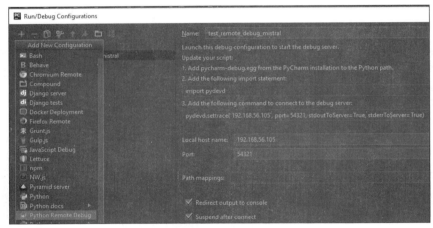

图 2.22 远程调试配置

2.3.2 使用 Pycharm 对代码进行远程调试

通过上一小节我们完成了对 Pycharm 的配置，本小节将通过一个示例演示如何通过 Pycharm 调试 OpenStack 中的 Nova 代码。

【示例 2-3】通过 Pycharm 调试 OpenStack 中 nova list 的代码。

（1）添加段点调试代码。由于本例中调试的是 nova list 的代码，那么应该把段点调试代码加到相应的位置，如图 2.23 所示。

```
def get_all(self, context, search_opts=None, limit=None, marker=None,
            expected_attrs=None, sort_keys=None, sort_dirs=None):
    """Get all instances filtered by one of the given parameters.

    If there is no filter and the context is an admin, it will retrieve
    all instances in the system.

    Deleted instances will be returned by default, unless there is a
    search option that says otherwise.

    The results will be sorted based on the list of sort keys in the
    'sort_keys' parameter (first value is primary sort key, second value is
    secondary sort ket, etc.). For each sort key, the associated sort
    direction is based on the list of sort directions in the 'sort_dirs'
    parameter.
    """
    import pydevd
    pydevd.settrace('192.168.56.105', port=54321, stdoutToServer=True, stderrToServer=True)
```

图 2.23 添加断点

（2）建立远程连接。依次找到 Run→Debug test_remote_debug_mistral，如图 2.24 所示。

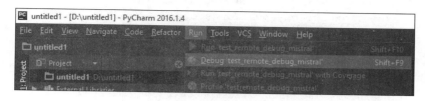

图 2.24 建立远程连接

启动后我们在 Pycharm 中可以看到图 2.25 所示的输出信息。

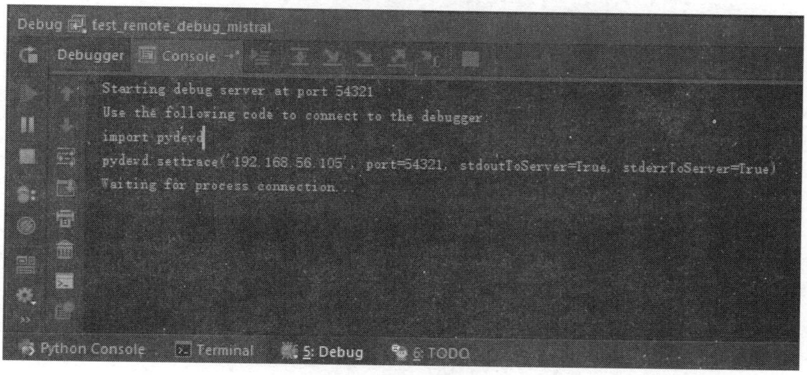

图 2.25 输出信息

（3）运行 nova list 命令进行调试。当运行完 nova list 命令后，程序就会停在刚才的断点处，然后可以对代码进行单步调试。

注意：如果只有你自己在某个环境上进行代码的开发，那么，可以使用远程调试，但是如果是多人同时在一个环境上对同一个组件进行开发的话，建议慎用远程调试，否则很容易出现代码相互覆盖的现象。

2.3.3 Pycharm 与 PDB 的选用比较

另外一种调试 OpenStack 代码的方式就是使用 PDB。与 Pycharm 相比，PDB 使用简单方便，无须经过上述一系列的配置，因此，使用的人也很多。至于哪种情况使用哪种工具全凭个人喜好，对于一些需要设置复杂代理才能访问的环境，建议直接使用 PDB 调试即可。

下面我们看一下如何通过 PDB 方式调试 OpenStack 代码。

【示例 2-4】 开发工具之 PDB 断点调试。

（1）设置段点。在代码中加入以下代码：import pdb; pdb.set_trace();

```
vi /opt/stack/nova/nova/api/OpenStack/compute/servers.py
147     @extensions.expected_errors((400, 403))
148     @validation.query_schema(schema_servers.query_params_v226,'2.26')
149     @validation.query_schema(schema_servers.query_params_v21,'2.1','2.25')
150     def index(self, req):
151         """Returns a list of server names and ids for a given user."""
152         import pdb; pdb.set_trace()
153         context=req.environ['nova.context']
154         context.can(server_policies.SERVERS % 'index')
```

```
155        try:
156            servers=self._get_servers(req, is_detail=False)
157        except exception.Invalid as err:
158            raise exc.HTTPBadRequest(explanation=err.format_message())
159        return servers
```

(2)停止 nova-api 服务。

stack@dev:~/nova/nova/api/OpenStack/compute$ systemctl stop devstack@n-api.service

(3)启动 nova-api 服务。PDB 调试中常用到的快捷键如表 2.2 所示。

注意：以下只是列出了较为常用的快捷键，大家无须死记硬背，只要在实践中多使用，就能熟练。

表 2.2　PDB 调试中常用到的快捷键

快捷键名称	功能	快捷键名称	功能
b	设置断点	c	继续执行
b foo_func	设置函数断点	pp PARAM_NAME	打印变量值
b line_n	设置行断点	a	打印函数的所有入参
n	执行下一步	w	打印调用栈
s	进入到函数中		

Chapter 3 第 3 章

虚拟化

本书虽然是关于云计算的书，但是云计算与虚拟化有着千丝万缕的联系，提及云计算，我们不得不提虚拟化，云计算本身是多种技术的一个"大杂烩"，其中涉及到了网络虚拟化技术、存储虚拟化技术及计算虚拟化技术。云计算的发展，在很大程度上是依赖于这三大类虚拟化技术为驱动。

虚拟化是构建云基础架构不可缺少的关键技术之一。对于云计算而言，它就是一个分布式系统；而对于虚拟化而言，它可以为云平台提供虚拟化的能力，在这个分布式系统中虚拟出更多的虚拟设备或虚拟平台，而这些虚拟出的平台或设备，又可以独立作为一个平台或设备对外提供服务。通过云计算与虚拟化的结合，用户可以极大地提高其对物理设备的管控能力及利用率。

虽然云计算只是近几年才兴起的热门名词，但它并非是一个非常新的技术。实际上在早期，就已经有与云计算相近似的概念，只是碍于当时计算机和网络技术的发展，许多都只是停留在研究上，云计算的发展没有形成气候。

本章不会对虚拟化技术大讲特讲，仅会讲解在云计算中经常用到的虚拟化技术及一些基本知识点。3.1 节会简单介绍一下虚拟化技术的发展现状，3.2～3.3 节着重介绍 KVM 管理工具 Libvirt 相关的知识。

通过对本章的学习，希望读者有以下几点收获：
- 掌握 Libvirt 的基础知识
- 掌握 libvirt.xml 中各个字段的含义
- 理解 OpenStack 与虚拟化技术的关系

3.1 虚拟化技术的现状

云计算为业界提供了一种极为方便的虚拟化实现方式，为推动传统 IT 向以业务为中心的模式做出了巨大的贡献，它使得传统的物理设备变成可以像水电煤一样方便使用的"虚拟资源"。

虚拟化是构建云基础架构不可缺少的关键技术之一。对于云计算而言，它就是一个分布式系统；而对于虚拟化而言，它可以为云平台提供虚拟化的能力，在这个分布式系统中虚拟出更多的虚拟设备或虚拟平台，而这些虚拟出的平台或设备，又可以独立作为一个平台或设备对外提供服务。通过云计算与虚拟化的结合，用户可以极大地提高其对物理设备的管控能力及利用率。

虚拟化实际上是一个比较宽泛的概念，虚拟机仅仅是虚拟化技术的一种体现。从更加广泛的角度去理解，虚拟化其实就是把计算机中的物理设备放到虚拟的基础上去运行、去提供服务，而不是在物理的基础上去实现其功能。

1．虚拟化的角度

按虚拟化的角度不同，虚拟化技术又分为软件虚拟化和硬件虚拟化，前者即为软件方案，后者即为硬件方案。

（1）软件方案，顾名思义，就是使用纯软件的技术，实现物理平台对物理平台访问的模拟，常见的软件虚拟化有 QEMU，它是通过纯软件来实现对 x86 平台上处理器的取指、解码与执行等操作；VMWare 也可看作是一种纯软件的虚拟化技术，它与 QEMU 不同的是，它使用了动态二进制翻译的技术。

（2）硬件方案，就是结合了软件虚拟化和硬件虚拟化技术，通过二者共同完成对处理器的模拟。

2．虚拟化的程度

按虚拟化的程度不同，虚拟化技术又可以分为半虚拟化和全虚拟化。

对于非专业人员，面对虚拟化方案，可能会感到一头雾水，并且，对于上层开发人员而言，如果再让他们从事底层虚拟化的开发，势必会导致产生层次水平不同的虚拟化方案。

在 OpenStack 中谈及虚拟化，不得不提 KVM。KVM 是一个虚拟机管理程序，它是基于虚拟化扩展的 x86 硬件，现已集成到 Linux 内核中，由标准的 Linux 调度程序进行调度。它可以具备内存管理、存储、设备驱动及可伸缩性等特点。

除了 KVM 虚拟化外，目前的虚拟化产品还有 Xen、VMWare、VirtualBox、Hyper-V 等。如果读者需要全面深入了解虚拟化技术，可以自行查阅相关书籍。

3.2　KVM 的管理工具 Libvirt

KVM 的管理工具众多，而在众多的管理工具中，最为著名的当 Libvirt 莫属了，它是目前使用最为广泛的 KVM 管理工具和应用程序接口。对于 OpenStack 的计算模块而言，它在底层使用的也是 Libvirt 的应用程序接口。本节不会对 Libvirt 进行深入讲解，仅会进行简单介绍，主要讲解与 OpenStack 相关性比较密切的 libvirt.xml 文件的组成及 Libvirt 的体系结构，另外，还会简单介绍虚拟化如何与 OpenStack 结合。

3.2.1　Libvirt 简介

Libvirt 是一套对平台虚拟化技术进行管理的管理工具和 Linux API。作为连接底层多种虚拟机管理器（Hypervisor）与上层应用的中间适配层（见图 3.1），它可以支持 KVM、Xen、QEMU、VirtualBox 等多种虚拟机管理器。

对于 OpenStack、virsh、virt-manager 而言，其底层虚拟化接口

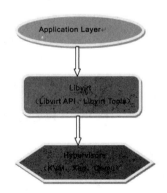

图 3.1　Application、Libvirt 及 Hypervisor 之间的层次关系

及虚拟机管理功能也是通过调用 Libvirt API 来实现的。Libvirt 通过提供一个统一的 API 接口，对底层不同 Hypervisor 的实现细节进了屏蔽，另外，Libvirt 采用过一种基于驱动（Driver）的架构（见图 3.2），来实现对多种不同 Hypervisor 的支持，即每种 Hypervisor 都需要提供一个 Driver，这个 Driver 可以借助 Libvirt 操控特定的虚拟机。

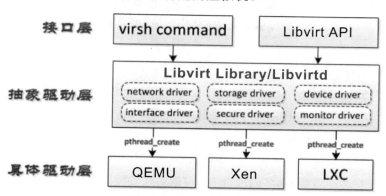

图 3.2 Libvirt 驱动模型

【示例 3-1】通过 Libvirt 提供的 API virsh 对虚拟机生命周期实现管理。

1．创建虚拟机

```
[root@jeguan-cmpt-02 ~]# virsh create libvirt.xml
Domain jeffreyguan created from libvirt.xml
[root@jeguan-cmpt-02 ~]# virsh list --all
 Id    Name                           State
----------------------------------------------------
 7     jeffreyguan                    running
```

2．挂起虚拟机

```
[root@jeguan-cmpt-02 ~]# virsh suspend 7
Domain 7 suspended
[root@jeguan-cmpt-02 ~]# virsh list --all
 Id    Name                           State
----------------------------------------------------
 7     jeffreyguan                    paused
```

3．删除虚拟机

```
[root@jeguan-cmpt-02 ~]# virsh destroy 7
Domain 7 destroyed

[root@jeguan-cmpt-02 ~]# virsh list --all
 Id    Name                           State
----------------------------------------------------
```

Libvirt 是通过 C 语言实现的一套应用程序接口，但同时也支持像 Python、Perl、Ruby、Java 等程序库，故它可以在不同的环境中集成与使用。

Libvirt 中的主要模块有 API 库、命令行工具 virsh 和后台 deamon 程序 Libvirtd。通过 Libvirt 提供的 API 库，一些诸如 virsh 的管理工具可以管理各种不同的 Hypervisor 及它上面运行的虚拟机，它们之间的层次结构如图 3.3 所示。

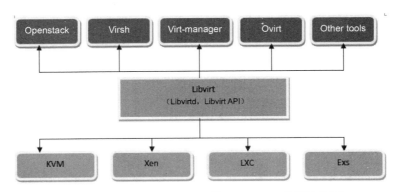

图 3.3　Libvirt、Libvirt tools 及 Hypervisor 的层次关系

Libvirt 中主要支持的功能包括：

（1）虚机管理。可以实现对各个节点上的虚拟机（域）进行生命周期及多种设备类型的管理。

（2）存储管理。在运行了 Libvirtd 的机器上，可以通过 Libvirt 来操作卷、挂载 iSCSI 共享存储、创建镜像等。

（3）网络管理。可以管理物理网络接口和虚拟网络接口，并且支持虚拟 NAT 和基于路由的网络。

（4）远程节点管理。可以对远程节点进行管理。

注意：Libvirt 的功能很多，不只以上几种。请参阅虚拟化的书籍深入了解。

3.2.2　Libvirt 的体系结构

在讲解 Libvirt 的体系结构之前，不妨让我们先看一下在没有 Libvirt 的情况下，虚拟机的管理方式，如图 3.4 所示。

在该模型中，处于底层的是整个物理硬件系统，主要是我们常见的 CPU、RAM 及 I/O 等，硬件系统上运行着 Host OS 和 Hypervisor。Hypervisor 的主要作用就是对真实的物理平台进行管理，与此同时，它也为每个虚拟机（Guest OS）提供虚拟硬件平台。

该模型存在一个比较严重的缺点：平台的可扩展性在一定程度上受到了限制，因为对于不同的 Hypervisor，应该会有各自不同的 Driver 来实现硬件平台的虚拟。

为了能够提高平台的可扩展性以及对不同的 Hypervisor 进行支持，Libvirt 实现了一组 API 来对不同的 Hypervisor 进行封装，并且通过一种虚拟机监控程序的特定机制与每个有效虚拟机监控程序进行通信，以完成 API 请求。图 3.5 展示了 Libvirt API 与相关驱动程序的层次结构。

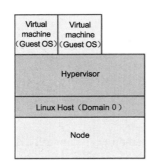

图 3.4　无 Libvirt 的用例模型

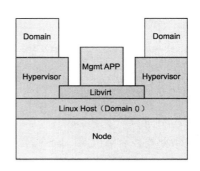

图 3.5　有 Libvirt 的用例模型

注意：读者一定要理解图 3.5 的模型。

对于每一个 Libvirt 的连接，我们都可以把它看成是一个 C/S 模型，其中，在 Server（服务器）上运行着 Hypervisor，Client（客户端）会主动去连接 Server 上的 Hypervisor，并且实现相应的虚拟化管理的功能。当然，对于图 3.5 所示的通过 Libvirt API 实现本地化管理模型而言，Server 与 Client 都在同一台物理节点上，它们之间的连接不会依赖于网络。

除了 Libvirt API 之外，另外一个比较关键的是 Libvirtd。它是一个运行在 Server 上的后台进程，Client 可以通过连接到 Libvirtd 来实现管理操作。根据虚拟机管理应用程序与虚拟机是否在同一节点上，我们可以把 Libvirt 的控制方式分成两种：本地控制和远程控制。

1．本地控制

如图 3.5 所示，管理应用程序（Mgmt APP）与虚拟机（图中是 Domain）位于同一个 Node 上。关于本地控制的方式不作详解，只介绍 Libvirt 中比较重要的几个概念。

（1）Node：物理主机或物理节点。

（2）Domain：虚拟机实例、Guest OS 或虚拟机。在 Xen 中 Domain 0 表示宿主机系统；在 KVM 中，Domain 完全指虚拟机系统。

（3）Hypervisor：虚拟机管理器（VMM），如 KVM、Xen、Hyper-V 等。

2．远程控制

如图 3.6 所示，管理应用程序（Mgmt APP）和域（Domain）位于不同节点（Node）上时，本例中，需要进行远程 RPC 通信（如图 3.6 中虚线所示）。

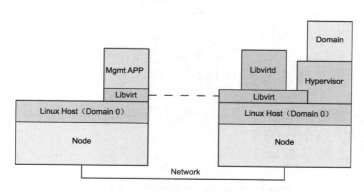

图 3.6　远程控制方式

该模式需要借助运行于远程节点上的 Libvirtd 这一特殊守护进程。此守护进程会随着 Libvirt 的安装而自动启动，可自动确定本地虚拟机监控程序并为其安装驱动程序。该管理应用程序通过 RPC 从本地 Libvirt 连接到远程 Libvirtd。对于 QEMU，协议在 QEMU 监视器处结束。QEMU 包含一个监测控制台，它允许检查运行中的虚拟机操作系统并控制虚拟机（VM）各部分。

不过，并不是所有的 Hypervisor 都需要运行 Libvirtd 守护进程，像 VMWare ESX 和 ESXi 就不需要在 Server 上运行这一进程，在此不做详细介绍。

目前，Libvirt 实现了以下几种类型的 Driver，每一种类型的 Driver 代表对某种功能模块的抽象封装：

- 虚拟化驱动（virDriverPtr）
- 虚拟网络驱动（virNetworkDriverPtr）
- 物理网卡驱动（virInterfaceDriverPtr）
- 存储驱动（virStorageDriverPtr）

- 监控驱动（virDeviceMonitorPtr）
- 安全驱动（virSecretDriverPtr）
- 过滤驱动（virNWFilterDriverPtr）
- 状态驱动（virStateDriverPtr）

3.3 OpenStack 与虚拟化的结合

OpenStack 是一个开源的云管平台，它自身并不会提供实现虚拟化的技术，在 OpenStack 中进行虚拟机创建等虚拟化功能是通过与之连接的 Hypervisor 来实现的。Nova 是 OpenStack 中与虚拟化技术联系比较密切的组件，它提供了一种 Virt Driver 的开源框架，借助此框架，它可以实现各种虚拟化。

注意：OpenStack 中与虚拟化相关的功能主要集中在 Nova 组件中，这里所说的虚拟化是指相关的虚拟机。

当我们部署完 OpenStack 后，可以通过/etc/nova/nova.conf 来配置底层所调用的 VirtDriver。假如我们想使用 Libvirt 的 Driver，可以在 nova-compute 服务所在的节点上，对 nova.conf 做修改，修改 compute_driver 的值为 libvirt.LibvirtDriver，如下：

```
[root@jeguan-cmpt-01 ~]# cat /etc/nova/nova.conf | grep compute_driver
compute_driver=libvirt.LibvirtDriver
```

对于不同的用户而言，单一的 Hypervisor Dirver 可能无法满足用户需求。有时客户为了避免受单一产品供应商的限制，他们往往会使用多种 Hyervisor；另外，现行的单一的 Hypervisor 有时并不能满足用户对虚拟化功能的需求。随着虚拟化技术的成熟度越来越高，multi-hypervisor 的云平台环境逐渐成为可能。

通过图 3.7 我们能够很容易地看到，OpenStack 可以利用 Libvirt 实现对多种 Hypervisor 的操作，同时也支持直接调用原生的 API 进行操作。

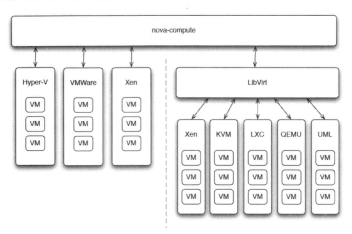

图 3.7 OpenStack 与 Hypervisor

这里需要说明的是，OpenStack 宣称兼容 EC2 的 API。兼容的意思就是说，假如你以前开发了一套操作 EC2 的软件，利用了 EC2 的 API，那么你可以无缝把这个软件应用到 OpenStack 里。

除此之外，OpenStack 所说的公有云和私有云管理，并不是可以管理第三方公有云，而是企业可以借助 OpenStack，搭建云管平台，对外提供服务，自己作为公有云厂商。

前一小节，我们提到过 Libvirt 提供了很好的 Python 绑定，那么下面我们以 Nova 为例，简单看一下 OpenStack 如何与 Libvirt 进行交互。

Nova 创建虚拟机的过程比较复杂，这里只介绍 Nova 如何实现对 Libvirt 的调用。

创建虚拟机时，Nova 最终通过 nova-compute 服务调用到 LibvirtDriver 类的 spawn()函数。代码如下：

```
nova/compute/manager.py

with timeutils.StopWatch() as timer:
self.driver.spawn(context,instance,image_meta,
                  injected_files,admin_password,
                  network_info=network_info,
                  block_device_info=block_device_info)
```

在这个函数中，会执行获取磁盘信息、创建虚似机所需要的镜像等，由于 spawn()中的实现代码比较长，我们只关注其中与本节相关的关键部分：

```
nova/virt/libvirt/driver.py

def spawn(self,context,instance,image_meta,
    injected_files,admin_password,
    network_info=None,block_device_info=None):
    …
    xml=self._get_guest_xml(context,instance,network_info,
                      disk_info,image_meta,
                      block_device_info=block_device_info)
    …
    self._create_domain_and_network(
                      context,xml,instance,network_info,
                      block_device_info=block_device_info,
                      post_xml_callback=gen_confdrive,
                      destroy_disks_on_failure=True)
    …
```

注意：如果你是对 Nova 进行开发的，那么，虚拟机的创建流程必须牢记在心，这样才能对虚拟机创建中的问题快速定位。

上述代码中，_get_guest_xml()函数的主要作用是生成创建虚拟机所需要的 XML，在 XML 中同时指定了虚拟机所需要的 CPU/RAM/Disk 等信息；然后通过_create_domain_and_network 来创建虚拟机的网络；最终通过 launch()函数调用 Libvirt 方法中的 createWithFlags()来创建并启动虚拟机。

具体实现代码如下：

```
nova/virt/libvirt/guest.py

def launch(self,pause=False):
    """Starts a created guest.
    :param pause: Indicates whether to start and pause the guest
    """
    flags=pause and libvirt.VIR_DOMAIN_START_PAUSED or 0
    try:
```

```
            return self._domain.createWithFlags(flags)
    except Exception:
    with excutils.save_and_reraise_exception():
        LOG.error(_LE('Error launching a defined domain'
               'with XML: %s'),
               self._encoded_xml,errors='ignore')

/usr/lib64/python2.7/site-packages/libvirt.py

def createWithFlags(self,flags=0):
 ret=libvirtmod.virDomainCreateWithFlags(self._o,flags)
 if ret==-1: raise libvirtError ('virDomainCreateWithFlags() failed',dom=self)
 return ret
```

其中，virDomainCreateWithFlags()是 Libvirt 的 Python 接口。根据 Libvirt API 的不同功能，我们可以将它们划分成 5 类：Hypervisor 连接管理 API（virConnectPtr）、Domain 管理 API（virDomainPtr）、网络 API（virNetworkPtr）、存储卷 API（virStorageVolPtr）、存储池 API（virStoragelPoolPtr），这 5 者之间的关系如图 3.8 所示。

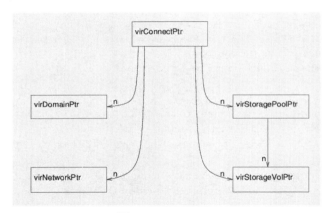

图 3.8 Libvirt API

- **virConnectPtr**：负责建立与 Hypervisor 的连接。其他所有 API 都要依靠这个连接提供各自的功能。与 Hypervisor 连接的建立是通过函数 virConnectPtr=virConnectOpen()实现的，virConnectPtr 的对象作为返回值，可以被其他 API 调用。Libvirt 中并发调用通过 virConnectGet Capabilities() 和 virNodeGetInfo()接口实现，前者返回相应 Hypervisor 和驱动程序的功能，后者可以获取有关节点的信息。
- **virDomainPtr**：表示一个处于 active 或 defined（即以配置文件和存储状态存在，但是目前并没有在物理节点上启动的虚拟机。这里的"配置文件"也称为虚拟机定义文件或 XML 文件，如 3.4 节中用到的 libvirt.xml）状态的虚拟机。处于这些状态的虚拟机可以通过接口 virConnectionListAllDomains()从 Hypervisor 中获取。
- **virNetworkPtr**：表示一个处于 active 或 defined（以配置文件和存储状态存在，但是目前并没有在物理节点上启动的网络）状态的网络。
- **virStorageVolPtr**：代表一个存储卷，它可以为虚拟机提供块设备。
- **virStoragePoolPtr**：代表一个存储池，用来分配和管理存储卷的逻辑区域。可以通过接口 virConnectListAllStoragePools()来获取 Hypervisor 上所有存在的存储池。

3.4 虚拟机配置 libvirt.xml 详解

在 3.2.1 节中，我们简单介绍了如何通过 virsh 来实现对虚拟机的管理，但并没有对其中用到的 libvirt.xml 文件进行详细介绍。本节将对 libvirt.xml 中的相关内容做详细讲解，Nova 在创建虚拟机时，就是通过用户提供的参数，最终生成一个 XML 文件，然后 Libvirt 再通过这个 XML 文件创建并启动虚拟机。

通过学习 libvirt.xml，有助于我们从 Libvirt 这一层了解 Nova 在创建虚拟机时应该准备的配置信息。除了创建虚拟机，对于虚拟机的删除、挂起、迁移、调整 Flavor 的大小等操作，也要用到这个 XML 文件。

在分析本节用到的 libvirt.xml 文件之前，我们先从整体上了解一下，一个 XML 文件应该包含哪些重要部分，如下所示：

```
<domain type='kvm'>
  虚拟机整体信息（uuid/name/memory/vcpu/metadata等）
  硬件信息（version/product/manufacturer/serial等）
  虚拟机操作系统
  设备信息（磁盘、网络等）
</domain>
```

整体上了解 XML 文件中应该包含的内容后，下面具体来看本节用到的 libvirt.xml 中的内容，具体解释请看代码的内部注释。

登录到虚拟机所在的计算节点的以下目录：/var/lib/nova/instances/6334ae76-cc00-4fa2-ba96-547dbd70debb/libvirt.xml

```
   # type表示Hypervisor的类型，如果使用的是KVM这种虚拟化技术，那么应该是"type=kvm"
 8 <domain type='qemu'>
   # name表示virsh中虚拟机的名字，我们可以在虚拟机所在计算节点上通过virsh list来查看
 9   <name> instance-00000018 </name>
   # uuid表示虚拟机的uuid，这个值与我们通过nova list看到的虚拟机的id是一致的。
10   <uuid>6334ae76-cc00-4fa2-ba96-547dbd70debb</uuid>
11   <metadata>
12     <nova:instance xmlns:nova="http://OpenStack.org/xmlns/libvirt/nova/1.0">
13       <nova:package version="14.0.3-1.el7"/>
14       <nova:name>jeffreyguan</nova:name>
15       <nova:creationTime>2017-07-07 09:20:08</nova:creationTime>
16       <nova:flavor name="8-8-100">
17         <nova:memory>8196</nova:memory>
18         <nova:disk>100</nova:disk>
19         <nova:swap>0</nova:swap>
20         <nova:ephemeral>0</nova:ephemeral>
21         <nova:vcpus>8</nova:vcpus>
22       </nova:flavor>
23       <nova:owner>
   # user_uuid/project_uuid：表示虚拟机所属的用户及Project。前者可以登录到控
   # 制节点上，通过OpenStack user list 来查看；后者可以登录到控制节点
   # 上通过，OpenStack project list查看
```

```xml
24          <nova:user uuid="498e2348370a441ab9db99b202c1bf83">admin</nova:user>
25          <nova:project uuid="f5951321fbff4a8698afdbdd04b5ff8d">admin</nova:project>
26        </nova:owner>
```
type="image": 表示创建虚拟机时所用的虚拟机镜像，可以登录到控制节点
上，通过glance image-list查看
```xml
27        <nova:root type="image" uuid="b9dfc156-98ea-4fb8-811d-2c382b261cdd"/>
28      </nova:instance>
29    </metadata>
30    <memory unit='KiB'>8392704</memory>
31    <currentMemory unit='KiB'>8392704</currentMemory>
32    <vcpu placement='static'>8</vcpu>
33    <cputune>
34      <shares>8192</shares>
35    </cputune>
36    <sysinfo type='smbios'>
37      <system>
38        <entry name='manufacturer'>RDO</entry>
39        <entry name='product'>OpenStack Compute</entry>
40        <entry name='version'>14.0.3-1.el7</entry>
41        <entry name='serial'>317544f5-0748-4844-ac73-595a9fb83d06</entry>
42        <entry name='uuid'>6334ae76-cc00-4fa2-ba96-547dbd70debb</entry>
43        <entry name='family'>Virtual Machine</entry>
44      </system>
45    </sysinfo>
```
系统信息，<boot dev='hd'>表示默认从硬盘启动
```xml
46    <os>
47      <type arch='x86_64' machine='pc-i440fx-rhel7.3.0'>hvm</type>
48      <boot dev='hd'/>
49      <smbios mode='sysinfo'/>
50    </os>
```
硬件资源信息
```xml
51    <features>
52      <acpi/>
53      <apic/>
54    </features>
55    <cpu mode='host-model'>
56      <model fallback='allow'/>
57      <topology sockets='8' cores='1' threads='1'/>
58    </cpu>
59    <clock offset='utc'/>
```
begin:表示系统出现power off/reboot/crash的时候应该做的处理
```xml
60    <on_poweroff>destroy</on_poweroff>
61    <on_reboot>restart</on_reboot>
62    <on_crash>destroy</on_crash>
```
end:表示系统出现power off/reboot/crash的时候应该做的处理
```xml
63    <devices>
64      <emulator>/usr/libexec/qemu-kvm</emulator>
```
begin:虚拟机磁盘信息
```xml
65      <disk type='file' device='disk'>
66        <driver name='qemu' type='qcow2' cache='none'/>
```

```
 67       <source
file='/var/lib/nova/instances/6334ae76-cc00-4fa2-ba96-547dbd70debb/disk'/>
 68       <target dev='vda' bus='virtio'/>
 69       <address type='pci' domain='0x0000' bus='0x00' slot='0x04'
                                                      function='0x0'/>
 70     </disk>
        # end:虚拟机磁盘信息
 71     <controller type='usb' index='0'>
 72       <address type='pci' domain='0x0000' bus='0x00' slot='0x01'
                                                      function='0x2'/>
 73     </controller>
 74     <controller type='pci' index='0' model='pci-root'/>
        # 网络配置,这里的网络配置使用的是网桥。其中:'tapedaaee4b-b5'可以理解为虚拟
        # 机的一个网络设备,'edaaee4b-b5'是虚拟机的Port的前几位;'brq1d936455-9c'是
        # Linux Bridge上的一个端口;'virtio'表示这是一个虚拟设备。关于前两者的详细介
        # 绍将会在网络部分进行详细解释
 75     <interface type='bridge'>
 76       <mac address='fa:16:3e:64:87:11'/>
 77       <source bridge='brq1d936455-9c'/>
 78       <target dev='tapedaaee4b-b5'/>
 79       <model type='virtio'/>
 80       <driver name='qemu'/>
 81       <address type='pci' domain='0x0000' bus='0x00' slot='0x03'
                                                      function='0x0'/>
 82     </interface>
 83     <serial type='file'>
 84       <source
path='/var/lib/nova/instances/6334ae76-cc00-4fa2-ba96-547dbd70debb/console.log'/>
 85       <target port='0'/>
 86     </serial>
 87     <serial type='pty'>
 88       <target port='1'/>
 89     </serial>
 90     <console type='file'>
 91       <source
path='/var/lib/nova/instances/6334ae76-cc00-4fa2-ba96-547dbd70debb/console.log'/>
 92       <target type='serial' port='0'/>
 93     </console>
 94     <input type='tablet' bus='usb'>
 95       <address type='usb' bus='0' port='1'/>
 96     </input>
 97     <input type='mouse' bus='ps2'/>
 98     <input type='keyboard' bus='ps2'/>
 99     <graphics type='vnc' port='-1' autoport='yes' listen='0.0.0.0'
                                                      keymap='en-us'>
100       <listen type='address' address='0.0.0.0'/>
101     </graphics>
102     <video>
103       <model type='cirrus' vram='16384' heads='1' primary='yes'/>
104       <address type='pci' domain='0x0000' bus='0x00' slot='0x02'
                                                      function='0x0'/>
105     </video>
```

```
         # 表示每10秒去收集一次虚拟内存的使用情况。我们可以通过
         # virDomainMemoryStats()来获取虚拟机内存的状态。这样可以帮助像Ceilometer这样的
         # 计量模块来收集内存的使用量。要想让memballoon起作用，Libvirt的版本应该满足
         # 1.1.1+，并且QEMU的版本要满足1.5+
106        <memballoon model='virtio'>
107          <stats period='10'/>
108          <address type='pci' domain='0x0000' bus='0x00' slot='0x05'
                                                            function='0x0'/>
109        </memballoon>
110      </devices>
111  </domain>
```

注意：对于 Nova 来说，其一个主要目的就是要生成上述 XML 文件，然后，调用 Libvirt 的接口创建虚拟机。清楚了上述内容，可以帮助我们理解 Nova 创建虚拟机时为什么会是这样的创建流程。

第 4 章 OpenStack 通用技术

OpenStack 中的项目众多，尽管不同项目实现的功能有所差异，但它们之间也有通用的技术。比如，RPC 通信方式是 OpenStack 中项目内部通信最常用的方式，通过项目内的 RPC 调用，可以方便地实现同一项目不同服务间的异步/同步通信，RPC 自身既支持同步调用（rpc.call），也支持异步调用（rpc.cast），这样可以让开发者开发项目时，将更多精力专注在项目本身，避免重复造轮子。

通过对本章的学习，希望读者有以下几点收获：
- 深入了解 RPC 技术、消息队列技术
- 深入了解常用的 Web 框架
- 深入了解 Python 多线程技术的实现

注意：对于初学者来说，本章的知识比较重要，因为本章所讲的内容会始终贯穿于组件的学习中。

4.1 RPC 服务实现分析

OpenStack 的项目（如 Nova、Cinder、Glance 以及 Neuron 等）中，各个组件之间（比如，Nova 与 Neutron 通信、Nova 与 Glance 通信等）主要通过 REST API 接口进行通信，而同一组件内部（比如，Nova 中的 nova-scheduler 与 nova-compute 通信、nova-conductor 与 nvoa-scheduler 通信等）都采用基于 AMQP 通信模型的 RPC 通信。

单从上面这些解释，对于初学者而言可能会有一些抽象，为了让大家更好地理解上面的这些解释，下面以 Nova 的架构为例，来进一步说明哪些通信需要通过 REST，哪些通信需要通过 RPC，如图 4.1 所示。

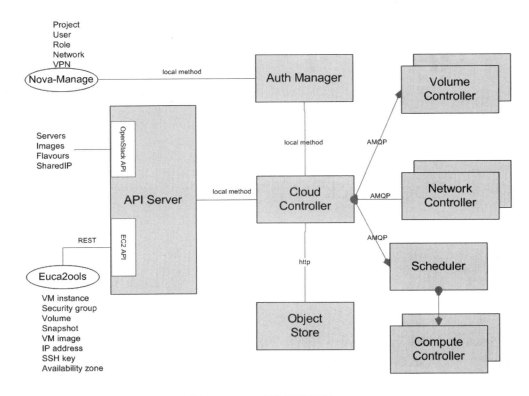

图 4.1　Nova 组件通信机制

图中标有 http 字样的，表示两端的服务是通过 REST 方式通信的；标有 AMQP 字样的表示两端是通过 RPC 通信的。在深入讲解 RPC 和 AMQP 之前，我们有必要从总体上了解 OpenStack 中的通信架构，如图 4.2 所示。

下面针对图 4.2 中出现的几个名字从下到上依次进行简单介绍。

最下面的是 Socket 通信，即不管是否使用 RPC 通信，Socket 网络通信都是必须的，只要通过网络进行通信，就离不开 Socket。

AMQP 是一种高级消息队列通信协议，它是针对消息产生、消息队列、消息路由、消息实现以及消息安全的一个开放的协议标准，其中 RabbitMQ 是基于 AMQP 实现的最流行的消息队列实现方式。

Kombu 是一个 Python 实现的消息库，它的设计目标是实现一个符合 AMQP 标准的消息队列接口，它通过插件的形式支持多种消息队列实现形式，还支持对消息体进行编/解码与压缩。

oslo_messaging 是 OpenStack 中封装的一个支持 RPC 和事件通知的 Python 库，它本身也是 OpenStack 中的一个开源项目，它现在支持的 Drivers[①]有 Fake、Kafka、Kombu、Pika、Rabbit、Zmq。

图 4.2　OpenStack 中的通信架构

注意：理解 OpenStack 的通信架构，可以让初学者从底层到上层完全理解 OpenStack 的通信机制。

---

① oslo_messaging 支持的 Drivers：https://docs.openstack.org/oslo.messaging/ocata/drivers.html

在 OpenStack 中，RPC 通信机制是基于 AMQP 来实现的，这样设计的最大好处是，可以方便地实现同一服务内部不同组件之间的解耦。理解 AMQP 有助于帮助我们更好地理解 RPC。

AMQP 是一种提供统一消息服务的应用层标准协议，在基于 AMQP 实现的模型中主要有 5 个比较重要的概念（角色）。

（1）Exchange：它就相当于路由器（实际上，它是一种算法），可以根据一定的规则（即 Routing Key）最终把消息转发到相应的消息队列中去。

（2）Routing Key：它是用来告诉 Exchange 如何进行消息路由的，即哪些消息应该发送到哪些消息队列中去。实际上它是一个虚拟地址，通过它可以确定如何路由一个特定消息。

（3）Binding Key：用来创建消息队列和交换器绑定关系的实现。

（4）Publisher：消息的生产者。有人也称它为消息的发送者。它是消息的来源，消息发送时会指定目标 Exchange 以及 Routing Key，这样可以保证正确的消息队列收到此消息。

（5）Consumer：消息的消费者。它主要是从消息队列中获取消息并处理。

图 4.3 中给出了不同角色之间的关系。生产者（Publisher）首先将消息（Message）发送到 Exchange 中，一个 Exchange 可以对接多个消息队列，根据不同的 Routing Key，最终可以把消息分别发送到相应的消息队列中。不同的消费者最终从各自对应的消息队列中获取消息进行消费。

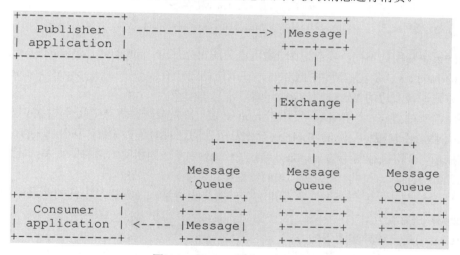

图 4.3　AMQP 消息通信模型

AMQP 中每种 Exchange 类型都实现了某种路由算法，在这些类型的 Exchange 中，以下类型的 Exchange 在 OpenStack 中比较常见。

（1）**Direct Exchange**。这是一种默认的 Exchange，它是基于路由键（Routing Key）来路由消息的一种方式，在这种类型的 Exchange 中，只有消息中的 Routing Key 属性与消费者的 routing_key 属性一致时，此消息才会被此消费者获取并处理。

（2）**Fan-out Exchange**。这是一种类似于广播的消息分发方式，所有的消费者都可以接收来自于这种类型的 Exchange 的消息并处理。

（3）**Topic Exchange**。这种类型的 Exchange 允许 Routing Key 以正则表达式的形式进行定义。在这类 Routing Key 中允许使用三个特殊符号："."、"*" 和 "#"。"*" 表示匹配任意字符，"#" 表示匹配零个或多个字符。例如，"*.stock.#" 可以匹配 "usd.stock" 和 "eur.stock.db" 这样的 Routing Key，但是不能匹配 "stock.nasdaq" 这样的 Routing Key。

注意：在生产环境中，对于 Topic Exchange 的使用还是比较常见的。

下面我们来看 OpenStack 中比较经典的两种 RPC 调用方式：rpc.call() 和 rpc.cast()。

（1）rpc.call() 是一种同步调用的方式

Client 发出 request 后，会等待 Server 端的 response，如果 Server 端一直没有返回 response，那么这个进程将一直被卡住直到超时。其调用过程如图 4.4 所示。

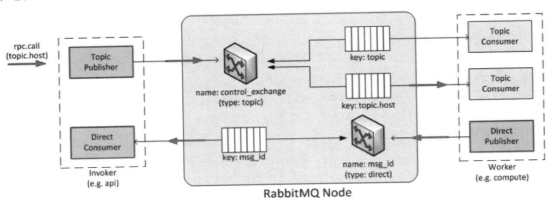

图 4.4　rpc.call() 调用过程

依据不同模块功能的不同，我们把图 4.4 可以分成三个部分：Invoker、Message Queue 和 Worker。其中最左边的 Invoker 就是我们所说的 Client 端（消息的生产者），中间的 RabbitMQ Node 是消息队列的一种实现方式，最右边的 Worker 是 Server 端（消息的消费者）。

注意图中箭头的方向，当 Invoker 发出了 request 后，首先会到达消息中间件（MQ，如 RabbitMQ）的 Exchange，然后由它根据消息的 Topic 进行分发；当消息的消费者拿自己所订阅的 Topic 类型的消息并处理完成后，会将执行结果的 response 通过 Exchange 发送到相应的消息队列中，最终，生产者从队列中取回此 response，此时，一个 rpc.call() 过程结束。

需要明白的一点是，生产者与消费者并没有直接交互消息，而是通过中间的消息中间件（MQ：Message Queue）进行交互。

（2）rpc.cast() 是一种异步调用的方式

Client 发出 request 后，不会等待 Server 端的 response，而是会去继续执行其他的操作。其调用过程如图 4.5 所示。

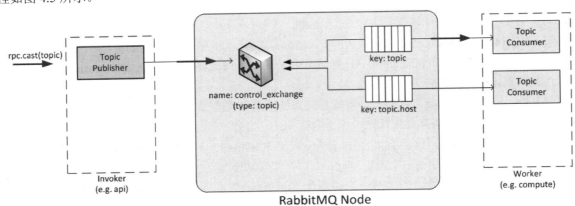

图 4.5　rpc.cast() 调用过程

从图中可以看出，当 Server 端（Worker）收到 Client 端（Invoker）发出的消息后，并没有给 Server 端发送任何的 response。

这里再解释一下 OpenStack RPC 中的 Server 和 Client。RPC Server 会向外暴露许多 Endpoints，每一个 Endpoint 会向外提供多种方法供 Client 来调用。这里的 Endpoint，我们记住它是一些 URL 即可，如果想具体了解它是如何创建出来的，可以参考 2.1.2 节中的例子。

下面通过一个简单示例，来看一下创建 RPC Server 以及 RPC Client 是如何向 RPC Server 发送请求的。

【示例 4-1】在 OpenStack RPC 中创建 Server 并实现 Client 向 Server 发送请求（以 rpc、calll 为例）。

（1）RPC Server 的创建。从下面这段代码中我们可以看到，要创建一个 RPC Server，我们应该提供 transport、target 以及 endpoints。然后，就可以调用 get_rpc_server()加载合适的 transport Driver 来创建我们的 RPC Server 了。在 get_rpc_server()中需要提供一个参数 executor，用来指定消息接收与分发的方式。

```
transport=oslo_messaging.get_rpc_transport(cfg.CONF)
target=oslo_messaging.Target(topic='test',server='server1')
endpoints=[
    ServerControlEndpoint(None),
    TestEndpoint(),
]
server = oslo_messaging.get_rpc_server(transport,target,endpoints,
                          executor='eventlet')
try:
    server.start()
    while True:
        time.sleep(1)
except KeyboardInterrupt:
    print("Stopping server")

server.stop()
server.wait()
```

创建 target 时，需要提供 topic 和 server 这两个必须的参数，不同的 RPC Server 可以同时监听一个或多个 Topic 类型的消息。通过 server.start()启动刚刚创建的 RPC Server。

（2）使用 RPC Client 发送请求。从前面的讲解我们也了解到，RPC Client 的主要作用就是向 RPC Server 发送请求，并接收从 Server 返回的 response。那么 RPC Client "发送请求" 可以做什么呢？它发送请求，可以触发 Endpoint 提供的方法。

RPC Client 发送请求的示例代码如下，以 rpc.call()为例：

```
transport=messaging.get_rpc_transport(cfg.CONF)
target=messaging.Target(topic='test',version='2.0')
client=messaging.RPCClient(transport,target)
client.call(ctxt,'test',arg=arg)
```

RPC Client 在发送请求时，需要提供三个必要的参数：请求的上下文、触发的方法名以及方法所需要的参数。一个 RPC Client 会有许多参数，比如超时时间、版本号等，这些参数可以根据需要自行选择是否提供。

注意：当我们在进行组件学习时，往往不会发现代码中直接使用上述调用方式，而是使用 oslo_messaging 的方式进行 RPC 消息的发送。oslo_messaging 是社区为简化 OpenStack 中的 RPC 的调用而进行的一系列封装。

上面是基本的 RPC 实现方式，在 OpenStack 中，我们还可以通过 RPC 来实现分布式任务调度管理，如图 4.6 所示。

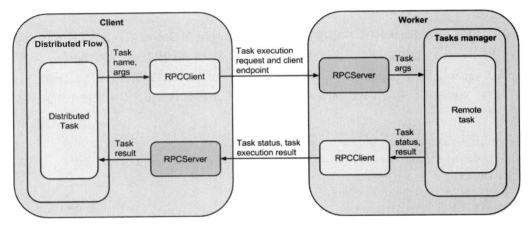

图 4.6　基于 RPC 的分布式任务调度架构

一个分布式的系统包含 Client 端（可能有多个）和 Workers。Client 上运行一个 Flow，当 Client 启动一个新的 Task 时，它会向 Workers 发送 RPC Call/s，这个 RPC Call 中会携带着 Endpoint 信息及和 Task 相关的参数；Workers 中的其中一个 Worker 接收到这个消息后会向 Client 发送确认消息，执行相关的方法，并定期向 Client 发送心跳；Client 会在此期间一直监听 Worker 的 response，当 Task 完成后，Worker 向 Client 发送执行结果；如果在限定时间内 Client 没有收到 Worker 的心跳，那么 Client 就认为 Worker 的执行是失败的。

4.2　消息队列服务分析

在上节讲解 RPC 的实现时，我们提到了一个叫 RabbitMQ 的概念，它其实是 AMQP 的一种实现方式，是一种消息中间件。在 OpenStack 中，RabbitMQ 是使用最为广泛的一种消息队列的实现方式。消息队列的实现方式在 OpenStack 中有着至关重要的作用。如果消息队列出现了问题，那么 OpenStack 中的许多服务都将不能正常工作，从另一方面来讲，消息队列的性能在一定程度上决定着 OpenStack 系统的稳定性，所以本节我们将对其进行详细的讲解。

4.2.1　透彻理解中间件 RabbitMQ

RabbitMQ 是一种中间件，这么讲可能会比较抽象，我们可以打个比方，比如，可以把中间件理解成是一个邮局，当我们要寄信时，把邮件放在信箱，邮差会把我们的信件顺利地送达收信人。在这个比喻中，RabbitMQ 其实就扮演了一个邮局、邮箱和邮差的角色，只是 RabbitMQ 传送的是二进制的 Message，而邮差传送的是纸质信件。

RabbitMQ 中用到的诸如生产者、消费者、队列之类的概念，与 AMQP 相同。为了表达得更形象一些，我们分别用以下概念进行定义，如表 4.1 所示。

表 4.1　RabbitMQ 中概念图示

概　念	图形表示
生产者	P
消费者	C
消息队列	Queue_name

以上概念在前一节已经讲过了，这里不再赘述，只说明一点，生产者、消费者和消息队列三者不一定都部署在同一个 Host 上，事实上，它们通常被部署在不同的 Host 上。

【示例4-2】通过"Hello World"演示如何 RabbitMQ 的消息收发过程。

本示例设计的架构如图 4.7 所示。

图 4.7　示例设计架构

（1）建立连接，即建立生产者与 RabbitMQ Server 的连接。代码如下：

```
connection=pika.BlockingConnection(pika.ConnectionParameters('127.0.0.1'))
channel=connection.channel()
```

执行完上述代码后，连接就建立了。这里参数传入的是 127.0.0.1，表示生产者要连接与其在同一个 Host 上的 RabbitMQ Server，如果生产者与 RabbitMQ Server 不在同一个 Host 上，这里要换成 RabbitMQ Server 所在的 Host 的 IP。

（2）创建接收端的消息队列。如果我们把消息发送到一个不存在的地方，RabbitMQ 将会选择丢弃消息，所以这里需要创建一个消息队列，代码如下：

```
channel.queue_declare(queue='hello world')
```

到这里，就完成了消息发送的准备工作，下面就是把生产者的消息发送到这个消息队列中。

需要注意的是，生产者不能直接把消息发送到消息队列中，生产者发出的消息，首先应该到达 Exchange，然后再由 Exchange 将消息路由到不同的消息队列中。有关 Exchange 的详细说明后面会有介绍，这里我们使用一个 Default Exchange 即可。

（3）发送"Hello World"。代码如下：

```
channel.basic_publish(exchange='',
                      routing_key='hello world',
                      body='Hello World')
print("[x] Sent 'Hello World!'")
```

这里使用了 routing_key 参数，它是用来指定消息应该被哪个消息队列来接收；exchange 指的是消息的路由方式（Direct Exchange、Fanout Exchange、Topic Exchange）；Body 是消息体，即 Workload。

在退出我们的程序前,应该保证消息已经被正确地投递到了 RabbitMQ 中,并且清空所有网络相关的缓存,通常,可以通过下面的代码来实现:

```
connection.close()
```

(4)实现接收端的代码。对于接收端(即消息的消费者)而言,同样需要建立与 RabbitMQ 的连接:

```
channel.queue_declare(queue='hello world')
```

其实在发送端的代码中,我们已经声名过这个 queue 了,为什么这里还要再次声明呢?这里说明一下,本次声明不是必需的,之所以再次声明,主要是为了确保消息队列的存在性。

(5)消费消息。这里的"消费消息"指的是 Server 端接收消息并进行处理的过程,这一过程主要依靠 callback 函数来实现,代码如下:

```
def callback(ch,method, properties, body):
    print("[x] Received %r" % body)

channel.basic_consume(callback,
                      queue='hello world',
                      no_ack=True)
print('[*] Waiting for messages. To exit press CTRL+C')
channel.start_consuming()
```

basic_consume()是用来消费消息的,通过对 callback 的调用来实现,callback 函数中可以实现我们想要实现的功能,比如打印消息、创建虚拟机、创建网络等。

同样的,basic_consume()也需要一个参数 queue,用于指定从哪个队列中读取消息。

至此我们的消息产生、消息发送与消息接收的流程都结束了,下面对代码进行总结。

消息的发送端代码[①]:

```
#!/usr/bin/env python
import pika

connection=
pika.BlockingConnection(pika.ConnectionParameters(host='localhost'))
channel=connection.channel()


channel.queue_declare(queue='hello')

channel.basic_publish(exchange='',
                      routing_key='hello',
                      body='Hello World!')
print("[x] Sent 'Hello World!'")
connection.close()
```

消息的接收端代码:

```
#!/usr/bin/env python
import pika
```

---

① RabbitMQ Hello World:http://www.rabbitmq.com/tutorials/tutorial-one-python.html

```
    connection=
pika.BlockingConnection(pika.ConnectionParameters(host='localhost'))
    channel=connection.channel()

    channel.queue_declare(queue='hello')

    def callback(ch, method, properties, body):
        print("[x] Received %r" % body)

    channel.basic_consume(callback,
                          queue='hello',
                          no_ack=True)

    print('[*] Waiting for messages. To exit press CTRL+C')
    channel.start_consuming()
```

在上面的示例中我们又接触了几个比较关键的概念。

（1）Routing Key：它是用来指定消息应该被谁来接收。
（2）Binding Key：针对某一个 Exchange，哪些 Routing Key 会被路由到当前绑定的 Queue 中。
（3）Channel：与 Exchange 的连接。
（4）Queue：消息队列，它用来存放生产者的消息。
（5）Connection：与 RabbitMQ Server 建立的连接。
（6）Connection Factory：Connection 的管理器。

从图 4.8 中我们可以看出，一个 Exchange 上面可以绑定多个 Queue，Exchange 与 Queue 之间关系的建立是通过 Binding Key 来实现的，图中只标出了两个 Binding Key，实际上应该是有四个 Binding Key，即 Exchange_A 与 Queue_1 之间的 Binding Key、Exchange_B 与 Queue_N 之间的 Binding Key，这里省略掉没有展示出来，实现它们之间的 Binding Key 是存在的。正是因为 Binding Key 的存在，才使得同一个 Exchang 上绑定的多个 Queue 之间消息的接收不会出现冲突。

注意：对于图 4.8 所示的关系，大家一定要理解，这样可以帮助我们掌握上面提到的几个关键概念，也对我们理解 oslo_messaging 有所帮助。

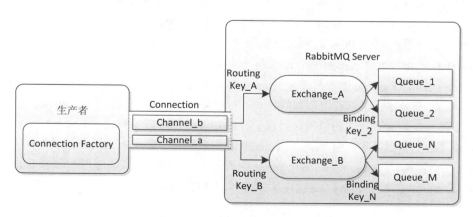

图 4.8　RabbitMQ 概念之间的关系

4.2.2 RabbitMQ 实现 RPC 通信

了解 RabbitMQ 的基本知识后，我们再进一步看 RabbitMQ 是如何实现 RPC 的。上面的例子中，我们并没有考虑生产者发送完请求后，"是否等待响应"的问题，即"同步""异步"的问题。

下面我们利用 RabbitMQ 来实现一个 RPC 系统。

【示例 4-3】RabbitMQ 之 RPC 通信案例。

因为打印"hello world"这样的操作并非是一个耗时的任务，所以我们用以下代码来模拟产生一个耗时的任务。

客户端代码：

```
fibonacci_rpc=FibonacciRpcClient()
result=fibonacci_rpc.call(4)
print("fib(4) is %r" % result)
```

以上代码对外暴露了一个 call() 方法，用来发送 RPC 请求，它将会实现进程阻塞的作用，直到接收到 Server 的 response 为止。在现实的工程应用中，我们并不会让其一直处于阻塞的状态，通常的做法是设置一个超时时间，当超过了时间后，Client 应该抛出异常或做相应的其他处理。

一般来说，通过 RabbitMQ 实现 RPC 相对比较简单，Client 端发送消息，Server 端处理消息并返回 response。Client 为了能够收到 Server 端返回的 response，Clinent 要指定一个 callback queue，实现代码如下：

```
result=channel.queue_declare(exclusive=True)
callback_queue=result.method.queue

channel.basic_publish(exchange='',
            routing_key='rpc_queue',
            properties=pika.BasicProperties(
                reply_to = callback_queue,
            ),
            body=request)
```

在 AMQP 0-9-1 协议中，总共定义了 14 项与消息相关的属性，不过大部分属性平时很少用到，下面只对常用的属性进行说明：

（1）delivery_mode：消息是否需要持久化。2 表示持久化，1 表示不持久化。

（2）content_type：用来限制编码的 mime-type。比如，application-type。

（3）reply_to：用来声明 callback queue，即哪个队列来接收 response。

（4）correlation_id：关联 response 与 request。

上面提到的 callback queue 的方式绑定 request 与 response 的方式，对于 RPC 而言，效率实际上并不是很高，为了提高效率，可以使用下面的方式：对于每一个 Client 创建一个 callback queue。这种方式虽然提高了效率，但又带来了新的问题，我们并不知道消息队列中的 response 与哪个 request 对应。

为了解决上面的问题，我们引入了 correlation_id 参数，对于每一个 request，都会有一个与之相应的 correlation_id，因此，当我们在 callback queue 中收到 response 时，只需要通过 correlation_id 即可判断 response 与 request 的对应关系，如果我们收到一个未知的 correlation_id，那么就认为这个是非法值，直接抛弃即可。

本节我们设计的 RPC 架构如图 4.9 所示。

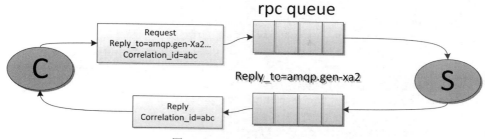

图 4.9　RabbitMQ RPC 实现

工作流程：

当 Client 启动后，它首先会创建一个匿名的 callback queue，当 Client 要发送 request 时，会在 Message 中设置两个参数，reply_to 和 correlation_id。前者是用来设置 callback queue 的，后者对于每一个 request 都是一个唯一值。

然后 request 被发送到名为 rpc_queue 的消息队列中；RPC Worker（即 RPC Server）会一直监听某个队列上的 request 请求，当有 request 被发送到这个 Queue 上时，RPC Worker 会根据 request 做相应的操作，并把执行后的 response 返回到 reply_to 字段指定的位置。

Client 端会监听 callback queue 上的数据，当消息到达此 Queue 时，它会检查 correlation_id 是否与某个 request 相匹配，如果有，那么会把这个 response 发送到相应的应用程序。

注意： 如果读者需要对 RabbitMQ 进行深入了解，可以参考其官方文档。对于 RabbitMQ 的问题定位与维护，都有相关的命令可以调用，另外，RabbitMQ 也提供了图形化的界面，方便对不同部分进行监控。

根据上述流程，我们归纳出了 rpc_server 和 rpc_client 的代码。

（1）rpc_server 的代码如下：

```python
import pika

connection=pika.BlockingConnection(pika.ConnectionParameters(host='localhost'))

channel=connection.channel()

channel.queue_declare(queue='rpc_queue')

def fib(n):
    if n==0:
        return 0
    elif n==1:
        return 1
    else:
        return fib(n-1)+fib(n-2)

def on_request(ch,method,props,body):
    n=int(body)

    print(" [.] fib(%s)" % n)
    response=fib(n)
```

```
            ch.basic_publish(exchange='',
                     routing_key=props.reply_to,
                     properties=pika.BasicProperties(correlation_id=\
                                        props.correlation_id),
                     body=str(response))
            ch.basic_ack(delivery_tag = method.delivery_tag)

channel.basic_qos(prefetch_count=1)
channel.basic_consume(on_request,queue='rpc_queue')

print("[x] Awaiting RPC requests")
channel.start_consuming()
```

上面的过程与我们在上一节中创建 RPC Server 的过程类似，只不过有一点需要注意，在 ch.basic_publish()函数中，我们指定了一个新的参数 correlation_id。

（2）rc_client 的代码如下：

```
import pika
import uuid

class FibonacciRpcClient(object):
    def __init__(self):
        self.connection=pika.BlockingConnection(pika.ConnectionParameters(host=
                                        'localhost'))

        self.channel=self.connection.channel()

        result=self.channel.queue_declare(exclusive=True)
        self.callback_queue=result.method.queue

        self.channel.basic_consume(self.on_response,no_ack=True,
                          queue=self.callback_queue)

    def on_response(self,ch,method,props,body):
        if self.corr_id==props.correlation_id:
            self.response=body

    def call(self,n):
        self.response=None
        self.corr_id=str(uuid.uuid4())
        self.channel.basic_publish(exchange='',
                         routing_key='rpc_queue',
                         properties=pika.BasicProperties(
                             reply_to=self.callback_queue,
                             correlation_id=self.corr_id,
                             ),
                         body=str(n))
        while self.response is None:
            self.connection.process_data_events()
        return int(self.response)
```

```
fibonacci_rpc=FibonacciRpcClient()

print("[x] Requesting fib(30)")
response = fibonacci_rpc.call(30)
print("[.] Got %r" % response)
```

在创建 rpc_client 的时候，我们创建了 connection、channel 和 callback queue；然后订阅 callback queue，代码中的 on_response 回调函数每次在接收到 response 时检查 correlation_id，如果与自己的相匹配，都会执行相应的操作。

接下来我们定义了一个 call() 函数，它是真正发送 RPC 请求的地方，可以看到，首先它会生成一个 corr_id，这个就是 request 中的 correlation_id，on_response() 函数会用这个值与 response 中的值比较，从而确定 response 与 request 的对应关系。

self.channel.basic_publish() 会带着 reply_to 和 correlation_id 两个参数把 RPC 请求发送出去，到此为止，Client 端就完成了请求的发送。

可以通过 CLI 对 RabbitMQ 进行管理，以下是一些常用的命令。

（1）列出所有的 User

```
rabbitmqctl list_users
```

（2）查看 RabbitMQ 状态

```
rabbitmqctl status
```

（3）查看所有队列信息

```
rabbitmq list_queues
```

（4）清除所有队列

```
rabbitmqctl reset
```

（5）列出所有的 Exchange

```
rabbitmqctl list_exchanges
```

（6）设置 User 的 tag

```
rabbitmqctlset_user_tags stackrabbit administrator
```

RabbitMQ 支持以图形化的方式进行管理，只是在默认安装时，这项功能并没有开启，需要手动开启，代码如下：

```
stack@dev:~$ sudo rabbitmq-plugins enable rabbitmq_management
The following plugins have been enabled:
  mochiweb
  webmachine
  rabbitmq_web_dispatch
  amqp_client
  rabbitmq_management_agent
  rabbitmq_management

Applying plugin configuration to rabbit@dev... started 6 plugins.
```

启动后，可以通过 http://server-name:15672 访问 Web 管理器，如图 4.10 所示。

图 4.10 RabbitMQ Web GUI

前面我们提到消息的持久化问题，在 Web GUI 中可以很方便地进行查看，如图 4.11 所示。

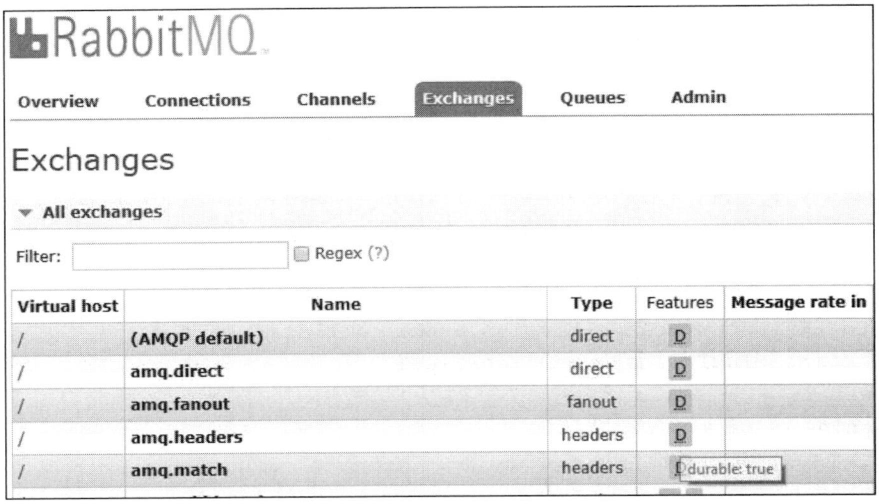

图 4.11 Exchanges 管理界面

在图 4.11 中，Type 字段显示了 Exchange 的类型：direct、fanout 等。另外从 Features 可以看出消息是做了持久化的。

如图 4.12 所示，我们看到 Queues 并没有持久化的消息，因为 Persistent 参数为 0B。

图 4.12　Queues 管理界面

Channels 管理界面中，指定了 Virtual host 等信息，图 4.13 中 Mode 字段中的 C 是 confirm 的缩写，State 字段会实时标识出 Channel 的当前状态。

图 4.13　Channels 管理界面

从图 4.14 中可以看出，它是基于 AMQP 0-9-1 实现的，同时也显示了连接的名字、用户名及连接的状态。

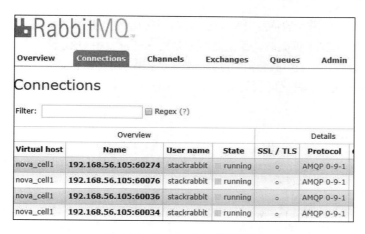

图 4.14　Connections 管理界面

4.3　RESTful API 开发框架

RESTful API 就是 RESTful 风格的 API，因此了解什么是 REST 很有必要。

REST 的全称是 Representational State Transfer，它最早是由罗伊·T.菲尔丁在他的博士论文中提出的，从表面上理解，它的意思是"表现层状态转化"。那么什么是"表现层"呢？"表现层"实际上指的是"资源"的表现层，这里所说的"资源"指的是网络上的信息实体，这个实体可以是一段文字，也可以是一段视频，甚至可以是一段服务。而我们在访问资源时伴随产生的数据和状态的变化，就称之为"状态转化"。

在 REST 的世界里，通常对应以下 4 种基本操作。

（1）POST：创建资源，有的情况下也可以用来更新资源。

（2）PUT：更新资源。

（3）DELETE：删除资源。

（4）GET：获取资源。

以上提到的 4 种基本操作，在 OpenStack 的各项服务中会经常见到，为了更好地理解 REST 以及它在 OpenStack 中的应用，在介绍具体的 REST 框架前，我们先对 REST 做一个简单的小结，以加深大家对 REST 架构的认识。

（1）每一个 URL 代表一种资源。

（2）客户端与服务器之间，传递的是某种资源的某种表现层。

（3）客户端主要通过 POST、PUT、DELETE、GET 这 4 个动词，实现对服务器端资源的操作，即"表现层状态转化"。

以上是对 REST 中概念的简单介绍，了解了基本概念后，在 4.3.1 节和 4.3.2 节中，将介绍 OpenStack 中的两种基本的 REST 框架：基于 Pastedeploy 和 Routes 的 REST API 框架和基于 Pecan 的 REST 框架。前者是 OpenStack 中现阶段用得比较多的 REST 框架，后者是早期的 OpenStack 项目中比较常见的 REST 框架。

注意：在 OpenStack 一些较新的项目中，Pecan 框架是使用较多的一种框架，由于 Pastedeploy 的复杂性，现在基本只有 Nova 在使用。

RESTful API 框架一个最大的特点，就是 URL 路径往往是和某个具体的操作相关联的，所以，我们在了解这两种不同的 REST 框架时，最主要的就是要理解框架中 URL 路由是如何确定的问题。

在 REST 的世界里，还有一个概念我们也有必要了解：WSGI（Web Service Gateway Interface）[①]。它与 Web Server 及 Python 应用程序之间的关系可以用图 4.15 来表示。

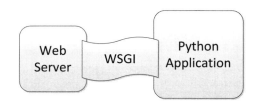

图 4.15　WSGI、Web Server 与 Python App 的关系

---

① WSGI：http://wsgi.readthedocs.io/en/latest/learn.html

它起到了连接 Web Server 与 Python App 的作用。一方面，它可以让 Web Server 知道应该如何去调用 Python App 以及把用户的请求发送给 Python App；另一方面，它会告诉 Python App 用户具体发出的请求是什么及如何把执行结果返回给相应的 Web Server。

先来看第一个问题：Server 端是如何调用 Application 的？

事实上，每一个 Appication 都会有唯一一个入口与之对应，因此，Server 只能知道这个入口并且只能通过这个入口与 Application 进行交互。这里的内容比较多，最重要的就是要记住，需要框架提供一个可供调用的 Application 对象，其定义的形式如下：

```
def application(environ,start_response):
    pass
```

需要提供两个参数：environ 和 start_response。其中，environ 是一个字典类型的变量；start_response 指向的是一个 Server 端定义的回调函数，这一回调函数中需要接收两个必需的参数：status 和 response_headers，比如，start_response()可以进行如下定义：

```
start_response(status,response_headers,exc_info=None)
```

总结一下，Server 端与 Application 端交互的过程如下：

（1）Server 端通过配置文件和 Python Module 找到 Application 的入口。

（2）Server 会通过将 Client request 所有的信息和一些符合规范的参数传递给 Application 对象，这样就可以实现 Server 向 Application 发送请求的目的。

（3）Application 对象执行业务逻辑，在返回 Body 之前需要调用 start_response()回调函数将 HTTP 响应所需要的信息返回。

（4）Application 对象返回一个可迭代的 Body，Server 最后通过遍历来获取完整的 Body 数据。

由于 WSGI 的内容比较多，再加上本节的主要内容不是讲 WSGI，所以，这里不会详述，以上内容只是抛砖引玉，仅供大家参考，如果需要深入细致地了解 WSGI 相关的内容，还是建议去官网上查阅。

4.3.1 灵活但不易用：基于 Pastedeploy 和 Routes 的 API 框架

本小节以 nova-api 服务为例，来讲解一下基于 Pastedeploy 和 Routes 的 REST API 框架。在 4.3 节开始时，我们介绍了 REST 和 WSGI，通过前面介绍的内容，我们也知道了 Server 端是如何找到 Application 的入口所在的。

有过编程经验的人员都知道，如何比较快速地了解一个陌生程序的执行流程，往往找到入口，从入口处开始分析，会给我们带来事半功倍的效果。在分析本小节的 REST API 框架时，也是本着这一个思路：找到入口处，从入口开始分析。所以我们分析流程归纳为：找入口，查配置，定路由。

注意：掌握路由框架最好的方法就是通过代码及框架文档进行学习。

1．找入口

对于 OpenStack 服务而言，有一个文件我们应该引起注意，因为它就是配置服务入口的地方。代码如下：

```
setup.cfg
[entry_points]
…
console_scripts=
```

```
    nova-api=nova.cmd.api:main
    nova-api-metadata=nova.cmd.api_metadata:main
    nova-api-os-compute=nova.cmd.api_os_compute:main
    nova-cells=nova.cmd.cells:main
    nova-compute=nova.cmd.compute:main
    nova-conductor=nova.cmd.conductor:main
nova-console=nova.cmd.console:main
...
```

这里的 entry_points 就是 Nova 组件中各个服务的入口，例如 nova-api，它的入口函数是 nova/cmd/api 中的 main() 函数，下面是 main() 函数的实现代码：

```
CONF=nova.conf.CONF


def main():
    config.parse_args(sys.argv)
    ...
    launcher=service.process_launcher()
    started=0
    for api in CONF.enabled_apis:
        should_use_ssl=api in CONF.enabled_ssl_apis
        try:
            server=service.WSGIService(api,use_ssl=should_use_ssl)
            launcher.launch_service(server, workers=server.workers or 1)
            started+=1
        except exception.PasteAppNotFound as ex:
            log.warning("%s. "enabled_apis" includes bad values. "
                        "Fix to remove this warning.",ex)
    ...
    launcher.wait()
```

这里只保留了一些关键代码，我们注意到，在 main() 函数中，主要是通过以下两行代码启动了一个 WSGI 服务：

```
server=service.WSGIService(api,use_ssl=should_use_ssl)
launcher.launch_service(server,workers=server.workers or 1)
```

2. 查配置

由于在上一步我们重点关注了两行代码，并且在这里有一个叫 WSGIService 的类，下面看一下它的 __init__() 函数：

```
nova/cmd/api.py
class WSGIService(service.Service):
    """Provides ability to launch API from a 'paste' configuration."""

    def __init__(self,name,loader=None,use_ssl=False,max_url_len=None):
        ...
        self.app = self.loader.load_app(name)
        ...
        self.server = wsgi.Server(name,
                                  self.app,
                                  host=self.host,
                                  port=self.port,
                                  use_ssl=self.use_ssl,
```

```
                        max_url_len=max_url_len)
 ...
```

这里同样省略了一些无关的代码，只留下我们本节需要关心的代码。其中的 load_app(name)就是加载了整个 WSGI 应用，这里主要调用了 Paste 和 Pastedeploy 库：

```
nova/nova/wsgi.py
  def load_app(self,name):
    """Return the paste URLMap wrapped WSGI application.

    :param name: Name of the application to load.
    :returns: Paste URLMap object wrapping the requested application.
    :raises: `nova.exception.PasteAppNotFound`

    """
       try:
         LOG.debug("Loading app %(name)s from %(path)s",
           {'name': name,'path': self.config_path})
         return deploy.loadapp("config:%s" % self.config_path,name=name)
       except LookupError:
         LOG.exception(_LE("Couldn't lookup app: %s"), name)
         raise exception.PasteAppNotFound(name=name, path=self.config_path)
```

deploy.loadapp()就是用来查找 Pastedeploy 需要用到的 WSGI 配置文件，注意这里 name 这个参数，它是十分重要的，用来确定入口，对于 nova-api 而言，它的值是 API。在源代码中，这个文件所在的位置是：

```
nova/etc/nova/api-paste.ini
```

如果是在线上环境，这个文件保存在/etc/nova/api-paste.ini。在讲解 api-paste.ini 的内容之前，以下重要的概念有必要了解一下：

- composite: 用于将 HTTP 请求路由到指定的 APP；
- app: 表示具体的 Application；
- filter: 实现一个过滤器的中间件；
- pipeline: 用于把一系列的 filter 串连起来；
- 在 paste.ini 文件中，每个部分的格式为：

```
[type: name]
```

注意：了解组件中请求是如何进行路由的，才能更好地掌握组件开发的思路。

3. 定路由

定路由的主要目的是为了确定当 API 接收到消息时，应该如何把消息正确地发送到接收端，OpenStack 中路由的确定是通过配置文件*.ini 来实现的。*.ini 主要由 composite 和 session 两部分组成，具体请看如下代码：

```
api-paste.ini
[composite:osapi_compute]
use = call:nova.api.OpenStack.urlmap:urlmap_factory
/: oscomputeversions
# v21 is an exactly feature match for v2, except it has more stringent
# input validation on the wsgi surface (prevents fuzzing early on the
```

```
# API). It also provides new features via API microversions which are
# opt into for clients. Unaware clients will receive the same frozen
# v2 API feature set, but with some relaxed validation
/v2: OpenStack_compute_api_v21_legacy_v2_compatible
/v2.1: OpenStack_compute_api_v21

[composite:OpenStack_compute_api_v21]
use=call:nova.api.auth:pipeline_factory_v21
noauth2=cors http_proxy_to_wsgi compute_req_id faultwrap request_log sizelimit
osprofiler noauth2 osapi_compute_app_v21

[app:osapi_compute_app_v21]
paste.app_factory=nova.api.OpenStack.compute:APIRouterV21.factory
```

上面是 Nova 中的 api-paste.ini 文件中的部分代码,在上述代码中有两个 composite,我们看一下第二个 composite,它对应的 name 是 OpenStack_compute_api_v21,下面的 use 是一个关键字,用来指定处理请求的代码,所以 use=call:nova.api.auth:pipeline_factory_v21 表示的是它将会把请求分发到 nova/api/auth/Pipeline_factory_v21 中的 call()方法。

路由的对象实际上就是 api-paste.ini 中的 section 的名字,只不过 section 的类型必须为 app 或 Pipeline。因此从上述代码分析可知,请求最终是会路由到[app:osapi_compute_app_v21]中指定的路径:nova/api/OpenStack/compute.py:APIRouterV21.factory。

在 api-paste.init 中定义的那些 app、filter、composte 和 Pipeline 就是为了把 WSGI Application 与中间件串联起来,进而规定好 HTTP 请求的处理路径。

对于路由的方式我们举个例子来讲解一下按图表实现消息路由。

【示例 4-4】通过 nova list 获取虚拟机的命令,根据 Nova 的 api-paste.ini 来说明是如何路由的。

```
curl -g -i -X GET http://192.168.56.105/compute/v2.1 -H "User-Agent:
python-novaclient" -H "Accept: Application/json" -H "X-Auth-Token:
{SHA1}7b26c115cdab1e4625fc4759598f6593da9e50d5"
```

192.168.56.105 是 Nova 服务所在的主机 IP,请求会最终被转发到 WSGI 的入口处,即 nova/cmd/api.py 中定义的 Application 对象;Application 对象会根据 api-paste.ini 中的配置来处理此请求;上面请求路径中使用的是/v2.1,所以会使用 OpenStack_compute_api_v21,最终由名为 OpenStack_compute_api_v21 的 compose 将请求路由到类为 app,name 为 osapi_compute_app_v21 的地方去执行相应的操作,如图 4.16 所示。

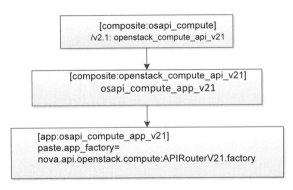

图 4.16 请求路由路径

以上就是 OpenStack 如何使用 Paste、Pastedeploy、Routers 和 WebOb 实现消息路由的。简单总结一下：Paste、Pastedeploy、Routers 和 WebOb 这些不同的模块分别实现了应用的 WSGI 化、URL 路由和请求处理等功能。在本小节的分析中没有分析 WebOb，可以在以后的代码中自行分析。

注意：图 4.16 只是提到了路由的一个事例，不同的组件可能有所不同。

4.3.2 基于 Pecan 的 API 框架

上一节介绍的基于 Paste 的 API 框架，在 OpenStack 早期的项目（比如 Nova、Keystone、Neutron）中比较常见，其最大的好处就是比较灵活，可以实现同一服务中的不同组件的分布式部署，但缺点也很明显，由于使用的框架比较多，因此，它的易用性大打折扣，用户在进行服务开发时，仅框架就需要很多代码实现，并且存在许多重复代码。

为了解决以上问题，OpenStack 在许多新的项目中（比如 Magnum 等）放弃了 4.3.1 节中提到的消息路由框架，开始转向 Pecan+WSME 的框架组合。Pecan[①]是一种基于 object-dispatch 方式进行 URL 路由的轻量级的 Web 框架，它主要实现的是 URL 路由及请求和响应的处理；WSME[②]（Web Service Made Easy）在 OpenStack 服务中通常被用作装饰器，进行请求参数及响应内容的类型校验工作，从而规范 OpenStack 中 API 的请求和响应的值。

object-dispatch 翻译过来就是"基于对象分发"的路由方式，或"对象路由"。所谓的"对象路由"，实际上就是把 HTTP 请求的路径映射到相应的 Controller 对象的方法，基本思路如下：

（1）路径拆分。把 URL 中的路径以"/"为分隔符拆分成一个个单元。
（2）通过 RootController 进行层层路由分发。

通过下面的实例（代码来源于官方网站[③]），来看一下 Pecan 的路由分发过程：

```python
from pecan import expose

class BooksController(object):
    @expose()
    def index(self):
        return "Welcome to book section."
    @expose()
    def bestsellers(self):
        return "We have 5 books in the top 10."
class CatalogController(object):
    @expose()
    def index(self):
        return "Welcome to the catalog."
    books=BooksController()
class RootController(object):
    @expose()
    def index(self):
        return "Welcome to store.example.com!"
    @expose()
    def hours(self):
        return "Open 24/7 on the web."
```

---

① Pecan：http://pecan.readthedocs.io/en/latest/index.html
② WSME：http://wsme.readthedocs.io/en/latest/index.html
③ Pecan 路由实例：http://pecan.readthedocs.io/en/latest/routing.html

```
catalog=CatalogController()
```

上述代码中,我们通过装饰器 expose() 实现方法的对外暴露,即方法只有被 expose() 后,才可以被路由到。

注意:大部分组件通过在 router.py 中指定路由的路径,也有的将路由的路径写了在 v1/__init__.py 中,读者在进行相应的开发时可以灵活处理,合理选择路由路径的存放位置。

假设有下面这样一个请求:

```
GET http://localhost/catalog/books/bestsellers
```

以上路径就可以拆分成如下层次:

```
catalog
|
|----books
        |
        |----bestsellers
```

请求的路由路径如图 4.17 所示。

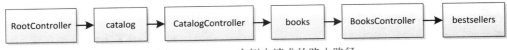

图 4.17 Pecan 实例中请求的路由路径

好多项目都使用了 Pecan + WSME 这一架构,如果我们了解 Pecan 的路由方式,那么对于 OpenStack 中基于 Pecan 的不同项目的路由方式也就会很明朗了,所以,下面我们先从最简单的 Pecan 项目的代码架构来看:

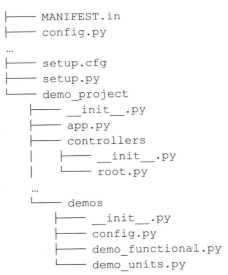

上述代码通过以下命令生成:

```
pecan create demo_project
```

其中,上述代码中:

- app.py 文件就是我们 Pecan 应用的入口,里面一般包含与初始化相关的代码;
- config.py 文件是 Pecan 的应用配置,这里面的配置最终会被 app.py 调用;

- controllers 文件夹中的文件包含了所有的 Controller，即应用服务 API 逻辑的实现；
- root.py 中包含了与根路径相关的 Controller。目录中其他文件可以暂时忽略。

前面介绍 REST 的时候已经提到过，在 REST 的世界里分别对应着 PUT、GET、POST、DELETE 这四种方法，同样的，在基于 Pecan 的 REST 框架中，RestController 同样也实现了这 4 类操作，这四类方法在 RestController 中的 URL 路由如表 4.2 所示。

表 4.2 RestController 中的路由示例

方法	描述	路由示例
get_one	获取一条记录	GET /books/resource_id
get_all	获取所有记录	GET /books/
get	实现 get_one 的作用 实现 get_all 的功能	GET /books/resource_id GET /books/
post	创建新的资源	POST /books/
put	更新已存在的资源	PUT /books/resource_id POST /books/resource_id?_method=put
delete	删除资源	DELETE /books/resource_id POST /books/resource_id?_method=delete

注意表 4.2 中的示例，从中我们可以观察到一个特点，当针对资源某一条记录进行操作时，需要在 URL 中包含资源的 ID（比如 resource_id），当对资源的多条记录进行操作时，是不需要资源 ID 的。如果要查看环境中所有存在的 Stack，可以运行 heat stack-list 命令，当执行这条命令时，后台发出的 URL 如下：

GET http://192.168.56.105/heat-api/v1/a1454a8213e94604a8c8ab48d9fa1139/stacks?

注意到上面使用的方法是 GET，因为我们操作的是 Stack，所以 URL 最后面是 stacks，"?"表示后面的内容是参数，"http://192.168.56.105/heat-api/v1/a1454a8213e94604a8c8ab48d9fa1139"也是 URL 的一部分，其中包含了版本号、地址及所属租户的信息。

Pecan 中除了一些常规方法外，还包含了三个比较特殊的路由方法：_lookup()、_default()、_route()。

（1）_lookup()：这个方法会在用户定义的 Controller 中没有对应方法可以执行且没有_default()时被调用。此方法执行完成后，会返回一个包含 Controller 实例和 URL 剩余部分的元组。

```
class StudentController(rest.RestController):
    def __init__(self,student):
        self.student=student

    @expose()
    def name(self):
        return self.student.name

class StudentsController(rest.RestController):
    @expose()
    def _lookup(self,primary_key,*remainder):
        student = get_student_by_primary_key(primary_key)
        if student:
            return StudentController(student), remainder
```

```
        else:
            abort(404)
```

基于上述代码，如果收到的 URL 请求为 GET /v1/students/resource_id，那么_lookup()方法会从形参中分析得到资源的 ID（比如 student），然后把这个 ID 传给下一个 Controller（StudentController）作为参数，最后返回剩余的 URL 部分（Remaminder），这样路由请求就会被转发到 StudentController 中了。

（2）_default()：当所有的方法都没有匹配时，请求最终会被此方法处理。例如，对于以下代码，如果有一个请求： GET /v1/Chinese，因为 Chinese 这个方法没有在 RootController 中定义；根据（1）所描述的，请求不会被_lookup()处理，所以这个请求最终会被_default()所处理。

```
class RootController(object):
    @expose()
    def english(self):
        return 'hello'

    @expose()
    def _lookup(self,primary_key,*reminder):
        return "Return from _lookup"

    @expose()
    def _default(self):
        return 'I cannot say hello in that language'
```

（3）_route()：这个方法可以用来覆盖默认的方法，将请求路由到用户自定义的方法中。

在实际的工程应用中，我们也是基于 Pecan 的项目框架来组织代码的，对于 OpenStack 新项目中的路由框架，通过本小节的介绍，相信大家以后看代码的话，对于路由请求方面会有一个比较清楚的认识。了解路由规则，也是 OpenStack 入门的关键环节。

注意：上面提到的这三个方法并非在所有组件中都存在，都是按需实现的。

4.4 TaskFlow 的实现

本节讲解的 TaskFlow 是 OpenStack 中实现的一个 Python 库，其设计目的是为了使得组件中任务的执行更方便，同时，也提供了任务执行过程中数据一致性、可扩展性与可靠性的保障。如果想使用 TaskFlow，用户只需定义一个与 WorkFlow 相关联的 Task 对象即可。TaskFlow 内部实现了一个 Engine，用于管理任务的启动、停止与回滚操作。

TaskFlow 对于像 Heat 这样的长流程任务组件有明显的优势，在长流程任务执行过程中，难免有些中间步骤会出现任务失败的情况，在这样的场景下，TaskFlow 允许将失败的任务回退到任务开始之前的状态，这样可以减少僵尸数据，也可以避免因中间步骤的失败而导致整个任务的不可用。

4.4.1 TaskFlow 常见使用场景

OpenStack 中不同项目相互之间具有极大的孤立性，并且项目中也不存在一个标准的、一致的方法来处理长流程中流程调用异常的回退与重启机制。在 OpenStack 中，TaskFlow 常见的使用场景如下：

（1）服务的停止、更新与重启。

（2）僵尸资源回收。在 OpenStack 服务中，经常会出现资源的僵尸状态，如虚拟机处于 ERROR 状态。这些服务如果被像 Heat 这样的组件调用，Heat 自身并不知道也无法判断哪些资源是需要被清理的。TaskFlow 提供了一种基于任务驱动的模型，它可以准确地跟踪资源的修改历史，因此，可以给其他服务提供对被修改资源状态回退的机制，从而避免僵尸资源。

（3）度量与历史。当 OpenStack 的服务集成了 TaskFlow 的服务后，它们就可以很容易地实现自动任务报告和任务执行历史的记录。

（4）进程与状态追踪。OpenStack 的许多项目都有这样一个需求：追踪任务/行为的执行过程与状态。如果这一需求在每个项目中都实现一次，无疑会增加项目业务逻辑的复杂度，不利于项目的维护、调试与 Review 等。TaskFlow 可以针对此情况，提供一种更通用、更底层的事件通知机制来维护任务/行为的执行过程与状态，它能将任务状态追踪与任务业务流程的执行分离开来。

4.4.2 TaskFlow 中必须理解的重要概念

TaskFlow 作为 OpenStack 中的一个通用项目，主要有以下几个重要的概念。

（1）Atom：是 TaskFlow 中的最小单元，是 TaskFlow 中其他类的基类。定义 Atom 时，我们可以指定其需要的输入参数和它的输出值，同时，也可以指定它的版本号。

（2）Tasks：继承自 Atom。主要用来实现任务执行与回退的功能。用户基于这个类，可以实现自定义的 Task 类，在这个类中，用户需要自定义两个函数，execute()和 revert()。

（3）Retries：继承自 Atom 用来处理错误状态和控制 TaskFlow 的执行过程，通过提供的输入参数，可以尝试对某些 Atom 进行重试。为了避免重复创建通用的 Retry 模式，Retry 类中定义了以下几种类型的 Retry，有 AlwaysRevert、AlwaysReverAll、Times、ForEach、ParameterizedForEach。

（4）Flows/Patterns：前者可以理解为它是所有 Tasks 的一个有序集合，当对一个 Flow 进行回退操作时，实际是按照 Flow 中 Tasks 的顺序有序进行操作/资源回退的。后者是任务或操作的实现形式，它通过 Tasks 和 Flows，以一种可编程的思维来组织并实现任务或操作的执行框架。Flows 主要有三种方式：线性方式流、无序方式流和图方式流，如图 4.18 所示。

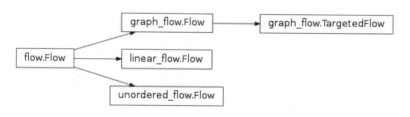

图 4.18　Flows/Pattern 中的类关系

（5）Engines：Engines 是真正执行 Atom 的进程，也是 TaskFlow 的入口。它可以执行用户自定义的 WorkFlow 及流程控制。它的存在简化了 TaskFlow 代码的实现，用户只需要关心 WorkFlow 的架构，而不必花太多的时间去关注诸如执行、回退与重启这样的操作。不同的 Engines 可能会有不同的配置，也可能会实现不同的功能，但基本上，所有的 Engines 都必须实现相同的 Interface 并实现 Patterns 的机制。Engines 常见的类型有 Seiral 类型、Parallel 类型和 Worker-Based 类型。

- Serial 类型：顺序执行，所有的 Tasks 都运行在同一个线程中执行，这个线程在执行前已调用过 engine.run()函数；
- Parallel 类型：并行执行，Tasks 可以被调度到不同的线程中去执行；
- Worker-Based 类型：并行执行，Tasks 可以被调度到不同的 Worker 中执行。

（6）Jobs：主要用来提供 Tasks 和 Flows 的高可用性和可扩展性。

（7）Coductors：用于协调以上概念的工作。如定义 job、创建 Engine、配置 Engine 等。

注意：理解概念只是一个方面，最重要的是要学会如何将 TaskFlow 应用到自己的代码中，虽然该模块是 OpenStack 中通用的，但是如果我们掌握得好，能够融会贯通的话，完全可以将之应用到日常的开发工作中。

4.4.3　TaskFlow 具体实现

TaskFlow 的实现，简化了程序执行过程中状态机的实现，TaskFlow 所涉及的状态机可以用图 4.19 来简单表示。

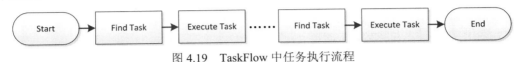

图 4.19　TaskFlow 中任务执行流程

图 4.19 中 Find Task 主要通过 TaskFlow 中的 Flows 实现，Execute Task 则主要是由 Engines 来实现。下面通过一个例子学习如何使用 TaskFlow。

【示例 4-5】TaskFlow 仔细看，重实践得体感。

在本例中，我们模拟的是这样一个场景：在同一时刻，有三个电话同时在呼叫或者三个电话同时没有被呼叫。

分别创建三个 Tasks：CallJim、CallJoe、CallJeffrey。这三个 Tasks 都继承自 task.Task 这个类，前两个类中都实现了两个方法 execute() 和 revert()。在 execute() 中，执行呼叫号码的功能，当前两个类中的 Tasks 执行失败时，则会调用第三个类中的 execute() 方法，进而触发前两个类中 revert() 方法的执行。

具体代码如下：

```python
import logging
import os
import sys

logging.basicConfig(level=logging.ERROR)

top_dir=os.path.abspath(os.path.join(os.path.dirname(__file__),
                                     os.pardir,
                                     os.pardir))
sys.path.insert(0,top_dir)

import taskflow.engines
from taskflow.patterns import linear_flow as lf
from taskflow import task

# 每一个类都是task.Task的子类，并且实现了两个方法:execute()和revert()
# 在execute()中，会接受一个参数XXX_number。例如：在类CallJim中，
# 这个类会接受一个参数：jim_number
class CallJim(task.Task):
    def execute(self,jim_number,*args,**kwargs):
        print("Calling jim %s." % jim_number)

    def revert(self,jim_number,*args,**kwargs):
        print("Calling %s and apologizing." % jim_number)
```

```python
class CallJoe(task.Task):
    def execute(self,joe_number,*args,**kwargs):
        print("Calling joe %s." % joe_number)

    def revert(self,joe_number,*args,**kwargs):
        print("Calling %s and apologizing." % joe_number)


class CallJeffrey(task.Task):
    def execute(self,jeffrey_number,*args,**kwargs):
        raise IOError("Jeffey not home right now.")


# 创建TaskFlow，然后将flow与task绑定，task实际上就是要执行的操作
flow=lf.Flow('simple-linear').add(
    CallJim(),
    CallJoe(),
    CallJeffrey()
)

try:
# 执行TaskFlow
    taskflow.engines.run(flow,store=dict(joe_number=444,
                                    jim_number=555,
                                    jeffrey_number=666))
except Exception as e:
    # 这里主要用来捕获由CallJeffrey这个task发出的异常
    print("Flow failed: %s" % e)
```

上述例子执行的结果如下：

```
root@dev:~# python make_call.py
Calling jim 555.
Calling joe 444.
Calling 444 and apologizing.
Calling 555 and apologizing.
Flow failed: Jeffey not home right now.
```

从上述执行结果来看，对 linear-flow 而言，execute()方法与 revert()的执行顺序是相反的。当 Task 执行结束有异常出现时，TaskFlow 会按照 Flow 的定义顺序逆序执行 revert()方法。

注意：对于新模块新知识的学习，最好的方法就是动手去尝试，经过尝试而得到的知识往往印象会更加深刻，并且在尝试的过程中也最容易发现一些新问题。

execute()和 revert()是两个比较重要的方法，在这里对它们作一个简单介绍。前者是用于触发 Atom 执行特定任务的，它可以接受用户提供的参数来完成一些操作；后者是用于回退由于之前执行 execute() 方法失败而导致的错误数据。关于这两个函数所接受的参数及返回值如图 4.20 所示。

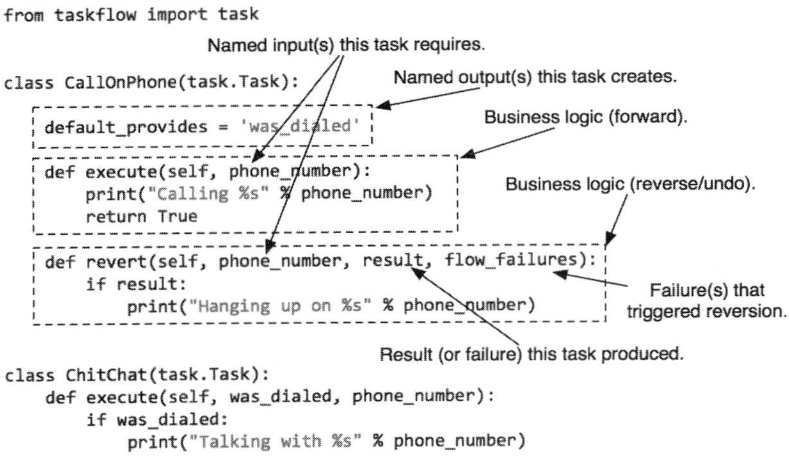
from taskflow import task
Named input(s) this task requires.
class CallOnPhone(task.Task):
Named output(s) this task creates.
default_provides = 'was_dialed'
Business logic (forward).
def execute(self, phone_number):
print("Calling %s" % phone_number)
return True
Business logic (reverse/undo).
def revert(self, phone_number, result, flow_failures):
if result:
print("Hanging up on %s" % phone_number)
Failure(s) that triggered reversion.
Result (or failure) this task produced.
class ChitChat(task.Task):
def execute(self, was_dialed, phone_number):
if was_dialed:
print("Talking with %s" % phone_number)

图 4.20 execute()与 revert()的参数

【示例 4-6】TaskFlow 功能多，长流程特别火。

下面这个例子是用来展示如何通过 TaskFlow 来并行地创建多个 Volume（这里仅是为了演示如何使用 TaskFlow，所以 Volume 的创建只是一个模拟过程）。整个创建过程是并行还是串行，可以通过参数 engine 来设置，其他说明请查看代码中的注释。

具体代码如下：

```
import contextlib
import logging
import os
import random
import sys
import time

logging.basicConfig(level=logging.ERROR)

top_dir=os.path.abspath(os.path.join(os.path.dirname(__file__),
                                     os.pardir,
                                     os.pardir))
sys.path.insert(0,top_dir)

from oslo_utils import reflection

from taskflow import engines
from taskflow.listeners import printing
from taskflow.patterns import unordered_flow as uf
from taskflow import task


@contextlib.contextmanager
def show_time(name):
    start=time.time()
    yield
    end=time.time()
    print("-- %s took %0.3f seconds" % (name,end-start))
```

```python
# 设置Volume的并行创建的数量与每个Volume创建完成所需要的时间
MAX_CREATE_TIME=3
VOLUME_COUNT=3

# 这里就是用来配置创建Volume的方式：串行创建或并行创建
SERIAL=False
if SERIAL:
    engine='serial'
else:
    engine='parallel'

# 初始化一个VolumeCreator类，同前一个例子，这个类也继承自task.Task
class VolumeCreator(task.Task):
    def __init__(self, volume_id):
        # 这里调用了olso库中的方法，用于生成Volume的名字
        base_name=reflection.get_callable_name(self)
        super(VolumeCreator, self).__init__(name="%s-%s" % (base_name,
                                                      volume_id))
        self._volume_id=volume_id

    def execute(self):
        print("Making volume %s" % (self._volume_id))
        time.sleep(random.random() * MAX_CREATE_TIME)
        print("Finished making volume %s" % (self._volume_id))

# 假设不同的Volumes之间并无顺序关系
flow = uf.Flow("volume-maker")
for i in range(0, VOLUME_COUNT):
    flow.add(VolumeCreator(volume_id="vol-%s" % (i)))

# 这里是TaskFlow执行的地方，我们通过eng.run()函数触发Flow的执行
with show_time(name=flow.name.title()):
    with printing.PrintingListener(eng):
        eng.run()
```

以上代码的执行结果如下：

<taskflow.engines.action_engine.engine.ParallelActionEngine object at 0x7fbbccacb690> has moved flow 'volume-maker' (978c696b-f7c4-49db-8d2b-3a399728cdbe) into state 'RUNNING' from state **PENDING**
    <taskflow.engines.action_engine.engine.ParallelActionEngine object at 0x7fbbccacb690> has moved task '__main__.VolumeCreator-vol-2' (f606ff8a-c09b-4865-9cdb-7b3087dccab1) into state 'RUNNING' from state **PENDING**
    <taskflow.engines.action_engine.engine.ParallelActionEngine object at 0x7fbbccacb690> has moved task '__main__.VolumeCreator-vol-1' (3237825d-b83b-4485-bee0-fcccb3bfc6d2) into state 'RUNNING' from state **PENDING**
    Making volume vol-2
    <taskflow.engines.action_engine.engine.ParallelActionEngine object at 0x7fbbccacb690> has moved task '__main__.VolumeCreator-vol-0' (45278248-4811-47cc-8ae6-63082eea243b) into state 'RUNNING' from state **PENDING**
    Making volume vol-1
    Making volume vol-0

```
    Finished making volume vol-2
    <taskflow.engines.action_engine.engine.ParallelActionEngine object at
0x7fbbccacb690> has moved task '__main__.VolumeCreator-vol-2'
(f606ff8a-c09b-4865-9cdb-7b3087dccab1) into state 'SUCCESS' from state 'RUNNING' with
result 'None' (failure=False)
    Finished making volume vol-0
    <taskflow.engines.action_engine.engine.ParallelActionEngine object at
0x7fbbccacb690> has moved task '__main__.VolumeCreator-vol-0'
(45278248-4811-47cc-8ae6-63082eea243b) into state 'SUCCESS' from state 'RUNNING' with
result 'None' (failure=False)
    Finished making volume vol-1
    <taskflow.engines.action_engine.engine.ParallelActionEngine object at
0x7fbbccacb690> has moved task '__main__.VolumeCreator-vol-1'
(3237825d-b83b-4485-bee0-fcccb3bfc6d2) into state 'SUCCESS' from state 'RUNNING' with
result 'None' (failure=False)
    <taskflow.engines.action_engine.engine.ParallelActionEngine object at
0x7fbbccacb690> has moved flow 'volume-maker' (978c696b-f7c4-49db-8d2b-3a399728cdbe)
into state 'SUCCESS' from state 'RUNNING'
    -- Volume-Maker took 3.859 seconds
```

对于上面代码的执行结果,我们重点关注一下加粗的字体,这里很清晰的展示了 TaskFlow 在执行过程中所记录的与此任务相关的状态机,有了这个状态机,我们就可以很方便地对整个执行过程进行追溯与回滚操作,也有方便其他调用者实现对流程执行的幂等性进行控制。

4.5 基于 Eventlet 的多线程技术

4.5.1 进程、线程与协程

在正式介绍 Eventlet 的多线程技术之前,先引入一个概念:协程(Coroutines)。Python 并不像 C++ 等其他语言,可以很方便地实现多线程,在 Python 的世界里,要实现多线程的功能,需要使用协程。协程是一个用户态的轻量级的线程,它的调度完全可以由用户控制。例如,当一个协程处于 block 状态时,它可以交出程序的执行权,让其他协程继续执行,并且这一过程对于用户是透明的。

注意:在 Python 中,虽然也存在多线程的概念,但是对于 Python 的多线程,由于 Python 解释器 GIL(全局解释器锁)的存在,导致多线程无法完全利用多核,即对于 Python 的多线程而言,多线程无法做到多核利用。

从本质上而言,协程就是用户状态下的线程,一旦协程创建完成,我们将无法决定它什么时候可以获得时间片,什么时候让出时间片,时间片的获取完全由内核控制。不过,每一个协程都可以通过 yield 来调用其他协程,确切地说,它们之间并非调用关系,前者只是把执行权交给了后者,但这两者间的地位是平等的。

每一个协程有自己的寄存器上下文(Context)和栈。我们在编写协程时,可以显式的控制协程的切换时机,协程调度切换时,将寄存器上下文和栈保存到其他地方,在切回来的时候,恢复先前保存的寄存器上下文和栈,直接操作栈则基本没有内核切换的开销,可以不加锁地访问全局变量,所以上下文的切换非常快。

有过编程经验的开发人员都知道进程和线程,那么,进程、线程与协程它们三者之间的关系是什么呢?

- 进程:是操作系统中最核心的概念,由操作系统调度,并且进程拥有自己独享的堆和栈,它是"程序执行的一个实例"。比如,QQ 就可以看成是一个进程。进程的切换只会发生在内核态,由于进程独占内存,所以进程的切换开销较线程和协程都大。
- 线程:拥有独立的堆和栈,线程也是由操作系统调度,是操作系统调度的最小单位,线程是进程的一个实体,线程间通信主要通过共享内存实现,所以相比进程而言,线程的切换开销会小很多。
- 协程:本质上也是一个线程,它的调度完全由用户控制,由于它拥有自己的寄存器上下文和栈,所以协程间的切换开销也不大。

三者的应用场景也略微有所不同,如表 4.3 所示。

表 4.3 进程、线程、协程应用场景

进程	IO 密集型、CPU 密集型
线程	IO 密集型
协程	非阻塞异步并发

4.5.2 Eventlet 依赖的两个库:greenlet 和 select.epoll

OpenStack 作为一个开源的云平台,其设计架构中天然支持对高并发请求的处理,而它自身的高并发,正是借助于 Eventlet 来实现的。Eventlet 是一个用来处理和网络相关的函数库,主要依赖 greenlet 和 select.epoll 两个库。前者主要实现的是并发控制,在 OpenStack 中,把 greenlet 封装成了 GreenThread;后者主要是网络通信模型。而 Eventlet 实际上是对 greenlet 进行了一层封装,其主要实现的功能是 greenlet 的调度器,在代码中称为 Hub。对于每一个 Python 协程而言,它只能拥有一个 Hub。

由于 Eventlet 主要依赖 greenlet 和 select.epoll 两个库,所以,简单了解一下这两个库有助于我们进一步理解 Eventlet。

(1) greenlet 库

先看一个 greenlet 的例子。这个例子中,我们通过 greenlet()定义了两个协程,然后通过调用 switch()来实现协程间的切换。

【示例 4-7】greenlet 库应用之协程切换。

代码如下:

```
from greenlet import greenlet

def test1():
    print 12
    gr2.switch()
    print 34

def test2():
    print 56
    gr1.switch()
    print 78

gr1=greenlet(test1)
gr2=greenlet(test2)
```

```
gr1.switch()
```
上述代码的执行结果：
```
stack@dev:~$ python greenlet_example.py
12
56
34
```

注意：在正常的生产中，并不会直接使用手动的方式切换线程，所有的线程切换都是自动的。

greenlet 的一个最大的缺点就是需要手动显式的切换，但是对于 OpenStack 这样一个大的开源项目而言，每进行一次切换都要手动显式调用 switch() 函数，就会过于烦琐。而 Eventlet 将 greenlet 封装成 GreenThread 后，借助内部的 timer 实现了 greenlet 的调度器，通过内部的 main 循环查找应该执行的 greenlet，通过打 patch 的方法实现了协程。关于 patch，在 OpenStack 中的代码如下：

```
import eventlet
from nova import debugger

if debugger.enabled():
    # turn off thread patching to enable the remote debugger
    eventlet.monkey_patch(os=False,thread=False)
else:
    eventlet.monkey_patch(os=False)
```

其中，monkey_path() 就是对标准库打 patch。

（2）epoll 库

关于 epoll，前面我们提到过 Hub 这样一个实例，我们可以将 epoll 理解为一个与 Hub 实例对应的处理网络相关的东西。

4.5.3　创建协程的常用 API

了解了 greenlet 和 epoll，我们再看一下 Eventlet。

在 Eventlet 代码中，有几个比较常用的创建协程的 API，如下：

（1）eventlet.spawn(func, *args, **kwargs)

创建一个协程（即绿色线程）去执行 func，func 会以 args 和 kwargs 作为参数。spawn() 的返回值是一个 eventlet.GreenThread 对象。如果绿色线程池没有被占满，这个绿色线程创建后就会被立即执行。

（2）eventlet.spawn_n(func, *args, **kwargs)

与 spawn() 类似，唯一的区别就是这个函数没有返回值。

（3）eventlet.spawn_after(seconds, func, *args, **kwargs)

与 spawn() 类似，不同的是，它需要在绿色线程创建 secondes 秒后才会被执行。

还有几个比较重要的协程控制的方法和类。

（1）eventlet.sleep(seconds=0)

终止当前正在执行的绿色线程，转交控制权。

（2）class eventlet.GreenPool

这是一个与绿色线程池相关的类，初始化时，用户可以指定绿色线程池的大小。在这个类中，定义了 spawn() 来创建绿色线程，定义了 running() 来返回当前池中绿色线程的数量等。

（3）class eventlet.GreenPile

这个类中维护了一个 GreenPool 的对象和一个 Queue 的对象，前者用于创建绿色线程，后者用于存储 spawn()方法的返回值。

在 OpenStack 各个组件的 API 服务中，都会看到类似于下面的代码，这段代码用来启动 WSGI Server，Eventlet 作为 OpenStack 的协程库，同时也提供了 WSGI Server 的实现方式。

```
def run_server(self):
  """Run a WSGI server."""

  eventlet.wsgi.HttpProtocol.default_request_version="HTTP/1.0"
  eventlet.hubs.use_hub('poll')
  eventlet.patcher.monkey_patch(all=False,socket=True)
  self.pool=eventlet.GreenPool(size=self.threads)
  socket_timeout=cfg.CONF.senlin_api.client_socket_timeout or None

  try:
    eventlet.wsgi.server(
      self.sock, self.Application,
      custom_pool=self.pool,
      url_length_limit=URL_LENGTH_LIMIT,
      log=self._logger,
      debug=cfg.CONF.debug,
      keepalive=cfg.CONF.senlin_api.wsgi_keep_alive,
      socket_timeout=socket_timeout)
  except socket.error as err:
      if err[0]!=errno.EINVAL:
        raise

  self.pool.waitall()
```

OpenStack 中的父进程主要负责任务调度，多个子进程提供服务。在服务的配置文件中，我们可以设置子进程的数目，一般与 CPU 的核数一致，这样往往能达到最高效率。同时，每一个子进程内部，都会相应地实现各自的协程池，负责子进程内部协程的切换，从而减少对 CPU 的消耗。

4.5.4 定时和监听：Hub

Eventlet 中另外一个比较重要的概念就是 Hub。它是 Eventlet 中所有事件监听和处理的中心，也是 greenlet 的调度中心，总的来说，它主要负责两类事件：定时事件和监听事件。关于 Hub 的事件处理逻辑大家可以参考源代码中的 run()方法：

```
eventlet/hubs/hub.py
def run(self,*a,**kw)
```

注意：在对协程进行学习时，一定要搞明白 run()方法的机制，即程序是如何调用 run()方法的。

在 run()方法中，Hub 的事件处理流程如图 4.21 所示。

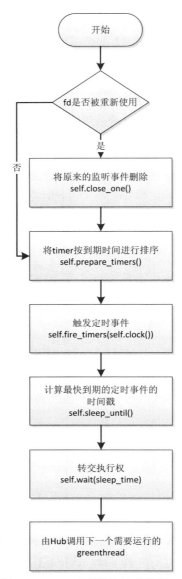

图 4.21 Hub 对事件的处理流程

对于定时事件是如何被添加到 Hub 中的，有兴趣的读者可以参考如下代码：

```
eventlet/hubs/hub.py
class BaseHub(self):
    def add_timer(self, timer)

eventlet/hubs/timer.py
class Timer(object):
    def __init__(self,seconds,cb,*args,**kw)
```

对于监听事件是如何被处理的，可以参考如下代码：

```
eventlet/hubs/poll.py
class Hub(BaseHub):
    …
    def wait(self,seconds=None):
```

```
eventlet/hubs/epoll.py
class Hub(poll.Hub):
```

4.5.5 Eventlet 中的并发机制

下面我们看一下在 Eventlet 中的并发机制是如何实现的。图 4.22 展示了 Eventlet 的架构图，从图中可以看出，一个 Eventlet 中包含了：Python 进程、Python 线程、Thread Pool、greenthread 和 Hub。其中，Hub 和 greenthread 都是 greenlet 的对象，在代码中分析对应的 eventlet.hubs.hub 和 eventlet.greenthread。

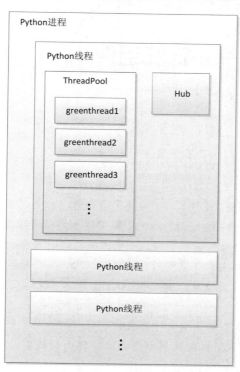

图 4.22　Eventlet 架构图

当用户调用 spawn() 方法时，都会在当前的 Python 线程的 ThreadPool 中创建一个新的 greenthread，而当 greenthread 处理与 IO 相关的操作时，最终会调用 Hub 中的 epoll() 以及相应的函数。在 greenthread 中，可以通过 greenthread.sleep() 将 CPU 的控制权交给 Hub，然后再由 Hub 去触发下一个需要执行的 greenthread。因此，我们可以通过 Eventlet 实现 Python 中的多线程技术。

注意：在 OpenStack 中使用 Python 的多线程时，是采用了封装后的软件包。确切地说，在使用协程时，使用的是封装后的协程库包。

第 5 章
Nova——计算组件

Nova 是 OpenStack 中的核心组件之一,主要负责与计算相关的服务,如对虚拟机的生命周期进行管理,因此,它是针对虚拟机相关操作的一个组件。Nova 可以管理虚拟机的计算、网络、存储等,只是对于不同的内容会调用相关组件进行管理,如虚拟机网络的管理,Nova 实际上是调用了 Neutron 组的相关接口进行网络的创建与关联。需要注意的是,Nova 本身并不会提供任务虚拟化的功能,它与 Hypervisors 交互都是通过第三方接口,如 Libvirt API 等,通过第三方接口,Nova 可以支持多种虚拟化方式。

本章首先从 Nova 的基本架构出发,对其架构进行讲解,其次针对 Nova 中比较重要的服务深入学习,然后对 Nova 的资源刷新机制及周期任务的实现进行梳理,最后选取典型代码及应用实例进行分析。

通过对本章的学习,希望读者有以下几点收获:
- 掌握 Nova 中周期任务的实现,可以独立进行周期任务开发;
- 深入了解 Nova 组件架构;
- 深入了解 Nova 中关键服务的启动过程及工作原理;
- 可以按照本章的案例实战,搭建基于 Ceph 的后端存储。

注意:Nova 是 OpenStack 中出镜率最高的一个组件,OpenStack 的大部分功能都是围绕虚拟机来实现,而 Nova 正是对虚拟机进行生命周期管理的主要组件,也是进行虚拟化调用的主要组件。

5.1 Nova 架构

在对模块进行学习的过程中,了解其架构是很重要的一环,了解了架构,才能避免"一叶障目不见泰山"的尴尬境遇。本节将对 Nova 的基本架构及其主要服务进行讲解,让读者可以从整体上对 Nova 有个清晰的把握,还会对其内部的通信机制及不同服务之间的协同工作进行详细讲解。

5.1.1 Nova 基本架构及服务组成

Nova 的结构比较复杂，对于早期版本的 Nova 而言，Nova 共包含六个主要组成部分。
- API 服务器：API Server（nova-api）
- 计算工作者：Compute Workers（nova-compute）
- 网络控制器：Network Controller（nova-network）
- 卷工作者：Volume Worker（nova-volume）
- 调度器：Scheduler（nova-scheduler）
- 消息队列：Message Queue（Rabbitmq Server）

在 Nova 的最初几个版本中，计算服务、网络服务、存储服务都由 Nova 完成，但是随着系统及组件的不断复杂化，Nova 将以上三类服务进行了拆分，拆分后的 Nova 更注重提供计算服务，而网络服务和存储服务从 Nova 中去除后，分别由 Neutron 和 Cinder 取代 Nova 中原先提供网络服务（nova-network）和存储服务（nova-volume）的部分。

经过几个版本的演进后，Nova 的架构也不断变化，如今的架构如图 5.1 所示。

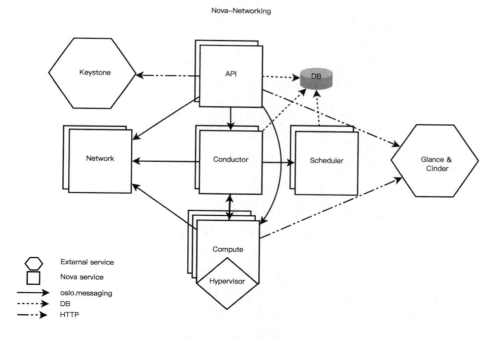

图 5.1 Nova 基本架构

- **API**：对应于 Nova 中的 Nova-api 和 Nova-api-cfn 服务，它是对外提供 REST API 的服务，是 Nova 服务的入口，任何第三方组件发送来的请求，首先会到达 API，然后由 API 转发给 Nova 内部的相应组件。
- **Conductor**：是 Nova 中各个组件与数据库交互的接口，对应于 Nova 中的 nova-conductor 服务。因为 nova-compute 服务经常需要更新数据，因此，出于安全性和可扩展性的考虑，nova-compute 不会直接访问数据库，而是通过 nova-conductor 来访问数据库。
- **Compute**：提供计算服务，是 Nova 中对虚拟机管理的核心服务，它可以通过调用不同 Hypervisor 的 API 来完成对虚拟机生命周期的管理。常见的 Hypervisor 有 KVM、Xen 和 VMWare 等。

- Scheduler：提供对计算资源的调度，它提供了多种算法来应对不同场景下 Nova 对资源的调度。它提供的算法与 Scheduler 都是松耦合的，用户可以根据需要，定义自己的过滤算法。它与 nova-scheduler 服务相对应。

从图 5.1 中可以看到，Nova 中的服务，如 nova-api、nova-conductor 和 nova-scheduler 都可以直接访问数据库，而 nova-compute 却不能直接访问数据库，它要访问数据库，需要通过 nova-conductor。

在 Nova 内部，不同服务（如 nova-api、nova-conductor、nova-compute、nova-scheduler）之间是通过 RPC 进行通信的，而 Nova 与外部组件（如 Keystone、Neutron 等）是通过 HTTP 的方式进行通信的。

Nova 中的数据都会存放在数据库中，在生产环境中，数据库一般部署在控制节点上，如图 5.2 所示为 Nova 数据库表结构。

图 5.2　Nova 数据库表结构

5.1.2　Nova 内部服务间的通信机制

图 5.1 只是给出了一个相对简略的架构图，通过连线的方式简单地示意出了不同部分之间的联系，在 Nova 的设计过程中，很注重不同部分的解耦性，即不同的服务之间具备独立性，可以单独部署在不同的节点上。为了实现上述目的，Nova 引入了消息队列来提供不同服务间的信息中转，当有消息需要从一个服务发送到另一个服务时，此消息首先会被投放到消息队列中，当有服务需要消费此消息时，需要从消息队列中读取此消息进行消费。

Nova 内部不同服务间的通信机制如图 5.3 所示。

从图 5.3 中可以看出，Nova 内部的许多服务都会向消息队列投放与获取消息，需要特别注意的是，nova-api 与 nova-compute 并没有直接的联系，它们之间进行消息传递时，需要通过消息队列来实现，另外，nova-compute 也没有与数据库直接联系，即 nova-compute 并不会直接读写数据库中的数据。当 nova-compute 需要读写数据库时，首先会把请求发送到消息队列中，然后 nova-conductor 从消息队列中读取 nova-compute 关于读写数据库的请求，最终把数据读写到 Nova 的数据库中。

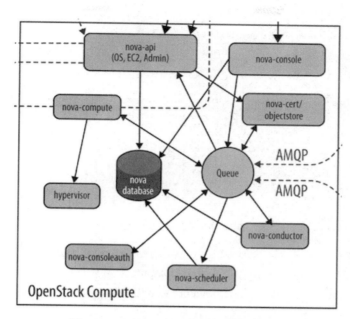

图 5.3　Nova 内部不同服务间的通信机制

从前面的讲解中我们了解到，Nova 内部有多种不同的服务，并且服务之间都是相互独立的，不同的服务可以根据需要部署在不同的节点上，即服务符合分布式部署的条件。那么，在生产实践中，我们应该如何合理地部署 Nova 服务呢？

对于 Nova 组件而言，其中的服务通常会部署在两类节点上，一个是控制节点；另一个是计算节点。在计算节点上安装了 Hypervisor，通过不同的 Hypervisor，可以在计算节点上创建虚拟机。

基于以上情况，对于 Nova 的部署可以按照如下原则进行：

- nova-compute 服务部署在计算节点上；
- Nova 中的其他服务都部署在控制节点上。

图 5.4 是其中一个计算节点上 nova-compute 的运行情况。

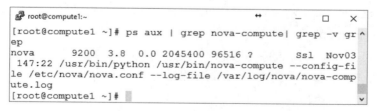

图 5.4　计算节点

从图 5.4 中可以看出，在计算节点上，只运行了 nova-compute 服务。另外，也可以看到此 nova-compute 运行时实际上是执行的是/usr/bin/nova-compute，且需要的配置文件为/etc/nova/nova.conf，运行过程中产生的 log 存放在了/var/log/nova/nova-compute.log 中。日志文件的存放路径可以在/etc/nova/nova.conf 中配置，每次修改了计算节点上的/etc/nova/nova.conf 文件后，都需要重新启动 Nova-compute 服务。

为了更加直观地看一下不同服务在环境中的部署情况，我们使用 nova service-list 命令来显示，如图 5.5 所示。

```
[root@controller1 engine]# nova service-list
+----+------------------+-------------+----------+---------+-------+
| Id | Binary           | Host        | Zone     | Status  | State |
+----+------------------+-------------+----------+---------+-------+
| 1  | nova-conductor   | controller1 | internal | enabled | up    |
| 4  | nova-scheduler   | controller1 | internal | enabled | up    |
| 5  | nova-cert        | controller1 | internal | enabled | up    |
| 6  | nova-consoleauth | controller1 | internal | enabled | up    |
| 7  | nova-compute     | controller1 | internal | enabled | up    |
| 10 | nova-conductor   | controller2 | internal | enabled | up    |
| 12 | nova-consoleauth | controller2 | internal | enabled | up    |
| 14 | nova-cert        | controller2 | internal | enabled | up    |
| 16 | nova-scheduler   | controller2 | internal | enabled | up    |
| 20 | nova-conductor   | controller3 | internal | enabled | up    |
| 26 | nova-consoleauth | controller3 | internal | enabled | up    |
| 28 | nova-cert        | controller3 | internal | enabled | up    |
| 30 | nova-scheduler   | controller3 | internal | enabled | up    |
| 33 | nova-compute     | compute3    | AZ       | enabled | up    |
| 42 | nova-compute     | compute1    | AZ       | enabled | up    |
| 45 | nova-compute     | compute2    | AZ       | enabled | up    |
+----+------------------+-------------+----------+---------+-------+
[root@controller1 ~]#
```

图 5.5 Nova 服务在不同节点上的部署情况

图 5.5 所示的是在一个 HA 的环境中服务的部署情况,HA 环境中会包含奇数个控制节点,多个计算节点。从图 5.5 可以更加容易地看出,除了 nova-compute 服务外,其他服务都部署在了控制节点上。同样的道理,如果在控制节点上修改了 /etc/nova/nova.conf 文件,那么需要将控制节点上 Nova 的服务都重新启动。

5.1.3 Nova 内部服务间协同工作

通过对前面内容的学习,我们了解了 Nova 的架构和服务之间的通信机制,本节将会从一个具体的例子,学习一下基于上述框架和通信机制,Nova 是如何创建虚拟机的。

Nova 创建虚拟机的过程,实际上就是 Nova 内部服务之间相互信息交互与请求处理的过程,前面我们说过,nova-api 是 Nova 的入口,是接受用户操作命令和 CLI 命令的第一个服务。

注意:对于虚拟机的创建过程,建议读者通过代码实际追踪一下具体的流程,在虚拟机创建流程中,会有许多细节性的东西和关键知识点。特别注意一下,虚拟机中状态机的工作原理以及 Nova 是如何调用 Libvirt 相关接口的。

虚拟机创建流程如图 5.6 所示,从图中可知,大体上可以将虚拟机创建流程分为以下几步。

1. 接收请求(nova-api)

终端用户可以通过 CLI 或 Dashboard 发起一个创建虚拟机的请求,这个请求首先会到达 nova-api,nova-api 接收到这个请求并做了一些处理后把请求发送到 RabbitMQ 中。

2. 传递请求(RabbitMQ)

RabbitMQ 是所有消息的一个中转,在 Nova 中不同服务之间要想进行消息交互,都需要经过 RabbitMQ 的中转。

3. 选择节点(nova-scheduler)

nova-scheduler 从 RabbitMQ 中获取 nova-api 的请求后,通过一定的调度算法从数据库中挑选一个符合要求的计算节点,然后向 RabbitMQ 发送一条"创建虚拟机"的消息。

4. 更新数据库(nove-scheduler)

nova-scheduler 会在数据库中创建一条 Instance 记录,并将此 Instance 的状态设置为 BUILDIG 状态。

5. 创建虚拟机(nova-compute)

被选出的计算节点上的 nova-compute 服务会从 RabbitMQ 中获取到"创建虚拟机"这条消息,调用相应的虚拟化接口,创建虚拟机。虚拟机创建过程中用到的镜像会从 Glance 中拉取,用到的网络会通过 Neutron 创建等。

6. 更新数据库(nova-conductor)

当虚拟机创建完成后,nova-compute 会对虚拟机的状态等参数进行更新,并将这些更新通过 nova-conductor 写入数据库。

整个流程都会涉及对数据库的读写操作。

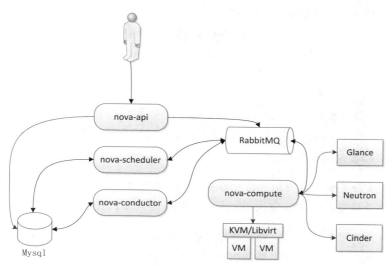

图 5.6 虚拟机创建流程

图 5.6 只是简单示意了虚拟机的创建流程,其中没有详细列出 Nova 如何与 Keystone、Neutron、Glance、Cinder 交互,也没有明确列出 nova-api 在接收到请求后所进行的操作,只列出了虚拟机创建过程中的关键步骤。

通过上面的讲解,我们可以比较清楚地了解到 Nova 内部的服务是如何相互协同工作,共同完成"创建虚拟机"这一任务请求的。对于 Nova 而言,它自身并不会提供任何虚拟化的功能,它需要调用诸如 Libvirt、KVM 的虚拟化接口才能实现虚拟化功能。

从图 5.6 中,我们不难发现,如果是在请求数量比较多、压力比较大的情况下,RabbitMQ 的性能将会直接影响到 Nova 的性能,也就是在某些场景下,RabbitMQ 的性能将成为 Nova 性能的瓶颈。

5.2 nova-api 服务

在 OpenStack 中,REST API 是组件内部与外部进行信息交互的主要途径,即外部请求在到达组件内部之前,首先会到达组件的 API 服务,在 Nova 中,其 API 服务由 nova-api 实现。本小节将会对 nova-api 的关键知识点进行详细解析。

5.2.1 nova-api 服务的作用

nova-api 是 OpenStack 中的主要服务之一,负责转发外部请求,当接收到外部请求后,nova-api 首先对此请求进行认证,只有通过认证,它才会处理此请求或将此请求发送到消息队列中,供 Nova 内部的其他服务消费。nova-api 启动时,也会对 Policy 等进行初始化。

nova-api 监听的端口为 8774，可以通过以下命令查看：

```
[root@controller1 ~]# lsof -i:8774
COMMAND    PID    USER   FD   TYPE    DEVICE SIZE/OFF NODE NAME
nova-api  64839   nova   6u   IPv4 1331591662      0t0  TCP controller1.ksc:8774
(LISTEN)
[root@controller1 ~]# ps aux | grep nova-api
nova      64839  2.0  0.0 549960 142752 ?        S    Nov03 135:20 /usr/bin/python
/bin/nova-api --config-file=/etc/nova/nova.conf --logfile=/var/log/nova/api.log
```

有关 nova-api 相关配置可以在/etc/nova/nova.conf 中找到，例如，以上监听端口在 nova.conf 中的配置为：

```
osapi_compute_listen=192.168.56.105
osapi_compute_listen_port=8774
```

nova-api 启动的进行数默认与 CPU 的个数相同，当 nova-api 运行或启动过程中出现错误时，可以查看相应的日志文件/var/log/nova/api.log，这是 nova-api 日志的默认路径，当然，也可以通过/etc/nova/nova.conf 修改此默认路径。

注意：nova-api 服务的主要作用是对外提供 REST API 服务，接收组件外部的请求，并将请求传递给组件内部的相关服务，相关服务执行完成后，会通过 REST API 将执行结果返回给调用端。

学习 nova-api 最重要的一点是，要理解它是如何对用户请求进行路由与分发的，即用户发送来的请求，如何被路由到相应计算节点上然后执行相应方法的。如图 5.7 所示即为请求的传递路径。

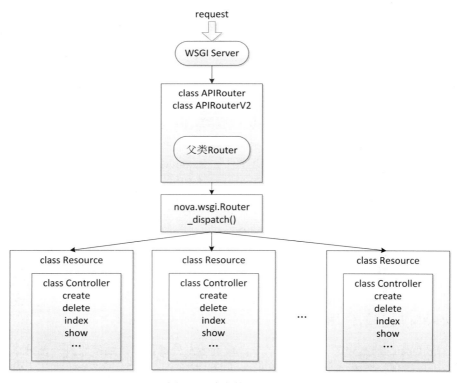

图 5.7　请求的传递路径

nova-api 启动时，会被初始化为一个 WSGI Server，然后 nova-api 通过 nova/api/OpenStack/compute:APIRouter 或 nova/api/OpenStack/compute:APIRouterV2 与多个 WSGI Application 相关联，当有外部请求到达 nova-api 后，这个请求会通过 APIRouter/APIRouterV2 的父类 nova/wsgi:Router 发送到相应的 WSGI Application 中。每一个 WSGI Application 都会有相应的 Controller 类，在这个类中会实现其要执行的方法，从 Controller 中相应的方法开始，Nova 内部的通信机制正式运行，即请求到达 Nova 内部并被内部相关服务处理。总之，nova-api 作为 WSGI Server，一方面可以接收外部的请求，另一方面可以调用内部相关服务处理外部来的请求。

Nova 中的服务都是通过 Systemd 管理的，在 Systemd 中 nova-api 服务的名字为 OpenStack-nova-api，与之相应的脚本内容如下：

```
/usr/lib/systemd/system/openstack-nova-api.service
[Unit]
Description=openstack Nova API Server
After=syslog.target network.target

[Service]
Restart=on-failure
User=nova
ExecStart=/usr/bin/nova-api --config-file /etc/nova/nova.conf --log-file /var/log/nova/nova-api.log

[Install]
WantedBy=multi-user.target
```

通过 systemctl status openstack-nova-api 可以很方便地查看 nova-api 服务的运行状态。如果需要启动、重启或关闭 nova-api 服务，可以通过 systemctl start/restart/stop openstack-nova-api 来实现。

5.2.2 nova-api 服务的启动流程

nova-api 作为 Nova 组件的入口，它在启动过程中会进行许多初始化的操作，如加载 API、创建 WSGI Server、加载策略等。对于 OpenStack 的所有组件而言，每学习一个新的组件，都可以从 setup.cfg 文件开始，这里被称为 OpenStack 组件的结构地图，从这个文件中可以找到脚本的入口，以下是 Nova 中的 setup.cfg 的部分内容：

```
console_scripts=
    nova-api=nova.cmd.api:main
    nova-api-metadata=nova.cmd.api_metadata:main
    nova-api-os-compute=nova.cmd.api_os_compute:main
    nova-cells=nova.cmd.cells:main
    nova-compute=nova.cmd.compute:main
    nova-conductor=nova.cmd.conductor:main
    nova-console=nova.cmd.console:main
    nova-consoleauth=nova.cmd.consoleauth:main
    nova-dhcpbridge=nova.cmd.dhcpbridge:main
    nova-idmapshift=nova.cmd.idmapshift:main
    nova-manage=nova.cmd.manage:main
    nova-network=nova.cmd.network:main
    nova-novncproxy=nova.cmd.novncproxy:main
```

```
    nova-policy=nova.cmd.policy_check:main
    nova-rootwrap=oslo_rootwrap.cmd:main
    nova-rootwrap-daemon=oslo_rootwrap.cmd:daemon
    nova-scheduler=nova.cmd.scheduler:main
    nova-serialproxy=nova.cmd.serialproxy:main
    nova-spicehtml5proxy=nova.cmd.spicehtml5proxy:main
    nova-status=nova.cmd.status:main
    nova-xvpvncproxy=nova.cmd.xvpvncproxy:main
    nova-placement-api=nova.api.OpenStack.placement.wsgi:init_Application
    nova-api-wsgi=nova.api.OpenStack.compute.wsgi:init_Application
nova-metadata-wsgi=nova.api.metadata.wsgi:init_Application
```

从上述代码可以看出，nova-api 对应的代码是 nova.cmd.api 文件中的 main() 函数，即当启动 nova-api 服务时，首先调用的就是 nova.cmd.api 中的 main() 方法。

注意：对于 OpenStack 中的组件而言，相关服务的入口都是在 sestup.cfg 中指定。

当我们运行完 Nova 的代码后，setup.cfg 中的代码会被写入到 /usr/lib/python2.7/site-packages/nova/nova-xxxxx-xxxxx.egg-info/entry_point.py 中。所以，从 entry_point.py 和 setup.cfg 中都可以找到相关服务的入口。

打开上述文件，其中关键代码如下：

```
def main():
    config.parse_args(sys.argv)
    logging.setup(CONF, "nova")
    utils.monkey_patch()
    objects.register_all()
    if 'osapi_compute' in CONF.enabled_apis:
        objects.Service.enable_min_version_cache()
    …
    launcher=service.process_launcher()
    started=0
    for api in CONF.enabled_apis:
        should_use_ssl=api in CONF.enabled_ssl_apis
        try:
            server=service.WSGIService(api,use_ssl=should_use_ssl)
            launcher.launch_service(server, workers=server.workers or 1)
            started+=1
        except exception.PasteAppNotFound as ex:
            log.warning("%s. "enabled_apis" includes bad values. "
                        "Fix to remove this warning.", ex)
    …
    launcher.wait()
```

在这个方法中，首先会通过 config.parse_args(sys.argv) 读取用户配置信息，对于 Nova 而言，所有的配置信息都在 /etc/nova/nova.conf 中进行设置。再继续向下，可以看到有这样一行代码：

```
server=service.WSGIService(api,use_ssl=should_use_ssl)
```

这里声明了一个 WSGIService 的实例，以 API 作为参数传入，而 API 的值是用户通过 enabled_apis

设置的。之后通过 launch_service()启动 WSGI Server。

以上就是服务启动的一个过程，下面分析其中比较重要的代码。

1. 加载配置项

这一部分是通过 config.parse_args(sys.argv)实现的，这个方法的具体实现代码位于 nova/config.py 中，如下所示：

```
def parse_args(argv,default_config_files=None,configure_db=True,
        init_rpc=True):
    log.register_options(CONF)
    rpc.set_defaults(control_exchange='nova')
    …
    CONF(argv[1:],
        project='nova',
        version=version.version_string(),
        default_config_files=default_config_files)

    if init_rpc:
        rpc.init(CONF)
    …
```

这里会加载用户配置的参数，然后设置 RPC 中的 Exchange，因为这里启动的是 Nova 的服务，所以 control_exchange 的值为 Nova。同样的，如果我们查看 Heat 的代码，不难发现，当 heat-api 服务启动时，它将会通过一个方法（rpc.set_defaults()）把 control_exchage 的值设为 Heat。

注意：nova-api 服务是一个 WSGI Service，而 nova-compute、nova-scheduler 等是一个普通的 Service。这两类 Service 的启动方式在具体细节上会略有差别。

上述代码中比较重要的部分应该是 rpc.init(CONF)，这里是初始化了一个 RPC Server，创建 TRANSPORT 和 NOTIFIER，前者是一个 Transport 对象的工厂方法，用于 RPC Server 和 RPC Client 间的通信；后者用于发送通知消息，我们可以通过以下方式将它与某一个 RPC 的 TRANSPORT 进行关联：

```
transport=notifier.get_notification_transport(CONF)
notifier=notifier.Notifier(transport,
            'compute.host',
            driver='messaging',
            topics=['notifications'])
```

代码中指定了 notifier 的发送通道（transport）、notifier 中的 filed（compute.host）及消息发送时需要用到的 driver（messaging）等。notifier 中内容的格式如下：

```
{ 'message_id': six.text_type(uuid.uuid4()),     # 消息ID
  'publisher_id': 'compute.host1',               # 发送者ID
  'timestamp': timeutils.utcnow(),               # 发送时间
  'priority': 'WARN',                            # 消息的优先级
  'event_type': 'compute.create_instance',       # 事件类型
  'payload': {'instance_id': 12,... }}           # 消息中的内容
```

2. 定义 Service Launcher

通过 launcher = service.process_launcher()创建一个 ProcessLauncher 的对象实例，代码如下：

```
/usr/lib/python2.7/dist-packages/oslo_service/service.py
```

```
345 class ProcessLauncher(object):
346
347     def __init__(self, conf, wait_interval=0.01, restart_method='reload'):
        …
358         self.conf = conf
359         conf.register_opts(_options.service_opts)
360         self.children = {}
361         self.sigcaught = None
362         self.running = True
363         self.wait_interval = wait_interval
364         self.launcher = None
365         rfd, self.writepipe = os.pipe()
366         self.readpipe = eventlet.greenio.GreenPipe(rfd, 'r')
367         self.signal_handler = SignalHandler()
368         self.handle_signal()
369         self.restart_method = restart_method
370         if restart_method not in _LAUNCHER_RESTART_METHODS:
371             raise ValueError(_("Invalid restart_method: %s") % restart_method)
```

3. 定义 WSGIService 实例

这里只是定义一个 WSGIService 的实例,并没有启动它。从这个类中的成员变量可以看出,一个 WSGIService 实例中比较重要的几个属性有 self.binary、self.topic、self.manager、self.app、self.workers 和 self.server。其中,self.binary 就是 nova-api,self.app 实际上是一个 WSGI Application,self.workers 指定了需要启动的 nova-api 的数量,它的值是从 nova.conf 中获取的,如果用户没有指定 Worker 的值,那么默认取 CPU 的核数作为 Worker 的值。

self.server 是一个 WSGI 的 Server 实例,所以在 Nova 中,只有 nova-api 才是 WSGI 的服务,其他服务都不是。

```
nova/nova/service.py
292 class WSGIService(service.Service):
294     …
295     def __init__(self, name, loader=None, use_ssl=False, max_url_len=None):
        …
303         self.name = name
306         self.binary = 'nova-%s' % name
307         self.topic = None
308         self.manager = self._get_manager()
309         self.loader = loader or wsgi.Loader()
310         self.app = self.loader.load_app(name)
        …
316         self.host = getattr(CONF, '%s_listen' % name, "0.0.0.0")
317         self.port = getattr(CONF, '%s_listen_port' % name, 0)
318         self.workers = (getattr(CONF, '%s_workers' % wname, None) or
319                         processutils.get_worker_count())
        …
328         self.server = wsgi.Server(name,
329                                   self.app,
330                                   host=self.host,
331                                   port=self.port,
332                                   use_ssl=self.use_ssl,
333                                   max_url_len=max_url_len)
```

再具体看一下 wsgi.Server()，它位于 nova/nova/wsgi.py。在这个类中，会通过 self.pool_size 指定 Pool 的大小，然后使用 self.pool_size 作为参数定义一个 GreenPool()实例。在 Python 中，实际上是没有多线程这一概念的，如果用户需要实现类似功能，需要借助绿色线程来实现，这里 Eventlet 是对绿色线程的一个封装，主要功能是实现 Python 中的多线程，进而实现并发处理。在WSGIServer 启动时，会对线程进行设置，如下：

```
nova/nova/wsgi.py
49   class Server(service.ServiceBase):
        ...
52       default_pool_size = CONF.wsgi.default_pool_size
53
54       def __init__(self, name, app, host='0.0.0.0', port=0, pool_size=None,
55                    protocol=eventlet.wsgi.HttpProtocol, backlog=128,
56                    use_ssl=False, max_url_len=None):
    ...
70           eventlet.wsgi.MAX_HEADER_LINE = CONF.wsgi.max_header_line
71           self.name = name
72           self.app = app
73           self._server = None
74           self._protocol = protocol
75           self.pool_size = pool_size or self.default_pool_size
76           self._pool = eventlet.GreenPool(self.pool_size)
```

4．启动 WSGI Server

执行完以下代码后，nova-api 就以 WSGIService 实例的方式启动了。

`launcher.launch_service(server, workers=server.workers or 1)`

那么 nova-api 是如何通过调用 launch_service()启动的呢？在 launch_service()中，首先会调用 self.add()方法将之加入到 service 列表中，然后再调用以下代码完成nova-api 服务的启动：

```
oslo_service/service.py
711      @staticmethod
712      def run_service(service, done):
         ...
720          try:
721              service.start()
722          except Exception:
723              LOG.exception('Error starting thread.')
724              raise SystemExit(1)
725          else:
726              done.wait()
```

5.3　nova-scheduler 服务

对于计算服务而言，我们可以将之看作一个长流程业务，这样的业务，由于其流程的特殊性，需要有一个负责调度的服务，nova-scheduler 就是 Nova 中负责调度的服务。本节将基于其代码结构和基本原理，详细讲解 nova-scheduler 的调度过程，最后针对 nova-scheduler 的配置进行分析。

注意：nova-scheduler 采用的是一个开放的架构，方便开发者自定义与加载调度算法。如果 nova-scheduler 服务出现问题，那么，Nova 在创建虚拟机时将无法正确筛选出合适的计算节点而导致创建过程失败。

5.3.1 基本原理及代码结构

调度器的主要作用就是将 nova-api 发送来的请求，通过一定的方式映射到某个计算节点上。在 Nova 中，调度器是一个名为 nova-scheduler 的守护进程，它可以通过用户设定的调度算法从系统资源池中筛选出一个计算节点用于计算服务。nova-scheduler 会根据诸如负载、内存、可用域的物理距离、CPU 构架等做出调度决定。nova-scheduler 实现了一个可插拔的结构，用户可以很方便地自定义一些调度算法以供 nova-scheduler 使用。

目前 nova-scheduler 实现了许多调度算法。
- 随机算法：计算主机在所有可用域内随机选择。
- 可用域算法：与随机算法相仿，但是计算主机在指定的可用域内随机选择。
- 简单算法：这种方法选择负载最小的主机运行实例。负载信息可通过负载均衡器获得。

除以上这些算法外，nova-scheduler 还支持 AZ 过滤器、CPU 过滤器、NUM 过滤器和 PCI 过滤器等。

以上只是涉及 nova-scheduler 中的过滤器，在实际情况中可能会同时过滤出多个符合条件的计算节点，那么这种情况应该怎么办呢？nova-scheduler 中也提供了针对这种情况的解决方案：使用权重（Weight）。

当有多个计算节点被选出时，nova-scheduler 会根据一定规则对选出的计算节点计算它们的权重，比较常用的权重计算方式就是根据计算节点上的剩余内存来计算，当一个节点上的剩余内存越大时，它的权重也就相应的越小，这个节点被选出的概率也就越大。

根据以上介绍，我们不难发现，nova-scheduler 对计算节点的选取共分为两步：

（1）节点过滤。通过过滤器（Filter）选择满足条件的计算节点。

（2）权重计算。通过计算权重（Weight），选出权值最小的计算节点并在其上创建虚拟机。

上述两个步骤，可以用图 5.8 表示。

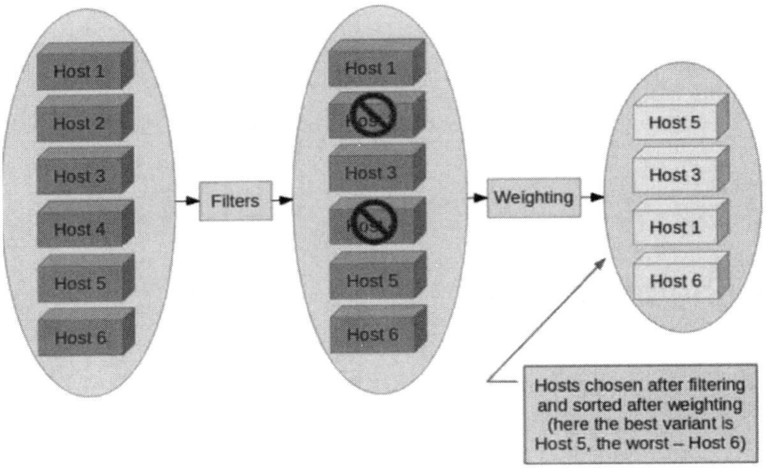

图 5.8 nova-scheduler 节点调度过程

图 5.8 形象生动地展现了 nova-scheduler 对计算节点的调度过程。系统中原先有 6 台计算节点，通过 nova-scheduler 过滤后，符合条件的计算节点只剩下了 Host1、Host3、Host5 和 Host6，Host2 和 Host4 由于不符合过滤条件被排除在外。接下来，nova-scheduler 再对选出的计算节点计算它们各自的权重并依次排序，在这些选出的 Host 中，Host5 的权重最小，因此，它就是 nova-scheduler 最终选出的计算节点。

nova-scheduler 的代码位于 nova/scheduler，其中的代码结构如图 5.9 所示。

前面介绍的过滤器和权重计算部分分别对应图 5.9 中的 filters 目录和 weights 目录。其他比较重要的文件解释如下。

- **driver.py**：实现名为 Scheduler 的类，它是 nova-scheduler 中所有调度器基类，任何调度器的定义都需要实现其中的接口，有 run_periodic_tasks()、hosts_up()和 select_destinations()，从名称上也很容易看出它们各自实现的功能，分别是运行周期任务、根据 Topic 过滤并获取主机列表、获得目的主机。
- **manager.py**：实现名为 SchedulerManager 的类，定义 Host 相关的管理操作函数，如删除 Host 中的虚拟机信息等。
- **host_manager.py**：实现名为 HostManager 和 HostState 的两个类，这两个类描述了跟调度器相关的主机的操作实现（def _get_host_states()、def get_instances_by_host() 等）。HostState 类维护了一份最新的主机资源数据（数据中主要包括 vCPU 使用情况、磁盘使用情况及 numa 结构等）。HostManager 类描述了与调度器相关的方法。

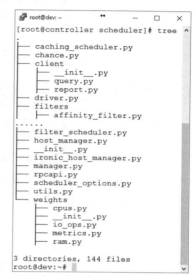

图 5.9 nova-scheduler 的代码结构

- **chance.py**：实现名为 ChanceScheduler 的类，继承于 driver.py 中定义的 Scheduler 类，是一个主要实现随机选取主机节点的调度器。
- **Client**：客户端调用程序的入口。
- **filter_scheduler.py**：实现名为 FilterScheduler 的类，继承于 driver.py 中定义的 Scheduler 类，实现了根据指定的过滤条件来选取主机节点的调度器。

注意：在 nova-scheduler 中定义了与周期任务相关的方法，另外，Nova 中也专门定义了与周期性任务相关的装饰器（periodic_task）。

5.3.2 调度过程

nova-scheduler 的主要功能就是实现主机的调度，当创建虚拟机时，nova-scheduler 会根据用户提供的 Flavor 类型及 nova-scheduler 对云平台中的主机设置进行筛选，选出"最合适"的主机进行虚拟机的创建。

由于调度过程的分析比较重要，因此，我们将从以下两个方面重点分析一下 nova-scheduler 对主机的调度过程。

1. 调度事件触发

虚拟机创建过程中，触发 nova-scheduler 进行主机调度的服务是 nova-conductor，它们之间的关系可以用图 5.10 表示。

虚拟机创建过程中，当请求发送到 nova-conductor 时，会调用

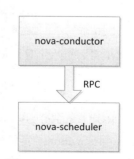

图 5.10 nova-scheduler 与 nova-conductor 调用关系

nova-conductor 中的如下代码：

```
nova/conductor/manager.py
517    def build_instances(self, context, instances, image, filter_properties,
518            admin_password, injected_files, requested_networks,
519            security_groups, block_device_mapping=None, legacy_bdm=True):
...
551        hosts = self._schedule_instances(
552            context, spec_obj, instance_uuids)
...
621    def _schedule_instances(self, context, request_spec,
622                            instance_uuids=None):
623        scheduler_utils.setup_instance_group(context, request_spec)
624        hosts = self.scheduler_client.select_destinations(context,
625            request_spec, instance_uuids)
626        return hosts
```

在 nova-conductor 的 build_instances()方法中，会通过_schedule_instances()方法调用到 self.scheduler_client.select_destinations()方法，从 manager.py 中对 ComputeTaskManager()类的定义可以看出，self.scheduler_client 实际是 nova.scheduler.client: SchedulerClient 的一个实例。

代码如下：

```
nova/conductor/manager.py
...
49 from nova.scheduler import client as scheduler_client
...
211 @profiler.trace_cls("rpc")
212 class ComputeTaskManager(base.Base):
...
221    target = messaging.Target(namespace='compute_task', version='1.17')
222
223    def __init__(self):
224        super(ComputeTaskManager, self).__init__()
225        self.compute_rpcapi = compute_rpcapi.ComputeAPI()
226        self.image_api = image.API()
227        self.network_api = network.API()
228        self.servicegroup_api = servicegroup.API()
229        self.scheduler_client = scheduler_client.SchedulerClient()
230        self.notifier = rpc.get_notifier('compute', CONF.host)
```

在实例初始化时，self.scheduler_client 的值为 scheduler_client.SchedulerClient()，所以：

```
624        hosts = self.scheduler_client.select_destinations(context,
625            request_spec, instance_uuids)
```

请注意，上述代码中调用的方法实际上就是 SchedulerClient()中的 select_destinations()方法。select_destinations()实现如下：

```
nova/scheduler/client/__init__.py
40 class SchedulerClient(object):
...
```

```
49      @utils.retry_select_destinations
50      def select_destinations(self, context, spec_obj, instance_uuids):
51          return self.queryclient.select_destinations(context, spec_obj,
52                  instance_uuids)
```

2. 调度过程分析

继续往下看，从上面的分析我们知道，调度过程的入口就是位于 nova/scheduler/ client/__init__.py 中的 select_destinations()方法。

从调用关系可以看出 self.queryclient.select_destinations()方法是：

```
nova/scheduler/client/query.py
19  class SchedulerQueryClient(object):
…
21
22      def __init__(self):
23          self.scheduler_rpcapi = scheduler_rpcapi.SchedulerAPI()
24
25      def select_destinations(self, context, spec_obj, instance_uuids):
…
32          return self.scheduler_rpcapi.select_destinations(context, spec_obj,
33                  instance_uuids)
```

上述 select_destinations()方法中发送了一个 RPC 调用，由 nova/scheduler/manager.py 接收：

```
104     @messaging.expected_exceptions(exception.NoValidHost)
105     def select_destinations(self, ctxt,
106                 request_spec=None, filter_properties=None,
107                 spec_obj=_sentinel, instance_uuids=None):
…
148         dests = self.driver.select_destinations(ctxt, spec_obj, instance_uuids,
149             alloc_reqs_by_rp_uuid, provider_summaries)
150         dest_dicts = [_host_state_obj_to_dict(d) for d in dests]
151         return jsonutils.to_primitive(dest_dicts)
```

scheduler/manager.py 进行主机选择时，调用了 self.driver.select_destinations()方法，这个方法中实现的功能就是过滤与计算权重，最终选出主机列表，代码如下：

```
nova/scheduler/filter_scheduler.py
46      def select_destinations(self, context, spec_obj, instance_uuids,
47              alloc_reqs_by_rp_uuid, provider_summaries):
…
81          num_instances = spec_obj.num_instances
82          selected_hosts = self._schedule(context, spec_obj, instance_uuids,
83              alloc_reqs_by_rp_uuid, provider_summaries)
…
111     def _schedule(self, context, spec_obj, instance_uuids,
112             alloc_reqs_by_rp_uuid, provider_summaries):
…
151         hosts = self._get_all_host_states(elevated, spec_obj,
152             provider_summaries)
…
158         claimed_instance_uuids = []
```

```
159
160            selected_hosts = []
......
166            num_instances = (len(instance_uuids) if instance_uuids
167                             else spec_obj.num_instances)
168            for num in range(num_instances):
169                hosts = self._get_sorted_hosts(spec_obj, hosts, num)
```

代码中第 46 行的 select_destinations()方法调用到第 111 行的_schedule()方法，在_schedule()方法中，通过_get_sorted_hosts()方法对选出的主机计算权重并排序，它的返回值就是一个按权重排序过的主机列表。

至此，整个主机过滤到权重计算的过程就全部执行完成了，这也是 nova-scheduler 如何对主机进行选择的主要步骤。

注意：nova-scheduler 的日志默认存放在/etc/nova/nova-scheduler.log 中，如果虚拟机创建过程中，物理机的调度过程出现了错误，可以到上述日志文件中查看错误日志。在分布式部署的环境中，nova-scheduler 的调度是随机的，当创建虚拟机时，它将会随机调用节点上的 nova-scheduler 服务进行计算节点的选择，所以，在查看日志时，首先要确定当前调用的 nova-scheduler 服务运行在哪个节点上，然后再到相应节点的目录下查看 nova-scheduler 的日志。

5.3.3 配置分析

nova-scheduler 的配置位于/etc/nova/nova.conf 中，可以通过以下代码配置 nova-scheduler 所使用的 Driver、过滤算法等。如果需要 nova-scheduler 使用用户自定义的过滤算法，只需要将相应过滤算法的名称加入到 scheduler_default_filters 的值中即可。

```
scheduler_manager=nova.scheduler.manager.SchedulerManager

scheduler_driver=nova.scheduler.filter_scheduler.FilterScheduler

scheduler_available_filters=nova.scheduler.filters.all_filters

scheduler_available_filters=nova.scheduler.filters.pci_passthrough_filter.PciPassthroughFilter

scheduler_default_filters=RetryFilter,AvailabilityZoneFilter,IronicFilter,RamFilter,ComputeFilter,ComputeCapabilitiesFilter,ImagePropertiesFilter,CoreFilter,AggregateMultiTenancyIsolation,DifferentHostFilter,PciPassthroughFilter

default_availability_zone=nova

scheduler_host_manager=nova.scheduler.ironic_host_manager.IronicHostManager
```

另外一个需要说明的是，scheduler_driver 这个配置项，在上一小节讲解"调度过程分析"时，其中涉及 self.driver.select_destinations()方法的调用，我们是通过什么判定这里调用了 nova/scheduler/filter_scheduler.py 中的 select_destinations()方法呢？这里主要是通过 scheduler_driver 的设置。

从配置文件/etc/nova/nova.conf 中可以发现，我们将 select_driver 的值设为了 nova.scheduler.filter_scheduler.FilterScheduler，所以上节提到的 select_destinations()执行的是 nova.scheduler.filter_ scheduler.FilterScheduler 中的方法。

nova-scheduler 调度过程出现问题时，可以通过查看它的日志文件/var/log/nova/nova-scheduler.log 来对问题进行定位与分析。

5.4　nova-compute 服务

Nova 组件主要围绕虚拟机展开操作，包括虚拟机的创建、删除、停止、挂起等，对于 Nova 本身而言，负责虚拟机生命周期管理的服务是 nova-compute。它作为 Nova 的主要服务之一，全面负责计算虚拟化相关的操作，通过底层的 Libvirt 驱动，实现虚拟化与 OpenStack 的结合。本节将从 nova-compute 的启动流程入手，全面分析与讲解其基本原理。

5.4.1　nova-compute 服务的作用

从功能角度来看，nova-compute 是 Nova 中主要负责与 Hypervisor 进行交互的服务，通过调用相应 Hypervisor 的接口，实现对虚拟机的创建、删除、挂起、resize 等操作，换句话说，它可以与 Hypervisor 一起实现对虚拟机生命周期的管理。

从部署方式来看，通常情况下，nova-compute 服务会单独部署在一个或多个节点上，我们称之为计算节点；而 Nova 中的其他服务，如 nova-api、nova-scheduler、nova-conductor 等会部署在另外的一些节点上，我们称之为控制节点。nova-compute 与 Nova 中的其他服务通过 RPC 方式进行通信。

Nova 中的每一个组件都是松耦合的，都可以单独部署、增量升级。对于 nova-compute 服务而言，它不但可以部署在计算节点上，也可以部署在控制节点上，不同的部署方式取决于用户对云平台架构的设计。

图 5.11 是其中一种部署示例。

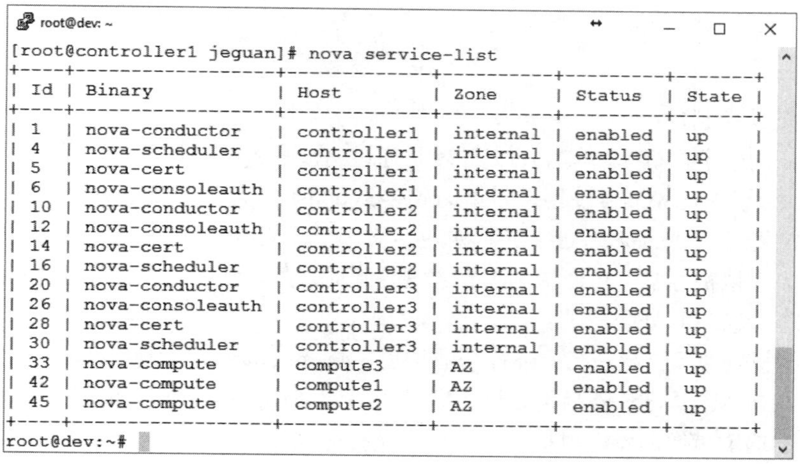

```
root@dev: ~
[root@controller1 jeguan]# nova service-list
+----+------------------+-------------+----------+---------+-------+
| Id | Binary           | Host        | Zone     | Status  | State |
+----+------------------+-------------+----------+---------+-------+
| 1  | nova-conductor   | controller1 | internal | enabled | up    |
| 4  | nova-scheduler   | controller1 | internal | enabled | up    |
| 5  | nova-cert        | controller1 | internal | enabled | up    |
| 6  | nova-consoleauth | controller1 | internal | enabled | up    |
| 10 | nova-conductor   | controller2 | internal | enabled | up    |
| 12 | nova-consoleauth | controller2 | internal | enabled | up    |
| 14 | nova-cert        | controller2 | internal | enabled | up    |
| 16 | nova-scheduler   | controller2 | internal | enabled | up    |
| 20 | nova-conductor   | controller3 | internal | enabled | up    |
| 26 | nova-consoleauth | controller3 | internal | enabled | up    |
| 28 | nova-cert        | controller3 | internal | enabled | up    |
| 30 | nova-scheduler   | controller3 | internal | enabled | up    |
| 33 | nova-compute     | compute3    | AZ       | enabled | up    |
| 42 | nova-compute     | compute1    | AZ       | enabled | up    |
| 45 | nova-compute     | compute2    | AZ       | enabled | up    |
+----+------------------+-------------+----------+---------+-------+
root@dev:~#
```

图 5.11　计算节点与控制节点的分布式部署

注意：分布式部署的场景下，控制节点的个数一般为奇数个。计算节点的个数没有限制。上面提到的场景是控制节点与计算节点分开部署，我们也可以将它们部署在同一个节点上。

如图 5.11 所示的部署方式中，有三个计算节点（Compute1、Compute2 和 Compute3），在这三个计算节点上只部署了 nova-compute 服务；有三个控制节点（Controller1、Controller2 和 Controller3），控制

节点上部署的与 Nova 组件有关的服务有 nova-conductor、nova-scheduler、nova-cert 和 nova-consoleauth。图 5.11 中仅列出了与 Nova 相关的服务，云平台中用到的网络服务和存储服务并没有列出。

nova-compute 通过相应的 API 调用 Hypervisor 实现对虚拟机的管理，选择一个最合适的 Hypervisor 并非一件易事，用户在对 Hypervisor 进行选型时，需要对资源管控、技术实现细节及 Hypervisor 所支持的功能做深入调研。不过，对于 OpenStack 而言，它主要基于 KVM/Xen 类型的 Hypervisor 进行开发。除了这两种 Hypervisor，它还支持以下几种 Hypervisor：

- Baremetal
- Docker
- Hyper-V
- Linux Containers（LXC）
- Quick Emulator（QEMU）
- User Mode Linux（UML）
- VMWare vSphere

nova-compute 可以使用不同的 Hypervisor，这些不同的 Hypervisor 可以通过位于计算节点上的 /etc/nova/nova.conf 进行配置，在 /etc/nova/nova.conf 中，字段 compute_driver 的值就是用来设置 nova-compute 所使用的 Hypervisor 驱动的。除了设置计算服务所需要的驱动外，还有一个配置需要注意：virt_type 这个配置项有两种取值，分别是 kvm 和 qemu，当我们的计算节点运行于物理节点上时，这里要配置成 kvm；当我们的计算节点运行于虚拟机上时，那么这里配置成 qemu。

借助于 Hypervisor，nova-compute 可以对物理主机上的虚拟机进行管理，当有外部请求到来时，nova-compute 会将请求通过 API 发送到事先配置好的 Hypervisor 中，可以完成但不限于以下任务：

- 运行虚拟机
- 删除虚拟机
- 重启虚拟机
- 挂载磁盘
- 卸载磁盘
- 获取虚拟机的控制台

nova-compute 创建虚拟机时，其主要任务就是通过用户准备的各种参数，最终生成创建虚拟机所需要的 XML 文件以供 Hypervisor 使用，因此，nova-compute 创建虚拟机的过程可以归纳为以下几步：

（1）准备虚拟机所需要的资源（CPU 资源、RAM 资源及镜像资源等）。nova-compute 会根据用户提供的 Flavor，为虚拟机分配 CPU、RAM 和磁盘。除此之外，还有一点需要注意的是网络资源，这个资源也会在这个阶段一同分配。

（2）创建虚拟机的镜像文件。当上述操作通过后，nova-compute 会调用 glanceclient 拉取镜像，拉取的镜像会暂存在计算节点上，然后再以这个镜像为基础创建镜像文件。如果这个镜像之前已经被拉取过，那么再基于这个镜像创建虚拟机时，不会再次拉取。

（3）生成创建虚拟机的 XML 文件。这里主要是生成一个名为 libvirt.xml 的文件。

注意：我们可以通过生成的 libvirt.xml 文件直接调用 virsh 命令，来创建虚拟机。

（4）创建网络并启动虚拟机。

以上过程中生成的文件或下载的镜像都会存放在计算节点的 /var/lib/nova/instances 中，在这个路径下，会有多个以虚拟机的 UUID 命名的子目录，不同虚拟机相关的文件都存放在各自的目录下。

5.4.2 nova-compute 服务的启动流程

本小节将从 nova-compute 的启动流程来深入学习 Nova 中的服务。通过对前面内容的学习，我们知道，如果想了解一个服务的启动代码，比较好的方法就是找到它的入口，然后从入口进行分析。nova-compute 的启动过程可以分成以下几步来分析。

1. 找入口

nova-compute 与其他服务一样，也会有一个入口，我们可以从/usr/lib/python2.7/ site-packages/nova-xxxx.egg-info/entry_points.txt 中找到，入口如下：

```
[console_scripts]
nova-compute = nova.cmd.compute:main
```

因此，我们可以在 nova/cmd/compute.py 中查看它的入口：

```
42  def main():
43      config.parse_args(sys.argv)
44      logging.setup(CONF, 'nova')
45      priv_context.init(root_helper=shlex.split(utils.get_root_helper()))
46      utils.monkey_patch()
47      objects.register_all()
48
49      os_vif.initialize()
50
51      gmr.TextGuruMeditation.setup_autorun(version)
52
53      cmd_common.block_db_access('nova-compute')
54      objects_base.NovaObject.indirection_api = conductor_rpcapi.ConductorAPI()
55      objects.Service.enable_min_version_cache()
56      server = service.Service.create(binary='nova-compute',
57                                      topic=compute_rpcapi.RPC_TOPIC)
58      service.serve(server)
59      service.wait()
```

2. 初始化（参数初始化、全局变量初始化、日志初始化等）

第 43 行代码会做一些初始化的工作，另外，还会创建 TRANSPORT 和 NOTIFIER 用于 RPC 调用。前者是/oslo_messaging/rpc/transport.py: Transport 的一个对象，用于指定底层的传输机制，目前支持的传输机制有 RabbitMQ 和 ZeroMQ 等，传输机制的配置可以通过/etc/nova/nova.conf 中的 rpc_backend 配置项来设置，如果设置为 rpc_backend=rabbit，那么 Transport 实例采用的 Driver 就是 oslo_messaging/_drivers/impl_rabbit.py：RabbitDriver；后者主要用于发送消息。

3. 创建 RPC Service

第 56 行代码用于创建 RPC Service，并将此 RPC Service 的 topic 设置为 compute_rpcapi.RPC_TOPIC，代码如下：

```
nova/service.py
98  class Service(service.Service):
    …
105
106     def __init__(self, host, binary, topic, manager, report_interval=None,
```

```
107                 periodic_enable=None, periodic_fuzzy_delay=None,
108                 periodic_interval_max=None, *args, **kwargs):
109         super(Service, self).__init__()
110         self.host = host
111         self.binary = binary
112         self.topic = topic
113         self.manager_class_name = manager
114         self.servicegroup_api = servicegroup.API()
115         manager_class = importutils.import_class(self.manager_class_name)
116         self.manager = manager_class(host=self.host, *args, **kwargs)
117         self.rpcserver = None
118         self.report_interval = report_interval
119         self.periodic_enable = periodic_enable
120         self.periodic_fuzzy_delay = periodic_fuzzy_delay
121         self.periodic_interval_max = periodic_interval_max
122         self.saved_args, self.saved_kwargs = args, kwargs
123         self.backdoor_port = None
```

另外，在 service.Service.__init__()中，会实例化一个 ComputeManager（nova/compute/manager.py）的类，这个类主要负责接收并处理 RPC 请求。

下面再看一下 service.Service.create()方法，代码如下：

nova/service.py
```
203     @classmethod
204     def create(cls, host=None, binary=None, topic=None, manager=None,
205                report_interval=None, periodic_enable=None,
206                periodic_fuzzy_delay=None, periodic_interval_max=None):
...
219         if not host:
220             host = CONF.host
221         if not binary:
222             binary = os.path.basename(sys.argv[0])
223         if not topic:
224             topic = binary.rpartition('nova-')[2]
225         if not manager:
226             manager = SERVICE_MANAGERS.get(binary)
227         if report_interval is None:
228             report_interval = CONF.report_interval
229         if periodic_enable is None:
230             periodic_enable = CONF.periodic_enable
```

从上述代码中不难发现，在创建 RPC Service 时，我们需要提供与 RPC 相关的 topic 等参数。还有一点需要注意，在 nova-compute 启动之后，会有一个周期任务一直在运行着，那么这个周期任务相关的配置也是通过 servcie.Service.create()方法设置的（periodic_enable 和 report_interval）。

4. 启动 RPC Server

第 58 行 service.serve(server)用于启动 RPC Service。可以继续进入 service.serve()代码中看一下具体实现方法，代码如下：

nova/service.py

```
425  def serve(server, workers=None):
426      global _launcher
427      if _launcher:
428          raise RuntimeError(_('serve() can only be called once'))
429      # 这里会返回一个ServiceLauncher或ProcessLauncher的对象实例
         # 关于具体返回哪种类型的对象实例，主要根据参数workers来决定
430      _launcher = service.launch(CONF, server, workers=workers,
431                                 restart_method='mutate')
432
```

```
oslo_service/service.py
729  def launch(conf, service, workers=1, restart_method='reload'):
730      """根据用户的输入参数，启动相应数量的进程
740      """
741
742      if workers is not None and workers <= 0:
743          raise ValueError(_("Number of workers should be positive!"))
744
745      if workers is None or workers == 1:
746          launcher = ServiceLauncher(conf, restart_method=restart_method)
747      else:
748          launcher = ProcessLauncher(conf, restart_method=restart_method)
         # 启动上面定义的Service
749      launcher.launch_service(service, workers=workers)
750
751      return launcher
```

至此，nova-compute 服务就启动了。启动后，进程会进入等待状态，以便有外部请求到来时，对请求进行处理。以上只是粗略地看了一下 nova-compute 的服务启动过程，其中许多细节问题并没有深入探究。

注意：对于 Nova 的不同服务，可以通过 Pacemaker+Corosync 实现服务的高可用，社区中的 Kolla 项目则使用了另外一种高可用方式——容器的高可用方式实现服务的高可用。

5.4.3　nova-compute 服务的日志分析

OpenStack 中对于日志文件的处理还是比较不错的，对于不同的服务都会有比较详细的日志记录，并且用户在启动服务时可以显式指定日志的级别，不同级别的日志记录可以获取不同的日志信息，从而避免产生垃圾日志。如果某个服务出现了问题，可以很方便地针对相应服务的日志进行查错。对于 nova-compute 而言，它的日志默认存放在计算节点的/var/log/nova/nova-compute.log 中。

虚拟机在创建过程中，如果出现了问题，我们一般会根据错误日志，大体定位到在哪个服务运行过程中出现了问题。如果出现无法调度的错误时，我们要去查看 nova-scheduler 的日志，看一下为什么无法进行调度，出现不能调度的错误一般是由于 CPU、RAM 或磁盘的配额不足引起的；当调度完成，即 nova-scheduler 已经选出 Hosts 后，如果这个阶段出现了错误，一般需要到计算节点查看 nova-compute 的日志。

在主机数量相对较少、云平台规模不算太大的情况下，通过这种方法进行问题定位是比较可行的一种方法，但是，对于规模比较大的云平台而言，通过这种方式来定位与分析问题无疑是效率比较低

的一种方式，值得庆幸的是，对于大规模的云平台，我们可以引进 ELK[①]对 OpenStack 中的日志进行分析。

注意：OpenStack 自身的日志分析做得并不是很完善，几乎可以忽略不计。但是对于大规模的 OpenStack 平台来说，日志分析与展示是非常重要的一环。

ELK 是一个非常不错的日志收集、存储与分析系统，Mirantis 推出的 MCP 平台，就成功地集成了 ELK 这个开源软件，从而实现对日志的搜索、存储与查询功能。ELK 开源软件主要由三部分组成：

- Logstash。主要负责日志的收集与发送。
- Elasticsearch。主要负责日志的存储与检索。
- Kibana。这是一个日志可视化的软件，提供日志的仪表盘。

这三者的关系如图 5.12 所示。

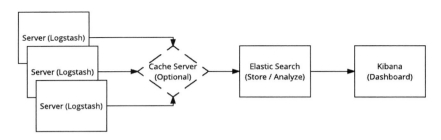

图 5.12　ELK 日志系统

OpenStack 系统会产生许多有用的日志信息，对于运维人员而言，借助 ELK 日志系统，可以很方便地在众多日志信息中，快速定位到有用信息。

另外，由于 OpenStack 中日志数量非常多，因此，对于系统中的日志我们通常会采用像 Redis 或 Memcached 这样的内存数据库来对日志进行缓存。

图 5.12 中的 Logstash 可以对日志信息进行序列化，把不同格式的日志解析成一定格式的日志，以方便后续对日志进行索引与分析。

对于大规模的 OpenStack 平台，如果采用了 ELK 日志管理软件，将会具备以下几个比较突出的特点：

- 可以快速地查询系统中 ERROR 级别的日志。
- 可以方便地查询某个 API 的请求频率。
- 通过请求 ID，可过滤出某个 API 整个调用流程的日志。

5.5　周期性任务的实现

学习 Nova 组件，最主要的是搞清楚其不同操作的工作流程。不同操作的工作流程不尽相同；同一操作在不同条件下，其流程也会有些许差异。但是，在所有差异中，也会存在一些共性的东西，比如本节讲解的周期性任务就是其中的一个。周期性任务作为一个非常重要的操作，贯穿于 Nova 服务的全过程。

---

① ELK：https://www.elastic.co/

5.5.1 什么是周期性任务

在 5.4 节分析 nova-compute 的启动流程中，为了简化分析流程，有一段关于周期性任务的代码并没有详细分析。

nova-compute 组件的 resource tracker 和 report state 的周期性任务也是在其服务启动时分别创建了两个绿色线程，这两个绿色线程的作用，一是定时向 nova-conductor 上报主机的资源信息（CPU、RAM、磁盘等）；二是定时上报 nova-compute 服务的运行状态。所有这些状态的更新，都需要经过 nova-conductor 服务，最终上报到数据库中，从而实现更新数据库信息的目的。

在 OpenStack 中，周期性任务的使用十分常见。它往往会伴随着服务的启动而启动，并且会根据用户提供的参数而定期执行启动操作。如果想要一个进程的某个方法可以定时执行的话，OpenStack 有两种实现方式。

（1）可以定义一个类，这个类需要继承自 oslo_service/periodic_task.py 中的 PeriodicTasks 类。在这个类中，主要是实现了两个与周期性任务相关的方法：add_periodic_task()和 run_periodic_tasks()，前者是把一个任务添加到周期性任务的任务列表中，任务列表中的所有任务都被 periodic_task 装饰过；后者是执行周期性任务。

（2）通过 DynamicLoopingCall 实现。这也是 oslo_service 中定义的一个类，这个类定义的路径为：oslo_service/loopingcall.py。当有外部事件触发时，这个类会停止休眠从而执行相应的任务，当再次有事件触发时，这个类会返回从上次执行到当前执行之间的时间间隔。在这个类中最主要的方法就是 start()方法，在这个方法中它会通过调用_start()方法来完成周期性任务的执行。有关_start()方法的定义如下：

```
oslo_service/loopingcall.py
102     def _start(self, idle_for, initial_delay=None, stop_on_exception=True):
103         """开启周期任务
104
105         :param idle_for:
...
110         :param initial_delay:
111
112         :param stop_on_exception:
113         :returns:
114         """
115         if self._thread is not None:
116             raise RuntimeError(self._RUN_ONLY_ONE_MESSAGE)
117         self._running = True
118         self.done = event.Event()
119         self._thread = greenthread.spawn(
120             self._run_loop, idle_for,
121             initial_delay=initial_delay, stop_on_exception=stop_on_exception)
122         self._thread.link(self._on_done)
123         return self.done
```

_start()方法实质是启动一个绿色线程（greenthread.spawn()），这个绿色线程会以 self._run_loop 等作为参数，当得到执行权限时，将会执行 self._run_loop()方法。_run_loop()方法通过 greenthread 实现线程间的切换与交替执行。

代码如下：

```
125    def _run_loop(self, idle_for_func,
126                  initial_delay=None, stop_on_exception=True):
127        kind = self._KIND
128        func_name = reflection.get_callable_name(self.f)
129        func = self.f if stop_on_exception else _safe_wrapper(self.f, kind,
130                                                               func_name)
131        if initial_delay:
132            greenthread.sleep(initial_delay)
133        try:
134            watch = timeutils.StopWatch()
135            while self._running:
136                watch.restart()
137                result = func(*self.args, **self.kw)    #执行传入的回调函数
138                watch.stop()
139                if not self._running:
140                    break
141                idle = idle_for_func(result, watch.elapsed())
142                LOG.trace('%(kind)s %(func_name)r sleeping '
143                          'for %(idle).02f seconds',
144                          {'func_name': func_name, 'idle': idle,
145                           'kind': kind})
146                greenthread.sleep(idle)    # 让绿色线程进入休眠状态，这里可以实现线程
     # 的切换，即它会把线程的执行权交由其他的线程，从而让其他线程有机会调用
……
159        else:
160            self.done.send(True)
```

了解了周期性任务的实现方式后，那么，如何定义我们自己的周期性任务呢？下面还是以 Nova 为例，假如我们需要在 Nova 代码中实现一个可以周期性的方法，可以按照以下方式去做：

（1）定义方法。

（2）使用 periodic_task 装饰器修饰此方法。

注意：每遇到一个周期性任务的实现，都值得仔细揣摩，学习其周期任务的实现方式。

比如，在 nova/compute/manager.py 中添加一个新的方法，假定方法的名字为 test_periodic_task()，代码如下：

```
@periodic_task.periodic_task
def test_periodic_task(self, context):
    pass
```

如果我们需要指定周期性任务的执行周期，上述实现方式显示不能满足，不过 periodic_task 装饰器在设计之初就考虑到了这个问题，它通过对外暴露 spacing 参数以方便用户设置周期任务执行的时间间隔，具体代码如下：

```
@periodic_task.periodic_task(spacing=CONF.running_deleted_instance_poll_interval)
def test_periodic_task(self, context):
    pass
```

5.5.2 周期性任务的代码

对于周期性任务进行分析，找到周期性任务如何被引入，将会对我们后续的分析有很大的帮助。

从 nova-compute 的启动代码中我们可以追踪到如下代码：

```
nova/service.py
138   def start(self):
…
187
188       if self.periodic_enable:
189           if self.periodic_fuzzy_delay:
190               initial_delay = random.randint(0, self.periodic_fuzzy_delay)
191           else:
192               initial_delay = None
193
194           self.tg.add_dynamic_timer(self.periodic_tasks,
195                                     initial_delay=initial_delay,
196                                     periodic_interval_max=
197                                         self.periodic_interval_max)
```

第 188 行通过变量 self.periodic_enable 手动指定是否需要启动这个周期性任务，如果为 True，那么周期性任务将会被启动；如果为 False，那么下面的代码将不会被执行。

第 194～197 行是添加周期性任务的代码，从字面上看，它应该是一个在 threadgroup 中定义的方法，这个方法接收三个参数：self.periodic_tasks 是一个回调函数；后面两个参数用于定义周期函数执行的时间间隔。

接下来看一下 self.tg.add_dynamic_timer()的具体实现：

```
oslo_service/threadgroup.py
78   def add_dynamic_timer(self, callback, initial_delay=None,
79                         periodic_interval_max=None, *args, **kwargs):
80       timer = loopingcall.DynamicLoopingCall(callback, *args, **kwargs)
81       timer.start(initial_delay=initial_delay,
82                   periodic_interval_max=periodic_interval_max)
83       self.timers.append(timer)
84       return timer
```

第 80 行说明在此周期性任务的代码中，采用 LoopingCall 方法启动。使用此方法启动周期性任务比较简单，其中最重要的参数就是 callback 参数，这是周期性任务中具体执行的操作。

注意：Python 中的多线程比较鸡肋，所以对于高并发多任务的使用场景，推荐使用协程来实现。协程与线程相比，其上下文切换的开销会小很多。

timer.start()方法启动一个绿色线程，执行周期性任务，这一部分代码在 5.5.1 节中已经介绍过，这里不再赘述。下面重点看一下前面提到的一个装饰器 periodic_task，代码如下：

```
oslo_service/periodic_task.py
41 def periodic_task(*args, **kwargs):
42     """用此装饰器修饰的方法都为周期性方法
43
44     使用此方法定义周期性任务时，有两种方式：
45
46       1. 不带参数的方式。当定义不带参数的周期任务时，
          只需要在方法的上方添加'@periodic_task'，添加完成后，
47       此方法将会以默认的时间间隔（60s）去执行。
48
```

```
49      2. 带参数的方式。如下：
50         @periodic_task(spacing=N [, run_immediately=[True|False]]
51         [, name=[None|"string"])
52         通过这种方式定义的周期任务，将会每隔N秒执行一次本方法。
53         如果spacing值为负数，那么这个周期性任务将会被禁止。
54         如果run_immediately参数设置为True，当task scheduler启动后，
55         马上就会接着执行此方法；如果run_immediately被设置为False，
56         当task scheduler启动后，周期性任务并不会马上去执行，而是需要等待
57         N秒后才会被执行。
58
59      """
60      def decorator(f):
61          # 兼容较早的定义方式
62          if 'ticks_between_runs' in kwargs:
63              raise InvalidPeriodicTaskArg(arg='ticks_between_runs')
64
65          # 为周期性任务中的变量赋值
66          f._periodic_task = True
67          f._periodic_external_ok = kwargs.pop('external_process_ok', False)
68          f._periodic_enabled = kwargs.pop('enabled', True)
69          f._periodic_name = kwargs.pop('name', f.__name__)
70
71          # 设定执行频率，即设定执行的时间间隔
72          f._periodic_spacing = kwargs.pop('spacing', 0)
73          f._periodic_immediate = kwargs.pop('run_immediately', False)
74          if f._periodic_immediate:
75              f._periodic_last_run = None
76          else:
77              f._periodic_last_run = now()
78          return f
79
......
83      # 在有参数的周期性任务中，需要带有参数kwargs
84      # 并且需要返回一个装饰器函数，其定义方式如下：
85      #
86      #   periodic_task(*args, **kwargs)(f)
87      #
88      # 在没有参数的周期性任务中，回调函数将会作为第一个参数，
89      # 并且periodic_task不再有其他的参数。它的使用方式如下：
90      #
91      #   periodic_task(f)
92      if kwargs:
93          return decorator
94      else:
95          return decorator(args[0])
```

Nova 中的周期性任务的启动可总结如下：

（1）在 nova-compute 服务启动时，会创建一个上报状态的线程，它是一个周期性任务，此周期性任务默认时间为 10s，即每隔 10s 将 nova-compute 服务的运行状态上报给 nova-conductor，然后由 nova-conductor 将这个状态持久化到数据库中，从而更新数据中的 nova-compute 状态。

（2）在 nova-compute 服务启动时，还会创建一个资源跟踪的线程，它也是一个周期任务，此周期

任务默认时间为 60s，通过执行具有 _periodic_task 属性的函数从而完成周期任务。

5.6 资源及服务刷新机制

除前面介绍的内容之外，还有一个需要我们了解的功能是 Nova 中的资源和服务是如何刷新的以及 Nova 是如何监控 nova-compute 服务是否正常工作的。本节将会针对以上问题进行分析，首先讲解 Nova 中的服务上报机制，然后解释主机资源是如何刷新的。

5.6.1 服务上报机制

前面几个小节主要讲解了 nova-api、nova-scheduler 和 nova-compute 服务的原理及它们的部分启动代码，前面几部分主要是系统地、完整地讲解某个服务，侧重点是服务正常运行时的整体流程性问题。

在之前的讲解中，我们并没有对其中的细节做过多分析，本节我们将针对 OpenStack 中比较常见的一些机制进行讲解，以 Nova 为例，重点介绍 Nova 中的资源刷新是如何实现的。

注意：资源刷新机制可以最大限度地保证资源的一致性。

认真学习过前几节的话，读者应该会注意到这样一部分代码：

```
nova/service.py
203     @classmethod
204     def create(cls, host=None, binary=None, topic=None, manager=None,
205                report_interval=None, periodic_enable=None,
206                periodic_fuzzy_delay=None, periodic_interval_max=None):
207         """实例化一个类的对象
...
213         :param report_interval: 上报周期
214         :param periodic_enable: 使能周期任务
...
217
218         """
...
227         if report_interval is None:
228             report_interval = CONF.report_interval
229         if periodic_enable is None:
230             periodic_enable = CONF.periodic_enable
231         if periodic_fuzzy_delay is None:
232             periodic_fuzzy_delay = CONF.periodic_fuzzy_delay
```

从上面的代码，我们可以很容易地发现，加粗部分实际上是通过用户配置文件中的内容对类的对象进行初始化。第 227~230 行中，有两个参数 CONF.report_interval 和 CONF.periodic_enable，从它们的取值方式上可以看出，它们就是用户提供的配置项。

用户的配置项都会通过 /etc/nova/nova.conf 进行配置，因此我们首先去配置文件中查看是否有这两个参数的相关配置，如果没有，那么它将会从代码中取一个默认值进行赋值。

关于与服务相关的配置项都通过以下代码进行获取（请仔细阅读代码注释）：

```
nova/conf/service.py
21 service_opts = [
```

```
22        # 设置report_interval的默认值
23
24    cfg.IntOpt('report_interval',
25               default=10,
26               help="""
27 用于设定位于Hypervisor中的服务将会以什么样的频率上报自己的状态。对于Nova而言,它需
28 要通过这个参数来判定某个服务是否正常运行,当某个服务上服状态的时间间隔超过这里设定的
29 值时,那么,它将会认为这个服务是处于不可用的状态。
30
31 与之相关的配置项:
32
33 * service_down_time
34   report_interval 的值应该比service_down_time的值小。如果service_down_time的值小于
35   report_interval,那么将会认为此服务的状态是down。
36
37 """),
38        # 设置认为服务状态为down的最大时间间隔。
39
40    cfg.IntOpt('service_down_time',
41               default=60,
42               help="""
43 判定服务为up状态的最大时间间隔,即从上次服务为up开始到本次再次上报的最大时间间隔。
44 如果两次上报的时间间隔大于这个值,那么将会认为这个服务的状态是down状态。
45 每一个计算节点都会以提前设定的时间间隔周期性地更新自己节点的状态。
46 如果计算节点超过了service_down_time而没有上报自己的状态,那么,将会认为这个服务是不
47 可用的。
48
49 与之相关的配置项:
50
51 * report_interval (service_down_time不能比report_interval的值小。)
52 """),
53    cfg.BoolOpt('periodic_enable',
54                default=True,
55                help="""
56 使能周期性任务
57
58 如果设为True,那么服务就可以调用manger中的周期性函数,从而运行一些周期性的任务。
59
60
61 这个配置项存在的目的是为了控制多个nova-scheduler或nova-conductor可以在同一个Host上
62 同时运行周期性任务。如果要达到上述目的,用户只需要将这个配置项设置为False即可。
63
64 """),
...
```

关于"服务刷新"相关的配置,主要涉及的就是服务状态上报的问题,以上的分析也主要是与服务周期性上报有关的。通过主动上报的方式监控服务运行状态的一个最大的好处是可以减轻中心服务器的压力,将查询相关的压力分配到其他节点上,自身节点可以做更多工作。

5.6.2 主机资源刷新机制

通过前面的学习,我们知道 nova-scheduler 是 Nova 中负责调度的组件,在虚拟机创建时,它可以

根据一定的策略选择主机，对于创建虚拟机来讲，它选择的依据就是主机的资源（CPU、RAM 等），这个比较容易操作，但是还有一个问题：nova-scheduler 是如何获取这些数据的呢？换句话说，这些数据是从哪里得到的呢？

要回答上述问题，可以从两个方面入手。数据的获取方式无非就两种，一种方式是 nova-scheduler 直接从数据库中获取；另一个种方式就是各个主机定时上报。在云平台运行期间，某些主机的资源使用情况并不是一成不变的，它们上面的资源使用情况会随着平台中虚拟机数量的变化而变化，因此，"主机上报"的操作不可能只运行一次，应该是个周期行为。讲到这里，再回想一下上一节讲到的"周期性任务"，是不是觉得前后就顺理成章地对应起来了？所以本节重点关注的内容是主机资源是如何刷新或上报的。

因为我们要分析的是主机资源刷新机制，所以这部分代码应该位于计算节点上的 nova-compute。nova-compute 中与"管理"有关的代码应该位于 nova/compue/manager.py 中，从这个文件中我们找到了如下代码：

```
6653     @periodic_task.periodic_task(spacing=CONF.update_resources_interval)
6654     def update_available_resource(self, context, startup=False):
6655         """
6656
6657         周期性执行的一个进程，主要任务是同步底层Hypervisor中记录的资源使用情况
…
6663         """
6664
6665         compute_nodes_in_db = self._get_compute_nodes_in_db(context,
6666                                                             use_slave=True,
6667                                                             startup=startup)
6668         nodenames = set(self.driver.get_available_nodes())
6669         for nodename in nodenames:
6670             self.update_available_resource_for_node(context, nodename)
…
```

这个方法被一个周期性任务的装饰器所修饰，因此，这是一个周期性执行的方法，另外，用户还可以通过参数 spacing 来设置资源上报的时间间隔。

注意：nova-compute 代码中的 nova/compute/manager.py 是一个很重要的文件，里面定义了大量的方法，读者需要重点关注。

从代码中的注释可以很容易地理解，它主要实现的是定时上报 Hypervisor 中记录的资源使用情况。在上报资源使用情况之前，nova-compute 获取平台中所有的主机列表，然后通过一个循环，逐个遍历所有的节点，从而得到它们上面的资源使用情况。

下面具体看一下节点遍历时所调用的方法 self.update_available_resource_for_node(context, nodename)。定义如下：

```
nova/compute/manager.py
6628     def update_available_resource_for_node(self, context, nodename):
6629
6630         rt = self._get_resource_tracker()
6631         try:
6632             rt.update_available_resource(context, nodename)
```

实际上它又进一步调用了 resource_tracker 中的方法 update_available_resource(context, nodename)，

代码如下:

```
nova/nova/compute/resource_tracker.py
624     def update_available_resource(self, context, nodename):
...
641         resources = self.driver.get_available_resource(nodename)
...
652
653         self._verify_resources(resources)
654
655         self._report_hypervisor_resource_view(resources)
656
657         self._update_available_resource(context, resources)
```

这个方法一开始会调用 get_available_resource() 获取主机的信息,并在 nova-compute 启动时就开始被调用,然后通过周期性任务的装饰器所修饰,进而变为一个周期性任务,从这个方法的实现中可以发现它主要记录的是 Host 的 CPU 使用量及剩余量、RAM 的使用量及剩余量、磁盘的使用量及剩余量、Hypervisor 相关的信息等,具体实现代码如下:

```
nova/nova/virt/libvirt/driver.py
5759    def get_available_resource(self, nodename):
5760        """获取resource相关的信息
...
5767        """
5768
5769        disk_info_dict = self._get_local_gb_info()
5770        data = {}
...
5776        data["supported_instances"] = self._get_instance_capabilities()
5777
5778        data["vcpus"] = self._get_vcpu_total()
5779        data["memory_mb"] = self._host.get_memory_mb_total()
5780        data["local_gb"] = disk_info_dict['total']
5781        data["vcpus_used"] = self._get_vcpu_used()
5782        data["memory_mb_used"] = self._host.get_memory_mb_used()
5783        data["local_gb_used"] = disk_info_dict['used']
5784        data["hypervisor_type"] = self._host.get_driver_type()
5785        data["hypervisor_version"] = self._host.get_version()
5786        data["hypervisor_hostname"] = self._host.get_hostname()
...
5796        data["cpu_info"] = jsonutils.dumps(self._get_cpu_info())
5797
5798        disk_free_gb = disk_info_dict['free']
5799        disk_over_committed = self._get_disk_over_committed_size_total()
5800        available_least = disk_free_gb * units.Gi - disk_over_committed
5801        data['disk_available_least'] = available_least / units.Gi
5802
5803        data['pci_passthrough_devices'] = \
5804            self._get_pci_passthrough_devices()
...
5807        if numa_topology:
5808            data['numa_topology'] = numa_topology._to_json()
5809        else:
```

```
5810                data['numa_topology'] = None
5811
5812            return data
```

这个方法首先会对资源进行一次确认，最后再更新资源。

以上是计算节点上的资源更新，实际上，在 nova-scheduler 中也存在着资源更新，在 nova/scheduler/host_manager.py 中有一个 HostState 类，在这个类中定义了一个 update() 方法，代码如下：

```
161    def update(self, compute=None, service=None, aggregates=None,
162               inst_dict=None):
163        """用于更新与Host相关的信息"""
164
165        @utils.synchronized(self._lock_name)
166        def _locked_update(self, compute, service, aggregates, inst_dict):
…
171            if compute is not None:
172                LOG.debug("Update host state from compute node: %s", compute)
173                self._update_from_compute_node(compute)
174            if aggregates is not None:
175                LOG.debug("Update host state with aggregates: %s", aggregates)
176                self.aggregates = aggregates
177            if service is not None:
178                LOG.debug("Update host state with service dict: %s", service)
179                self.service = ReadOnlyDict(service)
180            if inst_dict is not None:
181                LOG.debug("Update host state with instances: %s", inst_dict)
182                self.instances = inst_dict
183
184        return _locked_update(self, compute, service, aggregates, inst_dict)
```

nova-scheduler 采用的是多线程的方式，当有外部的 RPC 请求到达时，它可以保证将这些请求分发到相应的绿色线程中进行处理。所以面对这样的情况，nova-scheduler 必须提供一种机制，可以保证每一个线程拿到的数据都具有一致性。

注意：通过锁机制保证数据的一致性是一种比较常用的方式。

上述代码中的 _locked_update() 就是为此而设计的。从它的处理逻辑中我们可以看到，在进行数据同步之前，它会把需要更新的数据进行加锁处理，然后再更新计算节点上的数据：

```
186    def _update_from_compute_node(self, compute):
187        """更新计算节点的数据"""
…
198        all_ram_mb = compute.memory_mb
199
200        self.uuid = compute.uuid
201
202        # 计算剩余磁盘容量
203        free_gb = compute.free_disk_gb
204        least_gb = compute.disk_available_least
…
214        free_disk_mb = free_gb * 1024
200        self.uuid = compute.uuid
…
```

```
203         free_gb = compute.free_disk_gb
204         least_gb = compute.disk_available_least
...
214         free_disk_mb = free_gb * 1024
215
216         self.disk_mb_used = compute.local_gb_used * 1024
217
218         # 获取磁盘、CPU等信息
219         self.free_ram_mb = compute.free_ram_mb
220         self.total_usable_ram_mb = all_ram_mb
221         self.total_usable_disk_gb = compute.local_gb
222         self.free_disk_mb = free_disk_mb
223         self.vcpus_total = compute.vcpus
224         self.vcpus_used = compute.vcpus_used
225         self.updated = compute.updated_at
226         self.numa_topology = compute.numa_topology
227         self.pci_stats = pci_stats.PciDeviceStats(
228             compute.pci_device_pools)
229
230         # 获取主机的IP信息
231         self.host_ip = compute.host_ip
232         self.hypervisor_type = compute.hypervisor_type
233         self.hypervisor_version = compute.hypervisor_version
234         self.hypervisor_hostname = compute.hypervisor_hostname
235         self.cpu_info = compute.cpu_info
236         if compute.supported_hv_specs:
237             self.supported_instances = [spec.to_list() for spec
238                                 in compute.supported_hv_specs]
239         else:
240             self.supported_instances = []
...
245         self.stats = compute.stats or {}
246
247         # 计算当前Host中运行的虚拟机个数
248         self.num_instances = int(self.stats.get('num_instances', 0))
249
250         self.num_io_ops = int(self.stats.get('io_workload', 0))
251
252         # 更新计量数据
253         self.metrics = objects.MonitorMetricList.from_json(compute.metrics)
254
255         # 更新超配比
256         self.cpu_allocation_ratio = compute.cpu_allocation_ratio
257         self.ram_allocation_ratio = compute.ram_allocation_ratio
258         self.disk_allocation_ratio = compute.disk_allocation_ratio
```

可以看到HostState类的update()方法通过Compute实例中的信息，获取计算节点的各种硬件信息，这些信息的获取，实际上都是调用相应的Driver实现的，这里Driver为LibvirtDriver类。

5.7 典型流程分析

学习 OpenStack 的组件最好的方式就是在了解了架构后多多研究代码，懂原理是为了更好地去理解代码，5.1～5.4 节比较系统地讲解了各个模板的原理与启动流程，为的是让大家可以深入理解 Nova。在 OpenStack 中，不同的组件，它们的整体架构大同小异，可能会采用不同的 Web 框架、可能会实现不同的业务逻辑，但是归根结底，它们的流程是类似的，所以，深入理解一个组件后，再去研究其他的组件，会有事半功倍的效果。

本节首先深入讲解 nova-scheduler 的服务启动过程，对这一过程的分析，希望读者学习到两点：一是 nova-scheduler 的启动；二是 RPC Server 的启动。其次会针对 Nova 中的一个典型应用场景——虚拟机的创建进行分析，以便大家可以更好地理解 Nova 中的不同组件是如何协同工作的。

注意：理论学习只能从原理上让大家有一个认识，要想深入细致地研究，通过一些典型案例进行分析还是很有必要的。

5.7.1 nova-scheduler 服务的启动流程

与之前分析 nova-compute、nova-api 的启动类似，在分析 nova-scheduler 时，同样需要找到 nova-scheduler 的入口。

```
nova-scheduler的入口函数的路径为：nova/cmd/scheduler.py
35 def main():
36     config.parse_args(sys.argv)
37     logging.setup(CONF, "nova")
38     utils.monkey_patch()
39     objects.register_all()
40     objects.Service.enable_min_version_cache()
41
42     gmr.TextGuruMeditation.setup_autorun(version)
43
44     server = service.Service.create(binary='nova-scheduler',
45                                     topic=scheduler_rpcapi.RPC_TOPIC)
46     service.serve(server)
47     service.wait()
```

对比 nova-api 和 nova-compute 的服务启动过程，nova-scheduler 的启动代码会简洁许多，有了之前的基础后，这里我们只会就其中的关键代码进行分析，它的启动过程可以分为三大部分：加载配置、定义 Service 对象和启动 Server。

1. 加载配置

`config.parse_args(sys.argv)`

在之前分析 nova-api 和 nova-compute 的启动过程时，同样的也遇到了这行代码，config.parse_args() 方法的主要作用有两个：读取配置项和初始化 RPC Server。先看一下此方法的具体实现：

```
nova/nova/config.py
33 def parse_args(argv, default_config_files=None, configure_db=True,
34                init_rpc=True):
35     log.register_options(CONF)
…
38     if CONF.glance.debug:
```

```
39          extra_default_log_levels = ['glanceclient=DEBUG']
40      else:
41          extra_default_log_levels = ['glanceclient=WARN']
42      log.set_defaults(default_log_levels=log.get_default_log_levels() +
43                      extra_default_log_levels)
44      rpc.set_defaults(control_exchange='nova')
45      if profiler:
46          profiler.set_defaults(CONF)
47      config.set_middleware_defaults()
48
49      CONF(argv[1:],
50           project='nova',
51           version=version.version_string(),
52           default_config_files=default_config_files)
53
54      if init_rpc:
55          rpc.init(CONF)
56
57      if configure_db:
58          sqlalchemy_api.configure(CONF)
```

（1）第35行用于读取用户在配置文件中的配置项，有关配置项的读取主要通过oslo_log进行封装，代码如下：

```
oslo_log/log.py
241 def register_options(conf):
…
250     conf.register_cli_opts(_options.common_cli_opts)
251     conf.register_cli_opts(_options.logging_cli_opts)
252     conf.register_opts(_options.generic_log_opts)
253     conf.register_opts(_options.log_opts)
254     formatters._store_global_conf(conf)
255
256     conf.register_mutate_hook(_mutate_hook)
```

（2）第44行用于初始化一个RPC Server。

rpc.set_defaults(control_exchange='nova')将RPC Server的Exchange默认设置为nova，因此随后的get_transport函数获得的control_exchange的值为nova。

（3）第54～55行也是关于初始化RPC Server的代码。

```
nova/nova/rpc.py
60 def init(conf):
   # 定义全局变量
61     global TRANSPORT, NOTIFICATION_TRANSPORT, LEGACY_NOTIFIER, NOTIFIER
   # 获取exchange的mod
62     exmods = get_allowed_exmods()
   # 创建RPC通信中用到的TRANSPORT
63     TRANSPORT = create_transport(get_transport_url())
```

在create_transport()方法中，它最终会调用到oslo_messaging/transport.py中的_get_transport()方法创建TRANSPORT，代码如下：

```
oslo_messaging/transport.py
174 def _get_transport(conf, url=None, allowed_remote_exmods=None, aliases=None):
```

```
175     allowed_remote_exmods = allowed_remote_exmods or []
176     conf.register_opts(_transport_opts)
…
183
184     try:
185         mgr = driver.DriverManager('oslo.messaging.drivers',
186                                    url.transport.split('+')[0],
187                                    invoke_on_load=True,
188                                    invoke_args=[conf, url],
189                                    invoke_kwds=kwargs)
190     except RuntimeError as ex:
191         raise DriverLoadFailure(url.transport, ex)
192
193     return Transport(mgr.driver)
```

上述代码中，driver.DriverManager 是 stevedore 组件中的方法，stevedore 组件可以在运行时发现和载入所谓的"插件"，它在 Setuptools 的 entrypoints 基础上，构造一层抽象层，使得开发者可以更加容易地在运行时发现和载入插件。

注意：像 stevedore 这类代码，如果你对其特别感兴趣的话，可以研究一下代码是如何实现的，但是对于类似于这样的代码，我们一般不需要花费太多的精力去学习它的代码实现。

定义完 TRANSPORT 后，rpc.init() 会继续定义一个全局的 NOTIFIER 对象来实现通知的发送，代码如下：

```
nova/nova/rpc.py
64      NOTIFICATION_TRANSPORT = messaging.get_notification_transport(
65          conf, allowed_remote_exmods=exmods)
        # 数据格式化成Json格式
66      serializer = RequestContextSerializer(JsonPayloadSerializer())
        # 创建NOTIFIER，用于通知的发送
67      if conf.notifications.notification_format == 'unversioned':
68          LEGACY_NOTIFIER = messaging.Notifier(NOTIFICATION_TRANSPORT,
69                                               serializer=serializer)
70          NOTIFIER = messaging.Notifier(NOTIFICATION_TRANSPORT,
71                                        serializer=serializer, driver='noop')
72      elif conf.notifications.notification_format == 'both':
73          LEGACY_NOTIFIER = messaging.Notifier(NOTIFICATION_TRANSPORT,
74                                               serializer=serializer)
75          NOTIFIER = messaging.Notifier(
76              NOTIFICATION_TRANSPORT,
77              serializer=serializer,
78              topics=conf.notifications.versioned_notifications_topics)
79      else:
80          LEGACY_NOTIFIER = messaging.Notifier(NOTIFICATION_TRANSPORT,
81                                               serializer=serializer,
82                                               driver='noop')
83          NOTIFIER = messaging.Notifier(
84              NOTIFICATION_TRANSPORT,
85              serializer=serializer,
86              topics=conf.notifications.versioned_notifications_topics)
```

2．定义 Service 对象

```
server = service.Service.create(binary='nova-scheduler', topic=scheduler_rpcapi.RPC_TOPIC)
```

service.Service 对象中定义了许多有用的变量，包括 self.topic、self.manager、self.report_interval、self.periodic_enable 等，如下所示：

```
nova/nova/service.py
 98 class Service(service.Service):
...
106     def __init__(self, host, binary, topic, manager, report_interval=None,
107                  periodic_enable=None, periodic_fuzzy_delay=None,
108                  periodic_interval_max=None, *args, **kwargs):
109         super(Service, self).__init__()
110         self.host = host
111         self.binary = binary
112         self.topic = topic
113         self.manager_class_name = manager
114         self.servicegroup_api = servicegroup.API()
115         manager_class = importutils.import_class(self.manager_class_name)
116         self.manager = manager_class(host=self.host, *args, **kwargs)
117         self.rpcserver = None
118         self.report_interval = report_interval
119         self.periodic_enable = periodic_enable
120         self.periodic_fuzzy_delay = periodic_fuzzy_delay
121         self.periodic_interval_max = periodic_interval_max
122         self.saved_args, self.saved_kwargs = args, kwargs
123         self.backdoor_port = None
124         if objects_base.NovaObject.indirection_api:
125             conductor_api = conductor.API()
126             conductor_api.wait_until_ready(context.get_admin_context())
127         setup_profiler(binary, self.host)
```

3. 启动 Server

`service.serve(server)`

通过前面的学习，读者理解这一部分会相对容易一些，关于 Service 的定义可以从 oslo_service/service.py 中找到：

```
729 def launch(conf, service, workers=1, restart_method='reload'):
...
745     if workers is None or workers == 1:
746         launcher = ServiceLauncher(conf, restart_method=restart_method)
747     else:
748         launcher = ProcessLauncher(conf, restart_method=restart_method)
749     launcher.launch_service(service, workers=workers)
750
751     return launcher
```

对于 nova-scheduler 而言，launcher 是一个 ProcessLauncher 的对象，所以调用的代码是第 748 行。经过以上过程，就可以启动 nova-scheduler，同时，RPC Server 也会随着启动。

5.7.2 虚拟机创建的流程

对于 Nova 来说，它最主要的功能就是维护虚拟机的生命周期。以虚拟机创建为例，在 Nova 创建虚拟机时，它会与其他组件配合，共同完成虚拟机的创建工作。如创建虚拟机所需要的镜像文件，Nova 需要通过 HTTP 方式向 glanceclient 发送请求，从而获取虚拟机镜像文件；创建虚拟机的网络时，Nova 需要通过 HTTP 方式向 neutronclient 发送请求，从而创建并绑定虚拟机所需要的网络资源；对于存储磁盘的创建，Nova 需要通过 HTTP 方式向 cinderclient 发送请求，创建虚拟机所需的磁盘。

以上是 Nova 与其他组件的交互，从以上分析可以看出，Nova 与其他组件的交互主要是使用 HTTP 的方式。那么在虚拟机创建时，Nova 内部服务之间的流程是怎么样的呢？可以简单归纳为以下几点：

（1）nova-api：主要接收外部（CLI/dashboard）发送来的 HTTP 请求，进行一系列认证后，再将其转换成内部请求，并通过 oslo_message 与 nova-onductor/nova-ompute 交互。

（2）nova-conductor：主要作为一个数据库代理存在，是 nova-compute 读写数据库的桥梁，这样做的主要目的是避免 nova-compute 直接操作数据库而引发安全性问题。

（3）nova-compute：主要借助计算节点上的 Hypervisor 对虚拟机进行创建、删除和挂起等操作。

（4）nova-scheduler：用来筛选计算节点，然后筛选出的计算节点告诉 nova-compute，nova-compute 就会在这个计算节点上创建虚拟机。

注意：概括起来看着比较简单，实际上过程并非仅有这几步，并且每一步骤中都会有大量的细节需要实现，对于这些知识的学习可以通过 PDB 调试的方式进行代码追踪。

对于以上服务而言，它们的配置项都可以在/etc/nova/nova.conf 里完成。虚拟机创建的具体过程如图 5.13 所示。

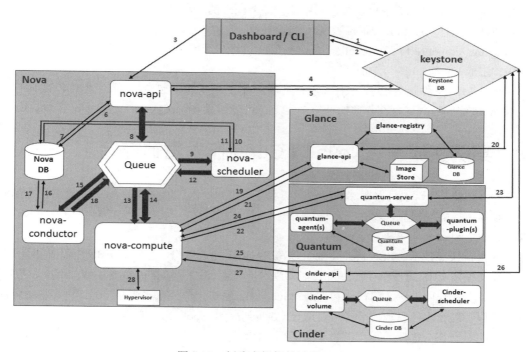

图 5.13　创建虚拟机的过程

面对如此复杂的流程图，一看就有点儿头大，虚拟机创建过程中，细节性的问题比较多，不过我们可以按照上图简单归纳这个过程：

（1）获取 Token：第 1～3 步。

客户端发送请求时，需要携带自己的用户名和密码，然后与请求一起发送到 Keystone 进行认证。当认证通过后，Keystone 会生成一个 Token，然后将 Token 与组件的 EndPoint（实际就是一些 URL，通过这些 URL，可以找到相应的组件）一并返回。

（2）认证 Token：第 4~5 步。

nova-api 接收到请求后，首先使用请求携带的 Token 来访问该 API，以验证请求是否有效。只有 Keystone 验证通过后，请求才会继续向下发送。

（3）参数检查：第 6~7 步。

参数检查主要是由 nova-api 发起，检查的内容包含：虚拟机的命名是否合法、用户提供的 Flavor 是否存在、虚拟机所用的镜像是否存在以及 CPU/RAM 的配额情况。如果以上检查通过后，nova-api 会通过第 7 步更新数据库。

（4）nova-api 与 nova-scheduler 请求传递：第 8~11 步。

nova-api 通过远程调用的方式，将"创建虚拟机"的请求发送到消息队列中，然后 nova-scheduler 会从消息队列中得到这条消息，获取到消息后，nova-scheduler 通过远程调用，向 nova-conductor 发送请求，最后根据一定的算法选出符合条件的计算节点。

（5）nova-scheduler 与 nova-compute 请求传递：第 12~13 步。

这个过程比较简单，主要的工作就是 nova-scheduler 将筛选出的计算节点的相关信息放到消息队列中，以供 nova-compute 消费。

（6）nova-compute 与 nova-conductor 请求传递：第 14~18 步。

（7）nova-compute 与 glanceclient 进行交互：第 20~21 步。

这里主要是从 Glance 中拉取镜像到本地。需要注意的一点是，当 nova-compute 与 Glance 进行交互时，Glance 同样需要到 Keystone 中进行验证。

（8）nova-compute 与 neutronclient/cinderclient 进行交互：第 19~27 步。

（9）生成 libvirt.xml：第 28 步。

这个 XML 文件最终会被 Hypervior 调用，用于虚拟机的创建，而创建出来的虚拟机以一个 qemu-kvm 进程的形式运行在相应的计算节点上，可以通过 ps aux | grep qemu-kvm 查看这个进程。

5.8 案例实战——Nova 以 Ceph 作为后端存储

在 OpenStack 中，本身也存储着多种存储服务，比如提供对象存储的 Swift、提供块存储的 Cinder 等，就存储市场的现状而言，存在着许许多多不同的存储方式，比较常见的有亚马逊的 EBS、Ceph、LVM、SAN、Sheepdog 等。

EBS 支持快照技术，EBS 快照目前可以跨 Regions 增量备份，意味着 EBS 快照时间会大大缩短，从而增加了使用 EBS 的安全性；Ceph 可以实现分布式存储；LVM 提供本地存储；SAN 通常使用 SCSI 协议在服务器和存储设备之间传输和沟通；Sheepdog 也是一个分布式块存储的实现，它主要由两部分组成：集群管理和存储服务，前者主要通过 Coronsync 和 Zookeeper 来实现。

不同的厂商都会选择适合自己的存储后端，在本节中，将主要介绍 Nova 与 Ceph 的结合。Ceph 是一个开源的分布式存储系统，后端代码通过 C++实现，它提供了统一存储系统下的高可扩展的对象存储、块存储以及文件系统存储。

注意：Ceph 提供的分布式存储解决方案可以很好地与 OpenStack 结合，虽然个别厂商也使用诸如 Sheepdog 之类的服务做后端存储，但是 Ceph 的发展势头远盖过其他的分布式存储方案。

Ceph 中的 RBD 块存储目前最常见的应用场景之一是作为 OpenStack 的分布式存储后端，为 OpenStack 计算服务、镜像服务以及块存储服务提供共享的统一存储服务。

RBD 其中一个优点是支持 thin-provisioned，支持动态分配磁盘空间。RBD Image 还支持快照功能，通过快照保存镜像当前的状态，可以方便地实现镜像备份和回滚。除此之外，RBD 还支持基于 COW 技术的分层快照，使 RBD 能够快速、简便地 clone 镜像。

在原生的 OpenStack 系统中，一般采用的是 LVM 的存储方式，当通过 Nova 第一次创建虚拟机时，Nova 会从 Glance 中把镜像拉到本地，这样做的一个缺点就是虚拟机的创建严重受到网络情况的影响。

当 Glance、Nova 使用 Ceph 做存储后端时，虚拟机镜像和根磁盘都是以 Ceph RBD 镜像的形式存在。当启动虚拟机时，Nova 不需要通过 Glance 全量拷贝镜像到计算节点，只需要从原来的镜像中 clone 一个新的镜像，并且这个 clone 的过程采用的是 COW 技术，它是一个增量快照，所以可以非常快的创建出虚拟机。

下面我们具体看一下，在生产中如何将 Nova 与 Ceph 对接，实现 Ceph 作为 Nova 的后端存储。

1．环境准备

（1）安装 Ceph 并验证 Ceph 是否安装成功。

```
yum install ceph-deploy -y
```

如果出现如图 5.14 所示的结果，表明 Ceph 已经安装成功。

```
root@node-73:~# ceph -s
    cluster 8bff56be-67d1-480d-95b2-c17aa193f865
     health HEALTH_WARN
            too many PGs per OSD (617 > max 300)
            clock skew detected on mon.c
     monmap e3: 3 mons at {a=10.0.2.21:6789/0,b=10.0.2.22:6789/0,c=1
            election epoch 14, quorum 0,1,2 a,b,c
     osdmap e1055: 14 osds: 14 up, 14 in
      pgmap v1639209: 2880 pgs, 24 pools, 341 GB data, 58156 objects
            1023 GB used, 22854 GB / 25156 GB avail
                2880 active+clean
  client io 4057 B/s wr, 1 op/s
```

图 5.14 Ceph 安装结果

（2）创建 Ceph Monitor 并为每个节点安装 Ceph 包。

```
ceph-deploy new mon1 mon2 mon3
ceph-deploy install mon1 mon2 mon3 osd1
```

（3）初始化每个 Monitor 节点。

```
ceph-deploy mon create-initial
```

（4）配置 Pool。

首先可以通过 rados df 查看 Pool 的使用情况，如图 5-15 所示。

```
root@node-73:~# rados df
pool name       category                 KB      objects
backups         -                         0            0
backups1        -                         0            0
backups2        -                         0            0
backups3        -                         0            0
backups4        -                         0            0
backups5        -                         0            0
images          -                         0            0
images1         -                         0            0
images2         -                         0            0
images3         -                 206764496        25380
images4         -                  42158899         5166
images5         -                     12977            5
vms             -                  24722778         6269
vms1            -                    196609           61
```

图 5.15 Pool 的使用情况

这里没有显示出全部内容。配置 Pool 时，只需要在一个控制节点上运行就可以了，其他节点都是共享的。有一点需要注意的是，Ceph 创建的 Pool 不能重名，图 5.15 中所涉及的 Pool 有 backups、images、vms，三者主要用于做快照、镜像及存储虚拟机。

可以通过以下命令创建 Ceph Pool：

```
ceph osd pool create volumes 64
```

2. 对接 Nova、Glance、Cinder

与这些服务的对接，最主要的工作就是修改相关服务的配置文件。

（1）修改 Nova 的配置文件/etc/nova/nova.conf。

```
/etc/nova/nova.conf
[libvirt]
virt_type=kvm
#virt_type=qemu
images_type = rbd
images_rbd_pool = vms10
images_rbd_ceph_conf = /etc/ceph/ceph.conf
disk_cachemodes="network=writeback"
#注释掉原来的novncproxy_base_url
novncproxy_base_url=https://OpenStack外网访问地址:6080/vnc_auto.html
```

这里只需要在计算节点上修改 nova.conf 即可，不用修改控制节点上的。

（2）修改 Glance 的配置文件/etc/glance/glance.conf。

```
/etc/glance/glance.conf
[DEFAULT]
default_store = rbd
rbd_store_user = glance
rbd_store_pool = images10
rbd_store_chunk_size = 8
show_image_direct_url = True
[glance_store]
stores = glance.store.rbd.Store,glance.store.http.Store
default_store = rbd
rbd_store_pool = images10
rbd_store_user = glance
rbd_store_ceph_conf = /etc/ceph/ceph.conf
rbd_store_chunk_size = 8
需要注释掉的地方
#stores = glance.store.swift.Store,glance.store.http.Store
#default_store = swift
```

修改控制节点上的 Glance 的配置文件，添加 rbd_store_pool，Pool 的名字要与前面创建的名字一致。

（3）修改 Cinder 的配置文件/etc/cinder/cinder.conf。

```
/etc/cinder/cinder.conf
#需要注释原本的volume_dirver
volume_driver = cinder.volume.drivers.rbd.RBDDriver
rbd_pool = volumes11
rbd_ceph_conf = /etc/ceph/ceph.conf
rbd_flatten_volume_from_snapshot = false
```

```
rbd_max_clone_depth = 5
rbd_store_chunk_size = 4
rados_connect_timeout = -1
backup_driver = cinder.backup.drivers.ceph
backup_ceph_conf = /etc/ceph/ceph.conf
backup_ceph_user = cinder-backup
backup_ceph_chunk_size = 134217728
backup_ceph_pool = backups10
backup_ceph_stripe_unit = 0
backup_ceph_stripe_count = 0
restore_discard_excess_bytes = true
```

完成以上配置后，需要重启 Nova、Glance 和 Cinder 服务。重启完成可以分别对上面的配置进行验证：

1．验证 Glance

（1）上传一个镜像。

（2）查看存储结果。

```
[root@node-73]# rbd ls images
bd5c344f-fbc2-5a56-bf48-67912003b674
```

2．验证 Cinder

（1）创建一块磁盘。

（2）查看存储结果。

```
[root@node-73]# rbd ls volumes
volume-343c3412-1667-471f-954f-34de6e1c5655
```

3．验证 Nova

可以通过命令行或 Dashboard 创建一个虚拟机，然后再通过 rados df 查看虚拟机相关的 Ceph Pool 是否有变化，如果有，表示我们之前的配置都是正确的。

以上只是一些简单的配置步骤，有关 Ceph 的详细内容及安装过程可以参考官网[1]。

注意：Ceph 是通过 C++实现的一个可以对外提供分布式存储解决方案的开源项目。

---

[1] Ceph 官网：http://docs.ceph.com/docs/master/start/

Chapter 6 第 6 章
Neutron——网络组件

Neutron 核心组件向用户提供了云平台中软件定义网络的功能,它负责管理虚拟网络组件,包括 Networks、Switches、Subnets 和 Routers,同时提供高级网络服务,如 Load Balance、Firewall 和 VPN。本章将向读者展示 Neutron 的架构、Neutron 所提供的网络功能和它们的底层实现原理。

通过对本章的学习,希望读者有以下几点收获:
- 掌握 Neutron 组件的核心架构
- 掌握典型的网络模型
- 熟悉网络中的基本知识点
- 了解 Neutron 组件发展过程

注意:对关键网络模型的掌握,是网络学习中的一个重点内容。

6.1 Neutron 的发展历程

OpenStack 中的虚拟机网络最初由 nova-network 管理,是 Nova 中的一个子程序。nova-network 存在诸多限制,不能满足用户对于复杂网络功能和多样化的底层驱动的需求,因此 OpenStack 网络组件应运而生。在 2011 年 9 月,社区发布了与计算组件 Nova 平级的网络组件 Quantum 的第一个版本,旨在取代 nova-network 管理 OpenStack 的虚拟化网络。直到 2012 年 9 月发布的 OpenStack Folsom 版本,Quantum 正式成为核心项目。这个版本的 Quantum 已经支持二层和三层网络虚拟机的基本功能,同时支持 Open vSwitch、Cisco、Linux Bridge、Nicira NVP、Ryu 和 NEC 等多种底层网络技术和设备。

在后续的两个版本迭代中,Quantum 项目发展迅速,增强了对多租户网络和 HA 的支持,另外又增加了安全组、LBaaS(Load-Balancing-as-a-Service)、VPNaaS(VPN-as-a-Service)、FWaaS(FireWall-as-a-Service)等功能。因为项目名与数据存储厂商 Quantum Corp. 的商标冲突,OpenStack 自 Havana 版本起将网络项目名改为了现在大家所熟知的 Neutron。

Icehouse 版本放缓了功能的更新,而是关注于代码架构调整和优化,同时为新增的 LBaaS 和

VPNaaS 增加了一些硬件设备相关的驱动。Juno 和 Kilo 版本对现有功能增加了几个新的特性，包括对 DVR（Distributed Virtual Router）和 IPv6 的支持。

Liberty 版本加入了 QoS（Quality of Service）功能。至此 Neutron 的 SDN 功能趋于完整，物理数据中心的网络组件都有相应的软件实现。后续的 Mitaka、Newton、Ocata、Pike 几个版本中，大都是对现有功能的优化和完善，没有再新增大的 Feature，Neutron 项目的完成度已经相当高了。根据 OpenStack 官方调查，Neutron 的部署率达到 93%，是一个名副其实的核心项目。

6.2 网络基础

作为实现网络虚拟化的组件，Neutron 涉及网络中方方面面的知识，底层使用了非常多的网络虚拟化技术。在学习 Neutron 之前，本节先带大家梳理一些网络中的基本概念在 Neutron 中的对应概念，以及几个在 Neutron 中常用的网络技术，以便于更好地掌握后面的知识。

6.2.1 网络的基本概念

1. Ethernet/以太网

Ethernet 是由 IEEE 802.3 规定的一种网络协议，大多数有线网卡（NIC）都使用 Ethernet 通信。Ethernet 工作在 OSI 七层模型中的第二层，也就是数据链路层。

Ethernet 中的主机使用数据帧通信，MAC（Media Access Control）地址是每台主机的唯一标识。OpenStack 中的每台虚拟机都有一个唯一的 MAC 地址，这个地址不同于其所在宿主机的 MAC 地址。MAC 地址是一个 48 位的数据，通常用十六进制表示，比如 08:00:27:b9:88:74。MAC 地址由设备厂商硬编码在 NIC 中，现在的 NIC 也支持改写 MAC 地址。Linux 中可以使用 ip 命令获取 MAC 地址，如下所示：

```
$ ip link show eth0
2: eth0: <BROADCAST,MULTICAST,UP,LOWER_UP> mtu 1500 qdisc pfifo_fast state UP mode DEFAULT group default qlen 1000
    link/ether 08:00:27:b9:88:74 brd ff:ff:ff:ff:ff:ff
```

可以把 Ethernet 抽象成一条总线，所有主机都连接到这条总线。在早期，Ethernet 是由一条同轴电缆组成，主机直接连接到这根电缆。而现在，主机都是通过交换机连接的。但是这个概念模型还是常用的，在 OpenStack Dashboard 生成的网络拓扑中，Ethernet 就是被描绘成一条总线。有时也将 Ethernet 称作二层网段。

在 Ethernet 中，所有主机都可以直接给其他主机发送数据帧。Ethernet 也支持广播，如果主机把数据帧发送到 ff:ff:ff:ff:ff:ff，那么代表这个数据帧发送给 Ethernet 中的所有主机。ARP（Address Resolution Protocol）和 DHCP（Dynamic Host Configuration Protocol）就是典型的使用 Ethernet 广播的协议。因为 Ethernet 的这个特性，所以有时候也会将 Ethernet 称为广播域。

当 NIC 收到一个数据帧，它会检查目的 MAC 地址是否匹配自身的 MAC 地址（或者广播地址），如果不匹配，就会丢弃这个数据帧。在计算节点中，这个行为会导致虚拟机收不到数据帧，因为它被宿主机丢弃了。可以将 NIC 设置为混杂模式，这样它会将所有收到的数据帧都递交给操作系统。计算节点的数据网卡都要设置成混杂模式。

如前所述，Ethernet 中的主机通过交换机连接。交换机上有许多端口，负责主机间的数据帧转发。当交换机收到主机的第一个数据帧时，它并不知道 MAC 地址和端口的对应关系，这时它会将数据帧广播给所有主机。通过观察，它能学习到每个端口所连接主机的 MAC 地址，之后它就能将数据帧准确地转发到对应的端口，而不再广播给所有端口。交换机保持端口和 MAC 地址映射关系的数据结构叫作 FIB（Forwarding Information Base）。交换机之间可以通过菊花链级联，共同组成一个 Ethernet。

2．VLAN/虚拟局域网

VLAN 是一种网络技术，它可以在单个交换机上模拟多个独立交换机的效果。连接在同一个交换机上的主机，如果它们具有不同的 VLAN ID，那么它们的数据相互隔离。OpenStack 就是使用 VLAN 技术来实现同个计算节点上不同租户网络的隔离的。

VLAN ID 的范围是 1～4095。配置了指定 VLAN ID 的交换机端口叫作 Access 口。交换机端口支持配置为允许多个 VLAN ID 的数据帧通过，这样的端口叫作 Trunk 口。数据帧从 Trunk 口发出时，会被打上 tag，表明其所属的 VLAN。IEEE 802.1Q 定义了在 Ethernet 数据帧中插入 VLAN tag 的规范，如图 6.1 所示。

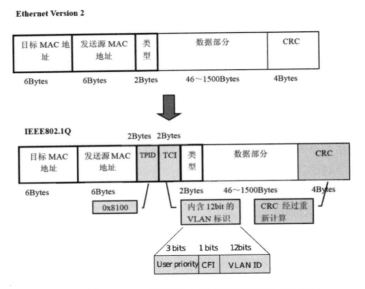

图 6.1 插入 Ethernet 数据帧中的 IEEE 802.1Q VLAN tag

如果使用物理交换机实现 OpenStack 中的租户网络隔离，那么所有交换机端口都要配置成 Trunk 口。

3．Subnet/子网

NIC 使用 MAC 地址来标识 Ethernet 中的主机，而在 TCP/IP 中，则使用 IP 地址来标识主机。ARP 将 IP 地址和 MAC 地址建立映射关系，充当了 Ethernet 和 IP 之间的桥梁。

IP 地址是一个 32 位的数据，分为两个部分：网络号和主机号。拥有相同网络号的主机在同一个 Subnet 中。只有在同一个局域网中的主机才能通过 Ethernet 通信，ARP 假定位于相同 Subnet 中的所有主机都在同一个局域网中。

通过 IP 地址和子网掩码可以计算它的网络号。子网掩码描述了 IP 地址中网络号的位数，它有两种表示格式：四段点缀式和 CIDR（Classless Inter-Domain Routing）格式。比如 192.0.2.5 这个 IP 地址，它的前 24 位是网络号，那么它的子网掩码可以表示为 255.255.255.0。CIDR 格式就是 192.0.2.5/24，同时包含 IP 和掩码。

主机号全为 0 的 IP 地址代表整个 Subnet，比如 192.0.2.5/24 这个 IP 地址，我们说它的 Subnet 是 192.0.2.0/24。

4．ARP（Address Resolution Protocol）

当主机要与同一个 Subnet 中的另一个主机通信时，它需要知道对方的 MAC 地址，这就要通过 ARP 来实现。它会先在局域网内发送一个 ARP 广播，请求对应 IP 地址的 MAC 地址，拥有这个 IP 地址的主机会响应自己的 MAC 地址，就实现了 IP 到 MAC 的转换。使用 arping 命令可以手动发送一条 ARP 请求，如下：

```
$ arping -I eth0 192.0.2.132
ARPING 192.0.2.132 from 192.0.2.131 eth0
Unicast reply from 192.0.2.132 [54:78:1A:86:1C:0B]  0.670ms
Unicast reply from 192.0.2.132 [54:78:1A:86:1C:0B]  0.722ms
Unicast reply from 192.0.2.132 [54:78:1A:86:1C:0B]  0.723ms
Sent 3 probes (1 broadcast(s))
Received 3 response(s)
```

为了减少 ARP 请求的数量，操作系统会缓存 ARP 表，使用 arp 命令可以查看：

```
$ arp -n
Address         HWtype  HWaddress           Flags Mask    Iface
192.0.2.3       ether   52:54:00:12:35:03   C             eth0
192.0.2.2       ether   52:54:00:12:35:02   C             eth0
```

5．DHCP（Dynamic Host Configuration Protocol）

DHCP 协议使网络中的主机可以动态地获取 IP 地址，这些 IP 由一个称作 DHCP Server 的服务器统一管理，而向 DHCP Server 申请 IP 地址的主机则叫作 DHCP Clients。

DHCP Clients 最初不知道 DHCP Server 的地址，它会使用 68 端口，向局域网广播地址 255.255.255.255 的 67 端口发送一个 UDP 报文。局域网中的所有主机都会收到这个报文，DHCP Server 收到报文后会回复一个 UDP 报文，包含分配给 Client 的 IP 地址。OpenStack 使用第三方的 dnsmasq 来实现 DHCP Server。

注意：Nova 创建完虚拟机后，需要借助于 dnsmasq 来实现 IP 的获取，这一进程可以从 OpenStack 的节点上使用 ps 命令查看。

6．IP（Internet Protocol）协议

IP 协议描述了不同局域网中主机之间数据包路由的方法。IP 依赖于特定的主机，称为路由器或网关。一个路由器连接了至少两个局域网，它可以将数据包从一个网络转发给另一个网络。它针对每个连接的网络有一个对应的 IP 地址。

IP 工作在 OSI 七层模型的第三层，也就是网络层。

当一个主机要向某个 IP 地址发送数据包时，它会查询自己的路由表来判断数据包应该发送给本局域网中的哪台主机。可以使用 ip 命令查看本机的路由表：

```
$ ip route show
default via 192.0.2.2 dev eth0
192.0.2.0/24 dev eth0  proto kernel scope link src 192.0.2.15
198.51.100.0/25 dev eth1 proto kernel scope link src 198.51.100.100
198.51.100.192/26 dev virbr0 proto kernel scope link src 198.51.100.193
```

路由表维护了主机所连接的所有网络及该网络的网关信息。第一条叫作默认路由，在其他路由规则都不匹配时生效。其中的网关称为默认网关。DHCP Server 通常会将默认网关也发送给 DHCP Clients。

网络中的数据包通常会经过若干跳才能到达目的地址。可以使用 traceroute 命令查看本机到达某个 IP 地址中间所经过的网关：

```
$ traceroute -n 10.1.101.2
traceroute to 10.1.101.2 (10.1.101.2), 30 hops max, 60 byte packets
 1  10.0.100.1   0.644 ms  0.852 ms  1.062 ms
 2  10.0.100.53  0.440 ms  0.495 ms  0.569 ms
 3  10.0.100.33  0.493 ms  0.546 ms  10.211.1.25  0.437 ms
 4  10.0.101.9   0.785 ms  0.964 ms  1.170 ms
 5  10.1.101.2   0.236 ms  0.250 ms  0.248 ms
```

7. TCP/UDP/ICMP 协议

OSI 七层模型的第四层，称作传输层。在这一层有许多协议，它们工作在 IP 之上。

TCP（Transmission Control Protocol）是最常用的四层协议，它是一个面向连接的协议。TCP 使用端口来标识主机上的不同应用。TCP 端口的范围是 1～65535，一个主机上的一个端口只能同时被一个应用绑定。监听一个 TCP 端口的应用称为 TCP Server，Client 需要知道 Server 所在主机的 IP 和 Server 的 TCP 端口才能连接到这个 Server。Client 的端口是由操作系统自动分配的，连接关闭后就释放，这种端口叫作临时端口。TCP 协议具有出错重传机制，是一种可靠的协议。

UDP 协议（User Datagram Protocol）是另一种四层协议，它是无连接协议，同时也是一种不可靠的协议。UDP 也使用端口来标识应用，但是 UDP 端口和 TCP 端口互不干扰，比如 TCP 16543 端口和 UDP 16543 端口可以同时被不同应用监听。DHCP、DNS（Domain Name System）、NTP（Network Time Protocol）和 VxLAN（Virtual extensible Local Area Network）都是典型的基于 UDP 的协议。UDP 支持一对多通信，包括广播和组播。当接收方地址为 255.255.255.255，UDP 报文会发送给局域网内的所有主机，即广播。多个接收者可以通过监听同一个组播地址加入一个组播组，发送方把 UDP 报文发送给这个组播地址，组内的主机都会接收到报文，即组播。组播组内的主机可以不在同一个局域网内，但是需要路由器支持组播路由协议。VxLAN 就是一种使用组播的协议。

ICMP（Internet Control Message Protocol）协议是一种在 IP 网络上发送控制消息的协议。比如，当路由器发现目的地址不可达时，会向源主机发送一个 ICMP code 1 的 IP 数据包。Linux 中的 ping 命令和 mtr 命令使用的就是 ICMP。

8. NAT（Network Address Translation，网络地址转换）

NAT 是一个在 IP 数据包传输过程中，动态修改其头部的源 IP 地址或者目的 IP 地址的程序。通常发送方和接收方对数据包的改动无感知。NAT 通常在路由器中使用，所以我们也会将执行 NAT 功能的主机称作 NAT 路由器。在 OpenStack 中通常使用 Linux 服务器来实现 NAT 功能，而不是路由器。Linux 中用于实现的 NAT 工具是 iptables。NAT 有多种类型，这里介绍 OpenStack 中常见的三种。

（1）SNAT（Source Network Address Translation）。NAT 路由器修改 IP 数据包中的源 IP 地址。通常利用 SNAT 来使具有私网 IP 的主机访问 Internet 网络。RFC 5737 规定了以下子网作为私网地址：

- 192.0.2.0/24
- 198.51.100.0/24
- 203.0.113.0/24

这些地址在公网中不可见。

当具有私网 IP 的主机访问公网服务时，SNAT 将数据包中的源地址从该私网 IP 修改为一个公网 IP，这样公网服务器就知道将回包发送给谁了。在 OpenStack 中，NAT 路由器不仅会修改 IP 包中的源 IP 地址，也会修改 TCP 和 UDP 报文中的源端口。它会记录源 IP 地址和端口，以及修改过的源 IP 地址和端口，在收到数据包时，如果匹配修改后的 IP 地址和端口，就将它们改为修改前的 IP 和端口，然后转发出去。

修改端口的 NAT 路由器有时也称为 PAT（Port Address Translation），或者 NAT overload。

OpenStack 使用 SNAT 实现虚拟机访问公网的功能。

（2）DNAT（Destination Network Address Translation）。NAT 路由器修改 IP 数据包中的目的 IP 地址。OpenStack 使用 DNAT 修改从虚拟机发送到 Metadata Service 的数据包。在虚拟机中能够访问 Metadata Service 地址 http://169.254.169.254，但在实际的 OpenStack 环境中，这个地址并不存在，OpenStack 就是利用 DNAT 将这个地址改为 Metadata Service 真正监听的地址实现的。

（3）One-to-One NAT。在 One-to-One NAT 中，NAT 路由器维护一张私有 IP 地址到公共 IP 地址的一对一映射表。OpenStack 使用 One-to-One NAT 来实现 Floating IP 功能。

注意：OpenStack 中的 Floting IP 就是使用了网络中的 NAT 功能实现的。

6.2.2 常用的网络设备

1．Switch（交换机）

交换机是一种 MIMO（Multi-Input Multi-Output）设备，用于支持主机间的数据包交换。交换机连接同一个二层网络中的主机。它将从一个端口接收的数据包发送给另一个端口，完成数据包的转发。交换机工作在二层网络，数据转发基于数据包头部的 Ethernet MAC 地址。

2．Router（路由器）

路由器是一种支持三层网络间数据包转发的设备。路由器支持在不同三层网络中的主机间的通信。路由器工作在三层网络，数据转发基于数据包头部的 IP 地址。

3．Firewall（防火墙）

防火墙用于控制进出一个主机或者网络的流量。防火墙可以是一个连接两个网络的特定物理设备，也可以是运行在操作系统上实现过滤机制的软件。防火墙依据针对主机定义的规则来限制主机上的流量。防火墙规则的定义可以依据多种标准，比如源 IP 地址、目的 IP 地址、端口、连接状态等。防火墙主要用来防止主机遭受未授权连接和恶意攻击。Linux 系统使用 iptables 来实现防火墙。

4．Load Balancer（负载均衡器）

负载均衡器可以是软件也可以是硬件，它负责将流量均匀地分发到多个功能相同的 Servers 上，从而避免单节点负载过高和单点故障，进而提升了服务的性能、网络吞吐和响应时间。负载均衡器通常使用三层架构：Web Server 工作在第一层，接受客户端请求，并向负载均衡器发送请求；负载均衡器工作在第二层，接收来自 Web Sever 的请求，并将请求转发给后端数据库；数据库工作在第三层，将结果返回给 Web Server。

6.2.3 虚拟网络技术

1．Network Namespace（网络命名空间）

Linux 中有 6 种命名空间，用来界定特定的一组标识符。在不同的命名空间中可以存在重复的标识符。其中网络命名空间用来界定一组网络设备，任何一个网络设备（比如 eth0），都存在于一个网络命名空间中。Linux 中存在一个默认的网络命名空间，如果没有进行特殊操作，所有的网络设备都在这个默认的网络命名空间中。可以人为创建新的网络命名空间，在网络命名空间中创建新设备，或者将设备从一个命名空间转移到另一个命名空间。

每个网络命名空间都有自己的路由表，这也是网络命名空间存在的主要作用。路由表根据目的 IP 地址生效，如果需要针对同一个目的 IP 地址在不同场景选择不同的路由，利用网络命名空间就能很容易办到。Neutron 中虚拟网络地址重叠的一部分功能就是通过网络命名空间实现的。每个网络命名空间也都有自己的 iptables，所以对不同网络中的相同 IP 地址可以设置不同的安全规则。

任何一个 Linux 进程都运行在特定的网络命名空间，默认从它的父进程继承。但是进程运行时可以切换到其他网络命名空间，比如使用 ip netns exec NETNS COMMAND 命令，就会在 NETNS 命名空间中执行 COMMAND 命令。

注意：在 OpenStack 中可以使用 ip netns 查看系统中存在的命名空间，每一个网络、路由、DHCP Server 都有一个命名空间与之对应。如果我们的虚拟机在网络 A 上创建，那么，通过网络 A 的命名空间就可以直接 PING 通此虚拟机，如 ip netns {network_namespace} ping {vm_ip}。

2. VRF（Virtual Routing and Forwarding）

VRF 和网络命名空间的作用是一样的，不过它工作在路由器上，用于在单个路由器中同时运行多套路由表实例。

3. TAP

TAP 是 Linux 中的虚拟网卡驱动，实现了虚拟以太网设备。TAP 驱动程序实际上包含两部分，一部分是网卡驱动，用于和 TCP/IP 协议栈交换二层数据包；另一部分是字符设备驱动，用于在用户空间和内核空间交换数据包。也就是说，TAP 设备一端连着内核协议栈，另一端连着用户空间的应用程序；物理网卡则是一端连着内核协议栈，另一端连着外部物理网络链路。因此 TAP 设备可以和物理网卡一样处理以太网数据帧，只不过它的物理链路是应用程序模拟的。

4. VETH

VETH 也是一种虚拟网络设备，它是成对出现的。和 TAP 设备一样，它的一端连接内核协议栈，另一端则连接它的 peer。因此 VETH peer 之间的数据是复制的，任何一端从内核协议栈收到数据都会发送到另一端。VETH peer 适合用来连接两个 Network Namespace。

5. Linux Bridge

Linux Bridge 是一种虚拟交换机技术，实现了与物理交换机相似的功能。它可以连接 Linux 上的多个网络设备，不管是物理网卡还是虚拟网卡。类似物理交换机，Linux Bridge 由 4 部分组件构成：

- 网络端口（或设备）：用于在不同主机之间交换数据。
- 控制平面：运行 STP（Spanning Tree Protocol）协议。
- 转发平面：从端口接受数据帧，根据转发决策发送到其他端口。
- MAC 表：保存端口与主机的对应关系。

可以使用 brctl 命令配置 Linux Bridge：

```
brctl addbr <bridge>                #创建网桥
brctl addif <bridge> <device>       #添加设备到网桥
brctl show                          #查看网桥
```

6. Open vSwitch

Open vSwitch 是一种基于流表实现的虚拟交换技术，它的定位是产品级的虚拟交换平台。Open vSwitch 的构成如下表 6.1 所示。

表 6.1　Open vSwitch 的构成

名称	说明
ovs-vswitchd	实现交换的 daemon 进程和用于实现基于流表交换技术的内核模块
ovsdb-server	轻量级数据库，ovs-vswitchd 将配置保存在这里
ovs-dpctl	配置 OVS 内核模块的工具
ovs-vsctl	配置和查询 ovs-vswitchd 的工具
ovs-appctl	向 Open vSwitch daemon 进程发送命令的工具
ovs-ofctl	配置和查询 OpenFlow Switches 和 Controllers 的工具
ovs-pki	创建和管理 OpenFlow Switches 密钥的工具
ovs-testcontroller	用于测试的 OpenFlow Controller

Open vSwitch 中常用的命令有：

```
ovs-vsctl add-br BRIDGE                        #创建OVS网桥
ovs-vsctl add-port BRIDGE PORT                 #添加设备到网桥
ovs-vsctl show [BRIDGE]                        #查看网桥状态
ovs-ofctl dump-ports-desc BRIDGE [PORT]        #查看网桥端口信息
ovs-ofctl dump-flows BRIDGE                    #查看流表
```

6.2.4　Neutron 网络的基本概念

1．Network（网络）

对应物理环境中的 Ethernet，也就是二层网络。

2．Subnet（子网）

与物理环境中 Subnet 的概念一致。代表一组 IP 地址和相关的配置状态，也称为 Native IPAM（IP Address Management）。Subnet 用于给 Port 分配 IP 地址。

3．Port（端口）

Subnet 之下的概念，对应交换机端口。同时 Port 上还绑定了 Mac 和 IP 地址，所以它同时也相当于一块网卡。从 Newton 版本开始为 Port 添加了 ip_allocation 属性，使得在创建 Port 时，可以不分配 IP 地址，而是在将它绑定到 VM 或者 vRouter 时才分配 IP 地址，这样就更好地把 Port 的端口和网卡属性区分开了。

4．Router（路由器）

Router 在 Provider Network 和 Project Network 之间，或者多个 Project Network 之间提供路由和 NAT 功能。Router 由 L3 Agent 管理，在底层使用网络命名空间隔离。

5．Physical Network（物理网络）

在物理网络环境中连接计算节点和网络节点的网络，每个物理网络可以支持 Neutron 中的一个或多个虚拟网络。

6．Provider Network（运营商网络）

Provider Network 提供二层网络连接，同时也提供 DHCP 和 Metadata Service。一个 Provider Network 对应一个特定的物理网络，通常使用 VLAN 模式，也可以使用 Flat 模式。因为 Provider Network 直接映射到物理二层网络，三层网络操作（如路由）由物理设施管理，因此非常简单、高效和稳定，但同时存在的问题就是不够灵活。由于创建 Provider Network 需要底层物理环境的信息，一般只有管理员才能创建 Provider Network。

7. Fixed IP（固定 IP）

分配到每个端口上的 IP，类似于物理环境中配置到网卡上的 IP。

8. Floating IP（浮动 IP）

从 External Network 创建的一种特殊的 Port，它的 device_owner 为 network:floatingip。可以将 Floating IP 绑定到任意 Network 中的 Port 上，底层会做 Nat 转发，将发送给 Floating IP 的流量都转发到该 Port 对应的 Fixed IP 上。通常使用这种方法来解决外网访问虚拟机的需求。

9. External Network（外部网络）

External Network 也叫 Public Network（公共网络），是一种特殊的 Provider Network。它所连接的物理网络环境与整个数据中心或者 Internet 相通，因此这个网络中的 Port 可以访问外网。一般将租户的 Virtual Router 连接到该网络，并创建 Floating IP 绑定虚拟机，实现虚拟机与外网通信。另外，将 External Network 上的 Port 绑定虚拟机，可以实现虚拟机直接通过 Fixed IP 与外网通信。由于 Provider Network 基本上就是用作 External Network，因此有些文档中会将 Provider Network 等同于 External Network。

注意：外部网络不一定就可以直接连接外网，这主要还是取决于云平台部署时的网络配置，如果部署时"外部网络"就是使用的外部网络，那么它可以直接连接外网。通过 neutron net-list –external 可以查看"外部网络"，通过查看其详情可以得知网络配置，对于"外部网络"来说，实际上是在其内部有一个字段设置为了 external。

10. Project Network（项目网络）

Project Network 也叫 Tenant Network（租户网络），或者 Self-service Network，因用户可以在自己的项目内自由创建和管理而得名。它是完全虚拟的，只在本网络内部联通，因此也叫 Virtual Network（虚拟网络）。Project Network 与 Provider Network 或者 External Network 的通信都需要 Virtual Router 的支持。

大多数情况下，Project Network 底层使用的是 VxLAN 或者 GRE 技术，因为相比于 VLAN，它们可以支持更多的网络数量；而且在 VLAN 模式下，每个网络配置都需要配置对应的物理网络信息，对于频繁变更的租户网络来说不够灵活。

在租户网络中通常使用 RFC1918 定义的私有地址段，通过 Virtual Router 的 SNAT 与 Provider Network 通信。利用 Floating IP，处于 Project Network 中的虚拟机如果绑定了 Floating IP，Provider Network 可以通过 Virtual Router 的 DNAT 访问它。

11. Security Group（安全组）

安全组是一组规定虚拟机入口和出口流量的防火墙规则，作用于 Port 上。安全组默认拒绝所有流量，只有添加了相关放行规则的流量才允许通过。安全组规则中也可以引用其他安全组。安全组的底层实现通常使用 iptables。

每个项目中都有一个名为 default 的默认安全组，它包含四条规则：拒绝所有入口流量（IPv4 和 IPv6 各对应一条规则）、允许所有出口流量（IPv4 和 IPv6 各对应一条规则）。如果在创建端口时没有指定安全组，就会使用这个默认的安全组。所以在创建虚拟机后，出现虚拟机可以 ping 通外部但是外部 ping 虚拟机不通的情况时，可以先看看是否是安全组配置的原因。

此外在每个 Port 上还会默认配置一些列基本的安全规则：

- 只允许源 MAC 和源 IP 与 Port 上的 MAC 和 IP 相匹配的出口流量。
- 只允许源 MAC 与 Port 的 MAC 相匹配的 DHCP 请求出口流量。
- 只允许来自 subnet 中的 DHCP Server 的 DHCP 响应入口流量。

- 拒绝所有 DHCP 响应的出口流量，也就是禁止虚拟机作为 DHCP Server。

通过将 Port 的 port_security_enabled 属性设置为 False 可以关闭 Port 上的安全组和上述默认安全规则。

6.3　Neutron 核心架构

Neutron 提供的网络功能繁多，涉及的底层技术非常庞杂，初学者想要全盘掌握并非易事。但是得益于 Neutron 插件化的设计，我们在学习和实验时，并不用将 Neutron 完整部署之后再入手，而是能够分而治之，各个击破。

6.3.1　Neutron 部署结构

在物理部署结构上，Neutron 节点通常扮演控制节点、网络节点和计算节点三种角色，节点之间的连接如图 6.2 所示。

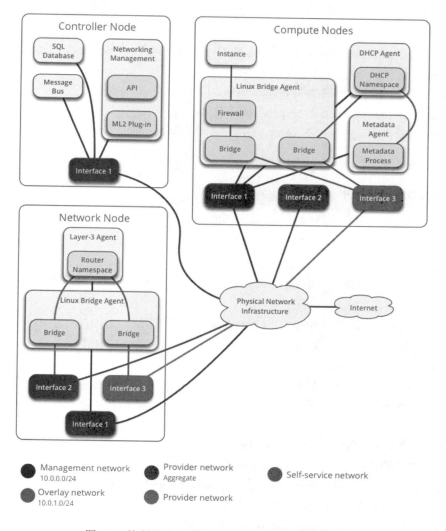

图 6.2　控制节点、网络节点和计算节点连接示意图

1．控制节点

控制节点包含 Neutron 的控制平面的组件及其依赖：
- 连接管理网络和 Provider 网络。
- SQL 数据库服务。
- 消息队列服务。
- OpenStack Identity Service（Keystone）。
- OpenStack Image Service（Glance）。
- OpenStack Compute Service（Nova）的管理组件。
- OpenStack Networking Server Service（Neutron）和 ML2 Plugin。

2．网络节点

网络节点包含 OpenStack Networking Service 的 Layer-3（Routing）组件：
- 连接管理网络、Provider 网络和 Project 网络。
- OpenStack Networking Layer-2（Switching）Agent，Layer-3 Agent 即它们的依赖。

3．计算节点

计算节点包含 OpenStack Compute Service 的 Hypervisor 组件、OpenStack Networking Layer-2、DHCP 和 Metadata 组件：
- 连接管理网络、Provider 网络和 Project 网络。
- OpenStack Compute Service 的 Hypervisor 组件。
- OpenStack Networking Layer-2 Agent、DHCP Agent 和 Metadata Agent。

注意：一般情况下，控制节点与网络节点都同时部署在同一个节点上。

6.3.2 Neutron 组成部件

图 6.3 展现了 Neutron 的组件结构。Neutron 中的组件分为 4 种。

（1）**Server**：对外提供 API，管理数据库等。

（2）**Plugins**：管理 Agents。

（3）**Agents**：向虚拟机提供二层和三层的网络联通、处理逻辑网络和物理网络之间的转换、提供扩展服务。
- Layer 2（Ethernet and Switching）：Linux Bridge、OVS。
- Layer 3（IP and Routing）：L3、DHCP。
- Miscellaneous：Metadata。

（4）**Services**：提供高级网络服务。
- Routing Services：提供三层路由功能。
- VPNaaS：提供 VPN 功能。
- LBaaS：提供负载均衡器功能，基于 HAProxy 实现。
- FWaaS：提供防火墙服务，基于 iptables 实现。

Neutron Server 运行在控制节点上，外暴露一组操作逻辑网络的 API，将这些逻辑操作转化为底层物理或虚拟交换机，实际配置的工作由 Plugin 完成。

Neutron Plugin 继承自 neutron/neutron_plugin_base.py，实现其中定义的对 Network、Subnet 和 Port 的 CRUD 操作。在早期有很多针对各种底层交换机实现的 Plugins，比如 Linux Bridge Plugin、Open vSwitch Plugin、Hyper-V Plugin、Cisco Nexus Plugin 等，后来 Neuron 在 Havana 版本中引入了 ML2（Modular Layer 2）Plugin，各个交换机相关的代码转移到 ML2 Plugin 下一级的 Mechanism Drivers 中。各个厂商正在逐步按照这个规范将自己的 Plugin 改造成 ML2 Plugin 中的 Drivers，最终目标是只剩下 ML2 一个 Plugin。

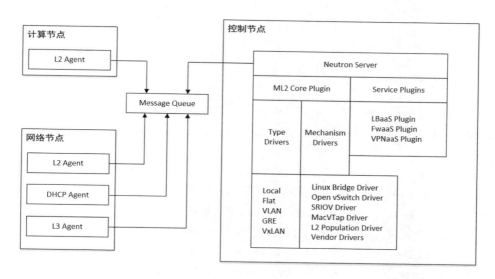

图 6.3　Neutron 组件架构图

Neutron 中只能同时运行一个 Plugin，但是 Plugin 中可以配置多个 Drivers，实现跟不同底层交换机的交互。

Neutron Plugin 中只实现了对 Network、Subnet 和 Port 的基本操作，远不能满足复杂的 SDN 功能需求，比如 Route、Firewall、QoS 等。Neutron 使用 Extensions 来扩展 Neutron API，所有 Plugin 所实现的基础资源之外的操作都由 Extensions 提供。Plugin 会在自己的 _supported_extension_aliases 属性正声明其所支持的 Extensions，表明它支持哪些扩展功能。比如 ML2 Plugin 支持的 Extensions 如下：

```
class Ml2Plugin():
    _supported_extension_aliases = ["provider", "external-net", "binding",
                                    "quotas", "security-group", "agent",
                                    "dhcp_agent_scheduler",
                                    "multi-provider", "allowed-address-pairs",
                                    "extra_dhcp_opt", "subnet_allocation",
                                    "net-mtu", "net-mtu-writable",
                                    "vlan-transparent",
                                    "address-scope",
                                    "availability_zone",
                                    "network_availability_zone",
                                    "default-subnetpools",
                                    "subnet-service-types",
                                    "ip-substring-filtering"]
```

可以通过 OpenStack extension list –network 命令查看安装的 Neutron Extensions，也可以查看 Neutron 源码的 neutron/extensions 目录，如图 6.4 所示。

```
# ls /usr/lib/python2.7/site-packages/neutron/extensions/
address_scope.py          extraroute.py                    metering.py                    qos_fip.py                        sorting.py
agent.py                  flavors.py                       multiprovidernet.py            qos.py                            standardattrdescription.py
allowedaddresspairs.py    __init__.py                      netmtu.py                      qos_rule_type_details.py          subnetallocation.py
auto_allocated_topology.py ip_allocation.py                netmtu_writable.py             quotasv2_detail.py                subnet_service_types.py
availability_zone.py      ip_substring_port_filtering_lib.py  network_availability_zone.py  quotasv2.py                   tag_ext.py
data_plane_status.py      ip_substring_port_filtering.py   network_ip_availability.py     rbac.py                           tagging.py
default_subnetpools.py    l2_adjacency.py                  pagination.py                  revisionifmatch.py                tag.py
dhcpagentscheduler.py     l3agentscheduler.py              portbindings.py                revisions.py                      timestamp.py
dns_domain_ports.py       l3_ext_gw_mode.py                portsecurity.py                router_availability_zone.py       trunk_details.py
dns.py                    l3_ext_ha_mode.py                project_id.py                  routerservicetype.py              trunk.py
dvr.py                    l3_flavors.py                    providernet.py                 securitygroup.py                  vlantransparent.py
external_net.py           l3.py                            qos_bw_limit_direction.py      segment.py
extra_dhcp_opt.py         logging.py                       qos_default.py                 servicetype.py
```

图 6.4　Neutron Extensions 目录

Neutron 中的 Extensions 根据其实现的功能分为 3 种。

- **Resource Extensions**：引入新的资源，也就是 Network、Subnet、Port 之外的其他资源，比如 Router、QoS。
- **Action Extensions**：在某种资源上引入新的操作。比如 Nova 中的 Server 资源具有扩展的 rebuild 操作。Core Neutron API 资源并没有操作的概念，但是扩展资源中可以使用。
- **Request Extensions**：在 Neutron API 的 request 和 response 中添加属性。

Neutron 中有几个比较特别的扩展，它们实现高级网络服务，目前有 FWaaS、LBaaS 和 VPNaaS。它们的代码独立于 Neutron 项目，分别在 OpenStack/neutron-fwaas、OpenStack/neutron-lbaas 和 OpenStack/neutron-vpnaas 中，其中包含各自的 Extension 和 Plugin，这些 Plugins 被称作 Service Plugins，相应地，实现基础功能的 Neutron Plugin 称为 Core Plugin。

Neutron Plugins 运行在控制节点上，负责对外提供 API 和逻辑数据的 CRUD 操作，并将这些操作转换为底层设备的操作命令并下发，具体实施则由运行在网络节点和计算节点上的 Agents 完成。一个 Plugin 会与一个或多个 Agents 交互，ML2 Plugin 根据配置的扩展和驱动会与 Linux Bridge Agent、Open vSwitch Agent、DHCP Agent 和 L3 Agent 交互，FWaaS、LBaaS 和 VPNaaS Plugins 则分别对应 FWaaS Agent、LBaaS Agent 和 VPNaaS Agent。

注意：对于 Neutron 中的扩展插件，大家可以根据实际情况有选择性地学习使用。

6.3.3　ML2 Core Plugin

Core Plugin 提供基础的网络功能，在早期，根据底层使用的网络虚拟化工具和硬件的不同，官方或者第三方提供不同的 Plugin，比如 Linux Bridge Plugin、Open vSwitch Plugin、Hyper-V Plugin、Cisco Nexus Plugin 等。但是 Neutron 中只能同时开启一个 Core Plugin，这就要求一套环境中只能使用一种网络技术，极为不便。为了解决这个问题，在 Havana 版本引入了 ML2（Modular Layer 2）Plugin，统一管理二层网络信息。而对于不同的网络技术，比如 Open vSwitch、Linux Bridge，则由相应的 Driver 对接。至于之前实现的各种 Core Plugin，都陆续在版本迭代中改为 ML2 Plugin 的 Mechanism Drivers，所以实际上在 Neutron 中需要关心的 Core Plugin 只有 ML2 Plugin。

ML2 Plugin 的 Drivers 分为两种：Type Drivers 和 Mechanism Drivers。

1. Type Drivers

Type Drivers 定义了 Neutron 中的网络类型，每种类型对应一个 Type Driver。它们负责检验 Provider Network 中底层网络相关的信息，以及为 Project Network 分配 Segment ID。Neutron 支持的网络类型如下。

- **Local 网络**：用过 VirtualBox 的朋友应该都知道它的 Host-Only 网络，Neutron 中的 Local 网络

和它类似，连接这个网络的虚拟机，只能和本机上同样连接这个网络的其他虚拟机通信，而不能和外界通信，物理机上的所有虚拟机组成一个孤立的局域网。
- Flat 网络：Flat 模式下，所有的虚拟机都处于同一个网络中，并且它们与宿主机也是互通的。这种网络模式下没有任何隔离措施。一个物理网络只能支持一个 Flat 网络。
- VLAN 网络：网络拓扑结构和 Flat 模式类似，但是每个网络都带有 VLAN ID，所以进出网络的数据包都会携带 VLAN tag，以此来实现网络隔离。只要底层物理网络配置支持，用户可以创建多个 VLAN 模式的 Provider Network 或者 Project Network。VLAN 网络中的虚拟机可以与处于同一 VLAN 中的物理设备通信。物理网络连接的交换机配置成 Trunk 口，可以支持多个 VLAN 网络，它们之间相互隔离。
- VxLAN 网络：使用 VxLAN 协议在计算节点之间建立 overlay 网络。网络中的虚拟机与物理环境完全隔离，需要通过 Virtual Router 来与外部网络通信。
- GRE 网络：使用 GRE 协议在计算节点之间建立 Overlay 网络。GRE 使用主机上的路由表来发送 GRE 数据包，因此 GRE 网络不需要与特定的物理网络相关联。

Provider Network 可以使用 Flat、VLAN、GRE、VxLAN 四种网络模式，Project Network 一般使用 VLAN、GRE 和 VxLAN 网络模式，它们的信息在控制节点的/etc/neutron/plugins/ml2/ml2_conf.ini 中配置。

注意：VLAN 与 VxLAN 在可用的 VLAN ID 上相比，后者比前者多很多。VLAN 的数量只有 4 096 个（使用 12-bit 标识 VLAN ID），后者则有 16 777 216 个（使用 24-bit 标识 VLAN ID）。

2. Mechanism Drivers

对接各种二层网络技术和物理交换设备，如 Linux Bridge、Open vSwitch 等。Mechanism Drvier 从 Type Driver 获取相关的底层网络信息，确保对应的底层技术能够根据这些信息正确配置二层网络。Mechanism Driver 提供 Network、Subnet 和 Port 的 CURD 操作。对于每个操作，Mechanism Driver 对外提供两个方法：ACTION_RESOURCE_precommit 和 ACTION_RESOURCE_postcommit。Precommit 方法检查操作的合法性，并将变更写入数据库，它是非阻塞的，只在 Neutron 内部调用。Postcommit 方法则负责将变更推送给 L2 Agents，由它们去实施对应的变更。

Neutron 支持在一个虚拟网络中同时使用多种 Type Drivers 和 Mechanism Drivers。表 6.2 展示了每种 Type Driver 和几个常用的 Mechanism Driver 的兼容关系。

表 6.2　ML2 Driver Dupport Matrix

Mechanism Driver \ Type Driver	Flat	VLAN	VXLAN	GRE
Open vSwitch	yes	yes	yes	yes
Linux Bridge	yes	yes	yes	no
SRIOV	yes	yes	no	no
MacVTap	yes	yes	no	no
L2 Population	no	no	yes	yes

Linux Bridge Mechanism Driver 使用 Linux Bridge 和 Veth Pairs 来实现网络互联。每个计算节点上运行一个 Linux Bridge Agent，负责管理 Linux Bridge，其他服务如 Layer-3（Routing）、DHCP、Metadata 等运行在网络节点上。

在早期，由于 Open vSwitch 不能直接与 iptables 交互来实现安全组，虚拟机和 OVS 的汇聚网桥 br-int 之间存在一个 Linux Bridge，虚拟机的安全组规则都配置在它上面。后来 OVS Agent 实现了一个 Firewall Driver，它使用 OVS 的流表来实现安全组配置，增强了可扩展性和性能。

SR-IOV 是在 Juno 版本中首次引入的。SR-IOV（Single-Root I/O Virtualization）定义了 PCIe 设备的虚拟化规范。SR-IOV Mechanism Driver 能够将单块 PCIe 网卡虚拟成多块网卡，每块网卡可以绕过 Hypervisor 和 Virtual Switch 直接分配给虚拟机使用，从而使虚拟机获得高性能的网络。

SR-IOV 支持配置 Port 的安全规则（是否启用防 ARP 欺骗）、QoS 限速和最小带宽，但是不支持 DHCP、Router 等功能。在每个使用了 SR-IOV Port 的计算节点上都要启用 SR-IOV Agent。SR-IOV 通常和 Linux Brigde 或者 Open vSwitch 一起使用，让虚拟机通过 PCI 虚拟技术直接访问物理网卡，提升虚拟机网络性能。

在创建 Port 时，指定 VNIC_TYPE 属性，就能选择使用 Mechanism 默认的 Port（比如 OVS Port）或者 SRIOV Port。在启用 SR-IOV 的情况下，官方推荐 Provider Network 使用 VLAN 模式，因为这样可以在单个网络中同时使用 SR-IOV Port 和非 SR-IOV Port。关于 SR-IOV 的配置参考官方文档：

https://docs.OpenStack.org/neutron/pike/admin/config-sriov.html#using-sr-iov-interfaces

MacVTap Mechanism Driver 使用内核 MacVTap 设备实现二层网络，相关配置存放于 macvtap_agent.ini 中。MacVTap 使用直接连接，开销非常小，而且不需要额外的硬件支持，适用于对网络性能要求较高的场景。由于 MacVTap 的特殊性存在较多的限制，它只向计算服务提供网络支持，也即只支持虚拟机 Port，DHCP 和 Router 的 Port 需要使用另外的 Mechanism Driver 创建，比如 Linux Bridge 和 Open vSwitch。另外，MacVTap 只支持 Flat 和 VLAN 网络模式，同时不支持任何的安全规则。

在一个计算节点上使用 MacVTap 实现的网络结构如图 6.5 所示。

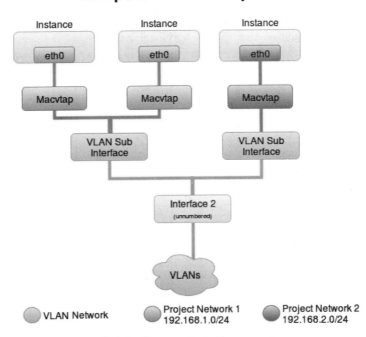

图 6.5　Compute Node Components

虚拟机的虚拟网卡连接到 MacVTap 设备，然后直接连接到物理网卡的 VLAN 设备，中间没有经过任何网桥，效率非常高。

L2 Population 是一种特殊的 Mechanism Driver，它并不对应某种二层网络技术或者厂商设备，而是针对 VxLAN 和 GRE 这两种 Overlay 网络提供广播、多播和寻址流量的优化。它必须与 Linux Bridge 或者 Open vSwitch Driver 同时使用。

ML2 Plugin 也支持一些扩展插件，用于扩展 ML2 Plugin 所管理的二层网络资源（Network、Port 等）属性，比如 Quality of Service、Availability Zone、Subnet Allocation、Address Scope、Port Security 等。

注意：在网络节点上，通过 neturon agent-list 可以查看当前环境中部署了哪些网络插件。

6.3.4　DHCP 服务

DHCP 服务由 DHCP Agent 提供，它运行在网络节点上。DHCP Agent 会为每个虚拟网络创建一个 DHCP Namespace，命名方式为 qdhcp-NETWORK_UUID，并在其中创建一个虚拟网卡，网络中启用的 DHCP 子网都会分配一个 DHCP Port，这个 Port 对应的 IP 会配置到这个虚拟网卡上。 比如以下网络：

```
# OpenStack network list
+--------------------------------------+-----------+----------------------------------+
| ID                                   | Name      | Subnets                          |
+--------------------------------------+-----------+----------------------------------+
| 67dfac34-3287-477f-86a8-37e5045ca2ee | net-test1 |
facc68ac-b3a3-4b99-9279-2b1f5262d285  |
+--------------------------------------+-----------+----------------------------------+
```

子网网段是 192.168.121.0/24，它的 DHCP Namespace 中的设备如下：

```
# ip netns exec qdhcp-67dfac34-3287-477f-86a8-37e5045ca2ee ip a
35: tap997ac77c-11: <BROADCAST,MULTICAST,UP,LOWER_UP> mtu 1450 qdisc noqueue state UNKNOWN group default qlen 1
    link/ether fa:16:3e:81:ff:af brd ff:ff:ff:ff:ff:ff
    inet 192.168.121.2/24 brd 192.168.121.255 scope global tap997ac77c-11
       valid_lft forever preferred_lft forever
```

DHCP 设备是 tap997ac77c-11，上面配置了 192.168.121.2 这个 IP。增加一个 192.168.131.0/24 的子网，代码如下：

```
# ip netns exec qdhcp-67dfac34-3287-477f-86a8-37e5045ca2ee ip a
35: tap997ac77c-11: <BROADCAST,MULTICAST,UP,LOWER_UP> mtu 1450 qdisc noqueue state UNKNOWN group default qlen 1
    link/ether fa:16:3e:81:ff:af brd ff:ff:ff:ff:ff:ff
    inet 192.168.121.2/24 brd 192.168.121.255 scope global tap997ac77c-11
       valid_lft forever preferred_lft forever
    inet 192.168.131.2/24 brd 192.168.131.255 scope global tap997ac77c-11
       valid_lft forever preferred_lft forever
```

可以发现，DHCP 设备上多了一个 192.168.131.2 的 IP 地址。

除了配置 IP 地址，DHCP Agent 还会在 DHCP Namespace 中启动一个 dnsmasq 进程，由它提供 DHCP 服务，代码如下：

```
# ip netns exec qdhcp-67dfac34-3287-477f-86a8-37e5045ca2ee netstat -antup | grep 53
tcp        0      0 192.168.121.3:53        0.0.0.0:*       LISTEN      30660/dnsmasq
tcp        0      0 192.168.131.2:53        0.0.0.0:*       LISTEN      30660/dnsmasq
udp        0      0 192.168.121.3:53        0.0.0.0:*                   30660/dnsmasq
```

```
udp        0      0 192.168.131.2:53         0.0.0.0:*                           30660/dnsmasq
# ip netns exec qdhcp-67dfac34-3287-477f-86a8-37e5045ca2ee ps aux | grep 30660
root     14663  0.0  0.0  12944   964 pts/0    S+   13:13   0:00 grep --color=auto 30660
nobody   30660  0.0  0.0  49984   396 ?        S    13:08   0:00 dnsmasq --no-hosts
--no-resolv --strict-order --except-interface=lo --pid-file=/var/lib/neutron/dhcp/
67dfac34-3287-477f-86a8-37e5045ca2ee/pid --dhcp-hostsfile=/var/lib/neutron/dhcp/
67dfac34-3287-477f-86a8-37e5045ca2ee/host --addn-hosts=/var/lib/neutron/dhcp/
67dfac34-3287-477f-86a8-37e5045ca2ee/addn_hosts --dhcp-optsfile=/var/lib/neutron/
dhcp/67dfac34-3287-477f-86a8-37e5045ca2ee/opts --dhcp-leasefile=/var/lib/neutron/
dhcp/67dfac34-3287-477f-86a8-37e5045ca2ee/leases --dhcp-match=set:ipxe,175 --bind-
interfaces --interface=tap997ac77c-11 --dhcp-range=set:tag0,192.168.131.0,static,600s
--dhcp-range=set:tag1,192.168.121.0,static,600s --dhcp-option-force=option:mtu,1450
--dhcp-lease-max=512 --conf-file= --domain=OpenStacklocal
```

可以看到，dnsmasq 监听了每个 DHCP IP 的 53 端口，dnsmasq 进程运行的相关状态和配置文件放置在/var/lib/neutron/dhcp/NETWORK_UUID 目录下。Network 中每创建一个 Port，都会向 dnsmasq 的 Host 文件中增加一条记录，这样当 port 绑定到虚拟机时，就能通过 DHCP Client 自动获取到 IP 地址。

6.3.5 路由服务

路由服务由 L3 Agent 提供，它运行在网络节点上，除了提供连接多个虚拟网络的路由，还负责虚拟机访问外网的转发，以及管理外部访问虚拟机的 Floating IP。

注意：学会使用 ip netns 的常用命令进行网络问题的查看与定位。

L3 Agent 使用 iptables 做三层转发和 NAT，多个 vRouter 运行在不同的 Linux Network Namespace 中，以 qrouter-ROUTER_UUID 命名，分离出可能存在的重叠 IP 地址。每将一个网络连接到 Router，就会创建一个网关 Port，L3 Agent 会在对应的 Rouer Namespace 中创建一个 qr-XXX 虚拟网卡，XXX 是 Port UUID 的前 11 位，虚拟网卡的 IP 配置为 Port 的 IP 地址。当为 Router 配置了外部网关时，就会在 Router Namespace 中创建一个 qg-XXX 虚拟网卡，网卡信息和外部网关 Port 相对应。一个典型的 Router Namespace 如下：

```
# ip netns exec qrouter-086b17f5-03f8-483d-aa7f-6ae3b0950b8e ip a
11: qr-89661688-06: <BROADCAST,MULTICAST,UP,LOWER_UP> mtu 1500 qdisc noqueue
state UNKNOWN qlen 1000
    link/ether fa:16:3e:aa:4c:c5 brd ff:ff:ff:ff:ff:ff
    inet 10.0.0.1/24 brd 10.0.0.255 scope global qr-89661688-06
       valid_lft forever preferred_lft forever
    inet6 fe80::f816:3eff:feaa:4cc5/64 scope link
       valid_lft forever preferred_lft forever
12: qg-0ae1466c-38: <BROADCAST,MULTICAST,UP,LOWER_UP> mtu 1500 qdisc noqueue
state UNKNOWN qlen 1000
    link/ether fa:16:3e:fb:61:aa brd ff:ff:ff:ff:ff:ff
    inet 172.24.4.226/28 brd 172.24.4.239 scope global qg-0ae1466c-38
       valid_lft forever preferred_lft forever
    inet6 fe80::f816:3eff:fefb:61aa/64 scope link
       valid_lft forever preferred_lft forever
27: qr-b3562382-5e: <BROADCAST,MULTICAST,UP,LOWER_UP> mtu 1500 qdisc noqueue
state UNKNOWN qlen 1000
    link/ether fa:16:3e:5c:bb:eb brd ff:ff:ff:ff:ff:ff
    inet 192.168.111.1/24 brd 192.168.111.255 scope global qr-b3562382-5e
```

```
            valid_lft forever preferred_lft forever
      inet6 fe80::f816:3eff:fe5c:bbeb/64 scope link
            valid_lft forever preferred_lft forever
```

Router 中的路由表配置，看起来就像一个物理路由器，代码如下：

```
# ip netns exec qrouter-086b17f5-03f8-483d-aa7f-6ae3b0950b8e route -n
Kernel IP routing table
Destination     Gateway         Genmask         Flags Metric Ref    Use Iface
0.0.0.0         172.24.4.225    0.0.0.0         UG    0      0        0 qg-0ae1466c-38
10.0.0.0        0.0.0.0         255.255.255.0   U     0      0        0 qr-89661688-06
172.24.4.224    0.0.0.0         255.255.255.240 U     0      0        0 qg-0ae1466c-38
192.168.111.0   0.0.0.0         255.255.255.0   U     0      0        0 qr-b3562382-5e
```

Router 的 NAT 功能使用 iptables 实现，代码如下：

```
Chain PREROUTING (policy ACCEPT)
target                    prot opt source              destination
neutron-l3-agent-PREROUTING  all  --  0.0.0.0/0            0.0.0.0/0

Chain OUTPUT (policy ACCEPT)
target                    prot opt source              destination
neutron-l3-agent-OUTPUT      all  --  0.0.0.0/0            0.0.0.0/0

Chain POSTROUTING (policy ACCEPT)
target                    prot opt source              destination
neutron-l3-agent-POSTROUTING  all -- 0.0.0.0/0            0.0.0.0/0
neutron-postrouting-bottom    all -- 0.0.0.0/0            0.0.0.0/0

Chain neutron-l3-agent-OUTPUT (1 references)
target     prot opt source              destination
DNAT       all  --  0.0.0.0/0            172.24.4.227         to:192.168.111.3

Chain neutron-l3-agent-POSTROUTING (1 references)
target     prot opt source              destination
ACCEPT     all  --  0.0.0.0/0            0.0.0.0/0            ! ctstate DNAT

Chain neutron-l3-agent-PREROUTING (1 references)
target     prot opt source              destination
REDIRECT   tcp  --  0.0.0.0/0            169.254.169.254      tcp dpt:80 redir ports 9697
DNAT       all  --  0.0.0.0/0            172.24.4.227         to:192.168.111.3

Chain neutron-l3-agent-float-snat (1 references)
target     prot opt source              destination
SNAT       all  --  192.168.111.3        0.0.0.0/0            to:172.24.4.227

Chain neutron-l3-agent-snat (1 references)
target     prot opt source              destination
neutron-l3-agent-float-snat  all  --  0.0.0.0/0            0.0.0.0/0
SNAT       all  --  0.0.0.0/0            0.0.0.0/0            to:172.24.4.226
SNAT       all  --  0.0.0.0/0            0.0.0.0/0            mark match ! 0x2/0xffff
ctstate DNAT to:172.24.4.226

Chain neutron-postrouting-bottom (1 references)
```

```
target     prot opt source               destination
neutron-l3-agent-snat  all  --  0.0.0.0/0            0.0.0.0/0            /* Perform
source NAT on outgoing traffic. */
```

在 POSTROUTING 链中添加了对所有经由 Router 转发的包做 SNAT 的规则,将源 IP 地址修改为外部网关 IP 地址。因为 POSTROUTING 链作用于路由选择之后,访问外网的数据包在由 Router 转发出去之前,都会应用这条 SNAT 规则。

而对于关联了 Floating IP 的端口,则单独添加了两条规则。一条是在 POSTROUTING 中的 SNAT,将源地址为此端口 Fixed IP 的数据包修改为 Floating IP,因为此规则在默认的 SNAT 规则之前,因此具有 Floating IP 的虚拟机访问外网的流量会被 SNAT 当成它的 Floating IP 而不是外部网关 IP。另一条是在 PREROUTING 链添加的 DNAT 规则,将目的 IP 地址为 Floating IP 的数据包修改为 Fixed IP。因为 PREROUTING 链作用于路由选择之前,这样外网访问虚拟机的流量就能正常转发到虚拟机上。

6.3.6　元数据服务

元数据服务(Metadata Service)向虚拟机提供 Metadata 和 Userdata 数据,在虚拟机中访问 http://169.254.169.254 就能获取这些信息。可以看一下实际效果,如下所示:

```
# curl http://169.254.169.254
1.0
2007-01-19
2007-03-01
2007-08-29
2007-10-10
2007-12-15
2008-02-01
2008-09-01
2009-04-04
latest
```

虚拟机的元数据实际上保存在 Nova 数据库中,真正提供元数据服务的是 nova-api。而 169.254.169.254 是一个不跨路由的本地地址,Neutron 中提供了一组服务将虚拟机访问这个地址的请求转发到 nova-api 上。Nova 和 Neutron 共同提供了元数据服务。

注意:对于使用 cloud-init 进行虚拟机配置时,如果 nova.conf 中的 force_config 设置为 False,那么 Metadata 服务将会直接影响 cloud-init 的执行结果;如果由于网络原因导致 Metadata 服务不可用,那么 cloud-init 将无法对虚拟机进行正常配置;如果 force_config 设置为 True,那么 cloud-init 将使用 config_drive 的方式获取 Metadata 数据。

图 6.6 展示了 Metadata Service 的架构,其中涉及的组件有:

- **neutron-ns-metadata-proxy**。neutron-ns-metadata-proxy 是运行在网络节点上 DHCP 或者 Router Namespace 的进程,它接受来自虚拟机的元数据请求,在请求头中添加 Router UUID 或者 Network UUID,然后通过 Unix Domain Socket 将它转发给 neutron-metadata-agent。
- **neutron-metadata-agent**。neutron-metadata-agent 运行在网络节点,它接收来自 neutron-ns-metadata-proxy 的请求,查找对应的虚拟机 UUID 和 Project UUID,将它们添加到请求头中,然后转发给 nova-api-metadata。

- **nova-api-metadata**。nova-api-metadata 是实际提供 Metadata 数据的服务，虚拟机访问元数据的请求最终会转发到这个服务上，它从请求头中读取出虚拟机的 UUID，然后取出相应的元数据返回。

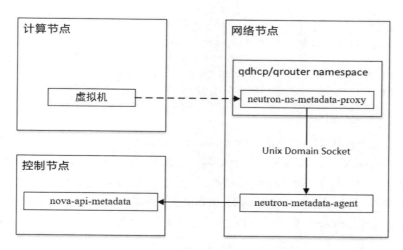

图 6.6　Metadata Service 架构

来自虚拟机的请求经过两次转发，有两个目的：一是将目的地址为 169.254.169.254 的请求路由到真正的元数据服务；二是为请求添加虚拟机标记，使元数据服务知晓返回哪个虚拟机的元数据。

元数据请求的路由分两个场景：一个是虚拟网络连接了 vRouter，一个是虚拟网络没有连接 vRouter，它们的处理方式是不一样的。下面我们看一下在不同场景中每个步骤具体是如何实现的。

1．场景一：连接到路由的虚拟网络

这种场景下元数据请求的第一次转发由 L3 Agent 负责。

查看虚拟机的路由表：

```
# route -n
Kernel IP routing table
Destination     Gateway         Genmask         Flags Metric Ref    Use Iface
0.0.0.0         192.168.111.1   0.0.0.0         UG    0      0        0 eth0
192.168.111.0   0.0.0.0         255.255.255.0   U     0      0        0 eth0
```

只有两条规则，一条是虚拟网络，一条是默认路由。虚拟机的元数据请求会发送到默认网关，也就是网络节点的 Router Namespace 上。

L3 Agent 在 Router Namespace 中设置了转发规则，可以使用 iptables 命令查看：

```
# ip netns exec qrouter-086b17f5-03f8-483d-aa7f-6ae3b0950b8e iptables -t nat -nL | grep redir
REDIRECT   tcp  --  0.0.0.0/0           169.254.169.254      tcp dpt:80 redir ports 9697
```

可以看到 Router Namespace 中目的地址为 169.254.169.254:80 的请求都会转发到 9697 端口，这个端口是在/etc/neutron/l3_agent.ini 中配置的 Metadata Proxy 监听的端口。可以通过如下方式验证：

```
# ip netns exec qrouter-086b17f5-03f8-483d-aa7f-6ae3b0950b8e ps aux | grep 3373 | grep -v grep
# ip netns exec qrouter-086b17f5-03f8-483d-aa7f-6ae3b0950b8e netstat -antup | grep 9697
```

```
    tcp        0      0 0.0.0.0:9697            0.0.0.0:*               LISTEN      3773/python2
    # ip netns exec qrouter-086b17f5-03f8-483d-aa7f-6ae3b0950b8e ps aux | grep 3773 | grep -v grep
    neutron   3773  0.0  0.5 288128 42924 ?        S     2017   0:38 /usr/bin/python2 /bin/neutron-ns-metadata-proxy
    --pid_file=/var/lib/neutron/external/pids/086b17f5-03f8-483d-aa7f-6ae3b0950b8e.pid --metadata_proxy_socket=/var/lib/neutron/metadata_proxy --router_id=086b17f5-03f8-483d-aa7f-6ae3b0950b8e --state_path=/var/lib/neutron --metadata_port=9697 --metadata_proxy_user=992 --metadata_proxy_group=989 --debug --verbose --log-file=neutron-ns-metadata-proxy-086b17f5-03f8-483d-aa7f-6ae3b0950b8e.log --log-dir=/var/log/neutron
```

不出所料，监听 9697 端口的就是 neutron-ns-metadata-proxy。也就是说，虚拟机的请求都转发给了 neutron-ns-metadata-proxy 进程。neutron-ns-metadata-proxy 会将虚拟机的 IP 地址和 Router 的 UUID 加到请求头中。从上面的命令输出中可以看到一个 metadata_proxy_socket 参数，这个也是在 l3_agent.ini 中配置的。这是一个 Unix Domain Socket 文件，neutron-ns-metadata-proxy 会将修改过的请求发送到这个 Socket。那么是谁监听了这个 Socket 呢？我们看一下下面的代码。

```
    # lsof /var/lib/neutron/metadata_proxy
    COMMAND     PID    USER   FD   TYPE             DEVICE SIZE/OFF    NODE NAME
    neutron-m 27950 neutron    5u  unix 0xffff8800aa232000      0t0 1814295 /var/lib/neutron/metadata_proxy type=STREAM
    # ps aux | grep 27950
    root     12741  0.0  0.0  12944   940 pts/0    S+   11:56   0:00 grep --color=auto 27950
    neutron  27950  0.1  0.6 231212 53404 ?        S     2017  75:04 /usr/bin/python2.7 /usr/bin/neutron-metadata-agent --config-file=/etc/neutron/neutron.conf --config-file=/etc/neutron/metadata_agent.ini --log-file=/var/log/neutron/metadata-agent.log
```

可以看出，就是 neutron-metadata-agent。neutron-metadata-agent 运行在 Default Namespace 上，Neutron 使用 Socket 实现了两个不同 Namespace 中进程的通信。neutron-metadata-agent 根据请求头中的 Router UUID 和虚拟机 IP，找到对应的端口，进而找到对应的虚拟机，然后将虚拟机 UUID 加到请求头中，发送给 nova-api-metadata。

到 neutron-metadata-agent 这一步就很简单了，从请求头中读取虚拟机 UUID，找到对应的 Metadata 返回。

注意：对于 Metadata 的获取流程，希望读者可以熟记于心。

2. 场景二：没有连接到路由的虚拟网络

这种情况下元数据请求的第一次转发由 DHCP Agent 负责。

查看虚拟机路由表：

```
    # route -n
    Kernel IP routing table
    Destination     Gateway         Genmask         Flags Metric Ref    Use Iface
    0.0.0.0         192.168.121.1   0.0.0.0         UG    0      0        0 eth0
    192.168.111.0   0.0.0.0         255.255.255.0   U     0      0        0 eth0
    169.254.0.0     0.0.0.0         255.255.0.0     U     1002   0        0 eth0
    169.254.169.254 192.168.121.3   255.255.255.255 UGH   0      0        0 eth0
```

发现有一条针对目的 IP 地址（169.254.169.254）的路由，指向 DHCP Server，这条路由是 DHCP Server 通过 DHCP 选项 121 推送的。DHCP Server 的 IP 地址存在于网络节点上的 DHCP Namespace 中，如下：

```
# ip netns exec qdhcp-67dfac34-3287-477f-86a8-37e5045ca2ee ip a
35: tap997ac77c-11: <BROADCAST,MULTICAST,UP,LOWER_UP> mtu 1450 qdisc noqueue state UNKNOWN group default qlen 1
    link/ether fa:16:3e:81:ff:af brd ff:ff:ff:ff:ff:ff
    inet 192.168.121.3/24 brd 192.168.121.255 scope global tap997ac77c-11
       valid_lft forever preferred_lft forever
    inet 169.254.169.254/16 brd 169.254.255.255 scope global tap997ac77c-11
       valid_lft forever preferred_lft forever
    inet6 fe80::f816:3eff:fe81:ffaf/64 scope link
       valid_lft forever preferred_lft forever
```

可以看到 DHCP 虚拟网卡上不止有 DHCP Server IP，还有 169.254.169.254 这个 IP 地址，所以虚拟机发过来的元数据请求会被它接收。再看看是谁监听了 169.254.169.254 的 80 端口：

```
# ip netns exec qdhcp-67dfac34-3287-477f-86a8-37e5045ca2ee netstat -antp | grep 80
tcp        0      0 0.0.0.0:80              0.0.0.0:*               LISTEN      17053/python2.7
tcp6       0      0 fe80::f816:3eff:fe81:53 :::*                    LISTEN      17041/dnsmasq
root@node-5:~# ip netns exec qdhcp-67dfac34-3287-477f-86a8-37e5045ca2ee ps aux | grep 17053
neutron  17053  0.0  1.0 215184 83404 ?        S    12:08   0:00 /usr/bin/python2.7 /usr/bin/neutron-ns-metadata-proxy --pid_file=/var/lib/neutron/external/pids/67dfac34-3287-477f-86a8-37e5045ca2ee.pid --metadata_proxy_socket=/var/lib/neutron/metadata_proxy --network_id=67dfac34-3287-477f-86a8-37e5045ca2ee --state_path=/var/lib/neutron --metadata_port=80 --metadata_proxy_user=128 --metadata_proxy_group=134 --debug --log-file=neutron-ns-metadata-proxy-67dfac34-3287-477f-86a8-37e5045ca2ee.log --log-dir=/var/log/neutron
```

顺利定位到 neutron-ns-metadata-proxy，接下来的流程就跟场景一很相似了，不过这里在请求头添加的是 Network 的 UUID 而不是 Router 的 UUID，然后通过 Unix Domain Socket 发送给 neutron-metadata-agent。neutron-metadata-agent 通过 Network UUID 和虚拟机 IP 可以找到端口，进而找到虚拟机 UUID，后面的流程和场景一相同，不再赘述。

6.3.8 Neutron 使用示例

在安装部署了 Neutron 之后，就可以执行网络的 CRUD（Create-Read-Update-Delete）操作了，用户可以使用 Neutron CLI（Command-Line Interface）或者访问 Neutron 的 REST API，CLI 是对 Neutron API 封装的命令行接口。下面用示例形式简单介绍一些 Neutron 中的常用命令。

创建网络 net1，命令如下：

```
$ OpenStack network create net1
```

在网络 net1 中创建子网 subnet1，命令如下：

```
$ OpenStack subnet create subnet1 --subnet-range 10.0.0.0/24 --network net1
```

其中，subnet-range 指定了子网的地址范围，使用的是 CIDR 格式。

在网络 net1 中创建一个端口 port1，命令如下：

```
$ OpenStack port create port1 --network net1
```

实际使用中很少手动创建 Port，因为一般在创建需要使用 Port 的资源时，都会自动创建对应的 Port。

查看现有的 Port，命令如下：

```
$ OpenStack port list
```

查看某个 Port 的详情，命令如下：

```
$ OpenStack port show PORT_ID
```

Port 有一个 device_owner 的字段，表明 Port 的持有者。device_owner 有两种：
- network 开头的，表明 Port 属于 Neutron 中的某个服务，比如 device_owner 为 network:dhcp 的 Port 正在被 DHCP Agent 使用。
- compute 开头的，表明 Port 被虚拟机使用。

启动虚拟机时指定网卡所在网络，命令如下：

```
$ OpenStack server create --image IMAGE --flavor FLAVOR --nic net-id=NET_ID vm1
```

这会自动创建一个 Port 并将它绑到虚拟机上。

添加安全组规则，命令如下：

```
$ OpenStack security group rule create --protocol icmp default
$ OpenStack security group rule create --protocol tcp --dst-port 22:22 default
```

每个 Project 中都有一个名为 default 的安全组，它会作用到 Port 上，默认阻止所有流量。创建 Port 时如果没有指定安全组，就会使用这个默认的安全组。以上命令向 default 安全组添加了两条规则，分别允许 ICMP 和目的端口为 22 的入口流量，这样就能从外面 ping 和 ssh 连接到虚拟机了。

创建 External 网络及子网，命令如下：

```
$ OpenStack network create public_net --external
$ OpenStack subnet create --network public_net --subnet-range 172.16.1.0/24 public_subnet
```

当网络指定了 External 属性，vRouter 可以指定默认网关，从而利用 SNAT 提供访问外网的功能。同时可以在 External 网络中创建 Floating IP，提供外部访问虚拟机的功能。

创建 vRouter，命令如下：

```
$ OpenStack router create router1
```

将 vRouter 连接到子网，命令如下：

```
$ OpenStack router add subnet router1 subnet1
```

将 vRouter 连接到 External 网络，命令如下：

```
$ OpenStack router set --external-gateway public_net router1
$ OpenStack router set --route destination=172.24.4.0/24,gateway=172.24.4.1 router1
```

查看 vRouter 上的端口，命令如下：

```
$ OpenStack port list -router router1
```

创建 Floating IP，命令如下：

```
$ OpenStack floating ip create public_net
```

将 Floating IP 与端口关联，命令如下：

```
$ OpenStack floating ip add port FLOATING_IP_ID --port-id INTERNAL_VM_PORT_ID
```

以上就是对 Neutron L2 和 L3 基本功能用法的简单介绍，如果对其中的某些概念还不清楚，可以阅读后面的内容之后再回过头来查看。另外还有一些高级功能的操作，如 LBaaS、FWaaS 等，在下一节中介绍。

注意：在老版本的 OpenStack 中，网络相关的命令都是通过 Neutron 的 CLI 来实现的，在新版本的 OpenStack 中，社区推荐使用 "OpenStack xxx" 的方式来查看相关的服务或资源。

6.4 高级服务（Advanced Services）

前三节针对网络中的一些基本概念进行了简单分析，从网络的基本概念出发，循序渐进地对于核心架构和关键服务进行讲解。最后以一个简单示例收尾。在前三节的基础上，本节将会对网络中的一些高级服务进行讲解，希望读者可以对网络部分有个更加深入的了解。

6.4.1 Load Balancer as a Service（LBaaS）

LBaaS 功能由 neutron-lbaas Service Plugin 提供，当前版本为 v2，其在 v1 的基础上增加了 Listener 的概念。LBaaS v2 支持在单个 Load Balancer IP 上监听多个端口。LBaaS 的底层实现有两种：一种是基于 HAProxy 的 Agent，它管理 HAProxy 的配置和 HAProxy 进程；另一种是基于 Octavia，它有独立的 API 和工作进程，不需要 Agent。

图 6.7 展示了 LBaaS v2 所提供的 Load Balancer 服务的逻辑结构，涵盖了 LBaaS v2 中的概念。

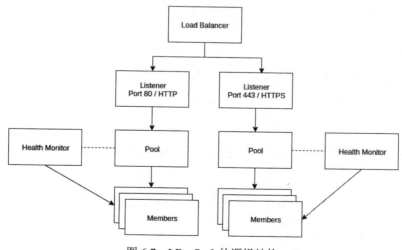

图 6.7 LBaaS v2 的逻辑结构

- Load Balancer：Load Balance 服务的入口，使用一个 Port，这个 Port 所具有的 IP 作为 Load Balancer 的 VIP。
- Listener：一个 Load Banlancer 可以监听多个服务端口，每个服务端口由一个 Listener 指定。

- Pool：一组 Members 的集合，Load Balancer 通过 Pool 将请求下发给 Member。
- Member：实际处理请求的服务器。每个 Member 由 IP 和服务端口指定。
- Health Monitor：Member 有可能会掉线，Health Monitor 会监控 Members 的状态，一旦发现某个 Member 不通，就不会再向这个 Member 转发流量了。Health Monitor 与 Pool 绑定，也就是一个 Health Monitor 会监听一组 Members。

注意：理解 LB 的各个概念非常重要，在一个弹性伸缩系统中，LB 的作用不可忽视。我们可以通过手动的方式来配置 LB，也可以通过 Heat 组件提供的服务创建 LB。二者的最终效果是一样的。

1. 配置 LBaaS

Neutron 通过 lbaas plugin 和 lbaas agent 提供 LBaaS 服务，所以需要配置这两项相关内容。

（1）在/etc/neutron/neutron.conf 的 service_plugins 字段中添加 LoadBalancerPluginv2，代码如下：

```
service_plugins = [existing service plugins],
neutron_lbaas.services.loadbalancer.plugin.LoadBalancerPluginv2
```

（2）在/etc/neutron/neutron_lbaas.conf 的 service_providers 字段下配置 service_provider 字段，代码如下：

```
service_provider =
LOADBALANCERV2:Haproxy:neutron_lbaas.drivers.haproxy.plugin_driver.HaproxyOnHostPluginDriver:default
```

（3）在/etc/neutron/lbaas_agent.ini 中配置驱动，代码如下：

```
[DEFAULT]
device_driver = neutron_lbaas.drivers.haproxy.namespace_driver.HaproxyNSDriver
interface_driver = INTERFACE_DRIVER
[haproxy]
user_group = haproxy
```

其中 interface_driver 对应 l2-agent 所使用的 Driver，如 Linux Bridge、Open vSwitch 等。

（4）初始化数据库，命令如下：

```
neutron-db-manage --subproject neutron-lbaas upgrade head
```

（5）启动 LBaaS v2 Agent，命令如下：

```
neutron-lbaasv2-agent \
--config-file /etc/neutron/neutron.conf \
--config-file /etc/neutron/lbaas_agent.ini
```

Octavia 提供了更多的功能，包括使用一个虚拟机作为 Load Banlancer。基于 Octavia 的 LBaaS 配置方式见官方文档：

```
https://docs.OpenStack.org/neutron/pike/admin/config-lbaas.html#configuring-lbaas-v2-with-octavia
```

2. 创建 LBaaS v2 Load Balancer

此时，还需要创建负载均衡器，步骤如下：

（1）在一个 Subnet 上创建一个 Load Balancer，命令如下：

```
$ neutron lbaas-loadbalancer-create --name test-lb private-subnet
```

（2）为 Load Balancer 创建一个安全组，允许 HTTP 的入口流量，命令如下：

```
$ neutron security-group-create lbaas
$ neutron security-group-rule-create \
  --direction ingress \
  --protocol tcp \
  --port-range-min 80 \
  --port-range-max 80 \
  --remote-ip-prefix 0.0.0.0/0 \
  lbaas
$ neutron security-group-rule-create \
  --direction ingress \
  --protocol tcp \
  --port-range-min 443 \
  --port-range-max 443 \
  --remote-ip-prefix 0.0.0.0/0 \
  lbaas
$ neutron security-group-rule-create \
  --direction ingress \
  --protocol icmp \
  lbaas
```

将安全组应用到之前创建的 Load Balancer 的端口上。Load Balancer 的端口可以使用 neutron lbaas-loadbalancer-show 命令查看，输出的 vip_port_id 就是端口 ID，命令如下：

```
$ neutron port-update \
  --security-group lbaas \
  9f8f8a75-a731-4a34-b622-864907e1d556
```

（3）添加 Listener，命令如下：

```
$ neutron lbaas-listener-create \
  --name test-lb-http \
  --loadbalancer test-lb \
  --protocol HTTP \
  --protocol-port 80
```

（4）创建一个 Pool，将上面创建的 Listener 绑定到这个 Pool，然后向 Pool 中添加 Members，命令如下：

```
$ neutron lbaas-pool-create \
  --name test-lb-pool-http \
  --lb-algorithm ROUND_ROBIN \
  --listener test-lb-http \
  --protocol HTTP
$ neutron lbaas-member-create \
  --name test-lb-http-member-1 \
  --subnet private-subnet \
  --address 192.0.2.16 \
  --protocol-port 80 \
  test-lb-pool-http
$ neutron lbaas-member-create \
  --name test-lb-http-member-2 \
  --subnet private-subnet \
  --address 192.0.2.17 \
  --protocol-port 80 \
  test-lb-pool-http
```

此处指定了负载均衡算法 ROUND_ROBIN，支持三种负载均衡策略：

- Round Robin：将请求均匀分发到各个节点。
- Source IP：根据源 IP 地址哈希选择节点，来自同一个源 IP 的请求会分发到同个节点。
- Least Connections：始终将请求分发到连接数最少的节点。

现在 Load Balancer 就开始工作了，访问 Load Balancer 的地址 http://192.0.2.22，流量会分发到 192.0.2.16 和 192.0.2.17 两台服务器上。

（5）使用 curl 命令验证 Load Balancer，命令如下：

```
$ curl 192.0.2.22
web2
$ curl 192.0.2.22
web1
$ curl 192.0.2.22
web2
$ curl 192.0.2.22
web1
```

因为在创建 Pool 时选择的负载均衡算法是 ROUND_ROBIN，因此请求被轮流分发到两个服务器。

（6）添加 Health Monitor，命令如下：

```
$ neutron lbaas-healthmonitor-create \
  --name test-lb-http-monitor \
  --delay 5 \
  --max-retries 2 \
  --timeout 10 \
  --type HTTP \
  --pool test-lb-pool-http
```

上面的参数表示每 5 秒进行一次健康检查，如果 Member 在 10 秒内没有响应判断为超时，两次超时后就认为 Member 离线，会将它从 Pool 中移除。当 Member 能正常响应健康检查后，会自动将它加回 Pool。

（7）绑定 Floating IP

创建在 Project Network 的 Load Balancer 不能被外部访问，需要在它的端口上绑定 Floating IP，命令如下：

```
$ neutron floatingip-associate FLOATINGIP_ID LOAD_BALANCER_PORT_ID
```

（8）配置 Quota

可以使用 Quota 限制租户所能创建的 Load Balancer 和 Pool 的数量，默认都是 10，命令如下：

```
$ neutron quota-update --tenant-id TENANT_UUID --loadbalancer 25
$ neutron quota-update --tenant-id TENANT_UUID --pool 50
```

（9）查看 Load Balancer 统计数据：

LBaaS v2 Agent 每隔 6 秒会采集一次 Load Balancer 的相关数据，使用命令查看当前数据。

```
$ neutron lbaas-loadbalancer-stats test-lb
+--------------------+----------+
| Field              | Value    |
+--------------------+----------+
| active_connections | 0        |
| bytes_in           | 40264557 |
| bytes_out          | 71701666 |
| total_connections  | 384601   |
+--------------------+----------+
```

其中，active_connections 是在 Agent 采集数据时的连接数，其他三个是 Load Balancer 在本次启动以来的累计数据。

注意：熟练使用 Neutron 中提供的各种命令可以极大地提高我们的工作效率。

6.4.2 Firewall as a Service（FWaaS）

FWaaS 将防火墙规则作用于 Neutron 中的对象，例如 Project、Router 和 Router Port。Neutron 中 Firewall 的核心概念是 Firewall Policy 和 Firewall Rule。Policy 包含一组有序的 Rules。一条 Rule 定义了一些属性的集合，比如端口范围、协议、IP 地址等，当流量匹配这条规则时，会执行规则所规定的动作（接受或拒绝）。Policy 可以设置为公有的，因而可以在项目之间共享。Neutron Firewall 的底层实现支持多种方式，比如 iptables 和 Open vSwitch 流表。

1．FWaaS v1

FWaaS v1 支持将防火墙规则应用到 vRouter 上，所有连接到 vRouter 的 Subnet 都受 Firewall 保护。图 6.8 描绘了应用到 vRouter 上的 Firewall 的逻辑。

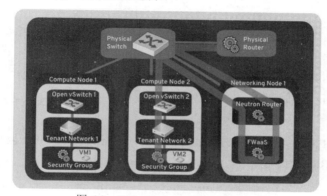

图 6.8　FWaaS v1 on Virtual Router

防火墙处于 vRouter 之后，虚拟机之前，图中的蓝色线条表明，虚拟机 VM2 的所有外网流量都要经过防火墙。

2．FWaaS v2

FWaaS v2 提供了更细粒度的规则，增加了 Firewall Group 的概念。Firewall Group 不是作用于整个 vRouter，而是 vRouter 上的具体端口。

3．二者的区别

表 6.3 是 FWaaS v1 和 FWaaS v2 的对比。

表 6.3　FWaaS v1 和 FWaaS v2 对比

Feature	v1	v2
支持 vRouter 上的 L3 防火墙	YES	NO*
支持 vRouter 端口上的 L3 防火墙	NO	YES
支持 L2 防火墙（虚拟机端口）	NO	NO**
支持 CLI	YES	YES
支持 Horizon	YES	NO

* 一个 Firewall Group 可以应用到 VRouter 上的所有端口，相当于应用到 vRouter 上。

** 计划在 Ocata 版本中实现。

4. 配置 FWaaS

（1）配置 Neutron 启用 FWaaS，路径为/etc/neutron/neutron.conf，代码如下：

```
service_plugins = firewall_v2

[service_providers]
service_provider = FIREWALL:Iptables:neutron.agent.linux.iptables_firewall.OVSHybridIptablesFirewallDriver:default

[fwaas]
agent_version = v2
driver = neutron_fwaas.services.firewall.drivers.linux.iptables_fwaas_v2.IptablesFwaasDriver
enabled = True
```

（2）配置 L3 Agent 加载 FWaaS 扩展，代码如下：

```
[AGENT]
extensions = fwaas
```

（3）创建数据库表，命令如下：

```
# neutron-db-manage --subproject neutron-fwaas upgrade head
```

重启 neutron-l3-agent 和 neutron-server 服务。

5. 创建 Firewall

前面提到过 Firewall 的核心概念是 Firewall Policy 和 Firewall Rule，所以我们需要创建一些规则。

（1）创建 Firewall Rule，代码如下：

```
$ neutron firewall-rule-create --protocol {tcp,udp,icmp,any} \
  --source-ip-address SOURCE_IP_ADDRESS \
  --destination-ip-address DESTINATION_IP_ADDRESS \
  --source-port SOURCE_PORT_RANGE --destination-port DEST_PORT_RANGE \
  --action {allow,deny,reject}
```

其中，protocol 配置为 any 代表任意协议。源 IP 地址和目的 IP 地址的版本要求一致，即同时为 IPv4 或者 IPv6，不然命令会返回错误。

（2）创建 Firewall Policy，代码如下：

```
$ neutron firewall-policy-create --firewall-rules \
  "FIREWALL_RULE_IDS_OR_NAMES" myfirewallpolicy
```

其中，多条 firewall-rules 以空格分离，它们是有序的。Firewall Policy 会自动在末尾添加一条"deny all"的 Rule，也就是默认拒绝所有流量。

（3）创建 Firewall，代码如下：

```
$ neutron firewall-create FIREWALL_POLICY_UUID
```

在绑定 vRouter 到 Firewall 之前，Firewall 的状态一直是 PENDING_CREATE。

注意：关于 Firewall 的创建可以通过 Heat 来创建，通过 Heat 可以快速创建出符合要求的防火墙，并且其编写的模板可以达到复用的目的。

6.4.3 VPN as a Service（VPNaaS）

VPNaaS 提供私有网络间的 Site-to-Site VPN（网对网）连接，Neutron VPN 使用的协议是 IPSec，目前支持的底层实现有 OpenSwan、LibreSwan、StrongSwan 和 Cisco CSR VPN 设备。

LibreSwan 是 OpenSwan 2.6.38 fork 的项目，在那之后 OpenSwan 基本没有什么重大更新，而 LibreSwan 的开发相当活跃，因此可以认为 LibreSwan 是 OpenSwan 的替代。现在各个 Linux 发行版中基本上只能看到 LibreSwan 了。StrongSwan 侧重于安全特性。

1. 配置 VPNaaS

（1）在/etc/neutron/neutron.conf 中启用 VPNaaS Plugin，代码如下：

```
service_plugins =neutron.services.vpn.plugin.VPNDriverPlugin
```

（2）在/etc/neutron/vpn_agent.ini 中配置底层驱动，代码如下：

```
[DEFAULT]
interface_driver=neutron.agent.linux.interface.OVSInterfaceDriver

[vpnagent]
vpn_device_driver=neutron_vpnaas.services.vpn.device_drivers.libreswan_ipsec.LibreSwanDriver
```

（3）在/etc/neutron /neutron_vpnaas.conf 中配置 VPN 服务，代码如下：

```
[service_providers]
service_provider=VPN:openswan:neutron_vpnaas.services.vpn.service_drivers.ipsec.IPsecVPNDriver:default
```

（4）在/etc/neutron/rootwrap.d/vpnaas.filters 中添加以 root 身份执行相关命令的权限，代码如下：

```
[Filters]
cp: RegExpFilter, cp, root, cp, -a, .*, .*/strongswan.d
ip: IpFilter, ip, root
ip_exec: IpNetnsExecFilter, ip, root
ipsec: CommandFilter, ipsec, root
rm: RegExpFilter, rm, root, rm, -rf, (.*/strongswan.d|.*/ipsec/[0-9a-z-]+)
strongswan: CommandFilter, strongswan, root
neutron_netns_wrapper: CommandFilter, neutron-vpn-netns-wrapper, root
neutron_netns_wrapper_local: CommandFilter, /usr/local/bin/neutron-vpn-netns-wrapper, root
chown: RegExpFilter, chown, root, chown, --from=.*, root.root, .*/ipsec.secrets
```

（5）初始化数据库，代码如下：

```
neutron-db-manage -subproject neutron-vpnaas upgrade head
```

然后启动 neutron-vpn-agent 服务，就可以使用 Neutron 的 VPN 功能了。

2. 创建 VPN

（1）创建 IKE Policy，代码如下：

```
neutron vpn-ikepolicy-create ikepolicy1 --encryption-algorithm aes-256 --ike-version v2
```

（2）创建 IPSec Policy，代码如下：

```
neutron vpn-ipsecpolicy-create ipsecpolicy1 --encryption-algorithm aes-256
```

（3）创建 VPN Service，代码如下：

```
neutron vpn-service-create ROUTER SUBNET -name vpnservice1
```

其中，ROUTER 是连接了 External Network 的虚拟路由器，SUBNET 是需要建立 VPN 连接的子网。此步骤创建的 VPN Service 状态会是 pending，直到下一步创建连接之后，并且真正和对端连接上之后，才会变为 active。

（4）创建 VPN 连接，代码如下：

```
neutron ipsec-site-connection-create --name vpnconnection1 --vpnservice-id
VPN_SERVICE_ID --ikepolicy-id IKE_POLICY_ID --ipsecpolicy-id IPSEC_POLICY_ID
--peer-address PEER_IP --peer-id PEER_IP --peer-cidr PEER_CIDR --psk SHARED_KEY
```

peer-address 和 peer-id 都使用对端的 IP，peer-cidr 是对端的子网，psk 是双方约定的对等密钥。如果和对端连接成功，状态为 up，否则为 down。如果在环境中开启了防火墙，需要开放 UDP 500 和 UDP 4500 两个端口，这两个是 IPSec 使用的端口。

对端使用相同的参数创建 IPSec VPN，两端连通后，就可以直接访问对方的子网了。IPSec VPN 连接的建立不仅限于 OpenStack 环境之间，OpenStack 也可以和其他实现了 IPSec VPN 的网络建立连接，比如 AWS VPC，只要双方使用的 IPSec 参数是一致的即可。

6.5 典型网络模型分析

由于 Neutron 支持的网络技术和网络类型非常丰富，它们可以组合成各种各样的网络模型，初学者往往会感到无所适从。下面介绍两种在生产环境中常用的网络模型，并对它们的网络流量做详细的分析，帮助初学者快速了解 Neutron 网络结构。

注意：对于本节中所涉及的网络模型希望读者认真学习。网络是云计算中很重要的一部分，也是最难理解的部分，只有从基础上学好网络，才能在云计算中理解网络，从而用好网络。

6.5.1 Linux Bridge + Flat/VLAN 网络模型

在使用 OpenStack 部署企业私有云的场景下，数据中心通常会存在 OpenStack 环境之外的机器，企业对 OpenStack 网络的需求仅仅是能够与其他机器互通，而不需要虚拟网络，路由、负载均衡等高级网络服务由物理设备提供。所以在 Neutron 的网络选型时，会尽可能追求简单、高效。Linux Bridge + Flat/VLAN 的网络模型很适合这种场景，是众多中小企业私有云网络的首选方案。

图 6.9 展示了在 Linux Bridge + Flat 网络架构下，计算节点上的网络结构。

由于这种架构不需要控制节点和网络节点处理虚拟机的流量，因此省略了它们的网络结构。

1. 创建网络环境

（1）创建网络，代码如下：

```
$ OpenStack network create --share --provider-physical-network provider \
  --provider-network-type flat provider1
```

（2）创建子网，代码如下：

```
$ OpenStack subnet create --subnet-range 203.0.113.0/24 --gateway 203.0.113.1 \
  --network provider1 --allocation-pool start=203.0.113.11,end=203.0.113.250 \
```

```
--dns-nameserver 8.8.4.4 provider1-v4
```

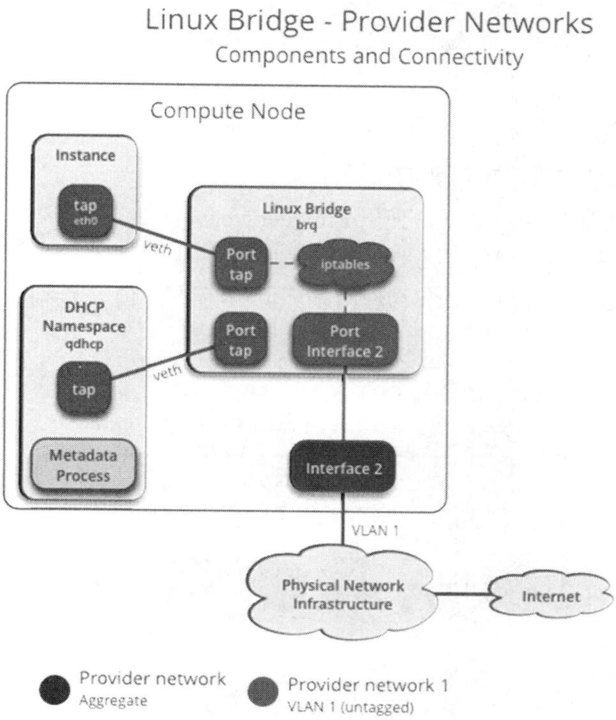

图 6.9 Linux Bridge + Flat 计算节点网络结构

（3）查看 DHCP Namespace，代码如下：

```
# ip netns
qdhcp-8b868082-e312-4110-8627-298109d4401c
```

（4）为了能够访问网络中的虚拟机，创建安全组规则，代码如下：

```
OpenStack security group rule create --proto icmp default
OpenStack security group rule create --proto tcp --dst-port 22 default
```

（5）启动一个虚拟机，代码如下：

```
$ OpenStack server create --flavor 1 --image cirros --nic net-id=NETWORK_ID
provider-instance1
```

（6）从外部访问虚拟机，代码如下：

```
$ ping -c 1 203.0.113.13
64 bytes from 203.0.113.13: icmp_req=1 ttl=63 time=3.18 ms
```

2．网络流量分析

虚拟机的流量分为南北向流量和东西向流量。南北向流量指虚拟机和外部网络（比如 Internet）通信的流量，东西向流量指虚拟机之间的流量。可以有以下场景。

（1）Provider Network 1（VLAN）：
- VLAN ID 101（tagged）。
- IP 地址范围：203.0.113.0/24。

- 网关：203.0.113.1（存在于物理设备上，通常是路由器）。

（2）Provider Network 2（VLAN）
- VLAN ID 102（tagged）。
- IP 地址范围：192.0.2.0/24。
- 网关：192.0.2.1（使用连接到 vRouter 的端口）

场景 1：使用 Fixed IP 的虚拟机南北向流量分析
- 虚拟机运行在计算节点 node-2 上，使用 Provider Network 1。
- 虚拟机向 Internet 中的某个 IP 发送一个数据包。

如图 6.10 所示，数据包在计算节点和物理网络环境中经过了 12 个端口。

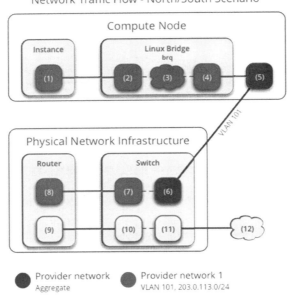

图 6.10　连接到 Provider Network 的虚拟机南北向流量分析

以下过程发生在计算节点 node-1 上：

① 虚拟机数据包由虚拟网卡 eth0（1）发出，通过 veth pair 转发到 provider bridge 上的 tapXXX（2）。

② Provider Bridge 上的安全组规则（3）检查防火墙和记录连接追踪。

③ Provider Bridge 上的 VLAN 网卡 eth3.101（4）将数据包转发到物理网卡 eth3（5）。

④ 物理网卡 eth3（5）为包添加 VLAN tag 101，然后转发到物理交换机端口（6）。

Flat 模式则没有（3）、（4）两步，而是物理网卡 eth3 连接到 Provider Bridge，数据包直接由 eth3 转发到交换机端口。

以下过程发生在物理网络环境中：

① 交换机移除数据包上的 VLAN tag 101，然后将它转发到路由器（7）。

② 路由器将数据包从 Provider 网络网关（8）转发到 External 网络网关（9），然后从 External 端口发往 External 网络的交换机端口（10）。

③ 交换机将数据包发送到目的 Host 所连接的端口（11）。
④ External Network 中的目的 Host 收到数据包。
回包的流量与以上步骤相反。

场景 2：同一个网络中虚拟机的东西向流量分析
- 虚拟机 Instance 1 运行在计算节点 node-1 上，使用 Provider Network 1。
- 虚拟机 Instance 2 运行在计算节点 node-2 上，使用 Provider Network 1。
- Instance 1 向 Instance 2 发送一个数据包。

如图 6.11 所示，数据包在计算节点和物理网络环境中经过了 12 个端口。

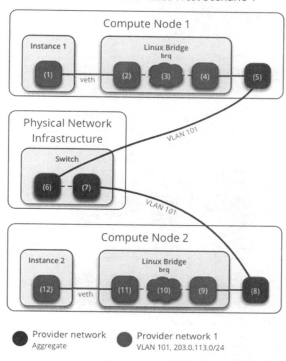

图 6.11　同个网络中的虚拟机东西向流量

以下过程发生在计算节点 node-1 上：
① 虚拟机数据包由虚拟网卡 eth0（1）发出，通过 veth pair 转发到 Provider Bridge 上的 tapXXX（2）。
② Provider Bridge 上的安全组规则（3）检查防火墙和记录连接追踪。
③ Provider Bridge 上的 VLAN 网卡 eth3.101（4）将数据包转发到物理网卡 eth3（5）。
④ 物理网卡 eth3（5）为包添加 VLAN tag 101，然后转发到物理交换机端口（6）。

以下过程发送在物理网络环境中：交换机将数据包转发给 node-2（7）所连接的端口。

以下过程发生在计算节点 node-2 上：
① node-2 的物理网卡 eth3（8）收到数据包，移除其 VLAN tag 101，然后将它转发给连接到 Provider Bridge 的 VLAN 网卡 eth3.101（9）。

② Provider Bridge 上的安全组规则（10）检查防火墙和记录连接追踪。
③ Provider Bridge 上的虚拟网卡 tapXXX（11）通过 veth pair 将数据包转发给虚拟机网卡 eth0（12）。
回包的流量与以上步骤相反。

注意：按照图中所示步骤一步步学习流量的走向，可以帮助我们更好地理解此种网络模型的工作原理。

场景 3：不同网络中虚拟机的东西向流量分析

由于 Provider Network 只提供二层网络连接，不同 Provider Network 中的虚拟机通信要通过物理网络环境中的路由器完成：

- 虚拟机 Instance 1 运行在计算节点 node-1 上，使用 Provider Network 1。
- 虚拟机 Instance 2 运行在计算节点 node-1 上，使用 Provider Network 2。
- Instance 1 向 Instance 2 发送一个数据包。

特意将两个虚拟机运行在同一个计算节点上，以说明 Neutron 如何使用 VLAN 隔离多个虚拟二层网络。

如图 6.12 所示，数据包在计算节点和物理网络环境中经过了 16 个端口。

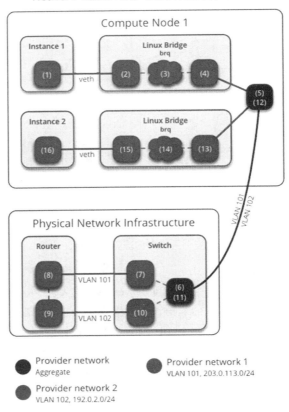

图 6.12 不同网络中虚拟机的东西向流量

以下过程发生在计算节点 node-1 上：

① 虚拟机 Instance 1 的数据包由虚拟网卡 eth0（1）发出，通过 veth pair 转发到 Provider Bridge 上的 tapXXX（2）。

② Provider Bridge 上的安全组规则（3）检查防火墙和记录连接追踪。

③ Provider Bridge 上的 VLAN 网卡 eth3.101（4）将数据包转发到物理网卡 eth3（5）。

④ 物理网卡 eth3（5）为包添加 VLAN tag 101，然后转发到物理交换机端口（6）。

以下过程发送在物理网络环境中：

① 交换机移除数据包上的 VLAN tag 101，然后将它转发到路由器（7）。

② 路由器将数据包从 Provider Network 1 网关（8）转发到 Provider Network 2 网关（9）。

③ 路由器将数据包发送到交换机端口（10）。

④ 交换机将数据包加上 VLAN tag 102，然后转发给 node-1 连接的端口（11）。

以下过程发生在计算节点 node-1 上：

① node-1 的物理网卡 eth3（12）收到数据包，移除其 VLAN tag 102，然后将它转发给连接到 Provider Bridge 的 VLAN 网卡 eth3.102（13）。

② Provider Bridge 上的安全组规则（14）检查防火墙和记录连接追踪。

③ Provider Bridge 上的虚拟网卡 tapXXX（15）通过 veth pair 将数据包转发给虚拟机 Instance 2 的网卡 eth0（16）。

回包的流量与以上步骤相反。

6.5.2 Open vSwitch + VxLAN 网络模型

在大规模私有云和公有云环境中，通常会存在多个租户，不同租户之间的资源必须相互隔离，网络作为一种资源也要满足这个要求。Project Network 就是这种具有相互隔离属性的网络，实现网络隔离的底层技术有 VLAN、VxLAN 和 GRE。业界流行使用 Open vSwitch + VxLAN 的网络模型实现租户网络，由于 VxLAN 具有 24 位 VNI（Virtual Network ID），可以同时支持多达 16 777 215 个相互隔离的网络，能满足绝大多数云环境的需求。

注意：如果学习本节的内容感到吃力，请复习本章中的前几小节内容。

图 6.13 展示了在 Open vSwitch + VxLAN 网络架构下，计算节点和网络节点上的网络结构。

1．创建网络环境

（1）创建 External 网络，代码如下：

```
$ OpenStack network create --share --provider-physical-network provider \
  --provider-network-type flat --external provider1
```

（2）创建 External 网络子网，代码如下：

```
$ OpenStack subnet create --subnet-range 203.0.113.0/24 --gateway 203.0.113.1 \
  --network provider1 --allocation-pool start=203.0.113.11,end=203.0.113.250 \
  --dns-nameserver 8.8.4.4 provider1-v4
```

（3）创建 Project 网络，代码如下：

```
$ OpenStack network create selfservice1
```

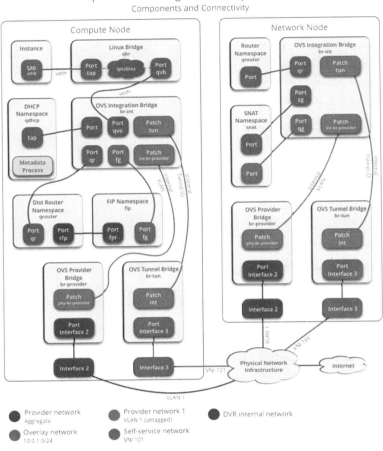

图6.13 Open vSwitch + VxLAN 计算节点与网络节点网络结构

（4）创建 Pwject 网络子网，代码如下：

```
$ OpenStack subnet create --subnet-range 192.0.2.0/24 \
  --network selfservice1 --dns-nameserver 8.8.4.4 selfservice1-v4
```

（5）创建路由，代码如下：

```
$ OpenStack router create router1
```

（6）将子网加入路由，代码如下：

```
$ OpenStack router add subnet router1 selfservice1-v4
```

（7）将 External 网络设置为网关，代码如下：

```
$ neutron router-gateway-set router1 provider1
```

（8）在计算节点上查看 DHCP Namespace，代码如下：

```
# ip netns
qdhcp-8b868082-e312-4110-8627-298109d4401c
qdhcp-8fbc13ca-cfe0-4b8a-993b-e33f37ba66d1
```

（9）在网络节点上查看 Router Namespace，代码如下：

```
# ip netns
qrouter-17db2a15-e024-46d0-9250-4cd4d336a2cc
```

（10）为了能够访问网络中的虚拟机，创建安全组规则，代码如下：

```
$ OpenStack security group rule create --proto icmp default
$ OpenStack security group rule create --proto tcp --dst-port 22 default
```

（11）使用 Project 网络启动一个虚拟机，代码如下：

```
$ OpenStack server create --flavor 1 --image cirros --nic net-id=NETWORK_ID selfservice-instance1
```

（12）在 Provider Network 上创建一个 Floating IP，代码如下：

```
$ OpenStack floating ip create provider1
+-------------+--------------------------------------+
| Field       | Value                                |
+-------------+--------------------------------------+
| fixed_ip    | None                                 |
| id          | 22a1b088-5c9b-43b4-97f3-970ce5df77f2 |
| instance_id | None                                 |
| ip          | 203.0.113.16                         |
| pool        | provider1                            |
+-------------+--------------------------------------+
```

（13）将 Floating IP 分配给虚拟机，代码如下：

```
$ OpenStack server add floating ip selfservice-instance1 203.0.113.16
```

（14）从外部访问虚拟机，代码如下：

```
$ ping -c 1 203.0.113.16
PING 203.0.113.16 (203.0.113.16) 56(84) bytes of data.
64 bytes from 203.0.113.16: icmp_seq=1 ttl=63 time=3.41 ms
```

2. 网络流量分析

虚拟机的流量分为南北向流量和东西向流量。南北向流量指虚拟机和外部网络（比如 Internet）通信的流量，东西向流量指虚拟机之间的流量。考虑以下场景：

- Provider Network 1（VLAN）：VLAN ID 101（tagged）
- Project Network 1（VxLAN）：VxLAN ID 101
- Project Network 2（VxLAN）：VxLAN ID 102

vRouter（网络节点应用）：

- 网关在 Provider Network 1 上
- 连接 Project Network 1
- 连接 Project Network 2

注意：下面场景 1 提到的内容是关于 Fixed IP 流量走向的，Fixed IP 可以看作是一个内网 IP，区别于 Floating IP。

场景 1：使用 Fixed IP 的虚拟机南北向流量分析

- 虚拟机运行在计算节点 node-1 上，使用 Project Network 1。
- 虚拟机向 Internet 中的某个 IP 地址发送一个数据包。

如图 6.14 所示，数据包在计算节点和网络节点中经过了 23 个端口。

以下过程发生在计算节点 node-1 上：

① 虚拟机 Instance 1 的数据包由虚拟网卡 eth0（1）发出，通过 veth pair 转发到 SecurityGroup Bridge 上的 tapXXX（2）。

② SecurityGroup Bridge 上的安全组规则（3）检查防火墙和记录连接追踪。

③ SecurityGroup Bridge 上的 OVS Port qvbXXX（4）通过 veth pair 将数据包转发到 OVS Integration Bridge 的 SecurityGroup Port qvoXXX（5）。

④ OVS Integration Bridge 向数据包添加内部 VLAN tag。

⑤ OVS Integration Bridge 将内部 VLAN tag 转换为内部 Tunnel ID。

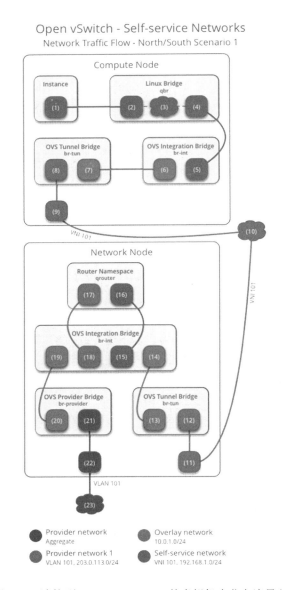

图 6.14　连接到 Provider Network 的虚拟机南北向流量分析

⑥ OVS Integration Bridge 上的 patch Port patch-tun（6）将数据包转发给 OVS Tunnel Bridge 上的 patch Port patch-int（7）。
⑦ OVS Tunnel Bridge 使用 VNI 101 将数据包封装到 VxLAN 封包中。
⑧ 底层物理网卡 eth2（9）将 VxLAN 封包发送到 Overlay Network（10）。

以下过程发送在网络节点上：
① 网络节点上的物理网卡 eth2（11）收到 VxLAN 封包，然后将它转发给 OVS Tunnel Bridge（12）。
② OVS Tunnel Bridge 解开 VxLAN 封包，并向解出的数据包添加内部 tunnel ID。
③ OVS Tunnel Bridge 将内部 Tunnel ID 转换为内部 VLAN tag。
④ OVS Tunnel Bridge 上的 patch Port patch-int（13）将数据包转发给 OVS Integration Bridge 上的 patch Port patch-tun（14）。
⑤ OVS Integration Bridge Port qr-XXX（15）移除内部 VLAN tag，然后将数据包转发到 vRouter Namespace 上的 qr-XXX（16）。
⑥ vRouter 使用 SNAT 将数据包的源 IP 替换为 Router 的 IP，然后通过 Provider Network 的 Gateway Interface qg-XXX（17）将数据包发送到 Provider Network 的 Gateway IP。
⑦ vRouter 将数据包转发给 OVS Integration Bridge 上的 Provider Network Port qg-XXX（18）。
⑧ OVS Integration Bridge 向数据包添加内部 VLAN tag。
⑨ OVS Integration Bridge 上的 patch Port int-br-ex（19）将数据转发给 OVS Provider Bridge 上的 patch Port phy-br-ex（20）。
⑩ OVS Provider Bridge 将内部 VLAN tag 转换成 VLAN tag 101。
⑪ OVS Provider Bridge 上的 Provider Network Port eth3（21）将数据包转发给物理网卡 eth3（22）。
⑫ 物理网卡通过物理网络设施（23）将数据包转发到 Internet。
回包的流量与以上步骤相反。

注意：如果需要从外部访问虚拟机，流量需要先到达 vRouter 上，然后再由 vRouter 进行流量的转发。

场景 2：从外部访问带有 Floating IP 的虚拟机

当虚拟机绑定了一个 Floating IP，网络节点将会为虚拟机访问外网的南北向流量做 SNAT，同时为从外部访问虚拟机的南北向流量做 DNAT。分析以下场景：
- 虚拟机 Instance 1 运行在计算节点 node-1 上，使用 Provider Network 1。
- 外部向 Instance 1 发送一个数据包。

如图 6.15 所示，数据包在计算节点和网络节点中经过了 23 个端口。
以下过程发生在网络节点上：
① 物理网络设施（1）将数据包转发给网络节点上的物理网卡 eth3（2）。
② 物理网卡 eth3 转发数据包到 OVS Provider Bridge 上的 Provider Network Port eth3（3）。
③ OVS Provider Bridge 将数据包的真实 VLAN tag 101 替换为内部 VLAN tag。
④ OVS Provider Bridge 上的 patch Port phy-br-ex（4）转发数据包到 OVS Integration Bridge 上的 patch port int-br-ex（5）。
⑤ OVS Integration Bridge 上的 Provider Network Port qg-XXX（6）移除内部 VLAN tag，然后将数据包转发给 vRouter Namespace 中的 Provider Network Interface qg-XXX（6）。
⑥ vRouter 使用 DNAT 将数据包的目的 IP 替换为虚拟机在 Project Network 的 IP，然后通过 Project

Network 的 Interface qr-XXX（7）将数据包发送到 Project Network 的 Gateway IP。

⑦ vRouter 转发数据包给 OVS Integration Bridge 上的 Project Network Port qr-XXX（9）。

⑧ OVS Integration Bridge 向数据包添加内部 VLAN tag。

⑨ OVS Integration Bridge 将内部 VLAN tag 替换为内部 tunnel ID。

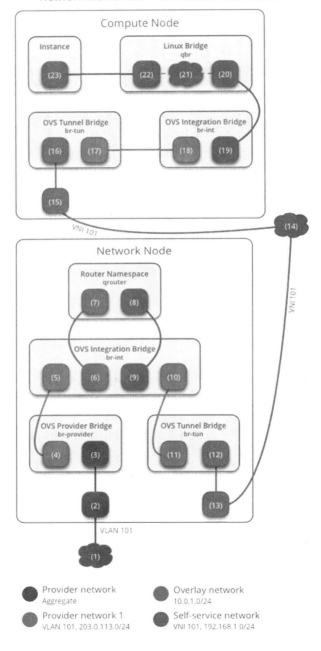

图 6.15　带有 Floating IP 的虚拟机南北向流量分析

⑩ OVS Integration Bridge 上的 patch Port patch-tun（10）转发数据包给 OVS Tunnel Bridge 上的 patch Port patch-int（11）。
⑪ OVS Tunnel Bridge（12）使用 VNI 101 将数据包封装为 VxLAN 封包。
⑫ 底层物理网卡 eth2（13）将 VxLAN 封包通过 Overlay Network（14）发送给计算节点。

以下过程发生在计算节点上：

① 计算节点上的物理网卡 eth2（15）转发 VxLAN 封包给 OVS Tunnel Bridge（16）。
② OVS Tunnel Bridge 解开 VxLAN 封包，并向解出的数据包添加内部 Tunnel ID。
③ OVS Tunnel Bridge 上的 patch Port patch-int（17）转发数据包给 OVS Integration Bridge 上的 patch Port patch-tun（18）。
④ OVS Integration Bridge 移除数据包的内部 VLAN tag。
⑤ OVS Integration Bridge 上的 SecurityGroup Port qvo-XXX（19）通过 veth pair 将数据包转发给 SecurityGroup Bridge 上的 OVS Port qvb-XXX（20）。
⑥ Security Group Bridge 上的安全组规则（3）检查防火墙和记录连接追踪。
⑦ Security Group Bridge 上的虚拟机 Port tapXXX（22）通过 veth pair 转发数据包到虚拟机网卡 eth0（23）。

虚拟机访问外网的流量和"场景一"相同，只是在 SNAT 时替换的源 IP 是虚拟机的 Floating IP，而不是 vRouter 的 IP。

注意：同一网络中的两个虚拟机互通，是没有通过 vRouter 的。这里一定要与不同网络访问时的场景区分开来。

场景 3：同一个网络中虚拟机的东西向流量分析

如果虚拟机的 Fixed IP 或者 Floating IP 处于同一个网络，它们直接通过其所处的计算节点通信。默认情况下，VxLAN 协议在不知道目标机器的位置时，会使用组播去发现它，并保存到本地的数据库中。在大规模环境中，这样的组播会产生大量的流量。Neutron 的 L2 Population Mechanism Driver 自动为 VxLAN 保存了转发表，很好地解决了这个问题。考虑以下场景：

- 虚拟机 Instance 1 运行在计算节点 node-1 上，使用 Provider Network 1。
- 虚拟机 Instance 2 运行在计算节点 node-2 上，使用 Provider Network 1。
- Instance 1 向 Instance 2 发送一个数据包。

如图 6.16 所示，数据包在计算节点和网络节点中经过了 19 个端口。

以下过程发生在计算节点 node-1 上：

① Instance 1 的网卡 eth0（1）通过 veth pair 转发数据包到 Security Group Bridge 上的 Instance Port tapXXX（2）。
② Security Group Bridge 上的安全组规则（3）检查防火墙和记录连接追踪。
③ Security Group Bridge 上的 OVS Port qvb-XXX（4）通过 veth pair 转发数据包到 OVS Integration Bridge 上的 Security Group Port qvo-XXX（5）。
④ OVS Integration Bridge 添加内部 VLAN tag 到数据包。
⑤ OVS Integration Bridge 将内部 VLAN tag 替换为内部 Tunnel ID。
⑥ OVS Integration Bridge 上的 patch Port patch-tun（6）转发数据包到 OVS Tunnel Bridge 上的 patch Port patch-int（7）。
⑦ OVS Tunnel Bridge（8）使用 VNI 101 将数据包封装到 VxLAN 封包中。

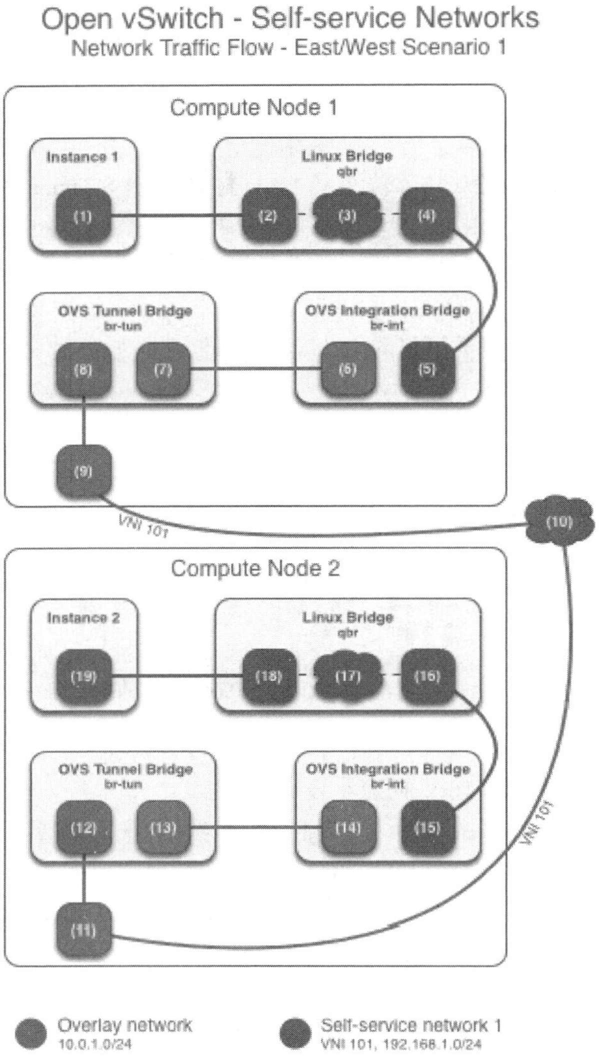

图 6.16 同一个网络中的虚拟机东西向流量分析

⑧ 底层物理网卡 eth2（9）通过 Overlay 网络（10）将 VxLAN 封包发送给 node-2。

以下过程发生在计算节点 node-2 上：

① node-2 上的物理网卡 eth2（11）接收到来自 Overlay 网络的封包，并将它转发到 OVS Tunnel Bridge（12）。

② OVS Tunnel Bridge 解开 VxLAN 封包，并向解出的数据包添加内部 Tunnel ID。

③ OVS Tunnel Bridge 将内部 Tunnel ID 替换为内部 VLAN tag。

④ OVS Tunnel Bridge 上的 patch Port patch-int（13）转发数据包到 OVS Integration Bridge 上的 patch Port patch-tun（14）。

⑤ OVS Integration Bridge 移除数据包中的内部 VLAN tag。

⑥ OVS Integration Bridge 上的 Security Group Port qvo-XXX（15）通过 veth pair 转发数据包到 Security Group Bridge 上的 OVS Port qvb-XXX（16）。

⑦ Security Group Bridge 上的安全组规则（17）检查防火墙和记录连接追踪。

⑧ Security Group Bridge 上的虚拟机 Port tapXXX（18）通过 veth pair 转发数据包到 Instance 2 的虚拟网卡 eth0（19）。

回包的流程与以上过程相反。

注意：不同网络中虚拟机互通时，需要经过 vRouter 转发。

场景 4：不同网络中虚拟机的东西向流量分析

不同网络中的虚拟机直接通信要通过网络节点，两个网络需要连接到同一个 vRouter 上。

- 虚拟机 Instance 1 运行在计算节点 node-1 上，使用 Provider Network 1。
- 虚拟机 Instance 2 运行在计算节点 node-1 上，使用 Provider Network 2。
- Instance 1 向 Instance 2 发送一个数据包。

特意将两个虚拟机运行在同一个计算节点上，以说明 Neutron 如何使用 VxLAN 隔离多个虚拟网络。

如图 6.17 所示，数据包在计算节点和网络节点中经过了 32 个端口。

以下过程发生在计算节点 node-1 上：

① Instance 1 的网卡 eth0（1）通过 veth pair 转发数据包到 Security Group Bridge 上的 Instance Port tapXXX（2）。

② Security Group Bridge 上的安全组规则（3）检查防火墙和记录连接追踪。

③ Security Group Bridge 上的 OVS Port qvb-XXX（4）通过 veth pair 转发数据包到 OVS Integration Bridge 上的 Security Group Port qvo-XXX（5）。

④ OVS Integration Bridge 添加内部 VLAN tag 到数据包。

⑤ OVS Integration Bridge 将内部 VLAN tag 替换为内部 Tunnel ID。

⑥ OVS Integration Bridge 上的 patch Port patch-tun（6）转发数据包到 OVS Tunnel Bridge 上的 patch Port patch-int（7）。

⑦ OVS Tunnel Bridge（8）使用 VNI 101 将数据包封装到 VxLAN 封包中。

⑧ 底层物理网卡 eth2（9）通过 Overlay 网络（10）将 VxLAN 封包发送到网络节点。

以下过程发生在网络节点上：

① 物理网卡 eth2（11）转发数据包到 OVS Tunnel Bridge（12）。

② OVS Tunnel Bridge 解开 VxLAN 封包，并向解出的数据包添加内部 Tunnel ID。

③ OVS Tunnel Bridge 将内部 Tunnel ID 替换为内部 VLAN tag。

④ OVS Tunnel Bridge 上的 patch Port patch-int（13）转发数据包到 OVS Integration Bridge 上的 patch Port patch-tun（14）。

⑤ OVS Integration Bridge 上的 Project Network 1 Port qr-XXX（15）移除内部 VLAN tag，然后转发数据包到 vRouter Namespace 中的 Project Network 1 Interface qr-XXX（16）。

⑥ vRouter 根据路由表将数据包发送到下一跳地址，也就是 Project Network 2 的网关地址，数据包从 Project Network 2 Interface qr-XXX（17）发出。

⑦ vRouter 转发数据包到 OVS Integration Bridge 上的 Project Network 2 Port qr-XXX（18）。

⑧ OVS Integration Bridge 添加内部 VLAN tag 到数据包。

⑨ OVS Integration Bridge 将内部 VLAN tag 替换为内部 Tunnel ID。

170 ❖ OpenStack 架构分析与实践

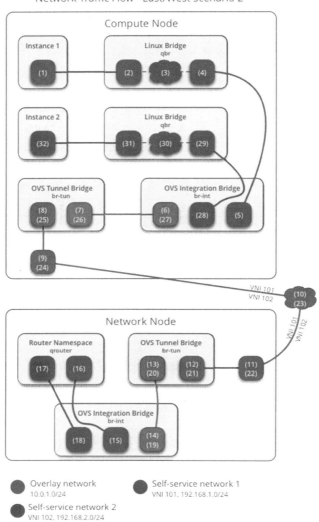

图 6.17 不同网络中虚拟机的东西向流量分析

⑩ OVS Integration Bridge 上的 patch Port patch-tun（19）转发数据包到 OVS Tunnel Bridge 上的 patch Port patch-int（20）。

⑪ OVS Tunnel Bridge（21）使用 VNI 102 将数据包封装到 VxLAN 封包中。

⑫ 底层物理网卡 eth2（22）通过 Overlay 网络（23）将 VxLAN 封包发送到计算节点 node-2。

以下过程发生在计算节点 node-2 上：

① 计算节点上的物理网卡 eth2（24）转发 VxLAN 封包给 OVS Tunnel Bridge（25）。

② OVS Tunnel Bridge 解开 VxLAN 封包，并向解出的数据包添加内部 Tunnel ID。

③ OVS Tunnel Bridge 将内部 Tunnel ID 替换为内部 VLAN tag。

④ OVS Tunnel Bridge 上的 patch Port patch-int（26）转发数据包给 OVS Integration Bridge 上的 patch Port patch-tun（27）。

⑤ OVS Integration Bridge 移除数据包的内部 VLAN tag。

⑥ OVS Integration Bridge 上的 Security Group Port qvo-XXX（28）通过 veth pair 将数据包转发给 Security Group Bridge 上的 OVS Port qvb-XXX（29）。

⑦ Security Group Bridge 上的安全组规则（30）检查防火墙和记录连接追踪。

⑧ Security Group Bridge 上的虚拟机 Port tapXXX（31）通过 veth pair 转发数据包到虚拟机网卡 eth0（32）。

回包的流程与以上过程相反。

注意：搞清楚相同网段情况下网络流量的走向、不同网段情况下网络流量的走向及外部网络通过 Floating IP 访问虚拟机情况下网络流量的走向十分重要。

6.5.3 小结

以上内容分析了 Neutron 中 Linux Bridge + Flat 和 Open vSwitch + VxLAN 两种典型的组网模型，以及这两种模型中常见的 7 种网络流量的路径分析，基本涵盖了日常使用的所有场景。至于没有给出的组网模型，也不外乎以上几种场景中某些步骤的组合。读者在使用中多结合实际场景分析，一定会对 Neutron 网络更加熟悉。

第 7 章
Heat——服务编排组件

从时间方面看,Heat 是 OpenStack 中原生的一个项目,从立项到现在已有 5 年多;从参与度方面看,市场上客户使用率达到 67%,到目前为止,主要参与的公司有 ReadHat、华为、Mirantis 和 IBM 等大公司;从 OpenStack 组件方面看,OpenStack 中最初的核心组件包括 Nova、Cinder、Neutron、Glance 等,这些构成了 OpenStack 云平台的基础,而 Heat 编排技术基于以上基础组件所提供的功能,为 OpenStack 提供更加智能和高级的功能,它可以通过以上组件提供的 REST API 完成 OpenStack 中资源及应用的自动部署。

本章前三节会对 Heat 的架构、机制和原理进行分析,学习完前三节后,读者会对 Heat 有一个比较深入的理解,第四节先从代码层面讲解 Heat 的编排过程,然后,以几个实际应用为例,带领大家从应用的角度直观地理解 Heat 的使用。

通过对本章的学习,希望读者有以下几点收获:
- 掌握 Heat 组件的基本架构及工作原理;
- 掌握 Heat 中的锁机制、Hook 机制;
- 掌握 Heat 模板的开发技巧;
- 具备对 Heat 关键服务进行独立分析的能力。

注意:Heat 是一个负责资源编排的重要组件,被 OpenStack 中其他组件广泛使用,如 Magnum 使用 Heat 做底层的资源编排;Murano 使用 Heat 作为基础资源的编排。因此,学好本模块至关重要。

7.1 Heat 架构分析

组件分析,架构先行;理解架构,全面把握。作为提供编排服务的组件,Heat 可以极大地提高系统的开发效率。本节立足 Heat 的基本架构,对 Heat 中的资源管理、HOT 模板一一进行介绍,在简洁的基础上力求全面,最后以一个示例展示如何使用 Heat 模板进行资源生命周期管理。

7.1.1　Heat 组件的基本架构

本小节将会从 Heat 架构的层面直观地了解一下 Heat。前面我们提到，Heat 基于诸如 Nova、Neutron、Cinder 等组件提供编排服务，随着 OpenStack 中的组件不断增多，一些新增的组件（如 Senlin、Magnum、Aodh、Mistral、Sahara）也都支持通过 Heat 进行编排。所以，在讲解 Heat 的架构之前，我们有必要看一下 Heat 与 OpenStack 中其他组件间的关系，如图 7.1 所示。

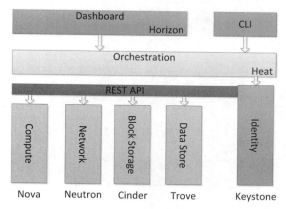

图 7.1　Heat 与其他组件的关系

从图 7.1 中可以看出，Heat 在 OpenStack 中，相对于其他的组件是比较上层的一个组件，可以通过 CLI 和 Dashboard（Horizon）传递用户指令，图 7-1 中所示的 Orchestration（Heat）下方是 OpenStack 中的一些组件，图中没有列出所有组件，从以上组件间的架构关系可以看出，Orchestration（Heat）可以直接与 Identity（Keystone）进行交互，然后它与其他任何组件的交互都需要经过 Identity（Keystone）的认证。另外，Heat 与其他组件的交互都是通过 REST API 实现的。

Heat 旨在帮助用户构建与配置 OpenStack 云体系中的基础资源（如虚拟机、网络、存储及其他的服务），另外它也提供对一些高级资源的编排（如 HA、LoadBalance）。为了方便普通用户更加容易使用，Heat 提供了一套基于模板的资源创建方式，用户可以通过所见即所得的 YAML 模板，设计与编排自己的系统或资源。除了资源的编排，Heat 也可以对所创建的资源或系统进行配置，Heat 对资源或系统进行配置主要有以下几种方式：

- cloud-init
- OS::Heat::SoftwareConfig/OS::Heat::SoftwareDeployment
- Ansible、Puppet

注意：实现资源的编排只是其工作的一方面，除此之外，Heat 还需要借助第三方工具或自身工具，实现对虚拟机的配置。

通过 cloud-init 实现用户对资源的配置，这里主要是通过 cloud-init 对虚拟机资源进行配置；通过 OS::Heat::SoftwareConfig/OS::Heat::SoftwareDeployment 进行资源配置时，需要事先在创建虚拟机所用的镜像中安装 Heat 的 Agent，这个 Agent 主要是实现虚拟机内部与 heat-api 进行数据通信，可以将 OS::Heat::SoftwareConfig 中脚本的执行结果反馈给 Heat；Heat 还可以很好地集成诸如 Ansible、Puppet 等工具。

Heat 由以下服务组成：heat-api、heat-api-cfn、heat-engine、heat-api-cloudwatch，这些服务之间的关系如图 7.2 所示。

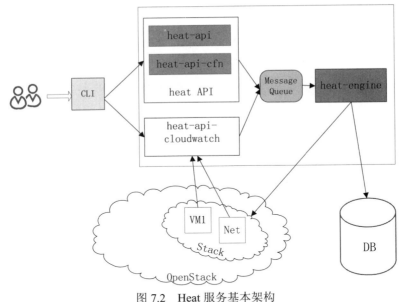

图 7.2 Heat 服务基本架构

下面介绍每个服务的作用。

（1）**heat-api**：主要提供 REST API 服务，其他组件与 Heat 交互的入口，接收其他组件发送过来的 REST 请求，最终把 REST 请求发送到 heat-engine。

（2）**heat-api-cfn**：提供兼容 AWS 的 API，同 heat-api 一样，最终也会把请求通过 RPC 的方式发送给 heat-engine 进行处理。

（3）**heat-engine**：是 Heat 服务的核心，主要实现任务调度、资源生命周期管理等作用，它自身并不会去创建资源，它只负责资源编排，资源的创建都会交由相应的组件去处理。比如，编排虚拟机资源时，Heat 会调用 NovaClient 去创建虚拟机。由于其管控的资源比较多，所以为避免资源间的竞争，Heat 也引入了锁机制。

（4）**heat-api-cloudwatch**：类似于 AWS 的 CloudWatch，主要用于获取一些监控数据，不过随着 Ceilometer 和 Aodh/Gnocchi 的发展，这个 API 已经很少被使用了。

heat-engine 在 Heat 中是非常重要的一个组件，它基本上完成了 Heat 服务所承担的大部分工作，所以这里有必要再详细介绍一下。根据功能的不同，heat-engine 组件可以大致划分成如图 7.3 所示的结构。

图 7.3 中虚线框就是 heat-engine 的三层结构。

第一层主要接收来自 heat-api 和 heat-api-cfn 发送的 REST 请求；换句话说，就是接收用户传入的模板和输入参数来创建 Stack，这个概念在下一节中会细讲。

第二层是针对模板中的资源进行分析，进而得出各个资源间的依赖关系及 Stack 与 Stack 之间的嵌套关系。除此之外，这一层还会负责监控资源创建的状态，在这一部分中，创建 Stack 的流程被定义为 Task，针对不同资源的创建，这个 Task 又按照被创建的资源进一步划分成了一个个 SubTask，所以，对资源的创建，实际上就是对 SubTask 的执行过程。

第三层根据第二层中解析出来的资源，然后调用相应资源的 Client 来创建相应资源。

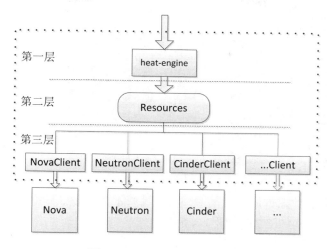

图 7.3　heat-engine 三层结构

注意：Heat 本身并不会创建诸如虚拟机、网络等的资源，它主要借助相关组件的 CLI 来实现资源创建，Heat 只负责编排与调度。

7.1.2　Heat 对资源的管理

至此，我们已经对 Heat 中的服务有了一个大致的了解，单从服务的数量及功能上来看，是不是觉得 Heat 并没有很难呢？可能有些读者早已迫不及待地想从代码层面来深入学习 Heat，但是在讲代码之前，我觉得有些概念性的东西有必要提前讲一下，这样非常有助于大家对代码的理解，如果你连什么是 Stack、什么是 Resource 等都不太清楚的话，那么，在解读代码的时候，会比较吃力。

在 Heat 中，不得不提一个概念，那就是 Stack，它是通过 Heat 所创建的所有资源的集合。注意，这里的资源是 Heat 创建的"所有的资源"，Heat 通过 Stack 来管理资源，当 Stack 创建完成后，相应的资源也就创建完成了，当 Stack 删除时，Stack 中的"所有资源"也就会随之全部被删除。图 7.4 很好地诠释了 Stack 与 Resource 之间的关系。

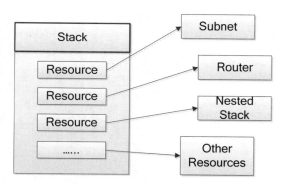

从图 7.4 中可以看出，一个 Stack 会有多种资源，比如子网、虚拟路由器、虚拟机、子 Stack 等资源，Stack 中的资源不只上述几种，还有很多，甚至在

图 7.4　Stack 与 Resource

Heat 中，也可以将 OpenStack 中的某一个服务看作是自己的资源。

另外，有读者可能会注意到图中的 Nested Stack"，这个在 Heat 中也是常见的资源，它表示 Heat 中的 Stack 是允许嵌套的，即 Heat 中的两个 Stack 是存在父子关系的。Heat 通过 Stack 中的 id、owner_id 和 nested_depth 等字段来标明两个 Stack 之间的父子关系，假设我们现在有一个名为 jeffrey_guan_test_nested_stack 的 Stack，其关系如图 7.5 所示。

```
[root@controller1 ~]# heat stack-list
+--------------------------------------+----------------------------------+
| id                                   | stack_name                       |
+--------------------------------------+----------------------------------+
| ac3df352-5ca8-43bc-b6c0-ef2d6832c171 | asg                              |
| ef4c090f-dc01-4829-800a-13fa5f7fecd8 | jeguan_ansible                   |
| 16345864-d565-4836-b2dd-0cf21bbe8506 | jeguan_slave_1                   |
| 71e62ac5-e092-4a5a-90fe-234fd3a591dc | jeguan_slave_2                   |
| 1ebf9ee9-f2df-483c-aa32-826bcd045bb6 | jeguan_slave_3                   |
| f09c2f5f-948c-4f4d-8f75-335a91815360 | jeguan_slave_4                   |
| 18774db5-c507-417d-bba7-3f6bd5935aa3 | jeguan_slave_5                   |
| cf58aada-f008-4cfb-9298-a066f0fa7e88 | jeffrey_guan_test_nested_stack   |
+--------------------------------------+----------------------------------+
[root@controller1 ~]#
```

图 7.5　使用 heat stack-list 命令查看

登录到 Heat 对应的数据库中，查看表 Stack 中 id 和 owner_id 为 cf58aada-f008-4cfb-9298-a066f0fa7e88 的 Stack，分别如图 7.6 和图 7.7 所示。

```
root@localhost:heat 05:36:07>select * from stack where id like 'cf58aada%'\G;
*************************** 1. row ***************************
                    id: cf58aada-f008-4cfb-9298-a066f0fa7e88
            created_at: 2017-10-21 09:04:56
            updated_at: NULL
                  name: jeffrey_guan_test_nested_stack
       raw_template_id: 4194
          user_creds_id: 1119
              username: gzh
              owner_id: NULL
                status: COMPLETE
         status_reason: Stack CREATE completed successfully
               timeout: NULL
                tenant: 4468193d126b4b4fa9a04525a58175be
      disable_rollback: 1
                action: CREATE
            deleted_at: NULL
  stack_user_project_id: f8619ec93d41405d8ebde318c817c1bd
                backup: 0
          nested_depth: 0
           convergence: 0
   prev_raw_template_id: NULL
     current_traversal: NULL
          current_deps: null
  parent_resource_name: NULL
```

图 7.6　根据 id 查询

```
root@localhost:heat 05:36:31>select * from stack where owner_id like 'cf58aada%'\G;
*************************** 1. row ***************************
                    id: 65e96f16-c033-4fe1-9a6f-c4fcfe332fdb
            created_at: 2017-10-21 09:04:57
            updated_at: NULL
                  name: jeffrey_guan_test_nested_stack-server_pool-ugfdj5stdhea
       raw_template_id: 4197
          user_creds_id: 1119
              username: gzh
              owner_id: cf58aada-f008-4cfb-9298-a066f0fa7e88
                status: COMPLETE
         status_reason: Stack CREATE completed successfully
               timeout: NULL
                tenant: 4468193d126b4b4fa9a04525a58175be
      disable_rollback: 1
                action: CREATE
            deleted_at: NULL
  stack_user_project_id: f8619ec93d41405d8ebde318c817c1bd
                backup: 0
          nested_depth: 1
           convergence: 0
   prev_raw_template_id: NULL
     current_traversal: NULL
          current_deps: null
  parent_resource_name: server_pool
```

图 7.7　根据 owner_id 查询

这里我们先不要关心其他字段，只需要关心 id、owner_id 和 nested_depth 这三个字段。从第一次查询中，我们看到有一个 Stack 的 id 为 cf58aada-f008-4cfb-9298-a066f0fa7e88，这里的 id 就是

Stack 的 id，它可以唯一标识一个 Stack（在后面的学习过程中，我们也会了解到，通过 Stack 的名字，也可以唯一标识一个 Stack，通过资源的名字可以唯一标识一个资源），它的 nested_depth 为 0，说明它是一个父 Stack；从第二次查询中，看到有一个 Stack，它有自己的 id，另外，它的 owner_id 为 cf58aada-f008-4cfb-9298-a066f0fa7e88，并且 nested_depth 为 1，根据 owner_id 和 nested_depth 可以很明确地看出，id 为 65e96f16-c033-4fe1-9a6f-c4fcfe332fdb 的 Stack 是 id 为 cf58aada-f008-4cfb-9298-a066f0fa7e88 的 Stack 的一个子 Stack。

注意：Stack 嵌套是 Heat 中较为常见和较为重要的一个知识点。

从图 7.6 和图 7.7 也可以看出 Stack 在命名上的规则，即：
- 顶层 Stack 的名字就是 Stack 的名字。
- 子 Stack 的命名规则为"父 Stack 名字+本资源的名字+随机字符串"。

另外，stack_user_project_id 字段需要注意，这个字段是用来存储通过 Stack 创建的 project_id 的。它的存在主要是为了安全考虑，使得 Stack 中的资源只能访问和操作当前 Stack 中的资源，而不能操作当前 Stack 之外的其他资源。

总的来说，Heat 从多方位支持对资源进行设计与编排，简单可以概括为以下几点：
- OpenStack 通过基础组件提供诸如计算、网络、存储等基础资源架构，同时支持用户提供脚本对虚拟机进行配置。
- Heat 提供 OS::Heat::SoftwareConfig 和 OS::Heat::SoftwareDeployment 实现对虚拟机的复杂配置，比如实现对虚拟机内部的包管理和软件配置等。
- 支持一些高级功能，如通过 Heat 提供的 OS::Heat::AutoScalingGroup 和 OS::Neutron::LBaaS::LoadBalancer，可以很方便地编排出一套负载均衡和自动扩缩容系统。
- Heat 支持像 Puppet 和 Chef 的第三方工具介入。

7.1.3　认识 HOT 模板

Heat 在进行资源的编排与设计时，采用了目前比较常见的模板方式。用户如果想通过 Heat 进行资源设计与编排，只需要编写一个 YAML 格式的文本即可，我们知道，YAML 是一种 Key-Value 格式的语法，用户读写都非常方便。Heat 模板通常称为 HOT（Heat Orchestration Template）。

HOT 模板涉及的内容比较多，对于初学者而言有些内容不太好记，再加网络不是很稳定，所以推荐读者直接去 GitHub 上下载最新的 Heat 代码，然后在本地生成参考文档，当用到哪个知识点时，可以很方便地从本地查询。

要生成本地文档比较简单，首先从 GitHub 上下载最新的 Heat 代码，命令如下：

```
git@github.com:openstack/heat.git
```

然后执行命令生成本地文档，命令如下：

```
root@dev:~/mydocuments/heat/doc# sphinx-build /root/mydocuments/heat/doc/source/ /root/Jeffrey
```

通过执行上述命令，可以在本地目录/root/Jeffrey 生成我们所需要的 HTML 文档。

访问 index.html 和我们在线访问 Heat 的文档得到的内容是一样的，只是这个参考文档在本地，不会出现因网络的影响而导致无法访问的情况，如图 7.8 所示。

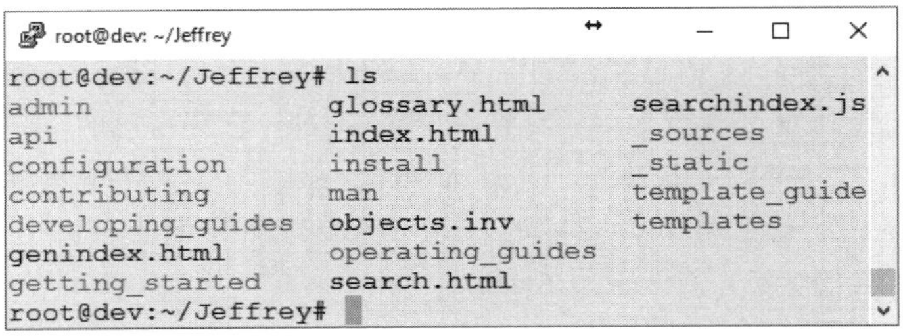

```
root@dev:~/Jeffrey# ls
admin                glossary.html        searchindex.js
api                  index.html           _sources
configuration        install              _static
contributing         man                  template_guide
developing_guides    objects.inv          templates
genindex.html        operating_guides
getting_started      search.html
root@dev:~/Jeffrey#
```

图 7.8　本地文档目录

HOT 模板结构比较简单，一般由以下几部分组成：
- 模板版本信息。必填部分，用于指定相应的版本信息，不同的版本都向下兼容。
- 模板参数列表。可选部分，用于定义模板的输入参数。
- 模板资源列表。必填部分，设计用户需要创建哪些资源，也可以指定资源间的关联及绑定关系，如可以在这里生成 Volume，然后将此 Volume 绑定到虚拟机上，或者创建 Floating IP，然后将此 Floating IP 绑定到某个 Port 上。
- 模板输出信息。可选部分，用于指定 Stack 暴露的资源信息，此信息可以为其他 Stack 使用。

介绍了这么多，下面用代码的形式看一下 HOT 的结构[①]：

```
heat_template_version: 2016-10-14
    # HOT模板的版本信息，不同的HOT版本，所支持的内置函数会有所不同。在N版本之前，HOT
    # 的版本信息只支持类似2016-10-14这种格式的，即以时间作为版本信息。在N版本之后
    # 的版本中，HOT同时支持以Heat的Release的名字或是Heat代码的Release名字来定义
    # HOT的版本

description:
    # 模板的描述，可选项，用于给模板添加一些简单描述

parameter_groups:
    # 输入参数组，可选项，这一部分笔者在实际生产实践中使用的比较少

parameters:
    # 模板参数列表，可选项，可以方便地定义模板参数，当参数比较多时，可以通过Environment
    # 文件批量传入参数的值，这在比较复杂的模板中应用起来非常方便。当模板设计完成后，如
    # 果作者想对HOT模板中的参数值进行修改时，只需要修改Environment中的参数即可

resources:
    # 资源列表，必选项，这是用户设计与定义资源的部分

outputs:
    # 模板输出信息，可选项，用户可以有选择地将所创建资源的某些属性对外暴露出来，当其他
    # 的Stack或资源想访问这些信息时，可以直接从outputs部分读取

conditions:
    # 逻辑条件，可选项，这一部分在生产实践中很少用到，在此不做过多解释
```

另外一个需要说明的是，对于 HOT 模板中定义的参数，我们需要指定参数的类型，如果用户提供了一个非法类型的参数值，那么 Heat 在进行模板校验时就会报错，到目前为止，HOT 中支持的所

---

① HOT 介绍：https://docs.openstack.org/heat/latest/template_guide/hot_spec.html#hot-spec

有的参数类型如表 7.1 所示。

表 7.1 HOT 模板参数类型

类型	描述	示例
string	字符串类型	"test_string"
number	整型或浮点型	"2"、"0.2"
comma_delimited_list	列表	"one, two"、["one", "two"]
json	json 格式的 list 或 map	{"key":"value"}
boolean	bool 类型，t/true/on/y/yes/1 表示值为真；f/false/off/n/no/0 表示值为假	"on"、"n"

以下是一个完整的定义 HOT 中模板参数的例子：

```
parameters:
  user_name:
    type: string
    label: User Name
    description: User name to be configured for the Application
  port_number:
    type: number
    label: Port Number
    description: Port number to be configured for the web server
```

上述例子中，定义参数时，只有参数名字和参数类型是必选项，label、description 是可选项。

注意：可以通过 heat resource-type-show {resource_name} 查看此资源所支持的入参有哪些。

关于 HOT 模板中资源的定义，不同资源所需要的参数会有所不同，如果需要定义一个虚拟机资源，可以使用如下方式：

```
resources:
  my_instance:
    type: OS::Nova::Server
    properties:
      flavor: m1.small
      image: cirros
    networks: [network: {get_param: private_network}]
```

Heat 中所支持的资源非常多，我们不可能记住每一个资源需要传递哪些参数，当在进行资源定义时，可以使用以下方式查看该资源所需要的参数及类型。

查找所要创建的资源，命令如下：

```
[root@controller1 ~]# heat resource-type-list | grep Server
| OS::Nova::Server          |
| OS::Nova::ServerGroup     |
```

列出该资源的详情，命令如下：

```
[root@controller1 ~]# heat resource-type-show OS::Nova::Server
```

通过以上方式可以快速地得出资源所需要的参数及类型，另外，也可以直接去代码中查看，Heat 中所有资源的定义都放在了如图 7.9 所示的目录中。

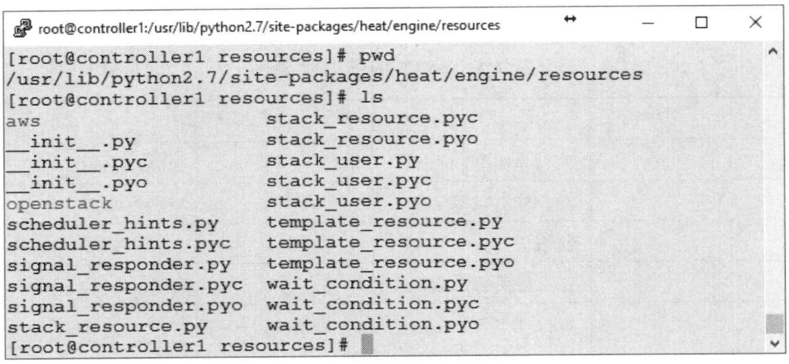

```
[root@controller1 resources]# pwd
/usr/lib/python2.7/site-packages/heat/engine/resources
[root@controller1 resources]# ls
aws                        stack_resource.pyc
__init__.py                stack_resource.pyo
__init__.pyc               stack_user.py
__init__.pyo               stack_user.pyc
openstack                  stack_user.pyo
scheduler_hints.py         template_resource.py
scheduler_hints.pyc        template_resource.pyc
signal_responder.py        template_resource.pyo
signal_responder.pyc       wait_condition.py
signal_responder.pyo       wait_condition.pyc
stack_resource.py          wait_condition.pyo
[root@controller1 resources]#
```

图 7.9 Heat 资源定义目录

7.1.4 小实例：通过 HOT 模板创建虚拟机

下面以一个完整的 HOT 模板示例，来看一下如何通过 HOT 模板创建虚拟机。代码如下：

```
heat_template_version: 2015-04-30

parameters:
  image:
    type: string
    default: 33001100-1100-1100-1100-110011001100

  flavor:
    type: string
    default: m1.small

  private_network:
    type: string
    default: 6328249f-3689-443d-84ec-fcee891efce2

resources:

  my_server_test_cloud-init:
    type: OS::Nova::Server
    properties:
      image: { get_param: image }
      flavor: { get_param: flavor }
      networks:
        - network: {get_param: private_network}
      user_data_format: RAW
      config_drive: True
      user_data:
        str_replace:
          template: |
            #!/bin/bash
            touch /home/jeguan_test_cloud-init.txt
```

```
      echo "test cloud-init... "
    params:
      test: "adsf"
```

上述模板与我们之前提到的 HOT 模板结构是一样的，只是有些可选项部分没有列出，从上面模板可以看到，模板一开始声明了版本信息，紧随其后的是定义了模板的参数列表，并且给每一个参数都指定了默认值，模板的最后定义了我们所需要创建的资源，其类型为 OS::Nova::Server。

注意：当模板创建完成后，可以通过 Heat 的命令行验证模板的合法性。

将上述模板保存到名为 server.yaml 的文件中，当上述模板准备完成后，接下来就是通过 Heat 的命令行来执行创建的操作了，如图 7.10 所示。

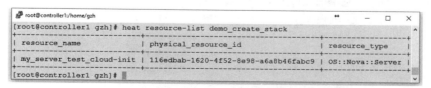

图 7.10　创建 Stack

当 Stack 创建完成后，再通过 heat stack-list 查看，此时 Stack 的状态已变为了 CREATE_COMPLETE，如图 7.11 所示。

图 7.11　创建完成后 Stack 的状态

可以查看此 Stack 中所包含的所有资源，如图 7.12 所示。

图 7.12　查看 Stack 中的资源

使用以下命令可以查看某一个资源的详情：

```
[root@controller1 gzh]# heat resource-show demo_create_stack my_server_test_cloud-init
```

当需要查看 Stack 创建到哪一步时，可以使用 event-list 命令查看，如图 7.13 所示。

```
root@controller1:/home/gzh
[root@controller1 gzh]# heat event-list demo_create_stack
+--------------------------+--------------------------------------+-------------------------+
| resource_name            | id                                   | resource_status_reason |
+--------------------------+--------------------------------------+-------------------------+
| my_server_test_cloud-init | 4e5453f5-ae0c-45b5-ad74-a94f82df7190 | state changed          |
| my_server_test_cloud-init | 86a1f103-1c27-4e23-bfe1-6ea354750984 | state changed          |
+--------------------------+--------------------------------------+-------------------------+
[root@controller1 gzh]#
```

图 7.13　查看 Stack 中的执行事件

以上只是演示了几个比较常用的 Heat 命令，熟悉这几个命令有助于我们定位与分析问题，当创建 Stack 失败时，通过 heat event-list 命令可以很方便地罗列出所有 Event 的执行状态，以及有哪些资源没有被创建成功。此外，它也能简单地展示出错的原因。以上方法对于问题的初步定位很有帮助，如果想获取失败的详情，可以查看/var/log/heat/heat-engine.log 和/var/log/heat/heat-api.log，这两个是 Heat 默认存放 log 的路径，关于 log 的存放路径可以在/etc/heat/heat.conf 中通过 log_dir 配置项进行配置。

在上述示例中，所有参数使用的都是 server.yaml 中的默认值，由于此模板中的参数不是很多，想要修改参数的值，可以直接去模板中修改。但是这样会有问题，当参数增多后，如果把所有的参数都放在一个文件中，非常不利于后期的维护，所以，对于参数比较多的情况，通常的做法是通过 Environment 文件进行参数的值传递。

7.2　Heat 中的锁机制

Heat 是一个进行资源编排的服务，可以对多种资源进行生命周期管理；当 Heat 服务启动时，会按照/etc/heat/heat.conf 中配置的 Workers 来确定系统中启动的 Workers 的数量；如果没有配置，则默认取的是系统的 CPU 核数。

注意：要理解 Python 是如何利用多核实现并发处理的。对于 Python 而言，鸡肋般的多线程无法满足多核高并发的要求，所以在 OpenStack 的代码中会看到主要是通过协程实现高并发的。

既然在 Heat 服务启动后会同时启动多个 heat-engine 进程，再加上 Heat 管理的资源很多，所以，难免在进行资源管理的时候会出现竞争现象，即某一时刻，有可能会有两个或多个 heat-engine 同时对某一资源进行操作而导致不可预见的后果。根据锁的类型分类，Heat 中使用的锁属于互斥锁的一种，当其中一个 Engine 获得了对某个资源的锁后，它将会独占这个资源，其他的 Engine 将无法读写此资源，除非 Engine 释放了对资源的锁。

Heat 中锁的实现比较简单，它依靠数据库来实现锁的机制。登录到数据库，在 Heat 数据库中有一张名为 stack_lock 的表，如图 7.14 所示。

```
root@controller1:/usr/lib/python2.7/site-packages/heat/engine
root@localhost:heat 09:08:18>desc stack_lock;
+------------+-------------+------+-----+---------+-------+
| Field      | Type        | Null | Key | Default | Extra |
+------------+-------------+------+-----+---------+-------+
| stack_id   | varchar(36) | NO   | PRI | NULL    |       |
| created_at | datetime    | YES  |     | NULL    |       |
| updated_at | datetime    | YES  |     | NULL    |       |
| engine_id  | varchar(36) | YES  |     | NULL    |       |
+------------+-------------+------+-----+---------+-------+
4 rows in set (0.00 sec)

root@localhost:heat 09:08:23>
```

图 7.14　stack_lock 数据表

这张表就是用来存放锁信息的，一个 Stack 锁中，主要的字段有 stack_id 和 engine_id，前者用于表明哪个 Stack 被锁定，后者表明是哪个 Engine 给 Stack 加的锁。每当对一个 Stack 加锁后，数据库表

stack_lock 中就会新添加一条记录；同样的，当这个锁被删除后，这条记录也不复存在了。如果某个 Stack 已经被某个 Engine 加过锁后，那么这个资源将不会被其他资源访问，同时也不允许被其他资源再次加锁。

下面我们从代码层面看一下如何使用 stack_lock 对 Stack 进行加锁。在 Heat 的代码中，有一个名为 StackLock 的类，其部分代码如下：

```python
class StackLock(object):
    def __init__(self, context, stack_id, engine_id):
        self.context = context
        self.stack_id = stack_id
        self.engine_id = engine_id
        self.listener = None

def get_engine_id(self):

    def try_acquire(self):

    def acquire(self, retry=True):

def release(self):
```

上述只列出了几个比较重要的函数，其中 __init__() 中定义了该类所具有的属性，在类的属性中定义了 stack_id 和 engine_id 属性；另外，StackLock 类还提供了查询 stack_id 的方法，此方法可以获取 stack_lock 中的 enigne_id 信息，acquire() 是 Heat 用来给 Stack 加锁的方法，如果要删除对 Stack 的锁，需调用 release() 方法。

重点看一下 try_acquire() 和 release() 方法，try_acquire() 方法简化后的代码如下：

```python
def acquire(self, retry=True):
    lock_engine_id = stack_lock_object.StackLock.create(self.context,
                                                         self.stack_id,
                                                         self.engine_id)
    ...

    stack = stack_object.Stack.get_by_id(self.context, self.stack_id,
                                          show_deleted=True,
                                          eager_load=False)
    if (lock_engine_id == self.engine_id or
        service_utils.engine_alive(self.context, lock_engine_id)):
        LOG.debug("Lock on stack %(stack)s is owned by engine "
                  "%(engine)s" % {'stack': self.stack_id,
                                  'engine': lock_engine_id})
        raise exception.ActionInProgress(stack_name=stack.name,
                                          action=stack.action)
    else:
        LOG.info("Stale lock detected on stack %(stack)s.  Engine "
                 "%(engine)s will attempt to steal the lock",
                 {'stack': self.stack_id, 'engine': self.engine_id})

        result = stack_lock_object.StackLock.steal(self.context,
                                                    self.stack_id,
                                                    lock_engine_id,
                                                    self.engine_id)
```

上述方法中,正是通过 stack_lock_object.StackLock.create() 来创建 Stack 锁的,这个函数最终会调用到:

```
/usr/lib/python2.7/site-packages/heat/db/sqlalchemy/api.py
@oslo_db_api.wrap_db_retry(max_retries=3, retry_on_deadlock=True,
                    retry_interval=0.5, inc_retry_interval=True)
def stack_lock_create(context, stack_id, engine_id):
    with db_context.writer.independent.using(context) as session:
        lock = session.query(models.StackLock).get(stack_id)
        if lock is not None:
            return lock.engine_id
        session.add(models.StackLock(stack_id=stack_id, engine_id=engine_id))
```

这个方法会以传入的参数 stack_id 和 engine_id 来初始化一个 StackLock 的对象,然后把这个对象存入到数据库的 stack_lock 表中。

再看一下释放 Stack 锁的方法,代码如下:

```
def release(self):

    result = stack_lock_object.StackLock.release(self.context,
                                    self.stack_id,
                                    self.engine_id)
    if result is True:
        LOG.warning("Lock was already released on stack %s!",
                self.stack_id)
    else:
        LOG.debug("Engine %(engine)s released lock on stack "
                "%(stack)s" % {'engine': self.engine_id,
                        'stack': self.stack_id})
```

这个方法同样会携带 stack_id 和 engine_id 到文件 /usr/lib/python2.7/site-packages/heat/db/sqlalchemy/api.py 中调用 release() 方法,从而进行数据库的删除操作,将符合 stack_id 和 engine_id 的记录从 stack_lock 表中删除,最终达到释放 Stack 锁的目的。

7.3 Heat 中的 Hook 机制

Hook 机制也就是我们常说的钩子机制,它是 Windows 上的一种消息拦截机制,它既可以拦截单线程的消息,也可以拦截所有进程的消息,因此,钩子又可以分为线程钩子和系统钩子。当钩子对消息成功拦截后,用户可以对拦截的消息进行自定义处理。

针对钩子的上述特点,如果用户想要控制程序的某个执行流程,那么他可以在程序代码的前后实现自己的钩子,当程序执行到此处时,可以执行用户定制的代码;抑或是用户需要监控某个任务的执行状态,当 A 状态出现时,则执行 A1 操作,当 B 状态出现时,则执行 A2 操作。

OpenStack 中有许多服务,并且大部分服务都不是一个简单的执行处理,其中会涉及许多状态变化与任务的调度,再加上钩子本身完全可以独立于 OpenStack 进行开发,所以,钩子机制对于 OpenStack 中的许多服务是非常有帮助的,比如,OpenStack 中随处可见的 setuptools 和 entrypoints,这两个是 OpenStack 实现钩子机制的本质。

注意:钩子类似于函数调用,但它又不是简单的函数调用。

本小节将涉及 Heat 中使用的 Hook 机制，众所周知，Heat 可以看作是一个长流程的任务处理，到目前为止，它支持 pre-create、pre-update、pre-delete、post-create、post-update、post-delete 六类钩子的实现，这些钩子允许用户在进行创建、删除与更新时执行自定义的特殊操作，比如，当我们进行资源删除时，可以使用 pre-delete 和 post-delete 两个钩子去监控被操作的资源，以确保此资源能够被正确删除。

在 Heat 中，钩子的使用是非常严格的；例如，对于 pre-delete 这种钩子，只有在资源要被删除时才会被调用，而在资源的更新过程中，这个钩子是不会被调用的。

【示例 7-1】在通过 Heat 进行资源定义时，应该如何使用 Hook（钩子）。

代码如下：

```
resource_registry:
  resources:
    my_server:
      hooks: pre-delete
    my_database:
      hooks: [pre-create, pre-delete]
```

从上述示例可以看到，在定义钩子时，可以借助 resource_registry 将它与资源进行绑定，当需要对资源绑定多个钩子时，在 Hooks 后面添加钩子的列表即可。

Heat 使用钩子的另外一个作用是有助于我们对代码进行调试。当我们要对一个正处在创建、删除或更新状态的 Stack 进行调试时，只需在 resouces 的 resource_registry 部分根据需要设置 pre-create、pre-delete、pre-update、post-create、post-delete 和 post-update 等。关于钩子的设置，可以参考上述示例，在 resources 部分添加 "hooks: $hook_name" 或 "hooks: [$hook_name1, $hook_name2, …]"。

钩子也可以与其他 resources 的属性绑定，代码如下：

```
resource_registry:
  resources:
    my_server:
    "OS::DBInstance": file:///home/mine/all_my_cool_templates/db.yaml
      hooks: pre-create
    nested_stack:
      nested_resource:
      hooks: pre-update
    another_resource:
      hooks: [pre-create, pre-update]
```

Heat 执行资源的操作过程中，如果遇到了钩子，那么会暂停对资源的操作，当所有的钩子都被执行完成后，Heat 才会继续执行以上被暂停的操作。当因为 Hook 的存在而导致资源的创建被暂停时，所有依赖于这个资源的其他资源的操作同样也会被暂停执行，没有依赖关系的资源且它们拥有自己的 Hook 时，Heat 对资源的操作才是并行执行的。

Heat 的资源名字支持使用通配符"*"，例如以下代码定义的模板中，资源 app_server、database_server 将会被 pre-create 钩子暂停执行，而 server、app_network 则不会受到此 pre-create 的影响。

```
resource_registry:
  resources:
    "*_server":
      hooks: pre-create
```

以上是如何通过 Heat 模板来设置资源的钩子，同样的，在 Heat 中也提供了相应的接口去除对这个钩子的使用，如 "{unset_hook: $hook_name}"。

通过一个完整的例子来看一下 Heat 中 Hook 的使用。

【示例 7-2】通过 Heat 创建一个 Stack，在创建 Stack 时，需要通过 Environment 来定义 Hook（钩子）。

本例中用到的 Environment 文件如下：

```
[root@controller1 gzh]# cat base_vm_with_network.env.yaml
parameters:
  base_image: "cirros"
  base_flavor: "m1.small"
  base_network_id: "d2d129f9-4ea7-4779-80a7-cac0f78be556"
  base_vm_name: "base_vm_with_network_name_env"
  base_use_config_drive: True
  base_test_user_data: ""

resource_registry:
  resources:
    myres:
      hooks: pre-create
```

这里我们需要对资源 myres 添加钩子 pre-create，即当创建此资源时，这个钩子会被调用。如果需要添加多个钩子，按上述介绍，只需要将 resource_registry 写作如下形式即可：

```
resource_registry:
  resources:
    myres:
      hooks: [pre-create, pre-update]
```

再来看一下 HOT 模板中的内容，代码如下：

```
[root@controller1 gzh]# cat base_vm_with_network.hot.yaml
heat_template_version: 2015-04-30

description:

parameters:
  base_image:
    type: string
    default: centos7.2_64_20G
  base_flavor:
    type: string
    default: m1.small
  base_network_id:
    type: string
    default: 7541d8ca-be93-43db-a3ce-ba1c9c7a01d8
  base_vm_name:
    type: string
    default: "base_server_with_network"
  base_use_config_drive:
    type: boolean
    default: True
  base_test_user_data:
```

```yaml
      type: string
      default: " "

resources:
  myres:
    type: OS::Nova::Server
    properties:
      name: {get_param: base_vm_name}
      image: {get_param: base_image}
      flavor: {get_param: base_flavor}
      networks:
        - network: {get_param: base_network_id}
      user_data_format: RAW
      config_drive: {get_param: base_use_config_drive}
      user_data:
        str_replace:
          template: |
            {get_param: base_test_user_data}
          params:
            $index: "test_index"
```

以上模板的定义用到了 7.1.3 节介绍的知识，如果对其中的内容不是很了解，可以参考 7.1.3 节。

通过 Heat 使用上述模板创建一个含有钩子的资源 myres，它的类型是一个 OS::Nova::Server，此资源为虚拟机资源，执行结果如图 7.15 所示。

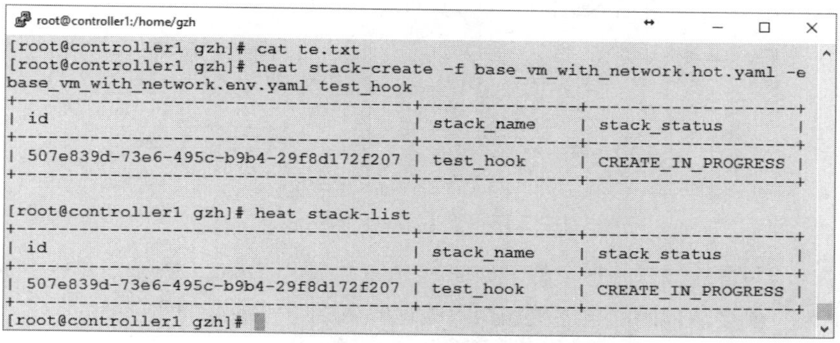

图 7.15 heat stack-create

如果我们想要对资源添加 pre-update 的钩子，则可以在进行 Stack 更新时，通过 "-e" 参数将含有 resource_registry 的 Environment 传入 Stack 中，代码如下：

```
heat stack-update -f base_vm_with_network.hot.yaml -e base_vm_with_network.env.yaml test_hook
```

这样之后，一旦 Hook 被触发，那么相关资源及整个 Stack 都会处于 IN_PROGRESS 状态，如图 7.15 所示，因为我们在 Environment 中添加了一个 pre-create 的 Hook，所以这个 Stack 一直处于 IN_PROGRESS 状态。

注意：Heat 中有一套维护其状态的状态机，所有的状态都由两部分组成，即 action+status。

可以通过 "heat hook-pool STACK_NAME" 查看当前触发的 Hook，如图 7.16 所示。

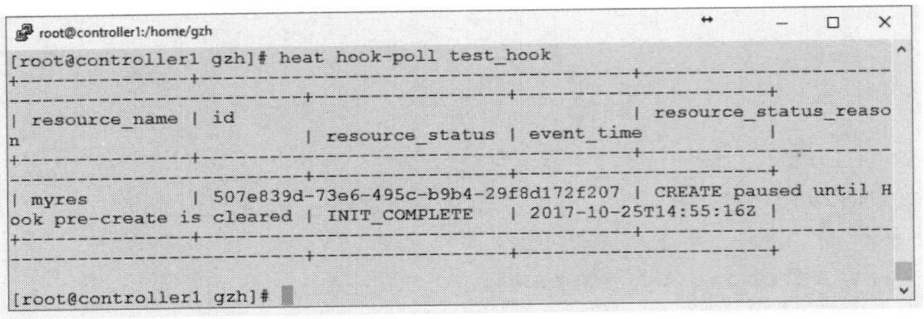

图 7.16　查看 Stack 中当前触发的 Hook

从图 7.16 中可以看出，当前的 Stack 已经触发了 pre-create 的 Hook，并且从图中的字段 resource_name 可以得知，触发此 Hook 的是名为 myres 的资源。如果需要清除这个 Hook，可以执行命令 "heat hook-clear STACK_NAME RESOURCE_NAME"，如图 7.17 所示。

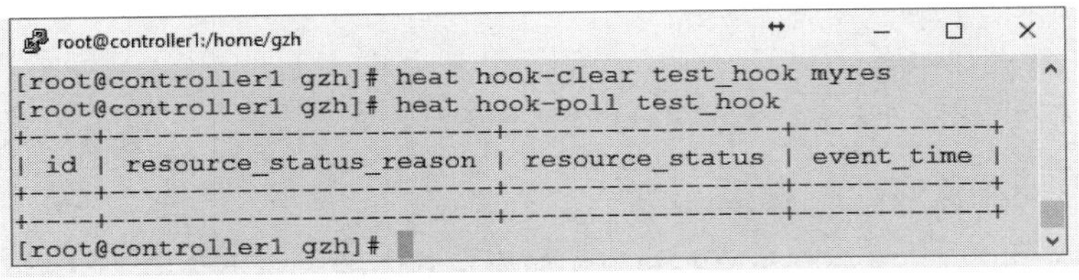

图 7.17　清除 Hook

清除 Hook 后再次查看 Stack 状态，此时 Stack 已经变为 CREATE_COMPLETE 状态，这说明，pre-create 的 Hook 被清除了，并且 Stack 已经成功创建了，如图 7.18 所示。

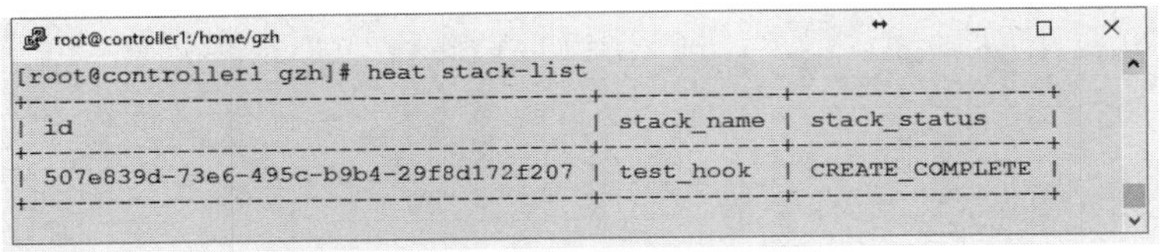

图 7.18　查看 Stack 的状态

以上先从使用的角度比较直观地了解了如何在 Heat 中使用 Hook，既要知其然，更重要的是要知其所以然，因此，下面会从代码的层面更加深入地理解 Heat 中 Hook 的实现。

其实，在 Heat 中 Hook 的实现并不是很难，其主要代码如下：

```python
/usr/lib/python2.7/site-packages/heat/engine/resource.py
def _break_if_required(self, action, hook):
    """Block the resource until the hook is cleared if there is one."""
    if self.stack.env.registry.matches_hook(self.name, hook):
        self.trigger_hook(hook)
        self._add_event(self.action, self.status,
                _("%(a)s paused until Hook %(h)s is cleared")
                % {'a': action, 'h': hook})
        LOG.info('Reached hook on %s', self)

        while self.has_hook(hook):
            try:
                yield
            except BaseException as exc:
```

```
        self.clear_hook(hook)
    self._add_event(
        self.action, self.status,
      "Failure occurred while waiting.")
    if (isinstance(exc, AssertionError) or
            not isinstance(exc, Exception)):
        raise
```

我们发现，从函数一进入就开始判断是否有 resource_registry 字段，如果没有这个字段，那么以下代码将不会被执行，如果有这个字段，说明已在 Environment 中定义了 resource_registry 字段，那么后续的代码逻辑就需要对 resource_registry 进行解析。代码中有一个 While 循环，这里会循环执行，直到所有的 Hook 都被遍历执行。注意这里的 yield，不明白其用法的可以查阅 Python 相关书籍。

还是在上述代码中，_break_if_required()函数分别被 create()、update()和 delete()这三个函数调用，这就是为什么我们在 resource_registry 指定了 pre-create、pre-update 和 pre-delete 时钩子会被触发。

以上讲的是 Heat 中使用 Hook 的情况，实际上，在 Nova 中也会使用 Hook，但使用方式与 Heat 中略有不同。在 Nova 中，Hook 是通过 hooks.add_hook()的装饰器来实现的，当需要对某个函数添加 Hook 时，可以使用如下方式：

```
@hooks.add_hook("create_instance")
def create()
```

通过这种方式，以为函数 create()添加 Hook。关于 Nova 中的 Hook 机制，如果感兴趣，可以在 Nova 代码中查看。

本小节从 Hook 的使用到实现方式都进行了详细讲解，希望能对大家理解代码的整体流程有帮助，同时，如果善于在合适的接口处使用钩子，可以达到活学活用的目的。

7.4 案例实战——Heat 典型案例

前三节主要是从 Heat 的架构切入，对 Heat 的基本原理及其中使用的关键机制进行了分析，除了 7.1.3 节，前三节更适合想要深入了解 Heat 内部机制的开发人员，只有对原理了解了，才能在遇到问题时知道如何去调试与定位。前三节理论的内容相对比较多一些，下面我们将从理论与实践相结合的角度再深入学习 Heat 中的几个比较典型的案例，希望对这些典型案例的分析，让大家能够对 Heat 的应用有更加直观的感受。

注意：在进行核心代码分析时，不要仅关注代码，而要从中学习到其设计的哲学。

7.4.1 通过 Heat 模板创建 Stack

本小节将介绍如何通过 Heat 创建 Stack，实际上在前几节中，或多或少也讲过一些简单的 Stack 创建方法，比如，通过 Heat 创建虚拟机、创建网络等，之前那些模板的学习算是一个入门吧，在实际的生产应用中，我们不仅会创建一个虚拟机或是网络，更多的应用场景是我们期望通过 Heat 可以编排出一套符合预期的"系统"，从而满足某种需求。

在实际场景中，出于维护方便或使模板结构更加清晰或使得编写的模板更具通用性，很多时候我们往往不会仅仅通过一个模板从头到尾来编排系统。当然，如果系统特别简单的话，这样做也是可以的。我在生产中编写模板时，往往会把主要的业务结构写在一个主模板中，然后这个主模板中会包含多个子模板，换句话说，会使用比较多的模板的嵌套，系统中要使用到变量或自定义的资源时，会通过一个 Environment 文件来汇总，这样做的好处是维护起来比较方便，如果我们需要修改系统中的某些参数，那么没有必要一一打开相应的模板去修改，我们要做的就是从 Environment 中找到参数进行修改。如果这样的模板交付给用户，那么用户的体验也会比较好，因为用户不需要关心模板内部的逻辑，他要做的就是根据自己的系统需求修改相应的参数即可。

本小节将举两个相对比较复杂的例子，来介绍如何通过 Heat 模板创建 Stack，其中一个例子是用来演示如何使用嵌套模板的，另外一个例子用来演示如何使用 SoftwareConfig。学完这一节如果感觉意犹未尽的话，推荐继续学习第 14 章，第 14 章所讲的案例更贴近生产应用，应用性极强。学完本节和第 14 章后，Heat 中模板相关的知识基本上完全覆盖了。

注意：社区代码库中有一个专门的项目名为 heat-templates，它主要用于维护一些常用的模板示例，如果大家对模板的编写感觉到还有一定的难度，可以参考上述项目中给出的模板。

1. 通过嵌套模板创建 Stack

从这个例子中我们主要可以学习到以下几点内容：
- 嵌套模板的设计与开发。
- 自定义资源的声明。

通过这个例子我们期望达到以下需求：
- 根据已经创建好的镜像，通过 Heat 编排三类不同的虚拟机"主机组"，这里提到的"主机组"的概念是指处于组内的虚拟机会有相同的配置，比如：网卡配置相同、其中运行的服务配置相同等。
- 除外网外，所有的网络资源都通过 Heat 进行编排，然后供以上三个"主机组"中的虚拟机使用。

针对上述需求，我们的设计思路如下：
- 设计子模板分别定义三类"主机组"中的虚拟机。
- 设计子模板编排网络相关的资源。
- 使用用户自定义的名字重命名以上设计的子模板。
- 所有的变量都通过 Environment 传给 HOT 模板，HOT 模板中主要进行资源的定义与系统结构的定义。

下面就按以上设计思路分别来实现。

(1)"主机组"用到的子 HOT 模板如下：

"主机组A" HOT模板：`controller_node.template.yaml`
```
heat_template_version: 2015-04-30
parameters:
…
resources:
  ETH0-br-fw-admin:
    type: OS::Neutron::Port
    properties:
…
      network: { get_param: [private_network, br-fw-admin, network] }
      security_groups:
        - { get_param: [security_group, sec_group] }
      fixed_ips:
        - ip_address: { get_param: br-fw-admin_ipaddress }
```

```yaml
  ETH1-br-storage:
    type: OS::Neutron::Port
    properties:
…
      network: { get_param: [private_network, br-storage, network] }
      security_groups:
        - { get_param: [security_group, sec_group] }
      fixed_ips:
        - ip_address: { get_param: br-storage_ipaddress }

  ETH2-net04-ext:
    type: OS::Neutron::Port
    properties:
…
      network: { get_param: [private_network, net04_ext, network] }
      security_groups:
        - { get_param: [security_group, sec_group] }
      fixed_ips:
        -
          subnet: { get_param: [private_network, net04_ext, subnet] }
          ip_address: { get_param: net04-ext_ipaddress1 }
        -
          subnet: { get_param: [private_network, net04_ext, subnet] }
          ip_address: { get_param: net04-ext_ipaddress2 }

  ETH3-br-mgmt:
    type: OS::Neutron::Port
    properties:
…
      network: { get_param: [private_network, br-mgmt, network] }
      security_groups:
        - { get_param: [security_group, sec_group] }

      fixed_ips:
        - ip_address: { get_param: br-mgmt_ipaddress1 }

  ETH4-br-mesh:
    type: OS::Neutron::Port
    properties:
…
      network: { get_param: [private_network, br-mesh, network] }
      security_groups:
        - { get_param: [security_group, sec_group] }
      fixed_ips:
        - ip_address: { get_param: br-mesh_ipaddress }

  ctrl_node:
    type: OS::Nova::Server
properties:
  …
      networks:
```

```
      - port: { get_resource: ETH0-br-fw-admin }
      - port: { get_resource: ETH1-br-storage }
      - port: { get_resource: ETH2-net04-ext }
      - port: { get_resource: ETH3-br-mgmt }
      - port: { get_resource: ETH4-br-mesh }
```

另外两个主机组所用的模板（compute_node.template.yaml 和 ceph_node.template.yaml）以及以上模板的完整版这里不再一一列出。

（2）网络资源子模板。使用以下模板定义系统中将要用到的网络资源 networking.template.yaml：

```
heat_template_version: 2015-04-30
parameters:
  …
resources:

  BR-FW-ADMIN:
    type: OS::Neutron::Net
…
  BR-FW-ADMIN_SUBNET:
    type: OS::Neutron::Subnet
    …
  BR-STORAGE:
    type: OS::Neutron::Net
    …
  BR-STORAGE_SUBNET:
    type: OS::Neutron::Subnet
    …
  vRouter:
    type: OS::Neutron::Router
    …
  SEC_GROUP:
    type: OS::Neutron::SecurityGroup
    …
outputs:
  "Private_Network":
    description: "output for other use"
    value: {
      "br-fw-admin": {
        "network": { get_resource: BR-FW-ADMIN },
        "subnet": { get_resource: BR-FW-ADMIN_SUBNET }
        },
      "br-storage": {
        "network": { get_resource: BR-STORAGE },
        "subnet": { get_resource: BR-STORAGE_SUBNET }
        },
      }
  "Security_Group":
    description: "security group"
    value: {
      "sec_group": { get_resource: SEC_GROUP }
      }
```

通过以上模板，我们最终会创建出五个网络和五个子网，以上提到的虚拟机将分别从这五个子网中获取 IP 并绑定到虚拟机相应的网卡上。

（3）Environment 文件参数传值及用户自定义资源重命名。这一部分主要是在 Environment 中实现，文件主要内容如下：

```
parameters:
  ...
resource_registry:
  "Test::Networking": "networking.template.yaml"
  "Test::CephNode": "ceph_node.template.yaml"
  "Test::ComputeNode": "compute_node.template.yaml"
  "Test::ControllerNode": "controller_node.template.yaml"
```

相信大家对 resource_registry 并不陌生，因为我们介绍 Hook 机制的时候也用到了这个字段。在本例中它的主要作用是声明自定义的模板，即把 key 与 value 做了映射，当我们在 HOT 模板中用到 Test::Networking 时，它实际上指向的是 networking.template.yaml 文件。

注意：可以将模板的使用类比于 C++ 中的头文件和 CPP 文件，前者负责声明（在 Heat 中类似于 xxx.env.yaml），后者负责实现（在 Heat 中类似于模板中具体的业务逻辑）。

（4）使用用户自定义的资源类型创建资源。这一部分是我们的主 HOT 模板，在这个模板中会从整体上定义系统的结构。

```
heat_template_version: '2015-04-30'

description: HOT template

parameters:
  ...
resources:
  #定义网络资源Test-Networking,这个资源的类型是Test::Networking,在Environment中定义
  Test-Networking:
    type: Test::Networking
    properties:
      ...
  #定义"主机组A",这是一个ResourceGroup,此Group中的资源类型是我们在Environment中定
  #义的资源类型: Test::ControllerNode
  Test-Controller-Group:
    type: OS::Heat::ResourceGroup
    #指定资源间的依赖关系
    depends_on: Test-Networking
    properties:
      count: { get_param: ctrl_node_count }
      resource_def:
        type: Test::ControllerNode
        properties:
          ...

  #定义"主机组B",这是一个ResourceGroup,此Group中的资源类型是我们在Environment中定
  #义的资源类型: Test::CephNode
  Test-Ceph-Group:
    type: OS::Heat::ResourceGroup
    #指定资源间的依赖关系
    depends_on: [ Test-Networking, Test-Controller-Group ]
```

```yaml
    properties:
      count: { get_param: ceph_node_count }
      resource_def:
        type: Test::CephNode
        properties:
          ……

#定义"主机组C",这是一个ResourceGroup,此Group中的资源类型是我们在Environment中定
#义的资源类型: Test::ComputeNode
Test-Compute-Group:
  type: OS::Heat::ResourceGroup
  #指定资源间的依赖关系
  depends_on: [ Test-Networking, Test-Controller-Group ]
  properties:
    count: { get_param: cpu_node_count }
    resource_def:
      type: Test::ComputeNode
      properties:
        …..
```

2. 通过 SoftwareConfig 动态修改虚拟机的配置

注意:SoftwareConfig 可以动态修改虚拟机的配置,这与 cloud-init 有所差别。

要使用此功能,需要有一个安装了 os-*-config Agents 的镜像[①],通过 SoftwareConfig 对虚拟机进行配置的流程如图 7.19 所示。

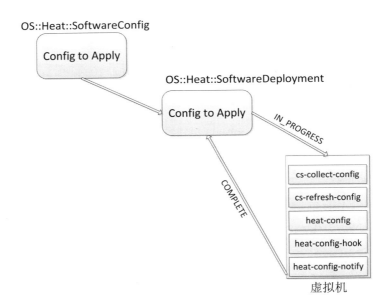

图 7.19 SoftwareConfig 工作流程图

从图中可以看出,OS::Heat::SoftwareConfig 主要用来准备配置数据,然后将此配置数据通过 OS::Heat::SoftwareDeployment 注到虚拟机内部,最后通过虚拟机内部的 os-*-config Agents 完成对虚拟机的动态配置,配置完成后,虚拟机内部的 Agents 会将执行结果反馈给 OS::Heat::SoftwareDeployment。

---

① 镜像制作:http://docs.openstack.org/developer/heat/template_guide/software_deployment.html#custom-image-script

针对 SoftwareConfig 的使用而言，其涉及的示例模板如下。

准备配置参数：
```
software_config:
  type: OS::Heat::SoftwareConfig
  properties:
    group: puppet
    inputs:
    - name: foo
      default: aninput
    - name: bar
    outputs:
    - name: result
    config:
      get_file: config-scripts/example-puppet-manifest.pp
```

创建虚拟机：
```
server:
  type: OS::Nova::Server
  properties:
    image:animage
    flavor:m1.small
    user_data_format: SOFTWARE_CONFIG
```

将 software_config 中的配置参数写入虚拟机并进行配置：
```
software_deployment:
  type: OS::Heat::SoftwareDeployment
  properties:
    config:
      get_resource: config
    server:
      get_resource: server
    input_values:
      foo:abc
      bar:xyz
    actions:
    - CREATE
```

7.4.2　Heat Stack 创建流程

Heat 处理任务时，也是遵循"api 接收，Engine 执行具体操作"的思路，针对 Stack 创建的流程，当外部请求到来后，其执行过程可以用图 7.20 来表示。

准确地说，并非 heat-engine 去执行具体的资源创建操作，实际资源创建操作是由相关资源的服务执行的。例如，通过 Heat 创建虚拟机，heat-engine 首先对参数进行封装，然后发送给 NovaClient 去执行创建虚拟机的操作。在 Stack 的创建过程中，heat-engine 的主要任务是实现任务调度、周期任务管理及资源关系解析，每一个任务都是 TaskRunner 的对象，而不同资源间的依赖关系则是 DependencyTaskGroup 的对象，任务又通过 scheduler.wrappertask 的装饰器进行装饰，通过这个装饰器，任务又被进一步分解成一个个子任务。

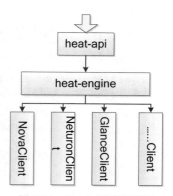

图 7.20　Stack 创建流程图

注意：在学习 Heat 的相关代码时，一定要认真研究 heat-engine 中的 TaskRunner 代码的实现，这一部分可以调度一个 Engine 去执行相应的任务。

当用户通过 CLI 或界面发送了创建 Stack 的请求后，首先会到达 heat-api，具体代码如下：

```
heat/api/OpenStack/v1/stacks.py
class StackController(object):
…
def create(self, req, body):
 …
 result = self.rpc_client.create_stack(
  req.context,
  data.stack_name(),
    data.template(),
    data.environment(),
    data.files(),
    args,
    environment_files=data.environment_files())
…
```

上述代码获取用户输入的参数后，调用 RpcClient 中的 create_stack() 方法：

```
heat/rpc/client.py
class EngineClient(object):
…
 def create_stack(self, ctxt, stack_name, template, params, files,
    args, environment_files=None):
  self._create_stack(ctxt, stack_name, template, params, files,
       args, environment_files=environment_files)
 def _create_stack():
  return self.call(
ctxt, self.make_msg('create_stack', stack_name=stack_name,
    template=template,
    params=params, files=files,
     environment_files=environment_files,
     args=args, owner_id=owner_id,
     nested_depth=nested_depth, …)
```

这里实际上是调用了 rpc.call() 的方法，发送一个同步的请求，这个方法将请求发送出去后，会一直等待对方的 response 直到超时。以上 rpc.call() 请求的接收方是：

```
heat/engine/servie.py
@context.request_context
def create_stack(self, cnxt, stack_name, template, params, files,
     arguments,
     owner_id=None, nested_depth=0, user_creds_id=None,
     stack_user_project_id=None, parent_resource_name=None,
     environment_files=None)
…
   stack = self._parse_template_and_validate_stack(
     cnxt, stack_name, template, params, files,
```

```
environment_files, arguments, owner_id,
nested_depth, user_creds_id, stack_user_project_id, convergence,
parent_resource_name)
```

在这里会对用户提供的模板进行解析并验证其合法性，另外也会解析模板中资源间的依赖关系，然后生成相应的 Task，最后通过 TaskRunner 类 SubTask 来执行相应资源中的 handle_create()方法实现资源的创建。在创建资源过程中，heat-engine 也会通过 handle_complete()方法周期性地检查资源的创建状态直至资源创建成功或超时。

第 8 章
Keystone——认证组件

OpenStack 是一个架构十分庞大的开源项目，在这样一个复杂的系统中，除了要有一个相对比较完备而又稳定的架构外，可扩展性、安全性也都是需要特别考虑的两个方面。对于软件而言，灵活并且可扩展是应对当下市场瞬息万变的现状必不可少的；而安全性与隐私性，长久以来也都深受大家关注。

由于 OpenStack 是一个提供云基础服务的开源项目，其中包含几百个大大小小不同的项目，不同的项目共用同一套认证与鉴权机制——Keystone，所以 Keystone 在 OpenStack 中占有举足轻重的地位。

本章将从以下几个方面深入讲解 Keystone：

首先，深入解析 Keystone 的基本架构，从整体上对 Keystone 有清楚的把握与了解。这部分内容是其他内容的基础，通过架构看细节，才不至于在复杂的软件项目中迷失自己。

其次，将会对 Keystone 中所涉及的重要概念进行讲解，只有正确理解与掌握了这些常用的概念后，才能更好地帮助我们去理解代码实现与设计思路。

第三，结合前面所掌握的知识，从实践的角度出发，深入 Keystone 的安装与代码分析。

通过对本章的学习，希望读者有以下几点收获：

- 掌握 Keystone 组件的基本架构及工作原理；
- 掌握 Keystone 生成 Token 的过程；
- 掌握 Keystone 的认证过程；
- 了解 Keystone 中常见的基本概念。

8.1 Keystone 的架构

Keystone 是 OpenStack 中提供认证服务的一个组件，它主要负责项目管理、用户管理、用户鉴权、用户信息认证等。本节将会对其架构进行简单分析，然后对 Keystone 中不同组件间的关系进行讲解，后面两节主要从实践的角度出发，向读者展示如何在 Keystone 中添加自定义插件。

注意：Keystone 是为其他组件提供认证服务的组件，外部请求调用 OpenStack 内部的组件时，需要先从 Keystone 中获取得到相应的 Token 才可以进行其他的调用操作。同样的，OpenStack 内部不同组件间的调用也是需要得到 Keystone 的认证后才可以进行。

8.1.1　Keystone 的作用

作为负责 OpenStack 安全性的重要模块，Keystone 可以在一定程度上最大限度地保护 OpenStack 中其他组件和用户免受不必要的干扰，提高系统的安全性。谈到安全性，这是一个十分敏感的话题，在互联网大潮下，安全性的好坏，将会影响到用户切身利益。

对于一个云平台而言，它的安全性是不容忽视的，国内外有许许多多的公司也在针对云平台研发自己的安全认证体系。那么对于 OpenStack 这样的平台，我们可以从哪些方面来提高其对安全性的要求呢？总结而言，可以从以下几个方面来考虑：

（1）访问安全。对于具有安全性要求的系统而言，一个比较简单直接实现访问安全的手段就是使用密码进行认证，只有通过认证的用户才能进入平台实现其他操作。对于通过认证的用户，可以根据业务需要，提供二次认证的机制。

（2）服务安全。这里主要是指内部服务间的安全性问题，软件设计中一个比较重要的理念就是模块化，当然，软件设计中的模块化主要是为了实现软件易维护、可扩展的需求。而在服务安全领域，同样可以借鉴这一思路，即可以设计一个"模块化认证"机制，因为 OpenStack 中有许许多多的服务，当不同服务进行通信或访问时，模块与模块间也是不互信的，只有通过第三方服务认证后，才认为此服务是具有服务访问权限的。

（3）数据安全。谈到数据安全，我们第一个想到的就是需要对数据进行加密，通过加密的数据，可以提高其在传输过程中的安全性，另外，数据的发送方与接收方都需要对加密后的数据通过某种事先约定的方式进行解密，只有这样，才能保证即使数据在传输过程中被截获，也不会导致数据丢失。

（4）基础架构安全。在 OpenStack 中的基础架构包括服务器架构、计算架构、网络架构及存储架构，要提高这些架构的安全性问题，可以分别进行设计。针对服务器架构而言，需要做好硬件维护、做好关键数据的备份、禁用不必要的端口；针对计算架构而言，一个很重要的安全问题就是虚拟化层的安全，一个比较好的虚拟化层，需要具有较强的隔离能力，只有这样，Hypervisor 中所管理的虚拟机之间才能最大限度地减少数据污染。

（5）访问控制。访问控制也叫策略控制，对于不同的用户，需要给予不同的操作权限，这一点类似于 Linux 系统中的用户及用户组的概念，即位于不同用户组的用户需要有不同的用户权限，权限高的用户才会对系统中的资源有更多的访问操作。

Keystone 是 OpenStack 中一个独立的模块，它的主要作用是为 OpenStack 中的其他组件提供安全认证，具体而言，它可以实现以下功能：

- 身份认证（Identity）
- 令牌管理（Token）
- 服务管理（Catalog）
- 服务端点注册（Endpoint）
- 访问控制（Policy）

针对这五类功能，可以简单地归纳出 Keystone 服务的一个逻辑上的架构，如图 8.1 所示。

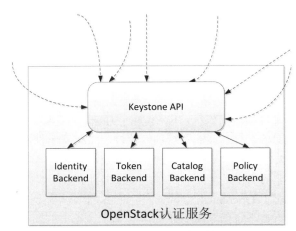

图 8.1　Keystone 逻辑结构

从图 8.1 中可以看到，在这个架构中，位于最上层的是来自外部的 API 请求，通过 Keystone 提供的 REST API，其他服务可以与 Keystone 进行交互，从前面的学习中我们了解到，API 只是提供了一个交互的接口，真正实现相应业务逻辑的是最下面的 Backend。

对于不同的功能，都会有相应的 Backend 与之对应，如 Identity Backend、Token Backend、Catalog Backend 和 Policy Backend。前面提到的 Keystone 的五大功能，分别通过各自的 Backend 来实现。

下面详细分析这些功能：

（1）身份认证（Identity）主要是对用户提供的用户名和密码进行验证，当用户通过认证后，它还能提供与用户相关的元数据。

（2）令牌管理（Token）可以根据身份认证（Identity）的验证结果为用户生成 Token，令牌管理（Token）不只能生成 Token，它的另外一个功能是可以验证用户提供的 Token 的合法性。

（3）服务管理（Catalog）与服务端点注册（Endpoint）这两个功能主要对外提供 OpenStack 中服务的查询，在这里，Endpoint 实际上就是服务的入口，通过认证的外部请求，如果需要访问某个服务，只需要知道服务的 Endpoint 即可。再回忆一下，我们在前面讲解服务的安装时，其中有一步就是要创建三个 URL：private URL、admin URL 和 public URL，这三个 URL 就是我们所说的 Endpoint，只是三个 URL 针对的对象有所不同，但都是指向同一个服务。

（4）访问控制（Policy）有点类似于 Linux 中的权限管理，即不同角色的用户或用户组将会拥有不同的操作权限。所不同的是，在 Keystone 中，关于访问控制的实现主要是通过 policy.json 文件来定义，这个文件的路径是/etc/XXXX/policy.json。对于不同的服务，在/etc/XXXX 目录下都会有这个文件，以 Nova 为例，其中的内容如下：

```
{
    "context_is_admin":  "role:admin",
    "context_is_owner":  "role:owner",
    "context_is_member":  "role:_member_",
    "readonly": "role:readonly",
    "service_admin": "role:service_admin",
    "maintenance_admin": "role:maintenance_admin",
    "enable_read": "rule:readonly or rule:service_admin or rule:maintenance_admin",
    "admin_or_owner_or_member": "rule:context_is_admin or rule:context_is_owner or rule:context_is_member",
```

```
    "admin_or_owner": "is_admin:True or project_id:%(project_id)s",
    "admin_or_roleowner": "rule:context_is_admin or rule:context_is_owner",
    "admin_or_roleowner_user": "rule:admin_or_roleowner or user_id:%(user_id)s",
    "default": "rule:admin_or_owner",

    "cells_scheduler_filter:TargetCellFilter": "is_admin:True",

    "compute:create": "rule:admin_or_owner_or_member",
    "compute:create:attach_network": "rule:admin_or_owner_or_member",
    "compute:create:attach_volume": "rule:admin_or_owner_or_member",
    "compute:create:forced_host": "rule:admin_or_owner_or_member",
    "compute:get_all": "rule:admin_or_owner_or_member or rule:enable_read",
    "compute:get_all_tenants": "rule:admin_or_owner_or_member or rule:enable_read",
    "compute:start": "rule:admin_or_owner_or_member",
    "compute:stop": "rule:admin_or_owner_or_member",
    "compute:unlock_override": "rule:admin_api",

    "compute:shelve": "",
    "compute:shelve_offload": "",
    "compute:unshelve": "",
    "compute:resize": "rule:admin_or_owner",
    "compute:confirm_resize": "rule:admin_or_owner",
    "compute:revert_resize": "rule:admin_or_owner",
    "compute:rebuild": "rule:admin_or_roleowner",
    "compute:reboot": "",
    "compute:delete": "rule:admin_or_owner",

    "compute:volume_snapshot_create": "rule:admin_or_owner_or_member",
    "compute:volume_snapshot_delete": "rule:admin_or_owner_or_member",
    ...
}
```

从上述 policy.json 文件我们可以看到，这里定义了许多不同的用户类型，并且为不同的用户类型提供了不同的操作权限，这个文件会被 Keystone 读取，然后经过 Policy 模板的处理后，达到访问控制的效果。

注意：policy.json 主要用于组件的权限控制，不同角色的用户可以进行不同的操作。

8.1.2 Keystone 与其他组件间的关系

8.1.1 节简单介绍了 Keystone 的基本功能，并给出了基于这些基本功能而产生的逻辑架构，接下来应当从更详细的角度来分析 Keystone 的基本架构。但是对于架构的学习而言，比较高效的方法是先整体后部分，这样可以让我们有一种纵观全局的感觉。所以在介绍 Keystone 的基本架构前，有必要先看一下 Keystone 在整个 OpenStack 平台中所处的位置，或者说它与其他组件的关系，如图 8.2 所示。

202 ❖ OpenStack 架构分析与实践

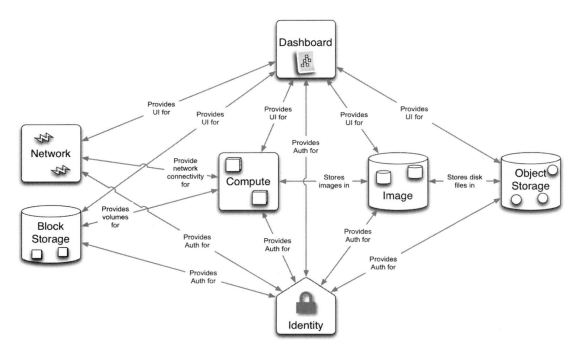

图 8.2 Keystone 与 OpenStack 其他组件的关系

图 8.2 比较清晰地展现了 Keystone 与其他组件间的关系，图中的 Identity 在 OpenStack 中就是 Keystone 组件，从图中可以看出，计算组、网络组件、存储组件、镜像组及控制面板都需要与 Keystone 进行交互。

注意：Keystone 获取的 Token，可以存放在 Memcache 中。

这些不同的组件与 Keystone 交互的一个目的就是为了认证，当组件通过认证并拿到 Keystone 生成的 Token 时，Keystone 同时会把注册在 Keystone 中的所有服务的 Endpoint 一并返回给请求发送方。我们以 nova list 为例，来看一下组件在 Keystone 认证通过后拿到的信息：

```
{
 "token": {
  "is_domain": false,
  "methods": ["password"],
  "roles": [{
   "id": "9bf47739e3454aa5946de88d78f7bf63",
   "name": "admin"
  }],
  "expires_at": "2017-11-25T10:38:54.000000Z",
  "project": {
   "domain": {
    "id": "default",
    "name": "Default"
   },
   "id": "a1454a8213e94604a8c8ab48d9fa1139",
   "name": "admin"
  },
  "catalog": [{
```

```
    "endpoints": [{
     "url": "http://192.168.56.105:8042",
     "interface": "internal",
     "region": "RegionOne",
     "region_id": "RegionOne",
     "id": "7c2482bea4cd4c47aba371ecf4fcd883"
    }, {
     "url": "http://192.168.56.105:8042",
     "interface": "admin",
     "region": "RegionOne",
     "region_id": "RegionOne",
     "id": "d479a5e67c0848afa22dc7770a36bf6d"
    }, {
     "url": "http://192.168.56.105:8042",
     "interface": "public",
     "region": "RegionOne",
     "region_id": "RegionOne",
     "id": "d610ac7472034aaf88604eff82a05161"
    }],
    "type": "alarming",
    "id": "e2183168814b4061801e43d5ba4efef2",
    "name": "aodh"
   },
      …
   }],
   "user": {
    "domain": {
     "id": "default",
     "name": "Default"
    },
    "password_expires_at": null,
    "name": "admin",
    "id": "c163d939259c458c8244ac027fbf087a"
   },
   "audit_ids": ["RhlFBI-hTOyweu0AokELGA"],
   "issued_at": "2017-11-25T08:38:54.000000Z"
  }
}
```

从上述返回信息可以看出，通过认证后，Keystone 将会给服务返回 Token、Catalog 等信息，其中，Catalog 中就会存放着服务相关的入口，即 Endpoint。

8.1.3 基本架构解析

了解了 Keystone 在整个 OpenStack 平台中所处的位置后，本小节将详细分析其基本架构。

用户与 OpenStack 中的服务可以通过 Catalog 来获取其他服务的 Endpoint，即服务地址，这些服务地址是服务通过 Keystone 进行注册时由 Keystone 进行维护的。而 Catalog 就是 Endpoint 的集合，每一个服务都可以有一个或多个 Endpoint，正如前面提到的，Endpoint 分为 Admin、Internal 和 Public，这些不同类型的 Endpoint 分别开放给不同的用户或服务。例如，对于 Public URL，一般会对用户开放，允许用户通过外部网络进行访问；Admin URL 会对一些用户或 URL 进行限定，只允许具有特定操作权限的用户访问；Internal URL 限定于那些安装有 OpenStack 服务的主机才可以访问。

Keystone 服务从结构上可分为三部分。

- Server：提供 REST API 服务，主要是接收外部的 REST 请求，然后对此请求进行鉴权和认证。
- Drivers：也有人称之为 Backend，它与 Server 直接相连，其主要功能是为 OpenStack 之外的服务或请求提供获取认证信息的能力，这些认证信息可能存在于 OpenStack 之内，也可能是那些已经被存储在数据库中的认证信息。
- Modules：为注册于 Keystone 中的组件提供中间件服务。模块可以解析服务请求、获取用户身份信息，然后将上述信息发送到 Server 端进行信息认证。

如图 8.3 所示为 Keystone 的基本架构。

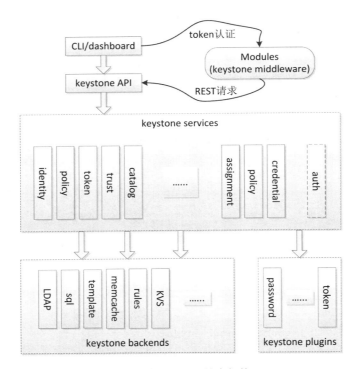

图 8.3　Keystone 基本架构

从图中可以看出，Keystone 的基本架构可以分为五部分。

第一部分：Keystone API。它主要用于接收外部的请求，这一部分与 Keystone 中的 Server 相对应。

第二部分：Keystone Services。不同的 Service 可以提供不同的认证或鉴权服务。

第三部分：Keystone Backends。这是真正实现 Keystone 服务的部分，不同的 Keystone Services 需要由不同的 Keystone Backends 提供服务。

第四部分：Keystone Plugins。提供用户密码等认证方式。

第五部分：Keystone Middleware。它的主要作用是可以实现对 Token 等的缓存，即可以保存用户的 Token，当用户再次需要认证时，可以直接通过 Keystone Middleware 来确认 Token 的合法性，而不必每次都去调用 Keystone Services 进行验证，这也从一定程度上减轻了 Keystone Services 的压力，提高了认证效率。

注意：理解 Keystone 的基本架构和基本概念。

8.1.4 自定义 Keystone Plugin

由于 Keystone Services 和 Keystone Backends 都比较多，所以图 8.3 中并没有直接显示出 Services 与 Backend 的关联关系，即没有指明哪个 Service 需要使用什么 Backend，有兴趣了解它们之间关联关系的读者可以通过以下代码路径查看：

```
keystone.assignment.backends.base.AssignmentDriverBase
keystone.assignment.role_backends.base.RoleDriverBase
keystone.auth.plugins.base.AuthMethodHandler
keystone.catalog.backends.base.CatalogDriverBase
keystone.credential.backends.base.CredentialDriverBase
keystone.endpoint_policy.backends.base.EndpointPolicyDriverBase
keystone.federation.backends.base.FederationDriverBase
keystone.identity.backends.base.IdentityDriverBase
keystone.identity.mapping_backends.base.MappingDriverBase
keystone.identity.shadow_backends.base.ShadowUsersDriverBase
keystone.oauth1.backends.base.Oauth1DriverBase
keystone.policy.backends.base.PolicyDriverBase
keystone.resource.backends.base.ResourceDriverBase
keystone.resource.config_backends.base.DomainConfigDriverBase
keystone.revoke.backends.base.RevokeDriverBase
keystone.token.providers.base.Provider
keystone.trust.backends.base.TrustDriverBase
```

Template Backend 是 Keystone 中设计的一种通用模型，可以用于扩展 Catalog Backend，关于 Template Backend 的配置可以按照以下示例进行修改：

```
[DEFAULT]
catalog.RegionOne.identity.publicURL = http://localhost:$(public_port)s/v2.0
catalog.RegionOne.identity.adminURL = http://localhost:$(public_port)s/v2.0
catalog.RegionOne.identity.internalURL = http://localhost:$(public_port)s/v2.0
catalog.RegionOne.identity.name = 'Identity Service'
```

最后一个需要讲的是 Keystone Plugins，它仅在 Keystone V3 才有，之前的版本中并没有提供这个功能。可以在/etc/keystone/keystone.conf 的[auth]部分对 Keystone Plugins 的配置进行修改，当然，关于 Plugins 的配置也可以使用 Plugins 自己的配置文件进行配置。具体应该使用哪个文件进行配置还取决于用户注册时的配置信息。

默认情况下，Keystone 提供了三种类型的 Keystone Plugins：

- Password
- Token
- External

从它们各自的字面意思上也很容易看出它们的功能，在此就不作过多解释了。读者如果感兴趣的话，可以去官网查看[①]。

了解了 Keystone 的基本架构后，下面我们需要讨论的一个问题就是：对于开发者而言，如何在 Keystone 中添加自己的 Keystone Plugin 呢？

其实这个很简单，在实现自己的 Keystone Plugin 时，需要注意两件事情：

---

① Keystone Plugis：https://docs.openstack.org/keystone/latest/contributor/auth-plugins.html

- 新添加的 Plugin 类需要继承自 keystone.auth.plugins.base.AuthMethodHandler。
- 为新添加的 Plugin 实现 authenticate() 方法。

authenticate() 方法需要三个参数。

- context：Keystone 请求的 Context。
- auth_payload：相关方法所需要用到的认证信息。
- auth_context：用户认证时的 Context，这是一个字典类型，可以在多个 Plugins 之间共享。默认情况下，它携带了 method_name 和 extra 两个变量。

当方法 authenticate() 成功执行后，需要提供一个合法的 user_id 和 auth_context 并把返回值设为 None；如果这个方法执行不成功，它需要抛出异常：keystone.exception.Unauthorized。

如果用户想要使用自定义的 Plugin，那么只需要将此 Plugin 的名字写在与 Plugin 相关的配置部分即可。

注意：关于其中相关组件的开发，建议参考最新的社区文档进行学习。

8.1.5 支持使用 External Plugin

Keystone 中支持使用 External Plugin。可以考虑这样一种应用场景：当 Keystone 运行在像 Apache httpd 这样的 Web Server 中时，我们就可以同时借助 httpd 来实现部分认证功能。这样做的好处是可以将外部支持的、但 Keystone 中不支持的认证方法一并应用到我们的系统当中。

但是，对于许多公司而言，它们可能会有自己的单点登录系统，即员工如需要登录某个系统，需要先对员工的身份进行验证，只有通过公司认证系统的员工才会有权限登录到系统中并使用其中的服务。这一过程可以用图 8.4 表示。

同时使用 Web Server 的认证方式与 Keystone 的认证方式并不冲突，它们都可以提供各自的认证方式，这些认证方式可以是相同的，也可以是不同的，例如，Web Server 可以提供 X.509 的认证方式或 Kerberos 的认证方式，Keystone 可以提供用户名密码的认证方式。

如果需要使用 External Plugin，我们需要修改相应的配置。在 Keystone V2 中，我们不允许禁用 External Plugin，但是在 Keystone V3 中，External 方法必须配置在认证方法的列表中。在 Keystone 中支持两种类型的 External Plugins：

- Domain
- DefaultDomain

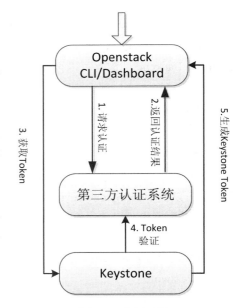

图 8.4 应用示例

除了上述提到的 X.509 和 httpd 的外部认证方式外，用户也可以通过开发一个 WSGI 中间件的方式来实现认证服务[①]。

---

① WSGI 中间件认证方式：https://docs.openstack.org/keystone/latest/advanced-topics/external-auth.html

8.2 Keystone 中的基本概念

本节将针对 Keystone 中的基本概念进行介绍，首先分析 API V2 与 API V3 之间的区别，然后，针对 Keystone 的基本概念展开分析，最后，挑选 Keystone 中较为重要的一个功能 multi-region 进行分析。希望通过对本节的学习，读者可以对 Keystone 及其内部的关键概念有深入的了解。

8.2.1 API V2 和 API V3

Keystone 是一个相对比较复杂的组件，其中的概念也比较多，不同的概念所涉及的作用也都各不相同。Keystone 中现存有两个 API 版本：API V2 和 API V3。也许有人会感到奇怪，为什么 Keystone 中没有 V1 版本？实际 V1 版本是存在的，并且它的存在甚至比 OpenStack 还要早，它最早是由 Rackspace 在它们的公有云项目中实现的。随着 OpenStack 的发展，Keystone 提供的功能也越来越多，渐渐变为了一个集认证与多租户认证于一身的认证模块，这一功能早在 Rackspace 的公有云项目中的 Nova 和 Swift 中得以使用。因此，发展到 OpenStack，Keystone 的版本直接从 API V2 开始了。

注意：在 Keystone API V3 版本中引入了许多新的功能，如用户组的定义等。所以这些新添加的功能都可以从相应的 Release 列表中查看。

Keystone API V3 的发展中，引入了一个最主要的概念就是"命名空间"。这一概念主要针对的是 Keystone 中的 user 和 project，它主要通过 domain 实现，它的好处是可以从更高层次实现对认证服务的管理，同时，在 API V3 中，不再将 Token 放在请求的 URL 当中，这样可以避免 API V2 中由此而引起的安全性问题。

API V2 和 API V3 需要部署完 Keystone 后手动配置。如果需要使用 Keystone API V3，可以在 /etc/keystone-paste.ini 中配置相关的 pipeline。

首先，定义 API V3 的应用，它的主要作用是将 WSGI 应用指向 Keystone API V3，方法如下：

```
[app:service_v3]
use = egg:keystone#service_v3
```

其次，定义 API V3 的 pipeline，在这个 pipeline 的最后应该是我们第一步定义的 WSGI 应用：

```
[pipeline:api_v3]
pipeline = … service_v3
```

需要注意的是，如果是在真实的配置场景中，用户需要将上述 "…" 使用 Keystone Middleware 进行替换。

最后，将上述定义的 pipeline 放在 composite 字段中：

```
[composite:main]
use = egg:Paste#urlmap
/v3 = api_v3
…
```

如果要同时使用 API V2 和 API V3，用户需在 Keystone 的数据库中配置正确的服务目录（Service Catalog）。一种最简单的设置 Catalog 中 Endpoint 的方法就是不要把版本信息（V2/V3）加入 Endpoint 的 URL 当中，例如：

```
Service(type: identity)
Endpoint(interface: public, URL: http://identity:5000/)
```

```
Endpoint(interface: admin, URL: http://identity:35357/)
```

对于上述配置,当需要发送请求时,可以按照如下方式进行:

```
$ curl -i http://identity:35357/
HTTP/1.1 300 Multiple Choices
Vary: X-Auth-Token
Content-Type: Application/json
Content-Length: 755
Date: Tue, 10 Jun 2014 14:22:26 GMT

{"versions": {"values": [ … ]}}
```

这里同时给出了请求的发送及其相应的响应。这样发送的一个前提条件就是需要 KeystoneClient 可以正确提供认证服务。

8.2.2 其他常见概念

Keystone 中的其他常见概念如下表 8.1 所示。

表 8.1 其他常见概念

概念名称	说明
User Group	这是 API V3 中引入的一个概念,在 API V2 中并不存在,它的存在主要是为了方便管理 User,在 User Group 中,可以很方便地为其设置各种 Role,所有包含在此 User Group 中的 User 都将会继承 User Group 的所有 Role
Tenant	即租户,在 API V3 中也称作 Project,我们可以把它理解为不同服务的资源集合,这些资源可以是虚拟机资源、网络资源、存储资源等。用户访问租户的资源前,必须与该租户关联,并且指定该用户在该租户下的角色,不同角色的用户对资源有不同的访问权限,不同的操作权限通过 Policy 进行限定
Role	角色,指的是不同的访问权限,用户权限越高,其在 OpenStack 中能访问的服务和资源就越多,常见的角色有 admin、owner、service 等,用户也可以根据需要定义符合自身需求的角色
Endpoint	OpenStack 中有许多 Service(如 Nova、Keystone、Neutron 等),这些服务都需要对外提供各自的服务,那么,其他服务是如何找到这些服务的呢?这就需要借助 Endpoint 了,它是一个服务暴露出来的访问点,如果需要访问一个服务,则必须知道它的 Endpoint,而 Endpoint 一般为 URL,我们知道了服务的 URL,就可以访问它了。Endpoint 的 URL 具有 public、private 和 admin 三种权限。public url 可以被全局访问,private url 只能被局域网访问,admin url 被从常规的访问中分离
Token	即令牌,用户通过用户名和密码获取在某个租户下的 Token,通过 Token,可以实现对某个租户中资源的访问。在获取 Token 时,用户可以选择性地提供一个可选参数 scope,它有三种取值,即 domain、project 和 trust
Credentials	即用户和密码
Region	这是一个地域上的概念,主要是为了区分不同地域的部署。例如,当我们使用阿里的云服务时,我们需要选择哪个区(北京区还是上海区),这里的"区"就是我们通过说的 Region。不同的 Region 有各自独立的资源,Region 之间共享同一个 Keystone 和 Dashboard
Domain	它是一个在 Project 之上的抽象层,在一个 Domain 下可以管理多个 Project,安装完 OpenStack 之后,会默认创建一个名为 Default 的 Domain

对于初学者而言,一下子把所有概念都了解清楚或许会有些难度,为了便于大家更好更直观地理解,请查看图 8.5。图 8.5 中展示了 Keystone 中一些概念之间的关系。

注意: 注意理解不同模块间的相互关系。

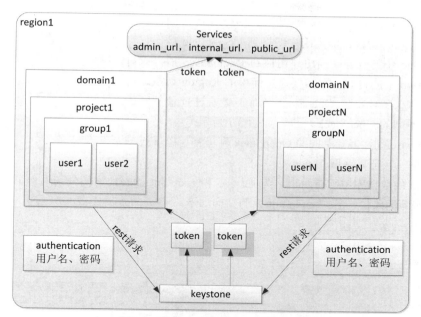

图 8.5　Keystone 基本概念间的关系

8.2.3　多区域 multi-region

multi-region 并不是一个全新的概念，在 OpenStack 的 M 版本就存在了这个概念，这里提到的 multi-region 实际上就是多区域的意思，从部署方式上来看，对于 multi-region 而言，实际上就是在多个区域中分别部署一套独立的 OpenStack，这两个独立的 OpenStack 之间会共享 Keystone 和 Horizon，如图 8.6 所示。

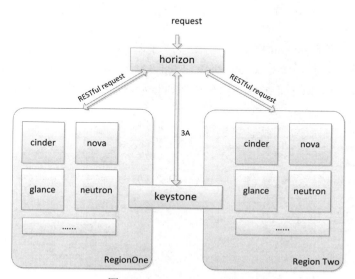

图 8.6　multi-region 示意图

RegionOne 中的 OpenStack 与 RegionTwo 中的 OpenStack 共用一套 Horizon 和 Keystone，对于不同的 Region，它们内部分别部署有独立的 Nova、Neutron 等组件，不同 Region 中所部署的服务可以不相同。

上面提到的共用 Horizon 意味着在同一个 Horizon 界面中，可以实现不同的 Region 切换，即当用户切换到 RegionOne 后，只可以看到 RegionOne 中的资源，当用户切换到 RegionTwo 后，只可以看到 RegionTwo 中的资源。只需要通过简单的 Region 切换即可实现在一个界面中管理多套 OpenStack，而不必通过登录不同的 Horizon 去管理不同的 OpenStack 环境，如图 8.7 所示。

共用 Keystone 是指，多套不同的 OpenStack 环境都可以通过同一个 Keystone 进行认证并获取 Token。

图 8.7 multi-region 共享 Horizon

在 Keystone 的数据库中，有两个名为 service 和 endpoint 的表，它们分别用于记录 OpenStack 中的服务和不同服务的入口，其中 endpoint 表的结构如下：

```
mysql> use keystone;
Database changed
mysql> desc endpoint;
+--------------------+--------------+------+-----+---------+-------+
| Field              | Type         | Null | Key | Default | Extra |
+--------------------+--------------+------+-----+---------+-------+
| id                 | varchar(64)  | NO   | PRI | NULL    |       |
| legacy_endpoint_id | varchar(64)  | YES  |     | NULL    |       |
| interface          | varchar(8)   | NO   |     | NULL    |       |
| service_id         | varchar(64)  | NO   | MUL | NULL    |       |
| url                | text         | NO   |     | NULL    |       |
| extra              | text         | YES  |     | NULL    |       |
| enabled            | tinyint(1)   | NO   |     | 1       |       |
| region_id          | varchar(255) | YES  | MUL | NULL    |       |
+--------------------+--------------+------+-----+---------+-------+
8 rows in set (0.00 sec)
mysql>
```

在这个表中，有一个 region_id 字段，用来记录某个服务是位于哪个 Region 的。例如，我们登录到 Keystone 的数据库中，然后查看表 endpoint，如图 8.8 所示。在表的最后一栏 region_id 中记录了 Region 的相关信息，图 8.9 就是我们系统中已存在的 Region 信息，系统中共有两个 Region，即 RegionOne 和 RegionTwo。

图 8.8 multi-region 在数据库表中的表示

注意：多区域的功能也是社区中新添加的功能，它可以通过一套 OpenStack 管理一套或多套 OpenStack 环境。

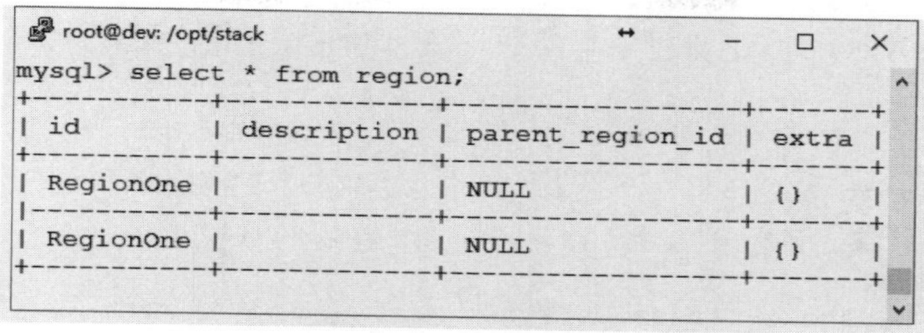

```
root@dev:/opt/stack
mysql> select * from region;
+------------+-------------+------------------+-------+
| id         | description | parent_region_id | extra |
+------------+-------------+------------------+-------+
| RegionOne  |             | NULL             | {}    |
| RegionOne  |             | NULL             | {}    |
+------------+-------------+------------------+-------+
```

图 8.9　Region 表的内容

8.3　Keystone 的安装部署与基本操作

学习一个新知识，动手实操可以帮助初学者极大地提高学习效率。本节主要针对 Keystone 的安装部署进行讲解，从数据库创建到服务启动一一进行分析，最后，针对 Keystone 中比较重要的一些基本操作进行简单介绍，希望通过本节的学习，读者可以自行进行 Keystone 服务的安装部署。

8.3.1　Keystone 的安装部署

Keystone 的安装没有什么特别的，与前面介绍的其他组件的安装方式类似，可以按照以下顺序进行安装部署。

（1）创建数据库。

在创建数据库之前，假设我们已经安装了数据库服务。使用以下命令登录到数据库中：

```
stack@dev:~$ mysql -u root -p
```

登录成功后，创建一个名为 Keystone 的数据库，命令如下：

```
mysql> create database keystone
```

创建完成后，可以使用命令查看我们的创建结果，将会发现在数据库中新增了一个数据库 Keystone，如下：

```
mysql> show databases;
+--------------------+
| Database           |
+--------------------+
| information_schema |
| keystone           |
+--------------------+
```

此外，还需要设置一下数据库 Keystone 的权限，代码如下：

```
mysql> GRANT ALL PRIVILEGES ON keystone.* TO 'keystone'@'localhost' \
IDENTIFIED BY 'KEYSTONE_DBPASS';
mysql > GRANT ALL PRIVILEGES ON keystone.* TO 'keystone'@'%' \
IDENTIFIED BY 'KEYSTONE_DBPASS';
```

（2）安装 httpd、mod_wsgi 和 OpenStack-keystone。

```
stack@dev:~$ yum install OpenStack-keystone httpd mod_wsgi
```

然后对 /etc/keystone/keystone.conf 进行配置，设置 Keystone 的数据库连接：

```
[database]
# …
connection = mysql+pymysql://keystone:KEYSTONE_DBPASS@controller/keystone
```

修改 Token 的 Provider：

```
[token]
# …
provider = fernet
```

（3）同步数据库

```
stack@dev:~$ keystone-manage db_sync
```

（4）初始化 Fernet 数据库

```
stack@dev:~$ keystone-manage fernet_setup --keystone-user keystone --keystone-group keystone
stack@dev:~$ keystone-manage credential_setup --keystone-user keystone --keystone-group keystone
```

（5）启动作证服务

```
stack@dev:~$ keystone-manage bootstrap --bootstrap-password ADMIN_PASS \
 --bootstrap-admin-url http://controller:35357/v3/ \
   --bootstrap-internal-url http://controller:5000/v3/ \
   --bootstrap-public-url http://controller:5000/v3/ \
   --bootstrap-region-id RegionOne
```

（6）配置 Apache

（7）设置开机启动 Keystone

```
stack@dev:~$ systemctl enable httpd.service
stack@dev:~$ systemctl start httpd.service
```

注意：安装过程与前面学习的模板类似，如创建数据库、创建表、创建用户、绑定角色、创建 Endpoint、安装、修改配置文件、启动服务。

8.3.2 Keystone 基本操作

目前为止，Keystone 的版本已经发展到 V3 了，V3 与 V2 之间的差异还是比较大的，最直接的表现就是在 V3 中加入一些 V2 没有的新功能，比如 Group 的概念等。

首先看一下 Keystone 中的基本操作：

（1）创建用户。初学者可能对 Keystone 中的命令并不是很熟悉，那么，如何能够快速上手呢？我们可以通过命令行中提供的 --help 来方便地查询某个命令所支持的操作，例如，可以通过以下命令查看如何使用"OpenStack user create"来创建一个用户。

【示例 8-1】使用 OpenStack user create 创建一个名为 test 的用户。

代码如下：

```
stack@dev:~$ OpenStack user create --help
usage: OpenStack user create [-h] [-f {json,shell,table,value,yaml}]
                             [-c COLUMN] [--max-width <integer>] [--fit-width]
                             [--print-empty] [--noindent] [--prefix PREFIX]
                             [--domain <domain>] [--project <project>]
                             [--project-domain <project-domain>]
                             [--password <password>] [--password-prompt]
                             [--email <email-address>]
                             [--description <description>]
                             [--enable | --disable] [--or-show]
                             <name>
```

```
Create new user

positional arguments:
  <name>                New user name

optional arguments:
  -h, --help            show this help message and exit
  --domain <domain>     Default domain (name or ID)
  --project <project>   Default project (name or ID)
  --project-domain <project-domain>
                        Domain the project belongs to (name or ID). This can
                        be used in case collisions between project names
                        exist.
  --password <password>
                        Set user password
  --password-prompt     Prompt interactively for password
  --email <email-address>
                        Set user email address
  --description <description>
                        User description
  --enable              Enable user (default)
  --disable             Disable user
  --or-show             Return existing user
```

从上述帮助信息中可以看出，在创建一个用户时，必须为其提供一个 name，创建用户时也可以选择性地提供诸如用户名、密码等信息。

假如我们想要创建一个名为 test 的用户，可以用如图 8.10 所示的方式。

```
stack@dev:~$ openstack user create test --password test
--domain default --description "add a user test"
+---------------------+----------------------------------+
| Field               | Value                            |
+---------------------+----------------------------------+
| description         | add a user test                  |
| domain_id           | default                          |
| enabled             | True                             |
| id                  | 3dbdbb6043ca4ec993638a43734c1580 |
| name                | test                             |
| options             | {}                               |
| password_expires_at | None                             |
+---------------------+----------------------------------+
```

图 8.10　创建用户 test

当用户创建完成后，CLI 会返回与此用户相关的信息，另外，也可以通过 "OpenStack user show USER_NAME" 来查看其详情。这里需要注意的是，当创建用户时，并不一定必须同时指定用户所属的项目，即一个用户可以不属于任何项目。

（2）创建项目。创建一个名为 test_project 的项目，如图 8.11 所示。

```
stack@dev:~$ openstack project create --domain default
test_project
+-------------+----------------------------------+
| Field       | Value                            |
+-------------+----------------------------------+
| description |                                  |
| domain_id   | default                          |
| enabled     | True                             |
| id          | f6c36bf99de84af9bfa0bf358411fe41 |
| is_domain   | False                            |
| name        | test_project                     |
| parent_id   | default                          |
+-------------+----------------------------------+
```

图 8.11　创建项目

（3）创建角色。创建一个名为 test_role 的角色：

```
OpenStack role create test_role
```

（4）获取角色列表。

```
OpenStack role list
```

Keystone 可以根据 Policy 文件，给不同角色的用户分配不同的权限。例如，amdin 角色的用户是拥有最大限度的角色；owner 角色的用户一般只能看到其所属项目中所有用户的资源；_member_角色的用户，权限一般比较小，只能查看当前项目当前用户的资源。

（5）将角色关联给用户。将前面创建的 test 用户分配 test_role 的角色：

```
OpenStack role add test_role --user test --domain default
```

对于同一个用户来说，可以为其分配多个不同的角色。

（6）生成 Token。Token 是服务之间进行访问的凭证，只有获取了相应的 Token 之后，服务之间才能正常调用，Token 通常是与用户和项目绑定的。

```
OpenStack token issue
```

（7）查看 Keystone 中注册的服务

```
OpenStack service list
```

如果需要查看某个服务的情况，可以使用 OpenStack service show SERVICE_NAME。

（8）查看服务的 Endpoint

```
OpenStack endpoint list
```

通过前面的学习，我们也了解到，服务的 Endpoint 实际上就是某个服务对外暴露的一个 URL，即服务的入口，对于一个服务来说，它有不同类型的 Endpoint：adminURL、internalURL 和 publicURL。这三类不同的 URL 分别被不同的场景调用。例如， publicURL 提供给外部访问使用；internalURL 提供给内部访问使用；adminURL 提供给内部管理访问使用。

注意：Keystone 中提供了许多与命令行相关的命令，我们只需要熟记上述几种常见的命令即可，其他与之相关的命令可以通过 help 来查看。

下面我们看一下 V3 版本中所支持的部分新功能：

```
[root@controller1 ~]# OpenStack --help |grep group
 command list    List recognized commands by group
 group add user  Add user to group
 group contains user  Check user membership in group
 group create    Create new group
 group delete    Delete group(s)
 group list      List groups
 group remove user  Remove user from group
 group set       Set group properties
 group show      Display group details
```

上面列出的是与 Group 相关的基本命令，主要用于管理云平台中的用户，有了 Group 的概念后，可以很方便地对用户进行批量管理。

8.4 Keystone 的认证流程

仅从安装部署方面学习 Keystone 还不够，Keystone 的核心知识点并非安装部署，而是其认证过程。本节将从 Keystone 的认证方式、令牌生成方式分析 Keystone 的工作原理，然后重点针对 Keystone 的工作流程深入讲解。

8.4.1 认证方式

对于 Keystone 而言，大体上有三种认证方式：
- 基于令牌的认证方式
- 基于外部的认证方式
- 基本本地的认证方式

1. 基于令牌的认证方式

这种一种比较常见的方式，它的使用方式也比较简单，只需要在请求发送时，添加一个名为 X-Auth-Token 的 HTTP 头即可。当检查到这个 Header 存在时，Keystone 会拿这个 Token 的值与数据库中的令牌值进行比对，从而验证令牌的合法性。令牌的认证方式类似于用户名和密码的认证方式。

【示例 8-2】以查看虚拟机列表为例，使用 X-Auth-Token 构造一个合法的 HTTP 请求。

首先，需要通过 Keystone 来获取一个 Token，如图 8.12 所示。

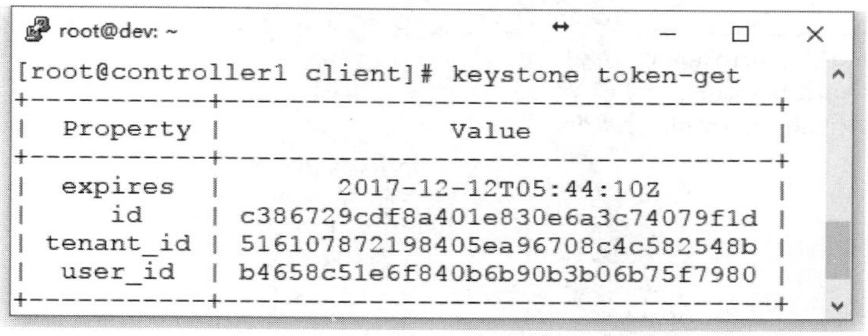

```
[root@controller1 client]# keystone token-get
+-----------+------------------------------------+
| Property  |               Value                |
+-----------+------------------------------------+
| expires   |        2017-12-12T05:44:10Z        |
|    id     | c386729cdf8a401e830e6a3c74079f1d   |
| tenant_id | 516107872198405ea96708c4c582548b   |
| user_id   | b4658c51e6f840b6b90b3b06b75f7980   |
+-----------+------------------------------------+
```

图 8.12 获取用户 Token

其次，构造如下 HTTP 请求：

```
curl -g -i -X GET http://192.168.56.105/compute/v2.1/servers/detail -H "Accept:
Application/json" -H "X-Auth-Token: c386729cdf8a401e830e6a3c74079f1d"
```

通过上述请求，我们就可以获取此 Project 下的虚拟机列表了。对于一个陌生的服务来说，我们可能并不知道这个 URL 应该如何去构造，那么这个时候应该怎么办呢？这个问题比较简单，可以在运行服务的命令行中添加-debug 查看此 URL。

2. 基于外部的认证方式

如果在请求的上下文（Context）中包含有外部用户 REMOTE_USER 信息，认证该外部用户的关联租户以及角色的合法性，并用自定义的方式进行认证。

3. 基于本地的认证方式

默认方式，即用户名和密码认证。本地认证的核心操作是通过后端 Driver 去做密码的校验，就是对传入明文做一次 SHA512 的加密操作，再与数据库中存放的散列之后的密码进行比对。

注意：以上提到的三类认证方式主要作为基础知识介绍给大家，读者可以多关注一下第一种认证方式，这是 OpenStack 中使用最多的认证方式。

8.4.2 令牌生成方式

这里所讲的令牌即 Token。Keystone 要生成 Token，需要借助不同的 Driver 来实现，对于不同的后端 Driver，Keystone 令牌的生成方式有三种。

1. UUID

主要是借助 Python 库函数来生成一个随机的 UUID 作为 Token ID，然后用户在发送请求时，只需要将此 Token ID 以 X-Auth-Token 的方式传入即可。

其生成的过程如下：

（1）用户把用户名和密码发送给 Keystone。

（2）Keystone 验证此用户名和密码是否正确，如果正确，它将调用 Python 的 uuid() 函数生成随机的 UUID，并将这个值返回给客户端。

（3）Keystone 缓存此 UUID。

（4）客户端每次发送请求调用相关的服务时，都需要携带此 Token 先到 Keystone 中进行验证。

（5）Keystone 会验证此 Token 的合法性，如果 Token 不合法或是 Token 过了有效期，那么 Keystone 会直接拒绝此请求，并给客户端返回 401 的错误。

此类型的 Token 合法性验证流程如图 8.13 所示。

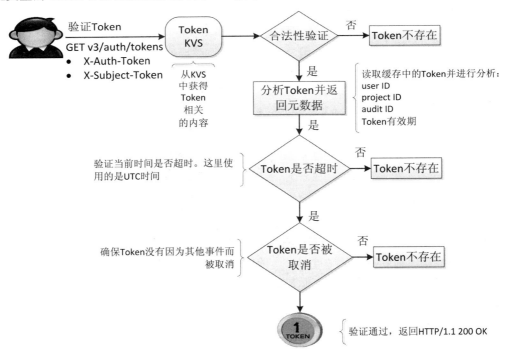

图 8.13　UUID Token 合法验证流程

如果我们想要使用 UUID 的方式生成令牌，需要在 keystone.conf 中进行如下配置：

```
[token]
provider = keystone.token.providers.uuid.Provider
```

使用此种方式获取的 Token 格式比较简单，内容上也最短，比较适用于简单 OpenStack 的部署；它的缺点是需要对 Token 的格式进行持久化，并且 Token 的合法性验证只能通过认证服务来实现，另外一个不足之处就是它不太适用于多 OpenStack 部署的场景。

注意：本小节介绍的令牌生成方式还是比较重要的，希望读者可以真正理解其生成过程。

2．PKI/PKIZ

前者使用 OpenSSL 对用户相关信息进行签名，与 PKIZ 不同的是生成的签名格式为 PEM；后者使用 OpenSSL 对用户相关信息进行签名，签名后的格式为 DER，并以此来生成令牌 ID。二者的关系如表 8.2 所示。

表 8.2　PKI/PKIZ 关系

PKI	PKIZ
Cryptographically signed document using X509 standards	Compressed PKI
CMS	Prefixed with PKIZ
Converted to custom URL-safe format	

此类型 Token 的验证流程类似于 UUID 类型的 Token 的验证流程，如图 8.14 所示。

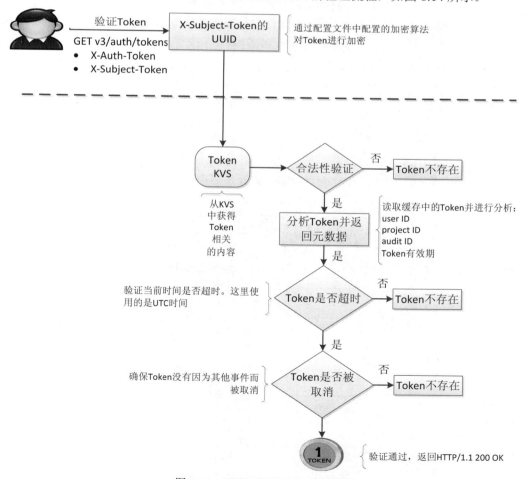

图 8.14　PKI/PKIZ Token 验证流程

默认情况使用 UUID，如果需要使用 PKI/PKIZ 方式生成 Token，需要在 keystone.conf 中做如下配置：

```
[token]
    provider = keystone.token.providers.[pki|pkiz].Provider
[signing]
    certfile = /etc/keystone/ssl/certs/signing_cert.pem
    keyfile = /etc/keystone/ssl/private/signing_key.pem
    ca_certs = /etc/keystone/ssl/certs/ca.pem
```

这类 Token 的优缺点如表 8.3 所示。

表 8.3 PKI/PKIZ 优缺点

	PKI	PKIZ
优点	Token 的认证无须通过 Keystone	Token 的认证无须通过 Keystone
缺点	• Token 所占的字节数超过了 HTTP 标准头的大小 • 配置复杂 • base64-d<pki_token • 并非真正适用于多 OpenStack 的部署场景	• Token 所占的字节数超过了 HTTP 标准头的大小 • 并非真正适用于多 OpenStack 的部署场景

3. Fernet

这是一种加密的认证方式，使用对称密钥进行加密，Fernet 相关的 Key 存放在了 /etc/keystone/fernet-keys/ 目录下，这个目录下的文件内容都通过 Primary Fernet Key 进行加密，通过 Fernet Key 进行解密。通过这种方式获取的 Token 形式如下：

```
stack@dev:/etc/keystone/fernet-keys$ OpenStack token issue
+------------+---------------------------------------------------------+
| Field      | Value                                                   |
+------------+---------------------------------------------------------+
| expires    | 2017-12-13T03:12:30+0000                                |
| id         | 
gAAAABaMH5-c1stNWTjKCzBro8oxxrwVUPtQa16jy79nKTYkvgDdrN6OLP6bM3UNME1a2urhW0KTBYJ9
wy5e_BpAFTunF4zTfOywTDTuU3t8Y2pAhl6BDNgomqhgH7apxnrNSW7klC6RBaASa7rsNjBzWKVMJJ1rd
8WakBpTc8Xe8Ou31L62Ng |
| project_id | a1454a8213e94604a8c8ab48d9fa1139                        |
| user_id    | c163d939259c458c8244ac027fbf087a                        |
+------------+---------------------------------------------------------+
```

Fernet Key 的文件都是 256B 大小，存放在/etc/keystone/fernet-keys 目录下：

```
stack@dev:/etc/keystone$ tree
.
├── credential-keys
│   ├── 0
│   └── 1
├── fernet-keys
│   ├── 0
│   └── 1
├── keystone.conf
├── keystone-paste.ini
├── keystone-uwsgi-admin.ini
└── keystone-uwsgi-public.ini
2 directories, 8 files
```

在/etc/keystone/fernet-keys/目录中存在两个文件：0，1。这两个文件就是 Fernet Key，Fernet Key 文件都是以整数命名且文件名从 0 开始，有三类 Fernet Key：Primary Key、Scondary Key 和 Staged Key。以文件名为 0 的 Fernet Key 为例：

```
stack@dev:/etc/keystone$ cat fernet-keys/0
uEcSB96OPG_VnuNtQxfYJBEcllOmf_8-OxgbakuW1HY=
```

以上内容是经过 SHA256 HMAC Signing Key 和 AES Encrypting Key 加密后的形式。

Fernet 产生的 Token 的认证流程如图 8.15 所示。

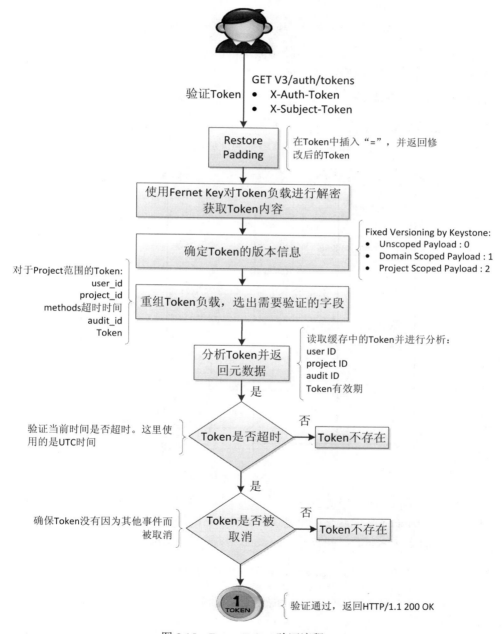

图 8.15　Fernet Token 验证流程

对比 UUID 方式和 PKI/PKIZ 方式，这种 Token 的生成方式优缺点如下。

优点：
- 无须持久化存储
- Token 的大小合适
- 比较适合于多数据中心的使用场景

缺点：Token 的认证比较烦琐，它受多种 Revocation 事件的影响。

Fernet Key 在/etc/keystone/keystone.conf 中的配置方式如下：

```
[token]
    provider = keystone.token.providers.fernet.Provider
[fernet_tokens]
key_repository = /etc/keystone/fernet-keys/
max_active_keys = <number of keys> # default is 3
```

8.4.3　Keystone 工作流程

了解了 Keystone 的基本概念及其基本操作后，下面再看看 Keystone 是如何为 OpenStack 上的其他服务提供认证、管理用户、账号和角色决策等服务的，如图 8.16 所示。

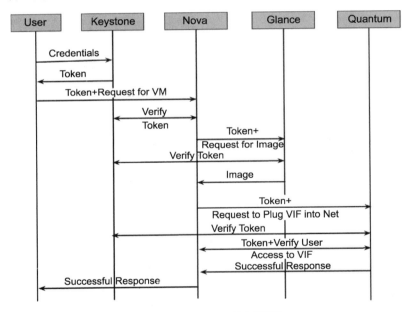

图 8.16　Keystone 认证流程

当用户需要调用 OpenStack 中的服务时，首先需要通过自己的 Credentials 去 Keystone 中获取一个 Token，此处的 Credentials 实际就是用户登录平台的一个凭证，如用户名和密码。通过正确的用户名和密码，用户可以注册 Keystone，进而从 Keystone 中获取一个 Token。

注意：对于如图 8.16 所示的认证流程，我们在以后的组件学习中会经常看到。

可以使用 OpenStack -debug token issue 查看用户是如何通过自己提供的 Credentials 获取 Token 的，命令如下：

```
OpenStack -debug token issue
```

其返回值如图 8.17 所示。

```
{
    "token": {
        "is_domain": false,
        "methods": ["password"],
        "roles": [{
            "id": "9bf47739e3454aa5946de88d78f7bf63",
            "name": "admin"
        }],
        "expires_at": "2017-12-11T07:10:36.000000Z",
        "project": {
            "domain": {
                "id": "default",
                "name": "Default"
            },
            "id": "a1454a8213e94604a8c8ab48d9fa1139",
            "name": "admin"
        },
        "catalog": [{
            "endpoints": [{
                "url": "http://192.168.56.105/volume/v2/a1454a8213e94604a8c8ab48d9fa1139",
                "interface": "public",
                "region": "RegionOne",
                "region_id": "RegionOne",
                "id": "516291418e1b43089eb362ee8211692e"
            }],
            "type": "volumev2",
            "id": "18d5239e813a4374a1fa72ad0e195d86",
            "name": "cinderv2"
        },
        ......
        ],
        "user": {
            "domain": {
                "id": "default",
                "name": "Default"
            },
            "password_expires_at": null,
            "name": "admin",
            "id": "c163d939259c458c8244ac027fbf087a"
        },
        "audit_ids": ["hn_6JjwbS7WUopYEISmAiA"],
        "issued_at": "2017-12-11T05:10:36.000000Z"
    }
}
```

图 8.17　获取 Token

当执行完上述命令后，可以看到 Keystone 会生成一个 Token，同时给出了 Token 的有效期 expires_at，从上述返回的数据结构可以看出，Token 是与 Project 和 User 相关联的，不同 Project 之间的 Token 不能混用。

除了 Token 相关的数据外，Keystone 同时也会返回服务的 Endpoint，即 Catalog。不同的服务一般会有三种不同类型的 Endpoint，即服务的 URL 入口。

Chapter 9 第 9 章
Cinder——块存储组件

OpenStack 众多服务中,不同的组件各自负责不同的功能,例如,前面讲过的 Nova 组件主要提供计算服务;Neutron 组件主要为虚拟机和云平台提供网络服务,它可以提供诸如 LB、二层三层虚拟化技术等;Keystone 组件主要负责 OpenStack 系统的安全性问题。

本章介绍的 Cinder 组件也是 OpenStack 中比较重要的一个组件,它负责 OpenStack 中的块存储(Cinder 本身并不是一种存储技术,只是提供一个中间的抽象层,然后通过调用不同存储后端类型的驱动接口来管理相对应的后端存储。)。本章将从 Cinder 的架构出发,先从总体上对 Cinder 进行介绍,然后再带领读者学习 Cinder 的安装过程,通过这两部分的学习,可以对 Cinder 有初步的认识与了解。为了深入理解 Cinder 的相关内容,后面将会从实践的角度,分别对 Cinder 中的关键流程进行分析。

通过对本章的学习,希望读者有以下几点收获:
- 掌握 Cinder 组件的基本架构及工作原理;
- 掌握 Cinder 安装部署过程;
- 掌握通过 Heat 创建 Cinder Volume 的方法;
- 理解 Cinder 中的关键代码模块。

注意:Cinder 作为块存储可以为虚拟机提供存储服务,前面我们分析 Nova 组件时,如果读者研究过 Nova 的代码就会发现,虚拟机在创建过程中,其中一个步骤就是创建 Volume。

9.1 Cinder 架构分析

我们向来本着"组件分析,架构先行"的思路开展相关组件的学习,本章也不例外,本节主要从总体上讲解 Cinder 的架构。

Cinder 提供的是块存储服务,可以为虚拟机做持久化存储,除此之外,我们也可以单独创建块存储设备,在虚拟机创建完成后,手动将此块设备挂载到虚拟机上,OpenStack 中的 Cinder 组件类似于 AWS 中的 EBS(Elastic Block Storage)服务。

从功能上讲，Cinder 组件可以分为以下几部分：
- cinder-api。它的功能与 nova-api 类似，是一个 WSGI 的应用，它可以将外部的请求路由到 Cinder 中的相关服务中，然后将服务的返回值返回给客户端，在 OpenStack 早期，块存储服务主要是由 nova-volume 服务来实现，在后续的发展过程中，nova-volume 被分离出来形成了 Cinder 组件。
- cinder-scheduler。顾名思义，它是实现资源调度的一个服务，功能与 nova-scheduler 类似，但二者调度的内容完全不同。当有外部请求通过 cinder-api 到达时，cinder-scheduler 负责筛选出合适的 cinder-volume 进行块存储设备的创建。基于不同的后台配置，我们可以选择不同的调度算法，比较简单的调度算法有 round-robin，稍微复杂一些的算法如过滤器的算法。cinder-scheduler 默认的调度算法有按容量调度、按 AZ 调度、按 Volume 类型调度、按用户定义的不同属性调度等。
- cinder-volume。管理 Cinder 中的后端块存储设备。
- cinder-backup。它的主要功能是将块存储设备中的 Volume 备份到 OpenStack 中的对象存储（Swift）中，除此之外，它还支持将数据备份到 TSM、Google Cloud Storage 等。

以上服务之间的关系如图 9.1 所示。

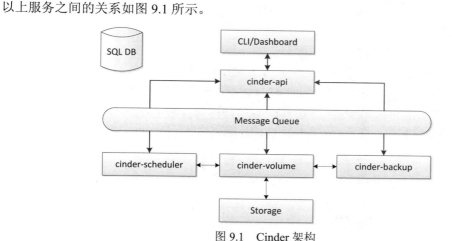

图 9.1　Cinder 架构

从图 9.1 可以看出，当外部请求从 CLI 或 Dashboard 发送给 Cinder 时，最先接收到此请求的是 cinder-api 组件，cinder-api 会把此请求发送到 Cinder 中的其他组件，Cinder 中不同组件间的消息传递是通过消息队列方式进行的。cinder-volume 主要负责对接不同厂商的存储后端，目前为止，cinder-volume 所支持的后端驱动如图 9.2 所示。

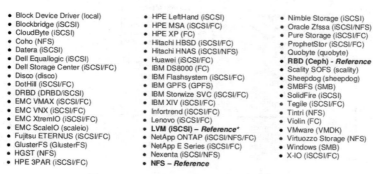

图 9.2　Cinder Volume 支持的后端驱动

虽然不同的后端驱动有各自不同的实现方式，但是对于这些驱动来说，它们都需要支持以下最小功能集：

- Volume Create/Delete
- Volume Attach/Detach
- Snapshot Create/Delete
- Create Volume from Snapshot
- Copy Image to Volume
- Copy Volume to Image
- Clone Volume
- Extend Volume

在本地存储中，cinder-volume 可以使用 LVM 作为后端驱动，该驱动当前的实现需要在主机上事先用 LVM 命令创建一个 cinder-volumes 的 vg，当该主机接受到创建卷请求的时候，cinder-volume 在该 vg 上创建一个 LV，并且用 openiscsi 将这个卷当作一个 iSCSI tgt 给 Export。当然还可以将若干主机的本地存储用 Sheepdog 虚拟成一个共享存储，然后使用 Sheepdog 驱动。

图 9.3 展示了 Cinder 与 OpenStack 中 Nova 组件的关系，从图中可以看出，二者进行通信时，同样需要经过消息队列。

图 9.3 的右边是 Cinder 的基本服务，主要包含 cinder-api 和 cinder-volume。当用户通过 CLI 或 Dashboard 发出创建 Volume 的请求时，最先会由 cinder-api 接收到，然后再由它将此请求发送给 cinder-volume，在 cinder-volume 中有一个 Volume Manager，这个 Manager 将会负责对接不同的存储后端驱动，图 9.3 右下角所示的就是其中一种存储后端，它可以是 EMC 的存储后端，也可以是 NetApp 的存储后端。这里需要注意的一点是，当对接不同的后端驱动时，Volume Manager 必须对接相应的 Driver。

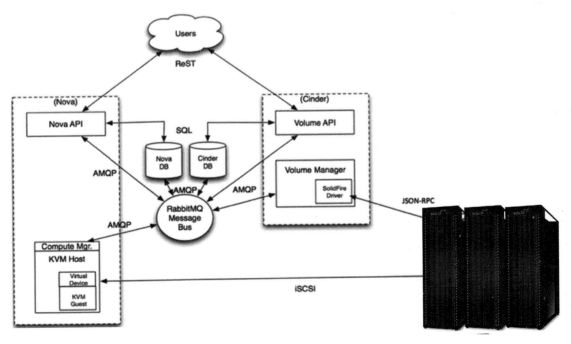

图 9.3 Cinder 与其他组件的关系

9.2　Cinder 的安装

这里的安装是在用户已经安装了 OpenStack 基础服务的基础上进行的，确切地说，本节将会带领大家学习如何在已经部署了 OpenStack 的环境中安装 Cinder 组件。在安装之前，大家应该确保已部署的环境中可以通过 Nova 服务创建虚拟机。

为了简化安装部署，本节采用本地存储，以 LVM 作为存储后端，另外，通过 iSCSI 将 Volume 挂载到虚拟机上。这里仅会部署一个存储节点，当然，如果读者愿意的话，可以自行基于此方法进行水平扩展。

注意：如果读者对于安装已经完全掌握了，那么可以略过本节。

9.2.1　安装与配置存储节点

1. 环境准备

在进行本步骤的安装前，我们需要选择正确的存储设备，当设备准备好后，就开始安装吧。主要的安装内容就是相关的包和 LVM 相关配置。

（1）安装相关的包。

安装 LVM 包：

```
yum install lvm2
```

设置 LVM 开机启动：

```
# systemctl enable lvm2-lvmetad.service
# systemctl start lvm2-lvmetad.service
```

（2）创建 LVM 物理卷。

代码如下：

```
# pvcreate /dev/sdb
Physical volume "/dev/sdb" successfully created
```

（3）创建 LVM Volume Group。

代码如下：

```
# vgcreate cinder-volumes /dev/sdb
Volume group "cinder-volumes" successfully created
```

（4）为 Nova 服务配置 Volume。

只有 Nova 服务才能获取块存储的 Volume，但是，所有的 Volume 存储设备都是由底层的操作系统所管理。默认情况下，LVM Scan 工具会扫描/dev 目录获取含有 Volume 的块存储设备。如果我们使用 LVM 工具去扫描并尝试获取这些 Volume 时，通常会引发许多异常，因此为了避免这些错误，我们需要配置 LVM，让它只扫描包含有 cinder-volume Volume Group 的设备。

这些配置可以通过/etc/lvm/lvm.conf 设置。打开此文件，在 devices 部分添加以下内容，以便让 LVM 只扫描/dev/sdb 而不扫描其他的目录：

```
devices {
…
filter = [ "a/sdb/", "r/.*/"]
```

这里的 a 表示 accept，r 表示 reject。最后的 ".*" 是正则表达式，并且上述列表必须以"r/.*/"结尾。

注意：对于其他组件的安装来说，这些配置是 Cinder 所独有的。

2. 相关服务安装与配置

安装 OpenStack Cinder 服务及必要的 CLI，如下：

```
# yum install OpenStack-cinder targetcli python-keystone
```

安装完成后，需要对 Cinder 组进行配置，Cinder 相关的配置都放在了/etc/cinder/cinder.conf 中。

（1）设置 Cinder 的数据库连接，代码如下：

```
[database]
# ...
connection = mysql+pymysql://cinder:CINDER_DBPASS@controller/cinder
```

（2）设置消息队列，代码如下：

```
[DEFAULT]
# ...
transport_url = rabbit://OpenStack:RABBIT_PASS@controller
```

（3）配置认证服务，代码如下：

```
[DEFAULT]
# ...
auth_strategy = keystone

[keystone_authtoken]
# ...
auth_uri = http://controller:5000
auth_url = http://controller:35357
memcached_servers = controller:11211
auth_type = password
project_domain_id = default
user_domain_id = default
project_name = service
username = cinder
password = CINDER_PASS
```

（4）配置 my_ip，代码如下：

```
[DEFAULT]
# ...
my_ip = MANAGEMENT_INTERFACE_IP_ADDRESS
```

（5）设置 cinder-volume 的后端 Driver 为 LVM，代码如下：

```
[DEFAULT]
# ...
enabled_backends = lvm

[lvm]
volume_driver = cinder.volume.drivers.lvm.LVMVolumeDriver
volume_group = cinder-volumes
```

```
iscsi_protocol = iscsi
iscsi_helper = lioadm
```

(6)设置 lock_path，代码如下：

```
[oslo_concurrency]
# ...
lock_path = /var/lib/cinder/tmp
```

3．设置开机启动

代码如下：

```
# systemctl enable OpenStack-cinder-volume.service target.service
# systemctl start OpenStack-cinder-volume.service target.service
```

注意：笔者安装时使用的是 CentOS 系统，所以这里开机启动是通过 systemctl 命令实现的，读者在安装之前请先确认自己所用的操作系统。

9.2.2 安装与配置控制节点

1．环境准备

在进行 Cinder 的安装前，必须为 Cinder 创建相应的数据库、Endpoints 和服务的认证信息等。

(1)创建 Cinder 相关的数据库，代码如下：

```
$ mysql -u root -p
MariaDB [(none)]> CREATE DATABASE cinder;

MariaDB [(none)]> GRANT ALL PRIVILEGES ON cinder.* TO 'cinder'@'localhost' \
  IDENTIFIED BY 'CINDER_DBPASS';
MariaDB [(none)]> GRANT ALL PRIVILEGES ON cinder.* TO 'cinder'@'%' \
  IDENTIFIED BY 'CINDER_DBPASS';
```

(2)设置环境变量，以便正常运行 CLI，代码如下：

```
$ . admin-openrc
```

(3)创建 Cinder 用户 cinder，代码如下：

```
$ OpenStack user create --domain default --password-prompt cinder

User Password:
Repeat User Password:
+---------------------+----------------------------------+
| Field               | Value                            |
+---------------------+----------------------------------+
| domain_id           | default                          |
| enabled             | True                             |
| id                  | 9d7e33de3e1a498390353819bc7d245d |
| name                | cinder                           |
| options             | {}                               |
| password_expires_at | None                             |
+---------------------+----------------------------------+
```

(4)将 admin 角色赋给 cinder 用户，代码如下：

```
$ OpenStack role add --project service --user cinder admin
```

（5）创建 cinderv2 和 cinderv3，代码如下：

```
$ OpenStack service create --name cinderv2 \
  --description "OpenStack Block Storage" volumev2

+-------------+----------------------------------+
| Field       | Value                            |
+-------------+----------------------------------+
| description | OpenStack Block Storage          |
| enabled     | True                             |
| id          | eb9fd245bdbc414695952e93f29fe3ac |
| name        | cinderv2                         |
| type        | volumev2                         |
+-------------+----------------------------------+

$ OpenStack service create --name cinderv3 \
  --description "OpenStack Block Storage" volumev3

+-------------+----------------------------------+
| Field       | Value                            |
+-------------+----------------------------------+
| description | OpenStack Block Storage          |
| enabled     | True                             |
| id          | ab3bbbef780845a1a283490d281e7fda |
| name        | cinderv3                         |
| type        | volumev3                         |
+-------------+----------------------------------+
```

（6）创建 Cinder 的 Endpoints：publicURL、internalURL 和 adminURL。

创建 publicURL，代码如下：

```
$ OpenStack endpoint create --region RegionOne \
  volumev2 public http://controller:8776/v2/%\(project_id\)s

+--------------+------------------------------------------+
| Field        | Value                                    |
+--------------+------------------------------------------+
| enabled      | True                                     |
| id           | 513e73819e14460fb904163f41ef3759         |
| interface    | public                                   |
| region       | RegionOne                                |
| region_id    | RegionOne                                |
| service_id   | eb9fd245bdbc414695952e93f29fe3ac         |
| service_name | cinderv2                                 |
| service_type | volumev2                                 |
| url          | http://controller:8776/v2/%(project_id)s |
+--------------+------------------------------------------+
```

创建 internalURL，代码如下：

```
$ OpenStack endpoint create --region RegionOne \
  volumev2 internal http://controller:8776/v2/%\(project_id\)s

+--------------+------------------------------------------+
| Field        | Value                                    |
```

```
+-------------+-----------------------------------------+
| enabled     | True                                    |
| id          | 6436a8a23d014cfdb69c586eff146a32        |
| interface   | internal                                |
| region      | RegionOne                               |
| region_id   | RegionOne                               |
| service_id  | eb9fd245bdbc414695952e93f29fe3ac        |
| service_name| cinderv2                                |
| service_type| volumev2                                |
| url         | http://controller:8776/v2/%(project_id)s|
+-------------+-----------------------------------------+
```

创建 adminURL,代码如下:

```
$ OpenStack endpoint create --region RegionOne \
  volumev2 admin http://controller:8776/v2/%\(project_id\)s

+-------------+-----------------------------------------+
| Field       | Value                                   |
+-------------+-----------------------------------------+
| enabled     | True                                    |
| id          | e652cf84dd334f359ae9b045a2c91d96        |
| interface   | admin                                   |
| region      | RegionOne                               |
| region_id   | RegionOne                               |
| service_id  | eb9fd245bdbc414695952e93f29fe3ac        |
| service_name| cinderv2                                |
| service_type| volumev2                                |
| url         | http://controller:8776/v2/%(project_id)s|
+-------------+-----------------------------------------+
```

以上是为 cinderv2 创建的 Endpoints,下面需要为 cinderv3 创建相应的 Endpoint。注意这两者的区别:cinderv2 的 Endpoint 中,携带的版本信息是 V2, cinderv3 的 Endpoint 中,携带的版本信息是 V3。

具体创建代码如下:

```
$ OpenStack endpoint create --region RegionOne \
  volumev3 public http://controller:8776/v3/%\(project_id\)s

+-------------+-----------------------------------------+
| Field       | Value                                   |
+-------------+-----------------------------------------+
| enabled     | True                                    |
| id          | 03fa2c90153546c295bf30ca86b1344b        |
| interface   | public                                  |
| region      | RegionOne                               |
| region_id   | RegionOne                               |
| service_id  | ab3bbbef780845a1a283490d281e7fda        |
| service_name| cinderv3                                |
| service_type| volumev3                                |
| url         | http://controller:8776/v3/%(project_id)s|
+-------------+-----------------------------------------+
$ OpenStack endpoint create --region RegionOne \
```

```
volumev3 internal http://controller:8776/v3/%\(project_id\)s

+---------------+----------------------------------------+
| Field         | Value                                  |
+---------------+----------------------------------------+
| enabled       | True                                   |
| id            | 94f684395d1b41068c70e4ecb11364b2       |
| interface     | internal                               |
| region        | RegionOne                              |
| region_id     | RegionOne                              |
| service_id    | ab3bbbef780845a1a283490d281e7fda       |
| service_name  | cinderv3                               |
| service_type  | volumev3                               |
| url           | http://controller:8776/v3/%(project_id)s |
+---------------+----------------------------------------+
$ OpenStack endpoint create --region RegionOne \
  volumev3 admin http://controller:8776/v3/%\(project_id\)s

+---------------+----------------------------------------+
| Field         | Value                                  |
+---------------+----------------------------------------+
| enabled       | True                                   |
| id            | 4511c28a0f9840c78bacb25f10f62c98       |
| interface     | admin                                  |
| region        | RegionOne                              |
| region_id     | RegionOne                              |
| service_id    | ab3bbbef780845a1a283490d281e7fda       |
| service_name  | cinderv3                               |
| service_type  | volumev3                               |
| url           | http://controller:8776/v3/%(project_id)s |
+---------------+----------------------------------------+
```

2. 安装配置相关服务

下面开始 Cinder 相关包的安装，然后修改数据库相关。

（1）安装 Cinder 相关的包，代码如下：

```
# yum install OpenStack-cinder
```

（2）修改/etc/cinder/cinder.conf。

修改数据库连接，这一部分与前面讲解的修改数据库连接的方式是一样的，代码如下：

```
[database]
# …
connection = mysql+pymysql://cinder:CINDER_DBPASS@controller/cinder
```

注意： 每一个组件的配置文件中都会有一行类似上面内容的数据库配置选项，"//" 后面的内容是此组件登录数据库时所使用的用户名和密码。

修改消息队列相关配置，代码如下：

```
[DEFAULT]
# …
transport_url = rabbit://OpenStack:RABBIT_PASS@controller
```

修改认证相关的配置,代码如下:

```
[DEFAULT]
# …
auth_strategy = keystone

[keystone_authtoken]
# …
auth_uri = http://controller:5000
auth_url = http://controller:35357
memcached_servers = controller:11211
auth_type = password
project_domain_id = default
user_domain_id = default
project_name = service
username = cinder
password = CINDER_PASS
```

(3)设置 lock_path,代码如下:

```
[oslo_concurrency]
# …
lock_path = /var/lib/cinder/tmp
```

(4)同步数据库,代码如下:

```
# su -s /bin/sh -c "cinder-manage db sync" cinder
```

3. 配置计算服务

以上是对 Cinder 的服务配置,此处是 Nova 中的 Cinder 的相关配置,在/etc/nova/nova.conf 中添加以下内容:

```
[cinder]
os_region_name = RegionOne
```

注意:初学者一定要按照文档内容——进行配置,这样才能避免出现问题,有一定经验的人员进行安装时,可以根据需要自行配置。

4. 设置开机启动

重启 Cinder 服务,代码如下:

```
# systemctl restart openstack-nova-api.service
```

设置服务开机启动,代码如下:

```
# systemctl enable openstack-cinder-api.service openstack-cinder-scheduler.service
# systemctl start openstack-cinder-api.service openstack-cinder-scheduler.service
```

9.2.3 安装与配置 Backup 服务

Backup 服务的安装与配置比前两节的安装与配置简单一些。这一部分不是必需的,可以选择性地安装,在一般的生产环境中,有些厂商不会部署此服务。为了简化安装,cinder-backup 将使用块存储节点和 Swift 驱动。

关于 Swift 驱动的安装并不会在本小节涉及,如果需要了解其安装请查阅 Swift 相关的安装部署内容。对 cinder-backup 的安装可以分为两步。

1. 安装并配置相关服务

还是先安装 Cinder 相关的包，然后再配置 Swift URL。

（1）安装 Cinder 相关的包：

```
# yum install OpenStack-cinder
```

（2）修改 Cinder 的配置文件：/etc/cinder/cinder.conf。

（3）在[DEFAULT]字段中设置 cinder-backup 的驱动及 Swift URL：

```
[DEFAULT]
# ...
backup_driver = cinder.backup.drivers.swift
backup_swift_url = SWIFT_URL
```

上述配置中的 SWIFT_URL 需要用户自行替换，上面用到的 SWIFT_URL 可以使用以下命令查询：

```
$ OpenStack catalog show object-store
```

2. 设置开机启动

代码如下：

```
systemctl enable OpenStack-cinder-backup.service
# systemctl start OpenStack-cinder-backup.service
```

9.2.4 安装正确性验证及 Cinder 基本操作

Cinder 服务部署完成后，需要进一步验证上述安装步骤的正确性，以确保 Cinder 服务正确安装。

1. 正确性验证

在运行 Cinder 的 CLI 中，首先需要设置环境变量：

```
$ . admin-openrc
```

然后，通过以下命令查看前面安装的 Cinder 服务是否已经正常运行：

```
$ openstack volume service list

+------------------+------------+------+---------+-------+----------------------------+
| Binary           | Host       | Zone | Status  | State | Updated_at                 |
+------------------+------------+------+---------+-------+----------------------------+
| cinder-scheduler | controller | nova | enabled | up    | 2016-09-30T02:27:41.000000 |
| cinder-volume    | block@lvm  | nova | enabled | up    | 2016-09-30T02:27:46.000000 |
+------------------+------------+------+---------+-------+----------------------------+
```

如果得到上述结果说明 Cinder 服务已经正确安装。

2. Cinder 基本操作

Cinder 中有许多操作，大体分为以下几类。

1. Volume 基础操作

（1）创建 Volume：

```
cinder create
```

（2）删除 Volume：

`cinder delete`

（3）修改 Volume 大小：

`cinder extend`

（4）获取 Volume：

`cinder list`

（5）查看 Volume 详情：

`cinder show`

（6）迁移 Volume：

`cinder migrate`

2. QoS 操作

```
cinder qos-create
cinder qos-delete
cinder qos-list
cinder qos-show
cinder qos-associate
cinder qos-disassociate
cinder qos-key
```

3. Snapshot 操作

```
cinder snapshot-create
cinder snapshot-delete
cinder snapshot-list
cinder snapshot-show
cinder snapshot-manage
cinder snapshot-rename
```

4. Type 操作

```
cinder type-create
cinder type-delete
cinder type-list
cinder type-show
cinder type-update
cinder type-default
```

5. Backup 操作

```
cinder backup-create
cinder backup-delete
cinder backup-list
cinder backup-export
cinder backup-import
cinder backup-show
cinder backup-restore
```

9.2.5 Cinder 配置存储后端

为 Cinder 提供后端存储的 Driver 有很多，基本上可以归纳为三大类：
- 本地存储。最常见的本地存储方式就是以 LVM 作为后端存储驱动。
- 分布式存储。如 Ceph、Sheepdog 和 GPFS 等。
- SAN 存储。如 EMC、IBM、NetApp 等。

注意：LVM 是一种最为常见的后端存储驱动。

【示例 9-1】LVM 作为 Cinder 的后端存储。

下面来看如何通过 Cinder 的配置文件设置其后端存储为 LVM。Cinder 的配置文件 /etc/cinder/cinder.conf 中有如下针对 LVM 的配置：

```
/etc/cinder/cinder.conf
52 [lvmdriver-1]
53 image_volume_cache_enabled = True
54 volume_clear = zero
55 lvm_type = default
56 iscsi_helper = tgtadm
57 volume_group = stack-volumes-lvmdriver-1
58 volume_driver = cinder.volume.drivers.lvm.LVMVolumeDriver
59 volume_backend_name = lvmdriver-1
```

这里的 volume_group 是指 Cinder 所使用的 Volume Group，因为这是从 DevStack 中拷贝出来的，所以其默认值为 stack-volumes-lvmdriver-1，在实际的部署中这里的默认值是 cinder-volume。为什么需要设置一个 volume_group 呢？因为 Cinder 在使用 LVM 做后端存储时，该后端存储的驱动事先在主机中通过 LVM 命令创建了一个 Volume Group，当主机收到创建的 Volume 请求时，cinder-volume 会在这个卷组上创建一个 LV（Logical Volume），然后通过 iSCSI 将其输出。

volume_driver 是指驱动的类型，Cinder 支持两种传输协议：iSCSI 和 iSER。

volume_backend_name 是在创建 Volume 时可选的值。

当我们成功创建一个 Volume 后，可以通过 LVS 查看如下信息：

```
stack@dev:~$ sudo lvs
  LV                                          VG                          Attr       LSize
  volume-290e466d-f8e3-4b70-8553-4145f00d3279 stack-volumes-lvmdriver-1 -wi-a-----  1.00g
  volume-7ba53ee4-ba06-4173-8b3c-b8bce2024658 stack-volumes-lvmdriver-1 -wi-a-----  1.00g
  volume-c5cd4afc-f52d-4720-b4a2-9b066204dbdb stack-volumes-lvmdriver-1 -wi-a-----  1.00g
```

可以看到，在名为 stack-volumes-lvmdriver-1 的 VG 中创建了一个 LV（Logical Volume），下面再看其中一个 LV 的详情：

```
stack@dev:~$ sudo lvdisplay /dev/stack-volumes-lvmdriver-1/volume-c5cd4afc-f52d-4720-b4a2-9b066204dbdb
  --- Logical volume ---
  LV Path                /dev/stack-volumes-lvmdriver-1/volume-c5cd4afc-f52d-4720-b4a2-9b066204dbdb
  LV Name                volume-c5cd4afc-f52d-4720-b4a2-9b066204dbdb
  VG Name                stack-volumes-lvmdriver-1
```

```
LV UUID                FpeJZE-kHUW-CdRw-lHQi-ZG3p-xF1N-UN79UI
LV Write Access        read/write
LV Creation host, time dev, 2017-10-12 20:31:05 +0800
LV Status              available
# open                 0
LV Size                1.00 GiB
Current LE             256
Segments               1
Allocation             inherit
Read ahead sectors     auto
- currently set to     256
Block device           252:2
```

上述配置是添加一个 LVM Backend。实际上，我们可以使用多个 LVM Backend。从上面的分析中可以知道，在使用 LVM 做后端存储时，首先需要创建一个 Volume Group，所以，对于多后端情况的 LVM 存储方式，同样需要先创建多个 Volume Group。总结一下这种方式的配置步骤：

（1）创建多个 Volume Group。

（2）修改/etc/cinder/cinder.conf 文件，在[default]字段中添加内容。

```
enabled_backends = lvmdriver-1
```

（3）创建新的 Volume 类型。

```
stack@dev:~$ cinder type-create jeguan_cinder_type
+--------------------------------------+-------------------+-------------+-----------+
| ID                                   | Name              | Description | Is_Public |
+--------------------------------------+-------------------+-------------+-----------+
| 72b64665-a856-43fc-9f9b-d55fbfabdf0e | jeguan_cinder_type|      -      |    True   |
+--------------------------------------+-------------------+-------------+-----------+
```

（4）设置 Volume 类型的 volume_backend_name。

```
cinder type-key jeguan_cinder_type set volume_backend_name= lvmdriver-1
```

经过以上四步就成功配置了 Cinder 的多后端存储。

9.3 案例实战——通过 Heat 模板创建 Cinder Volume

对于新知识，我们应该做到活学活用，这样才能融会贯通。前面的内容简单介绍了 Cinder 相关的命令，在较为简单的场景下，可以使用上面介绍的 CLI 来创建 Cinder 相关的服务。

但是在本章之前，我们学习过一个 Heat 组件。Heat 是一个用于资源编排的组件，通过 YAML 模板可以一键管理 OpenStack 中的相关资源，因此，通过 Heat 来管理资源会更加方便。

注意：OpenStack 中的许多组件之间都可以相互协同，共同完成一些任务，对于具有编排作用的 Heat 来说这一点特别突出，通过 Heat 可以很方面地实现对其他组件的调用。

前几章的例子中，我们通过 Heat 管理了虚拟机的生命周期，如虚拟机的创建、删除等操作。那么基于此，我们是否可以通过 Heat 实现对 Volume 生命周期的管理呢？答案是肯定的。本节将给大家展示如何通过 Heat 来创建与管理 Cinder Volume。

在 Heat 中，它定义了一个名为 OS::Cinder::Volume 的资源用于映射 Cinder Volume。通过以下命令可以查看此资源的相关属性：

```
[root@controller1 ~]# heat resource-type-show OS::Cinder::Volume
{
  "attributes": {
    "status": {},
    "metadata_values": {},
    "display_name": {},
    "attachments": { },
    "availability_zone": {},
    "bootable": {},
    "encrypted": {},
    "created_at": {},
    "display_description": { },
    "volume_type": {},
    "snapshot_id": {},
    "source_volid": {},
    "size": {},
    "id": {},
    "metadata": {}
  },
  "properties": {
    "size": {},
    "backup_id": {},
    "description": { },
    "imageRef": {},
    "availability_zone": {},
    "image": { },
    "source_volid": {    },
    "name": {    },
    "volume_type": {    },
    "snapshot_id": {    },
    "scheduler_hints": {    },
    "metadata": { },
  "resource_type": "OS::Cinder::Volume"
}
```

以上内容有所删减，如果需要查看详细信息，请自行运行上述命令。当运行上述命令之后，可以看到共有三类返回值：attributes、properties、resource_type。其中：

- attributes 是指当此资源创建完成后，资源所具有的属性，这些属性可以使用 get_attr 方法获取；
- properties 是进行资源创建时，用户需要提供的参数，这些属性中，有些是必需的参数，有些是可选的参数，用户可以根据实际情况提供；
- resource_type 的值是指此资源在 Heat 中的名称。

下面介绍如何通过 Heat 创建 Cinder Volume。

首先，需要准备 Cinder Volume 相关的 YAML 模板，代码如下：

```
[root@controller1 ~]# cat cinder_create.yaml
heat_template_version: 2015-04-30

description: |
```

example to show to create a volume with heat.
```
parameters:
  volume_size:
    type: number
    default: 2
  volume_name:
    type: string
    default: jeguan_volume_test

resources:
  jeguan_volume:
    type: OS::Cinder::Volume
    properties:
      name: {get_param: volume_name}
      size: {get_param: volume_size}

outputs:
  volume_size:
    value: {get_attr: [jeguan_volume, size]}
  volume_type:
value: {get_attr: [jeguan_volume, volume_type]}
```

- **heat_template_version**：必要字段。指定了我们需要使用的模板版本号，在 O 版以后的 Heat 中，可以通过 heat template-version-list 查看当前所支持的模板版本，如图 9.4 所示。

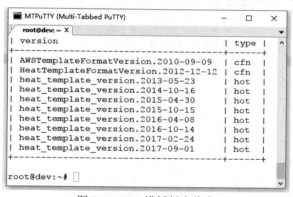

图 9.4　Heat 模板版本信息

- **description**：非必要字段。是对模板的模述。
- **parameters**：非必要字段。用于定义模板所需要的参数。
- **resources**：必要字段。用于字义所需要创建的资源，这里我们需要创建一个 Volume 资源，所以它的类型为 OS::Cinder::Volume。

outputs：定义资源创建完成后的输出，外部资源可以获取 outputs 中变量的值。

注意：对于数据库表的定义，我们可以通过 mysql –uroot –p 的方式登录到数据库中，使用 desc 命令查看，也可以从代码中查看，定义数据库表的文件存放在 db/sqlalchemy/models.py 中。不同的组件具体目录可能有所差别。

模板准备完成后，就是执行命令创建资源了，如图 9.5 所示：

```
[root@controller1 ~]# heat stack-create -f cinder_create.yaml cinder_create_jeguan
+--------------------------------------+---------------------+------------------+
| id                                   | stack_name          | stack_status     |
+--------------------------------------+---------------------+------------------+
| 1aa5f72b-2d97-4019-8b79-bd9bc3641a89 | cinder_create_jeguan| CREATE_IN_PROGRESS|
+--------------------------------------+---------------------+------------------+
```

图 9.5　创建 Volume

创建完成后通过 cinder list 查看我们创建的 Volume，如图 9.6 所示。

```
stack@dev:~$ cinder list
+--------------------------------------+-----------+-------------------+------+-------------+
| ID                                   | Status    | Name              | Size | Volume Type |
+--------------------------------------+-----------+-------------------+------+-------------+
| 7ba53ee4-ba06-4173-8b3c-c8bce2024658 | available | jeguan_volume_test| 1    | lvmdriver-1 |
+--------------------------------------+-----------+-------------------+------+-------------+
```

图 9.6　查看 Cinder Volume

这里需要注意的是，cinder list 中有一个字段 Volume Type，因为 cinder-volume 后端驱动使用的是 LVM，所以这里 Volume Type 的值为 lvmdriver-1，如果后端驱动使用 Ceph，那么 Volume Type 的值如图 9.7 所示。

```
[root@controller1 ~]# cinder list
+--------------------------------------+-----------+-------------------+------+-------------+
|                  ID                  | Status    | Name              | Size | Volume Type |
+--------------------------------------+-----------+-------------------+------+-------------+
| 2ce991c9-d0f9-4772-a4a4-2197c4351f51 | available | jeguan_volume_test| 2    | rbd-type    |
+--------------------------------------+-----------+-------------------+------+-------------+
```

图 9.7　cinder-volume 使用 Ceph 作后端驱动

Outputs 的内容如下：

```
[root@controller1 ~]# heat output-list cinder_create_jeguan
+-----------------+-----------------------------+
| output_key      | description                 |
+-----------------+-----------------------------+
| volume_size     | No description given        |
| volume_type     | No description given        |
+-----------------+-----------------------------+
[root@controller1 ~]# heat output-show cinder_create_jeguan volume_size
"2"
[root@controller1 ~]# heat output-show cinder_create_jeguan volume_type
"rbd-type"
```

9.4　Cinder API 服务启动过程分析

cinder-api 作为 Cinder 服务的入口服务，对外可以接收外部 REST 请求，对内可以进行请求的转发。本节将从 cinder-api 的代码目录结构出发，讲解 cinder-api 的代码结构、cinder-api 的启动流程，以及 Cinder 中 REST 请求的路由过程。通过对本节的学习，希望读者可以深入了解 cinder-api。

9.4.1 cinder-api 代码目录结构

这不是第一次分析服务的启动流程了,从前面的学习过程我们可以清楚地了解到,像 nova-api、heat-api 等 API 服务,本质上就是一个 WSGI 的 App,它的主要功能就是接收从 CLI 或 Dashboard 发来的 HTTP 请求,然后基本请求中携带验证信息,去 Keystone 进行合法认证,当通过 Keystone 认证后,XXX-api 会把请求继续发送到相应的服务中,同时,它也会将服务的执行结果返回给 CLI 或 Dashboard。

注意:如果读者对这一部分内容感到陌生或是没有完全掌握,建议复习第 4 章中提到的 OpenStack 通用技术。

学习 API 服务,最重要的就是要了解以下两个方面:
(1) API 服务所使用的路由框架。
(2) API 服务启动过程的初始化操作。

谈到路由框架,在 OpenStack 早期的服务(如 Nova)中,其路由框架相对比较复杂,随着 OpenStack 的发展,现在许多服务使用了 Pecan+WSME 的路由框架和参数校验方式。希望能通过本小节的实例让大家对这些相关技术和 cinder-api 的代码有较深入的了解。

在正式开始分析 cinder-api 的启动代码之前,我们先看一下 cinder-api 代码的目录结构:

```
▼ cinder/
  ▼ api/
    ▶ contrib/
    ▶ middleware/
    ▼ OpenStack/
        __init__.py
        api_version_request.py
        rest_api_version_history.rst
        versioned_method.py
        wsgi.py
    ▶ v1/
    ▼ v2/
      ▶ views/
        __init__.py
        limits.py
        router.py
        snapshot_metadata.py
        snapshots.py
        types.py
        volume_metadata.py
        volumes.py
    ▶ v3/
    ▶ views/
        __init__.py
        common.py
        extensions.py
        urlmap.py
        versions.py
```

分析如下:
- contrib:放置 Extension Resources。

- middleware：放置 Middleware 文件。
- v1/v2/v3：v1/v2/v3 API Router 和 Core Resource 文件。
- router.py：API 路由。
- snapshots.py/snapshot_metadata.py/volumes.py/volume_metadata.py/types.py：Core Resource 类。
- __init__.py：osapi_volume 的工厂方法。
- extensions.py：ExtensionManager 类文件。

以上只是 cinder-api 相关的代码，并非 Cinder 中的所有代码。

9.4.2 cinder-api 服务启动流程

与前面分析服务的方式类似，在对一个服务进行分析时，最主要的就是要找到其入口，Cinder 与 OpenStack 中的其他的服务类似，也会定义一个服务入口，这个可以从 set.cfg 中找到：

```
27 [entry_points]
…
48 console_scripts =
49     cinder-api = cinder.cmd.api:main
…
```

从[entry_points]可以看到，cinder-api 的服务入口为 cinder/cmd/api:main()，main()方法的实现如下：

```
cinder/cmd/api.py
44 CONF = cfg.CONF
45
46
47 def main():
48     objects.register_all()
49     gmr_opts.set_defaults(CONF)
50     CONF(sys.argv[1:], project='cinder',
51          version=version.version_string())
52     config.set_middleware_defaults()
53     logging.setup(CONF, "cinder")
54     python_logging.captureWarnings(True)
55     utils.monkey_patch()
56
57     gmr.TextGuruMeditation.setup_autorun(version, conf=CONF)
58
59     rpc.init(CONF)
60     launcher = service.process_launcher()
61     server = service.WSGIService('osapi_volume')
62     launcher.launch_service(server, workers=server.workers)
63     launcher.wait()
```

从代码中可以看到，在 main()方法之前定义了一个全局变量 CONF，这个变量可以存放用户在 /etc/cinder/cinder.conf 中定义的变量。

下面看一下 main()方法中的 48 和 52 两行代码。

- objects.register_all()：注册用户定义的 Cinder Objects，凡是在这里通过 __import__()方法 Import 过的 Objects 都可以获取后续相应的 RPC 请求，代码如下：

```
cinder/cinder/objects/__init__.py
23 def register_all():
…
```

```
27      __import__('cinder.objects.backup')
...
29      __import__('cinder.objects.cleanup_request')
30      __import__('cinder.objects.cgsnapshot')
31      __import__('cinder.objects.cluster')
32      __import__('cinder.objects.consistencygroup')
33      __import__('cinder.objects.qos_specs')
34      __import__('cinder.objects.request_spec')
35      __import__('cinder.objects.service')
36      __import__('cinder.objects.snapshot')
37      __import__('cinder.objects.volume')
38      __import__('cinder.objects.volume_attachment')
39      __import__('cinder.objects.volume_type')
40      __import__('cinder.objects.group_type')
41      __import__('cinder.objects.group')
42      __import__('cinder.objects.group_snapshot')
43      __import__('cinder.objects.manageableresources')
44      __import__('cinder.objects.dynamic_log')
```

- config.set_middleware_defaults()：为 oslo.middleware 设置一些默认值。

接下来看一下 rpc.init()方法，代码如下：

```
cinder/cinder/rpc.py
55 def init(conf):
56      global TRANSPORT, NOTIFICATION_TRANSPORT, NOTIFIER
57      exmods = get_allowed_exmods()
58      TRANSPORT = messaging.get_rpc_transport(conf,
59                                  allowed_remote_exmods=exmods)
60      NOTIFICATION_TRANSPORT = messaging.get_notification_transport(
61          conf,
62          allowed_remote_exmods=exmods)
63
64      #获取那些已经加载了oslo_messaging Notification的配置组，通过这些配置组
65      #可以确定这些事件通知是否已经被开启
66      if utils.notifications_enabled(conf):
67          json_serializer = messaging.JsonPayloadSerializer()
68          serializer = RequestContextSerializer(json_serializer)
69          NOTIFIER = messaging.Notifier(NOTIFICATION_TRANSPORT,
70                                  serializer=serializer)
71      else:
72          NOTIFIER = utils.DO_NOTHING
```

与其他 API 服务的启动一样，cinder-api 服务启动时，也需要定义全局的 NOTIFIER 和 TRANSPORT，为通过 RPC 方式进行消息传递做好准备。

```
cinder/cmd/api.py
    60      launcher = service.process_launcher()
    61      server = service.WSGIService('osapi_volume')
    62      launcher.launch_service(server, workers=server.workers)
    63      launcher.wait()
```

这 4 行代码可谓是 cinder-api 启时的关键所在，从 61 行可知，cinder-api 是一个 WSGI Server，在启动此 WSGI Server 时，需要指定要启动的 Worker 数量，如果用户通过/etc/cinder/cinder.conf 进行了

相应的配置,那么 cinder-api 的 Worker 数量将会与用户设定的数量一致,如果用户没有明确设置 cinder-api 的 Worker 数量,那么默认启动的 cinder-api 的数量与 vCPU 的数量一致。

9.4.3 REST 请求的路由

Cinder 路由请求的设定可以在/etc/cinder/api-paste.ini 中找到,上一节我们看到了 cinder-api 的启动过程中实现上启动了一个名为 osapi_volume 的 WSGI Server,那么,在/etc/cinder/api-paste.ini 中,可以看到如下代码:

```
 5 [composite:osapi_volume]
 6 use = call:cinder.api:root_app_factory
 7 /: apiversions
 8 /v1: OpenStack_volume_api_v1
 9 /v2: OpenStack_volume_api_v2
10 /v3: OpenStack_volume_api_v3
```

虽然前面已对 paste.ini 文件进行了介绍,但这里需要再提一下。代码中的 composite 字段表示将 HTTP 请求分发到一个或多个 WSGI App 上;use 表示进行请求分发时所用到的分发方式;第 7~10 行表示具体的 WSGI App。

注意:api-paste.ini 被称作组件的"活地图",意思是说,组件中请求的路由路径可以在这里指定。

下面看一下路由分发时用到的工厂函数:

```
cinder/api/__init__.py
27 def root_app_factory(loader, global_conf, **local_conf):
28     if CONF.enable_v1_api:
29         LOG.warning('The v1 API is deprecated and is not under active '
30                     'development. You should set enable_v1_api=false '
31                     'and enable_v3_api=true in your cinder.conf file.')
32     else:
33         del local_conf['/v1']
34     if not CONF.enable_v2_api:
35         del local_conf['/v2']
36     return paste.urlmap.urlmap_factory(loader, global_conf, **local_conf)
```

从注释中我们可以看到 cinderv1 已经不推荐使用了,应该使用 cinderv2。再回到/etc/cinder/api-paste.ini 查看 OpenStack_volume_api_v2,代码如下:

```
18 [composite:OpenStack_volume_api_v2]
19 use = call:cinder.api.middleware.auth:pipeline_factory
20 noauth = cors http_proxy_to_wsgi request_id faultwrap sizelimit osprofiler noauth apiv2
21 keystone = cors http_proxy_to_wsgi request_id faultwrap sizelimit osprofiler authtoken keystonecontext apiv2
22 keystone_nolimit = cors http_proxy_to_wsgi request_id faultwrap sizelimit osprofiler authtoken keystonecontext apiv2
```

从其定义方式得知,OpenStack_volume_api_v2 也是一个 composite,在其字段中定义了三个 WSGI App:noauth、keystone、keystone_nolimit。遵循上述规则,继续查看 pipeline_factory 方法的实现,代码如下:

cinder/api/middleware/auth.py

```
49 def pipeline_factory(loader, global_conf, **local_conf):
50     """ """
51     pipeline = local_conf[CONF.auth_strategy]
52     if not CONF.api_rate_limit:
53         limit_name = CONF.auth_strategy + '_nolimit'
54         pipeline = local_conf.get(limit_name, pipeline)
55     pipeline = pipeline.split()
56     filters = [loader.get_filter(n) for n in pipeline[:-1]]
57     app = loader.get_app(pipeline[-1])
58     filters.reverse()
59     for filter in filters:
60         app = filter(app)
61     return app
```

由第 51 行可知，/etc/cinder/cinder.conf 中的配置参数及它们的值都放在了 local_conf 字典中，用户在准备/etc/cinder/cinder.conf 时，可以通过设置 auth_strategy 的值决定请求将会通过哪个 WSGI App，如下：

```
14 [DEFAULT]
...
41 auth_strategy = keystone
```

当有请求到来时，首先需要经过一层层的 Filter 筛选过滤，之后才被末尾的 WSGI App 所执行。

既然涉及了 Fileter，那么我们有必要了解一下，不同的 Filter 是如何对 WSGI App 进行封装的。以/etc/cinder/api-paste.ini 中的 OpenStack_volume_api_v2 为例：

```
18 [composite:OpenStack_volume_api_v2]
...
21 keystone = cors http_proxy_to_wsgi request_id faultwrap sizelimit osprofiler
authtoken keystonecontext apiv2
```

从上述代码中可以看出，Keystone 最终执行的 WSGI App 是 apiv2，在执行 apiv2 之前，会被前面的 Fileter 过滤。这些过滤内容包括：

（1）cors

```
/etc/cinder/api-paste.ini
36 [filter:cors]
37 paste.filter_factory = oslo_middleware.cors:filter_factory
38 oslo_config_project = cinder
```

这里调用了 oslo_middleware.cors 中的方法 filter_factory，此方法的返回值是一个 cls。

（2）http_proxy_to_wsgi

```
/etc/cinder/api-paste.ini
33 [filter:http_proxy_to_wsgi]
34 paste.filter_factory = oslo_middleware.http_proxy_to_wsgi:HTTPProxyToWSGI.factory
```

调用了 oslo_middleware 中的 factory()方法将 HTTP 请求发送到 WSGI。

（3）request_id

```
/etc/cinder/api-paste.ini
30 [filter:request_id]
```

```
31 paste.filter_factory = oslo_middleware.request_id:RequestId.factory
```

这里最终返回的是一个 WSGI App,并且当此 Filter 被调用时,会调用 RequestIdMiddleware 类中的 __call__() 方法,这个方法的主要作用就是在响应的头中加入一个 x-OpenStack-request-id。

(4) faultwrap

```
/etc/cinder/api-paste.ini
40 [filter:faultwrap]
41 paste.filter_factory = cinder.api.middleware.fault:FaultWrapper.factory
```

这个 Filter 的主要作用就是对错误信息进行封装,在错误中添加一些详细信息。

(5) sizelimit

(6) osprofiler

(7) authtoken

看完 Filter 之后,再看一下 apiv2 这个 WSGI App。从它的定义可以看出其路径为 cinder/api/v2/router.py:

```
cinder/api/v2/router.py
33 class APIRouter(cinder.api.OpenStack.APIRouter):
34     """将发送到API中的HTTP请求发送到合适的controller中的方法。"""
35     ExtensionManager = extensions.ExtensionManager
```

从此方法的定义中我们并没有看到 factory() 方法,所以需要到其父类中查看,代码如下:

```
cinder/api/OpenStack/__init__.py
65 class APIRouter(base_wsgi.Router):
66     """将发送到API中的HTTP请求发送到合适的controller中的方法。"""
67     ExtensionManager = None  #需要在子类中重载
68
69     @classmethod
70     def factory(cls, global_config, **local_config):
71         """返回APIRouter类。"""
72         return cls()
```

既然返回的是 APIRouter() 类,那么我们看一下这个类的 __init__() 方法定义了哪些属性:

```
cinder/api/OpenStack/__init__.py
74     def __init__(self, ext_mgr=None):
75         if ext_mgr is None:
76             if self.ExtensionManager:
77                 ext_mgr = self.ExtensionManager()
78             else:
79                 raise Exception(_("Must specify an ExtensionManager class"))
80
81         mapper = ProjectMapper()
82         self.resources = {}
83         self._setup_routes(mapper, ext_mgr)
```

```
84          self._setup_ext_routes(mapper, ext_mgr)
85          self._setup_extensions(ext_mgr)
86          super(APIRouter, self).__init__(mapper)
```

__init__()方法中主要实例化了一个 ExtensionManager()的对象，然后创建 ProjectMapper，最后第 83~86 行为 Core 资源、Extension 资源创建路由并保存 Extension 资源的方法。

9.5 案例实战——关键代码分析

本节是针对 Cinder 组件的一个实战案例，主要分析 Volume 的创建过程、cinder-api 如何接收外部请求、cinder-scheduler 如何进行资源调度以及 cinder-volume 如何进行块设备创建。通过对本节的学习，希望读者可以在日后的工作中具备独立分析 Cinder 相关问题的能力。

注意：对于组件学习来说，在理解架构的基础上，对关键流程的代码进行分析与学习是一个不错的方法。

9.5.1 Volume 创建示例

Cinder 中的相关操作很多，对于初学者而言，刚开始的时候无须对这些操作的代码实现都一一熟知，只需要对其中较为典型的操作代码深入研究即可，其他代码可以在遇到相关问题的时候再学习，因为只要对其中的一种操作代码深入学习过，那么对其他操作代码便会有触类旁通的效果，不同操作之间最大的区别就是业务逻辑的不同。

Volume 的创建是一种常见的操作，用户可以单独使用命令行进行 Volume 的创建，另外，在创建虚拟机时，Nova 代码也将会调用 Cinder 来创建虚拟机的启动盘，所以 Volume 的创建操作是一个高频的操作。本小节将针对 Cinder 中 Volume 的创建流程进行介绍。

下面通过 cinder help create 命令查看创建 Cinder Volume 的方法：

```
stack@dev:~/cinder$ cinder help create
usage: cinder create [--consisgroup-id <consistencygroup-id>]
                     [--snapshot-id <snapshot-id>]
                     [--source-volid <source-volid>]
                     [--source-replica <source-replica>]
                     [--image-id <image-id>] [--image <image>] [--name <name>]
                     [--description <description>]
                     [--volume-type <volume-type>]
                     [--availability-zone <availability-zone>]
                     [--metadata [<key=value> [<key=value> ...]]]
                     [--hint <key=value>] [--allow-multiattach]
                     [<size>]
```

从上述帮助信息可知，创建 Volume 时需要指定 Volume 的大小，此外，用户还可以指定一些非必要的参数，如 name、volume-type 等。

命令行的创建方式如图 9.8 所示。

```
root@dev: ~
stack@dev:~/cinder$ cinder create --name jeguan_create_volume_example 1
+---------------------------------+--------------------------------------+
| Property                        | Value                                |
+---------------------------------+--------------------------------------+
| attached_servers                | []                                   |
| attachment_ids                  | []                                   |
| availability_zone               | nova                                 |
| bootable                        | false                                |
| consistencygroup_id             | None                                 |
| created_at                      | 2017-12-17T09:53:26.000000           |
| description                     | None                                 |
| encrypted                       | False                                |
| id                              | 290e466d-f8e3-4b70-8553-4145f00d3279 |
| metadata                        | {}                                   |
| migration_status                | None                                 |
| multiattach                     | False                                |
| name                            | jeguan_create_volume_example         |
| os-vol-host-attr:host           | None                                 |
| os-vol-mig-status-attr:migstat  | None                                 |
| os-vol-mig-status-attr:name_id  | None                                 |
| os-vol-tenant-attr:tenant_id    | a1454a8213e94604a8c8ab48d9fa1139     |
| replication_status              | None                                 |
| size                            | 1                                    |
| snapshot_id                     | None                                 |
| source_volid                    | None                                 |
| status                          | creating                             |
| updated_at                      | None                                 |
| user_id                         | c163d939259c458c8244ac027fbf087a     |
| volume_type                     | lvmdriver-1                          |
+---------------------------------+--------------------------------------+
```

图 9.8 创建 Cinder Volume

通过上述创建 Volume 的方法可知，Volume 的创建大致可以分为以下几步：

（1）CinderClient 发出创建 Volume 的请求，此请求将会通过 RESTful 的 API 访问 cinder-api 服务。

（2）cinder-api 接收到来自客户端的请求后，解析此请求，然后去 Keystone 进行认证，将通过认证的请求以 RPC 的方式发送给 cinder-scheduler。

（3）cinder-scheduler 从消息队列中获取创建 Volume 的请求，然后调度资源，从而为创建 Volume 选择出合适的节点。

（4）cinder-volume 调用后端配置的 Driver 创建 Volume。Driver 的选用是通过/etc/cinder/cinder.conf 设置的。

以上就是 Volume 创建时的主要操作步骤，如图 9.9 所示。

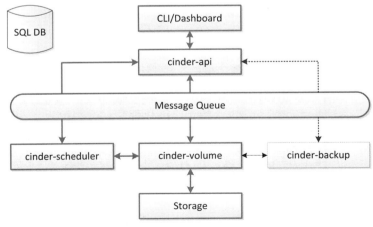

图 9.9 Cinder Volume 创建流程

图中加粗实线部分就是 Cinder Volume 的创建流程。可以看出，Cinder 创建 Volume 时，主要经过三个服务：cinder-api、cinder-scheduler 和 cinder-volume。

注意：cinder-scheduler 的主要作用是实现资源的调度，可以结合 nova-scheduler 理解并分析该服务在筛选资源时有什么异同之处。

9.5.2 代码分析之 cinder-api 接收请求

从上一小节的学习中我们了解到，Volume 创建主要涉及三个基本的服务，下面从这三个服务分别入手，看一下 Volume 的创建过程。

CinderClient 发送来的请求，最先到达以下代码：

```
cinder/api/v3/volumes.py: VolumeController
196     @wsgi.response(http_client.ACCEPTED)
197     def create(self, req, body):
198         """创建一个新的Volume.
199
200         :param req: RESTful请求
201         :param body: 请求的消息体
202         :returns: dict – 记录新创建的Volume相关信息的字典
203         :raises 如果创建时出现错误，将会抛出这两种异常HTTPNotFound, HTTPBadRequest:
204         """
...
330         new_volume = self.volume_api.create(context,
331                                             size,
332                                             volume.get('display_name'),
333                                             volume.get('display_description'),
334                                             **kwargs)
335
336         retval = self._view_builder.detail(req, new_volume)
337
338         return retval
```

在执行到 330 行之前，主要的操作是对 volume_type、metadata、snapshot 等信息进行检查，当检查通过后，才会执行到第 330 行，调用 Volume API 的 create() 方法进行创建，代码如下：

```
cinder/volume/api.py:API
218     def create(self, context, size, name, description, snapshot=None,
219              image_id=None, volume_type=None, metadata=None,
220              availability_zone=None, source_volume=None,
221              scheduler_hints=None,
222              source_replica=None, consistencygroup=None,
223              cgsnapshot=None, multiattach=False, source_cg=None,
224              group=None, group_snapshot=None, source_group=None):
...
327         try:
328             sched_rpcapi = (self.scheduler_rpcapi if (
329                             not cgsnapshot and not source_cg and
330                             not group_snapshot and not source_group)
331                             else None)
332             volume_rpcapi = (self.volume_rpcapi if (
333                              not cgsnapshot and not source_cg and
334                              not group_snapshot and not source_group)
335                              else None)
336             flow_engine = create_volume.get_flow(self.db,
```

```
337                                      self.image_service,
338                                      availability_zones,
339                                      create_what,
340                                      sched_rpcapi,
341                                      volume_rpcapi)
```

在这个方法中同样会对前面提到的参数进行检查，当检查通过后，调用 get_flow() 创建 Volume，注意，这里的 Flow 实际就是一个 TaskFlow 的 Engine，对于一些长流程的操作，TaskFlow 是一个比较好的流程控制框架。

get_flow() 方法的实现代码如下：

```
cinder/cinder/volume/flows/api/create_volume.py
835 def get_flow(db_api, image_service_api, availability_zones, create_what,
836              scheduler_rpcapi=None, volume_rpcapi=None):
837     """构造并返回一个TaskFlow的API入口.
838
839     新构建的TaskFlow将会做以下事情:
840
841     1. 为相互独立的任务（Tasks）注入Key和Value。
842     2. 提取并认证输入参数中的Key和Value。
843     3. 申请配额（当流程执行失败时，将会对申请的配额执行回滚操作）
844     4. 在数据库中创建相应的记录。
845     5. 确认配额以上申请的配额已被使用。
846     6. 向cinder-volume和cinder-scheduler广播请求，以便获得下一步的操作。
847     """
848
849     flow_name = ACTION.replace(":", "_") + "_api"
850     api_flow = linear_flow.Flow(flow_name)
851
852     api_flow.add(ExtractVolumeRequestTask(
853         image_service_api,
854         availability_zones,
855         rebind={'size': 'raw_size',
856                 'availability_zone': 'raw_availability_zone',
857                 'volume_type': 'raw_volume_type'}))
858     api_flow.add(QuotaReserveTask(),
859                  EntryCreateTask(),
860                  QuotaCommitTask())
861
862     if scheduler_rpcapi and volume_rpcapi:
863         # 这里主要通过RPC方式向cinder-volume和cinder-shceduler发送请求
864
865         api_flow.add(VolumeCastTask(scheduler_rpcapi, volume_rpcapi, db_api))
866
867     # 使用初始化数据加载上述TaskFlow
868     return taskflow.engines.load(api_flow, store=create_what)
```

总结一下，get_flow() 主要做的事情有：

（1）检查配额。

（2）创建 EntryCreateTask。主要任务是将 Volume 的创建写入到数据库中，并将卷的状态设置为 creating。

（3）创建 VolumeCastTask。调用相关的方法去创建 Volume。

通过对本小节中 cinder-api 代码的分析，可以用图 9.10 概括 Volume 创建过程中 cinder-api 服务所执行的相关操作。

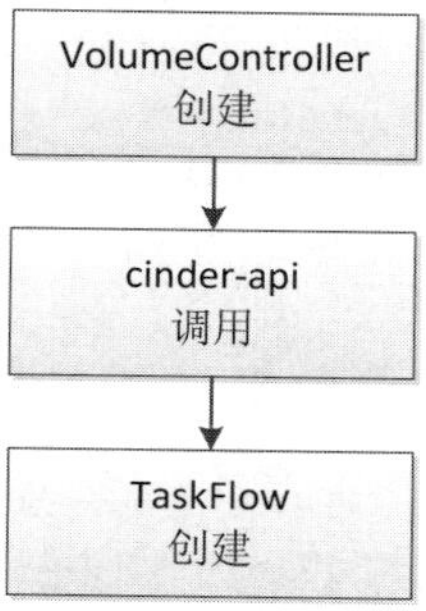

9.5.3 代码分析之 cinder-scheduler 进行资源调度

cinder-api 将处理完成的请求，以 RPC 的方式发送给 cinder-scheduler：

```
cinder/scheduler/rpcapi.py: SchedulerAPI
94      def create_volume(self, ctxt, volume, snapshot_id=None, image_id=None,
95                        request_spec=None, filter_properties=None):
96          volume.create_worker()
97          cctxt = self._get_cctxt()
98          msg_args = {'snapshot_id': snapshot_id, 'image_id': image_id,
99                      'request_spec': request_spec,
100                     'filter_properties': filter_properties, 'volume': volume}
101         return cctxt.cast(ctxt, 'create_volume', **msg_args)
```

图 9.10 cinder-api 服务相关操作

此 RPC 请求由 Cinder 中的 Manager 接收：

```
cinder/scheduler/manager.py: SchedulerManager
174     @objects.Volume.set_workers
175     def create_volume(self, context, volume, snapshot_id=None, image_id=None,
176                       request_spec=None, filter_properties=None):
177         self._wait_for_scheduler()
178
179         try:
180             flow_engine = create_volume.get_flow(context,
181                                                 self.driver,
182                                                 request_spec,
183                                                 filter_properties,
184                                                 volume,
185                                                 snapshot_id,
186                                                 image_id)
187         except Exception:
188             msg = _("Failed to create scheduler manager volume flow")
189             LOG.exception(msg)
190             raise exception.CinderException(msg)
191
192         with flow_utils.DynamicLogListener(flow_engine, logger=LOG):
193             flow_engine.run()
```

create_volume()方法将使用自己的 TaskFlow 来创建 Volume，在 create_volume()方法的 get_flow()中创建 TaskFlow 时，同时传入了 Driver。

注意：TaskFlow 是一个处理长流程业务的模块，它在 Volume 中被广泛使用，如果读者想深入了解 TaskFlow，结合 Cinder 代码进行分析是一个不错的选择。

get_flow()方法的实现如下：

```
cinder/scheduler/flows/create_volume.py
```

```python
141 def get_flow(context, driver_api, request_spec=None,
142              filter_properties=None,
143              volume=None, snapshot_id=None, image_id=None):
144
145     """构造并返回一个与Scheduler相关的TaskFlow.
146
147     新构建出的TaskFlow将会做以下三件事情:
148
149     1. 为相互独立的FlowTask注入Key和Value。
150     2. 从输入的参数中抽取cinder-scheduler相关信息。
151     3. 使用在cinder.conf中配置的cinder-scheduler Driver筛选出主机,并将创建Volume
152        的请求发送给此Host。
153     """
154     create_what = {
155         'context': context,
156         'raw_request_spec': request_spec,
157         'filter_properties': filter_properties,
158         'volume': volume,
159         'snapshot_id': snapshot_id,
160         'image_id': image_id,
161     }
162
163     flow_name = ACTION.replace(":", "_") + "_scheduler"
164     scheduler_flow = linear_flow.Flow(flow_name)
165
166     # 获取并清空变量的初始值
167     scheduler_flow.add(ExtractSchedulerSpecTask(
168         rebind={'request_spec': 'raw_request_spec'}))
169
170     # 激活相应的cinder-scheduler Driver
172     scheduler_flow.add(ScheduleCreateVolumeTask(driver_api))
173
174     # 使用初始化的数据加载TaskFlow
175     return taskflow.engines.load(scheduler_flow, store=create_what)
```

最后,cinder-scheduler 将会调用以下方法进行数据库的更新操作,更新完成后,通过消息队列将请求发送给 cinder-volume。

```python
cinder/scheduler/filter_scheduler.py: FilterScheduler
 89     def schedule_create_volume(self, context, request_spec, filter_properties):
 90         backend = self._schedule(context, request_spec, filter_properties)
 91
 92         if not backend:
 93             raise exception.NoValidBackend(reason=_("No weighed backends "
 94                                                     "available"))
 95
 96         backend = backend.obj
 97         volume_id = request_spec['volume_id']
 98
 99         updated_volume = driver.volume_update_db(context, volume_id,
100                                                  backend.host,
101                                                  backend.cluster_name)
```

```
102            self._post_select_populate_filter_properties(filter_properties,
103                                    backend)
104
106            filter_properties.pop('context', None)
107
108            self.volume_rpcapi.create_volume(context,
updated_volume, request_spec,
109                                 filter_properties,
110                                 allow_reschedule=True)
```

注意：这里再次验证了我们之前讲过的内容，即 OpenStack 组件内部服务之间的通信是通过 RPC 消息实现的。

通过对本小节中 cinder-scheduler 代码的分析，可以用图 9.11 概括 Volume 创建过程中 cinder-scheduler 服务所执行的相关操作。

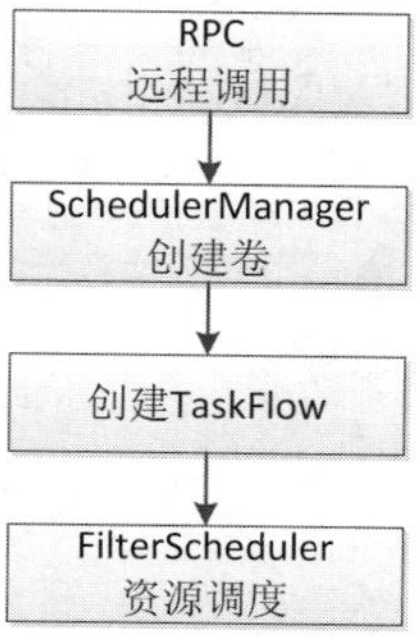

图 9.11　cinder-scheduler 服务相关操作

9.5.4　代码分析之 cinder-volume 调用 Driver 创建 Volume

cinder-scheduler 处理完请求，将此请求通过 RPC 方式发送到 cinder-volume，在 cinder-volume 的代码中，接收此 RPC 请求的是 cinder/volume/manager.py，代码如下：

```
cinder/volume/manager.py: VolumeManager
582     @objects.Volume.set_workers
583     def create_volume(self, context, volume, request_spec=None,
584                      filter_properties=None, allow_reschedule=True):
585         """创建Volume."""
...
599         try:
600             # 创建一个TaskFlow
602             flow_engine = create_volume.get_flow(
603                 context_elevated,
604                 self,
605                 self.db,
606                 self.driver,
607                 self.scheduler_rpcapi,
608                 self.host,
609                 volume,
610                 allow_reschedule,
611                 context,
612                 request_spec,
613                 filter_properties,
614                 image_volume_cache=self.image_volume_cache,
615             )
...
637         def _run_flow():
638             # 这是一个回调函数，其作用是创建一个TaskFlow。如果创建过程中出现错误，
639             # 那么TaskFlow将会回退所有的操作并抛出相应异常；如果所有的步骤都正常
640             # 执行，那么由TaskFlow执行过程中所产生的所有数据都将会被保存起来。
641             #
642             with flow_utils.DynamicLogListener(flow_engine, logger=LOG):
643                 flow_engine.run()
```

cinder-volume 与 cinder-api、cinder-scheduler 类似，也会为自己创建一个 TaskFlow 去执行相应的操作。不同的是，cinder-api、cinder-scheduler 和 cinder-volume 这三者所调用的 get_flow()方法都各不相同， cinder-volume 所调用的 get_flow()方法的实现代码如下：

```
cinder/cinder/volume/flows/manager/create_volume.py
1027 def get_flow(context, manager, db, driver, scheduler_rpcapi, host, volume,
1028              allow_reschedule, reschedule_context, request_spec,
1029              filter_properties, image_volume_cache=None):
1030
1031     """构造并返回一个TaskFlow的对象实例
1032
1033     新构建的TaskFlow实例，将负责如下操作：
1034
1035     1. 确定rescheduling是否是enable状态。
1036     2. 为相互独立的Task注入Key和Value。
1037     3. 从failure task中执行相应的操作。（在Volume定义的TaskFlow中有两类错误：
1038        一类是更新数据库状态并发出Notification；另一类是更新数据库状态、发出Notification
            并执行rescheduler。）
1039     4. 从输入参数中获得Volume相关的详细信息。
1040     5. 发送Notification，通知其他服务"创建Volume"已启动。
1041     6. 从与Volume创建相关的信息中提供有用值并创建Volume。
1042     7. 绑定一个on-success的Task，以便当Volume创建完成后可以将"创建完成"的消息通
1043        知给其他服务，同时触发相应的服务，更新数据库中的Volume状态。
1044     """
1045
1046     flow_name = ACTION.replace(":", "_") + "_manager"
1047     volume_flow = linear_flow.Flow(flow_name)
1048
1049     # 将TaskFlow启动时的数据添加到WorkFlow中，这样做的目的是为了可以为后续Task
1050     # 的执行确定执行顺序
1052     create_what = {
1053         'context': context,
1054         'filter_properties': filter_properties,
1055         'request_spec': request_spec,
1056         'volume': volume,
1057     }
1058
1059     volume_flow.add(ExtractVolumeRefTask(db, host, set_error=False))
1060
1061     retry = filter_properties.get('retry', None)
1062
1063     # 总是添加一个OnFailureRescheduleTask，当TaskFlow进行回退操作时，我们需要处
1064     # 理Volume的状态。但是没有必要去回退ExtractVolumeRefTask
1066     do_reschedule = allow_reschedule and request_spec and retry
1067     volume_flow.add(OnFailureRescheduleTask(reschedule_context, db, driver,
1068                                             scheduler_rpcapi, do_reschedule))
1069
1070     LOG.debug("Volume reschedule parameters: %(allow)s "
1071               "retry: %(retry)s", {'allow': allow_reschedule, 'retry': retry})
1072
```

```
1073        volume_flow.add(ExtractVolumeSpecTask(db),
1074                        NotifyVolumeActionTask(db, "create.start"),
1075                        CreateVolumeFromSpecTask(manager,
1076                                                 db,
1077                                                 driver,
1078                                                 image_volume_cache),
1079                        CreateVolumeOnFinishTask(db, "create.end"))
1080
1081        # 加载TaskFlow
1082        return taskflow.engines.load(volume_flow, store=create_what)
```

当卷创建完成后，会调用 CreateVolumeOnFinishTask 进行数据库的更新，将数据库中 Volume 的状态更新为 available 状态。

注意：在 OpenStack 中，通过组件进行资源创建的一个基本思路是：任务流程调度、相关资源准备、资源创建、资源数据持久化操作。即资源创建完成后，一般都会进行一些持久化操作，将资源数据写入数据库中。对于 Nova 来说，为了安全起见，只有 nova-conductor 服务可以直接读写数据库，其他服务都需要通过 nova-conductor 实现数据库的读写操作。

通过对本小节中 cinder-volume 代码的分析，可以用图 9.12 概括 Volume 创建过程中 cinder-volume 服务所执行的相关操作。

图 9.12　cinder-volume 服务相关操作

Chapter 10 第 10 章

Ceilometer——数据采集组件

Ceilometer 组件是 OpenStack 中负责数据收集与告警处理的组件，在 N 版本之前的 Ceilometer 版本中，它是一个非常宠大的数据采集与告警系统，从数据收集、数据存储、数据分析到告警处理等一应俱全。但是随着版本的演进，这样一个宠大的系统逐渐显得不够灵活，并且维护成本也越来越高，组件中各个服务的效率并没有得到提升，这样一个"大而全"的组件似乎渐渐不符合 OpenStack 的"大方向"，所以在 N 版本之后，社区对 Ceilometer 进行了一场"大手术"。

本章基于"术后"（即 N 版本之后的版本）的 Ceilometer 进行讲解，按笔者一惯的作风，首先会对 Ceilometer 架构进行整体分析，其次通过安装部署使大家更进一步地理解 Ceilometer 中的相关服务，再次，挑选 Ceilometer 中的关键服务进行重点讲解，最后，以一个实战案例结束本章的学习。

通过对本章的学习，希望读者有以下几点收获：
- 掌握 Ceilometer 组件的基本架构及工作原理
- 掌握 Heat 与 Ceilometer 共同实现弹性伸缩的方法
- 掌握 Ceilometer 与 Heat 的协同工作方法
- 了解新旧版本之间的差异
- 了解 Ceilometer 的基本概念

注意：Ceilometer 服务经过一系列的拆分后，现在仅保留了与 API 和数据采集相关的服务，其他服务将由专门的服务提供，简化后的 Ceilometer，更易于后期维护。

10.1 Ceilometer 架构分析

Ceilometer 作为数据采集服务，可以将收集到的数据在 OpenStack 的核心组件间共享，并且逐渐支持对新加组件的数据采集。通过其采集到的数据，用户可以为 OpenStack 中的其他组件作计费、资源追踪、告警处理等操作。

由于 Ceilometer 不同版本之间，特别是 N 版本之前与之后的差别比较大，本节主要以 O 版本为例，讲解其架构设计。在进行新版本的讲解前，我们先了解 Ceilometer 中的一些常用概念并简单看一下旧版本的 Ceilometer 的架构，这样有助于加深对新版本架构的理解。

10.1.1 Ceilometer 中的基本概念

Ceilometer 从 2012 年开始开发，设计初衷是它作为一个服务可以收集 OpenStack 中的所有数据；基于此，计费引擎可以简单地使用收集到的数据，并将这些数据转换为某个计费项的计费事件。但是随着 OpenStack 项目的不断增多，大家觉得有必要为其增加第二个功能：提供标准的计量方式。

在 Ceilometer 中，我们经常会看到许多概念，为了便于讲解，此处先介绍一些常用的概念。

- Meter：计量项。即指定 Ceilometer 将会采集哪些指标的值，如 CPU 使用率可以看作是一个 Meter，RAM 使用率可以看是一个 Meter。
- Sample：某 Resource 某时刻某 Meter 的值。如第 5 秒时的磁盘 I/O。
- Statistics：某区间 Samples 的聚合值。如 30 分钟内的网络流量。
- Alarm：某区间 Statistics 满足给定条件后发出的告警。如当 CPU 使用率达到 90%及以上时，会发出告警通知，这里的"90%"在 Ceilometer 中称作阈值（Threshhold）。
- Resource：即被 Ceilometer 所监控的对象。

涉及到计费，援引通信行业的计费方式，大体上可以对计费分为三步。

- Metering：收集资源的使用数据，主要数据有使用对象、使用者、使用时间和用量等。
- Rating：将资源使用数据按照商务规则（各家公司自己的标准）转化为可计费项目并计算费用。
- Billing：跟字面意思类似，结算最终费用。

实际上，Ceilometer 最初仅仅专注于 Metering 这一项，渐渐的增加了 Rating 和 Billing 的内容，因此，如果你想用作一些简单计费，Ceilometer 从一定程度上也能满足你的需求。

除了上述概念性的内容外，我们还需要了解一下 Ceilometer 中的主要服务，如 ceilometer-collector、ceilometer-agent-central、ceilometer-agent-compute 和 ceilometer-agent-notification 等。

要了解了上述主要服务，最主要的就是得理清它们之间的关系，如图 10.1 所示。

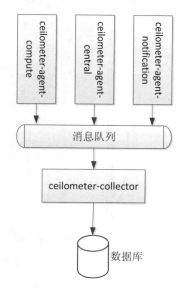

图 10.1 Ceilometer 服务之间的关系

ceilometer-agent-compute、ceilometer-agent-central 和 ceilometer-agent-notification 三个服务负责采集 OpenStack 中其他组件的信息，采集到数据会最先发送到消息队列中，从这三个 Agent 向消息队列中发送数据的主要使用 Push 方式，即主动推送。

Push 所用的方式有三种：RPC 方式、文件方式和 UDP 方式。

- RPC 方式：将采集到的信息以 Payload 方式发布到消息队列中，ceilometer-collector 服务通过监听相应的消息队列从而收集相关信息，收集完成后，ceilometer-collector 会将这些数据保存到数据库中。
- 文件方式：顾名思义就是以文件的方式发送。这里是指将采集到的数据写入日志文件中。
- UDP 方式：通过 Socket 创建一个 UDP 连接，然后 ceilometer-collector 通过绑定 Socket 进行数据接收，并保存到存储介质中。

10.1.2 旧版 Ceilometer 架构

旧版本的 Ceilometer 架构比较复杂，其中所涉及的服务也比较多。最开始的 Ceilometer 与其他组件一样，对外通过 ceilometer-api 接收外部请求并提供服务，当 ceilometer-api 接收到外部请求后，首先会到 Keystone 中进行二次认证，当认证通过后，ceilometer-api 才会将请求转发到内部进行处理。

旧版本的 Ceilometer 同时具有数据采集和告警处理两大功能。后者以前者作为数据来源，通过用户设置的相应告警规则之后，告警模块就会在数据库中创建一条与之相应的记录，当告警条件满足时，将会触发相关的报警功能。

图 10.2 为旧版 Ceilometer 的基本架构。

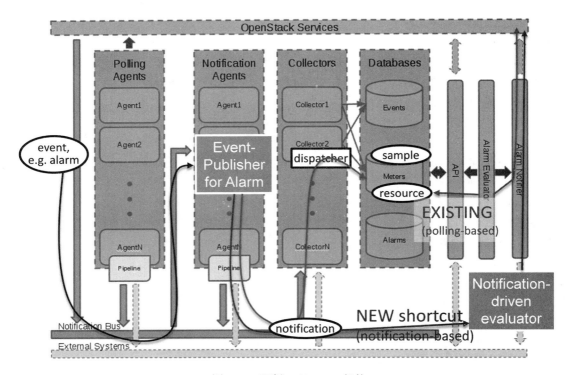

图 10.2 旧版 Ceilometer 架构

从图 10.2 可以看出，Ceilometer 组件主要包含以下几大服务：

- ceilometer-agent-poll
- ceilometer-agent-notification
- ceilometer-agent-central
- ceilometer-agent-compute
- ceilometer-collector
- ceilometer-api
- ceilometer-alarm-notifier
- ceilometer-alarm-evaluator

注意：上述服务是 Ceilometer 中原有的服务，可见最初的 Ceilometer 是一个大而全的组件，它可以做的事情非常多。

图 10.2 的最上面是 OpenStack 中的其他服务，Ceilometer 可以通过 ceilometer-agent-polling 服务主动从这些项目中获取相关数据，而且，当其他项目的资源发生变化时，它们也可以主动将资源的状态发送给 Ceilometer，如图 10.2 底部所示的 Notification Bus。当 OpenStack 内部发生的一些事件时，都会发出对应的 Notification 消息，例如创建和删除 Volume、创建和删除网络等，这些信息是计量的重要信息，当上述信息发生变化时，相关组件会通过一定的 API 通知给 Ceilometer。在图 10.2 的底部大家或许已经注意到了一个叫 Pipeline 的模块，这个 Pipeline 就是用来配置我们要使用哪个方式来发布数据，另外，通过对 Pipeline 的设置，也可以设定数据采集的频率等。

以上两种获取数据的方式可以简单概括为：被动触发和主动轮询。

- "被动触发方式"获取数据的好处就是减轻了 Ceilometer 的负担，当监控的服务比较多时，这种优势将会更加明显。这种方式将对数据采集的一部分压力分摊到了其他模块。
- "主动轮询方式"获取数据最大的缺点就是不够灵活，并且 Ceilometer 所承受的压力将会随着其所监控项目的增多而不断增加。另外，轮询获取数据比较容易获取到重复数据，从而极大地降低了数据的获取效率。

注意：关于这两种数据获取方式，在 10.2 小节中将会详细讲述，在此仅作简单了解。

从图 10.2 中我们不难发现，Ceilometer 趋向于一个"大而全"的东西，它包含了数据库服务、计量服务、事件通知服务、数据采集服务。但是对于这个版本的 Ceilometer 而言，由于其包含的服务比较多，各个服务做得都不太尽如人意，就连当初最"擅长"的数据采集服务效率也不是很高。

在实际的生产实践中，一个较为典型的 Ceilometer 部署方案如图 10.3 所示。

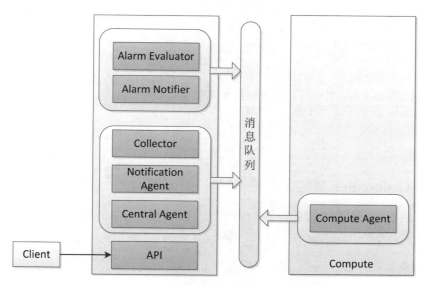

图 10.3　Ceilometer 典型部署

对于旧版本，我们最后需要看一下的就是它的数据存储部分。图 10.1 中可以看到 ceilometer-collector 后端接着数据库，这表示当 ceilometer-collector 从消息队列中接收到数据后，会原封不动地存储到数据库中。这个存储过程如图 10.4 所示。

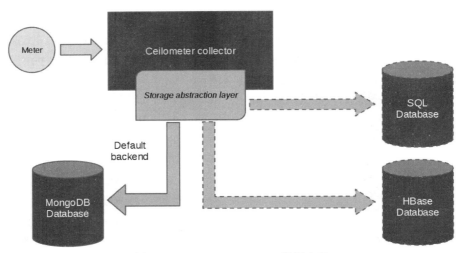

图 10.4　ceilometer-collector 数据存储

如图 10.4 所示，ceilometer-collector 后端实际上接有一个 Storage Abstraction Layer，这个抽象层实际上就是一个或多个数据分发器，这些数据分发器负责将数据保存到事先指定的位置。数据分发器的定义可以通过 /etc/ceilometer/ceilometer.conf 进行配置，例如，我们可以配置 ceilometer-collector 同时使用数据库和 HTTP 作为数据的存储位置，配置如下：

```
[DEFAULT]
dispatcher = http
dispatcher = database

[dispatcher_http]
target = http://hostname:1234/path
timeout=3600
batch_mode=false
```

目前为止，Ceilometer 共支持以下三种类型的数据分发器：
- 数据库分发器
- 文件分发器
- HTTP 分发器

10.1.3　新版 Ceilometer 架构

上一小节介绍了旧版中的 Ceilometer 架构，主要目的是为了让大家可以更清楚地了解 Ceilometer 最初的设计思路，为本节介绍新版架构做一个铺垫。

注意：新版架构中，Ceilometer 力求精简与专注。

新旧版本的 Ceilometer 组件前后变化比较大，有了前面的基础，下面我们直接给出新版本的架构图，如图 10-5 所示。

在新版中，对 Ceilometer 中的服务进行了大"瘦身"，图中最右边是 Ceilometer 裁减后的结构，裁减后，Ceilometer 主要由两大核心服务组成：Polling Agent 和 Notification Agent。前者是一个守护进程，用于 OpenStack 相关服务，获取并构建监控计量项；后者也是一个守护进程，它的主要职责是监听消息队列中的事件通知，然后将这些事件通知转变为 Events 和 Samples，并执行 Pipeline 的 Action。

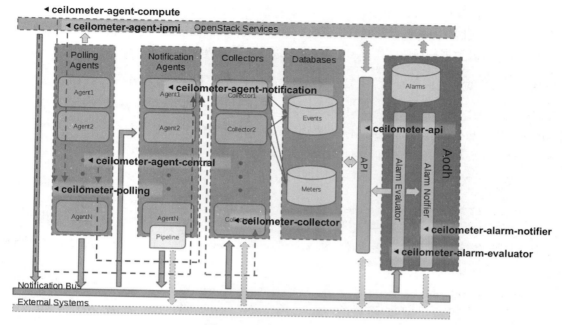

图 10.5 新版 Ceilometer 的架构

从图 10.5 中可以看出,原先属于 Ceilometer 的三大模块(事件处理模块、数据存储模块和告警处理模块)都被剥离了出来,由现在的 Panko 项目、Gnocchi 项目和 Aodh 项目分别实现上述三个模块的相关功能,它们的对应关系如图 10.6 所示。

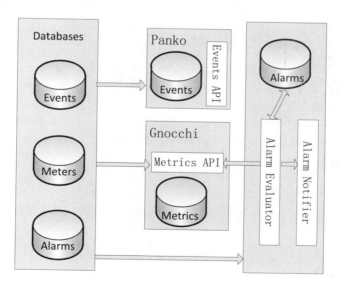

图 10.6 剥离模块对应关系

图 10.6 的左边是原 Ceilometer 中的相关功能,右边是新版本中替代这些功能的新项目。这样的设计主要目的是想让 Ceilometer 做好它的本职工作——数据采集,将除此之外的功能交由"专业"的项目去做。

图 10.6 中的 Gnocchi 是一个时序序列数据库,它可以将 Ceilometer 采集到的数据按照时间顺序进

行存储与查询，它将会取代 Ceilometer 中的计量数据库服务；Aodh 是一个专门处理告警的服务，它可以根据用户事先定义的告警规则自动触发相应的报警；Panko 是一个用于事件存储的服务，它可以获取 document-oriented 数据并存储，如日志数据，除此之外，它也可以捕获系统的事件通知。

注意：上面这些服务主要用来替换 Ceilometer 中原有的内部服务。

我们在 10.1.1 节中进行基本概念讲解时，曾经提到过一个概念：Sample，它就是计量项（Meter）在某个时刻的值，那么这个 Sample 或 Meter 在 Ceilometer 中是如何定义的？

对于 Meter 的定义，可以从 ceilometer/ceilometer/meter/notifications.py 中看到，代码如下：

```
class MeterDefinition(object):

    SAMPLE_ATTRIBUTES = ["name", "type", "volume", "unit", "timestamp",
                        "user_id", "project_id", "resource_id"]
```

以上就是对 Meter 中字段的定义。对于 Sample 的定义在 ceilometer/ceilometer/sample.py 中，代码如下：

```
class Sample(object):
    SOURCE_DEFAULT = "OpenStack"

    def __init__(self, name, type, unit, volume, user_id, project_id,
                 resource_id, timestamp=None, resource_metadata=None,
                 source=None, id=None, monotonic_time=None):
        self.name = name            # Meter的名字，此字段必须唯一
        self.type = type            # Meter的类型，它的取值只能是：# gauge, delta, cumulative
        self.unit = unit            # Meter的单位。
        self.volume = volume        # Sample的取值
        self.user_id = user_id                                  # 用户ID
        self.project_id = project_id                            # 项目ID
        self.resource_id = resource_id                          # 资源ID
        self.timestamp = timestamp                              # Sample的获取时间
        self.resource_metadata = resource_metadata or {}        # 不同类型的资源
        self.source = source or self.SOURCE_DEFAULT             # Sample的来源
        self.id = id or str(uuid.uuid1())                       # Sample的UUID
        self.monotonic_time = monotonic_time
```

从 Meter 的定义可以看出，前面概念提到的使用对象、使用者、使用时间和用量等数据都在定义中涵盖了，而某一时刻的值（Sample）的定义除需要指定 Meter 外，还会包括采样时间（指明具体到哪一个时刻）。

10.2 数据处理

数据处理是 Ceilometer 的主要功能之一，它可以对收集到的数据进行聚合操作。本节将针对 Ceilometer 中的数据处理进行讲解。先后对 Notification 插件、Polling 插件及数据转发与发布组件进行讲解。通过对本节的学习，希望读者可以对 Ceilometer 中数据处理的原理有所了解。

Ceilometer 中最重要的功能就是数据收集，Ceilometer 中的 Collectors 以及与数据收集相关的 Agent 如图 10.7 所示。

第 10 章 Ceilometer——数据采集组件

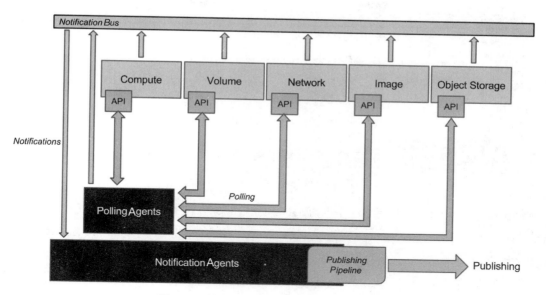

图 10.7　数据收集相关的 Collector 和 Agent

在前面介绍架构时，我们已经提到过，Ceilometer 中有两种数据收集的方式。

1. Notification Agents

这是一种"被动接收"的方式，当有外部数据到来时，数据会首先到达 Notification Bus，Notification Agent 在接收到数据到来的消息后，会从 Notification Bus 中获取数据，最后将获取到的数据转换成 Ceilometer 的 Sample 值或是相应的事件。

这种获取数据的方式是官方推荐的方式，社区中做得比较好的一件事就是对于一些通用的功能都进行了相应的封装。例如，对于 RPC 消息的发送，社区通过 oslo.messaging 进行了封装；而对于向 Ceilometer 中发送数据，社区也有相应的 olso 库。

2. Polling Agents

这是一种"主动获取"的方式，这种方式不太值得推荐，它实际上是在 Ceilometer 中提供了一个周期性任务，Polling Agents 会定期调用相关的 API 接口或相应的工具去获取相关组件中的数据。

有些服务频繁地去调用 API 来获取数据，无形之中会增加相关 API 的压力，并且这种获取数据的方式也十分耗费系统资源。

第一种方式是通过 ceilometer-notification Agent 来实现的，ceilometer-notification Agent 的一个作用是可以管理 Notification 的消息队列；第二种方式用户可以按自身需要进行配置，我们可以通过配置文件中的相关字段指定 Polling Agens 是从本地的 Hypervisor 中获取数据还是通过 RESTful API 从远端获取数据。

注意：Agents 对 Ceilometer 起着非常重要的作用，Ceilometer 也正是通过这些 Agents 实现了对数据的收集。

10.2.1　Notification Agents 数据收集

Notification Agents 主要是从 Notification Bus 中获取数据，从对消息的处理角度来看，它属于消息"消费者"。我们通过图 10.8 来看一下其工作原理。

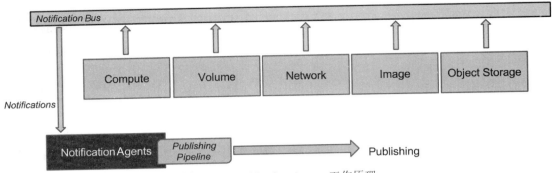

图 10.8 Notification Agents 工作原理

Notification Agents 内部运行着一个名为 agent-notification 的守护进程，这个守护进程的主要作用就是从消息队列中获取 OpenStack 中其他组件（如 Nova、Glance、Cinder、Neutron、Keystone 和 Heat）发送来的数据。

这个守护进程在启动时，会加载多个与 Listener 相关的插件，这些插件都会放在 ceilometer.notification 这个命名空间中。每一个插件都可以监听所有的 Topic，默认情况下会监听 notifications.info、notifications.sample 和 notifications.error 中的数据。Listener 插件的主要作用就是根据用户配置的 Topic 从消息队列中获取数据，然后将获取到的数据发送到合适的 Plugins（即 Endpoint）进行处理，最终生成 Ceilometer Event 和 Ceilometer Samples。

下面就是我们提到的一些比较常用的 Endpoint：

```
ceilometer.sample.endpoint =
    http.request = ceilometer.middleware:HTTPRequest
    http.response = ceilometer.middleware:HTTPResponse
    hardware.ipmi.temperature = ceilometer.ipmi.notifications.ironic:TemperatureSensorNotification
    hardware.ipmi.voltage = ceilometer.ipmi.notifications.ironic:VoltageSensorNotification
    hardware.ipmi.current = ceilometer.ipmi.notifications.ironic:CurrentSensorNotification
    hardware.ipmi.fan = ceilometer.ipmi.notifications.ironic:FanSensorNotification
    _sample = ceilometer.telemetry.notifications:TelemetryIpc
    meter = ceilometer.meter.notifications:ProcessMeterNotifications
```

sample-oriented 类型的插件可以仅监听它所关心的事件类型，当有此种类型的事件到达时，进而调用其回调函数对这些数据进行处理。通过 Notification 守护进程的 Pipeline 与这些回调函数的名字，用户可以很方便地决定是否会调用相应的回函数。

10.2.2 Polling Agents 数据收集

上一小节讲解的是"被动获取"数据的方式，这一小节将讲解另外一种数据获取方式：主动获取，即 Polling 的方式，其工作原理如图 10.9 所示。

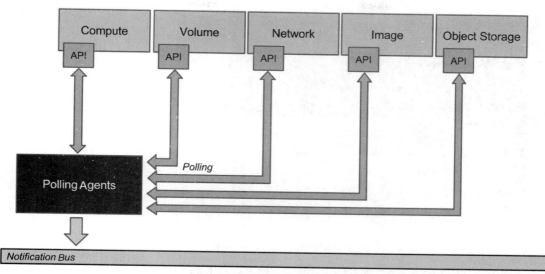

图 10.9　Polling Agents 工作原理

　　Polling Agents 可以主动从 OpenStack 的相关服务中拉取数据。以计算资源为例，为了获取计算资源的数据，Ceilometer 会在计算节点上安装一个 Polling Agent，之所以需要安装这些 Agents，是因为方式 Ceilometer 可以直接与计算节点上的 Hypervisor 通信，这样可以最大限度地提高数据获取的效率，我们通常称这类 Polling Agents 为 compute-agent。

　　对于非计算资源的数据获取，我们需要通过安装于控制节点上的 central-agent 来实现。central-agent 可以通过相关服务（Neutron、Cinder 等）提供的 API 获取数据。对于 All-in-One 方式部署的环境而言，只需要一个 Polling Agent 即可，它既可以实现 compute-agent 的功能，也可以完成 central-agent 的工作。

　　通常情况，我们并不会部署单一的 Agent，为了分担 Agent 的压力，通常会在一个节点上部署多个 central-agent 或 compute-agent，Polling Agent 的守护进程可以根据用户的不同配置而运行不同的插件及它们的组合，目前为止，Polling Agents 所支持的获取数据的插件有以下三种：

- ceilometer.poll.compute
- ceilometer.poll.central
- ceilometer.poll.ipmi

　　Polling Agents 本身获取数据的任务可以看作是一个周期性任务，它不同于 Nova 中周期性任务的实现，在 Nova 中，周期性任务是通过名为 periodic_task 的装饰器实现的。而在 Polling Agents 中，这个周期性任务是通过 Pipeline 配置的，通过 Pipeline，我们可以设置其轮询数据的频率，Agents 将会专注于处理相关服务产生的数据采样，然后将这些采样通知给相关的进程。

　　注意：通过学习 Ceilometer，我们应该具备一种思想，即很多事情可以通过实现自己的 Agent 来完成。

10.2.3　数据转换与发布

　　前面讲的是如何去获取不同服务中的数据，本小节我们将重点关注如何进行数据处理，即当前面两类 Agent 获取数据后，Ceilometer 是如何对这些数据进行聚合的。

　　在了解 Ceilometer 中的数据处理之前，我们不得不提一个概念，那就是 Pipeline，有关它的详细内容我们将会在下一节中详细介绍，这里先简单看一下 Pipeline Manager 的基本结构，如图 10.10 所示。

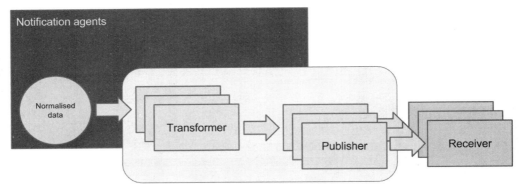

图 10.10　Pipeline Manager

上述图中所示内容就是 Pipeline 的基本元素，我们可以将 Pipeline 理解为许多 Transformer 的集合，通过这些 Transformer，后续的 Publisher 可以明确地知道应该把 Agent 收集到的数据发送给哪些接收者。Publisher 的实现是由 Notification Agents 完成的。

以上是从总体上看 Ceilometer 中的数据处理，下面我们再针对图 10.10 中所提到的 Transformer 和 Publisher 看一下它们是如何实现的。

1. Transformer

以获取 CPU 利用率为例。图 10.11 展示了 Transformer 如何对采集到的 CPU 数据进行聚合处理。当 Ceilometer 接收到 CPU 数据时，会调用 Transformer 进行数据处理。

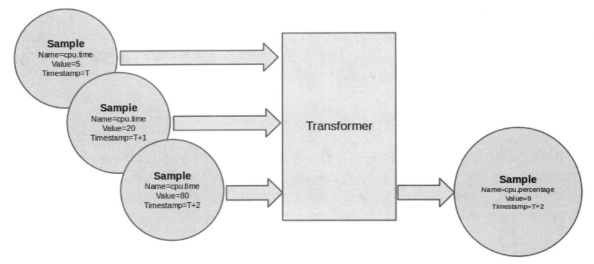

图 10.11　数据聚合

从图 10.11 可以看出，通过 Notification Agents 和 Polling Agents 在获取数据时，会获取大量的与 CPU 有关或无关的数据，并且这些数据中，有些可能是早期数据，有些会是最新数据，所有的数据被综合到了一起，那么，如何从众多数据中挑选出用户所需要的数据呢？这就需要借助于 Transformer 对数据的聚合操作了。

Ceilometer Transformer 的代码目录结构如下：

```
.
├── accumulator.py
├── arithmetic.py
├── conversions.py
└── __init__.py

0 directories, 4 files
```

2. Publisher

图 10.12 展示了如何将一个取样数据分别发送到不同的接收端。

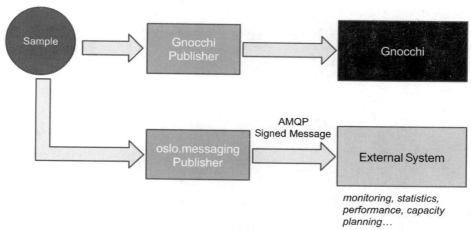

图 10.12 Ceilometer Publisher

目前为止，被处理过的数据可以支持 7 种不同的 Transport。
- Gnocchi：可以将采样数据或事件通知发送到 Gnocchi API。
- Notifier：基于事件通知的数据发布方式，这种方式可以把数据发送到一个消息队列中，然后外部系统如果订阅了此 Topic，那么它可以从消息队列中获取数据。
- UDP：通过 UDP 包的形式发送采样数据。
- HTTP：主要针对 RESTful API。
- Kafka：这也是一种消息队列，使用它的前提是系统需要支持 Kafka 消息队列方式。
- File：将数据发送到特定位置处的特定文件中。
- Database：将数据存放在 Ceilometer 配置的数据库中。

Ceilometer 仅仅用于收集并序列化云平台中其他各服务产生的数据，通过不同的 Publisher，Ceilometer 可以将数据发送到不同的接收端，根据 Ceilometer 官网最新的建议，通过它采集到的数据建议发送到 Gnocchi 这一时序数据库中进行存储与生命周期管理。

10.3 Pipelines

Pipelines 又叫作管道或过滤器，在 Ceilometer 中我们可以把"数据处理的机制"理解为 Pipelines；从配置层面上理解，Pipelines 描述了源数据（Source）和与之相应的目的数据（Sink）之间的关系。

注意：在有些文档中会经常提到 Source 和 Sink 这两个概念，所以大家一定要明白它们的含义。

准确来讲，Sink 是用来描述数据传输或处理路径的，它起于 0 个或多个 Transformers，止于一个或多个 Publishers。在整个数据处理链中，第一个 Transformer 接收来自 Source 的取样数据，收到数据后，会对数据进行聚合、标准化、修改采样频率等操作，处理完成后，再将数据发送到下一个 Transformer 再进行其他处理。

在数据处理链的尾端，往往接有一个或多个 Publisher，具体可参阅图 10.10。通过不同的 Publisher，允许我们把数据以不同形式或位置进行存储。

Pipelines 默认的配置文件存放在/etc/ceilometer/pipeline.yaml 和/etc/ceilometer/event_Pipeline.yaml 中。我们可以在上述 YAML 文件中定义多个 Pipeline，下面我们分别看一下如何定义 Meter 类型的 Pipeline 和 Event 类型的 Pipeline。

Meter 的 Pipeline 定义如下：

```yaml
---
sources:
    - name: cpu_source
     meters:
        - "cpu"      # Meter过滤器，即指定是哪个计量项的值
     sinks:
        - cpu_sink    # Sink的名字，与在"sinks"中定义的名字一致
        - cpu_delta_sink
sinks:
    - name: cpu_sink  # Sink的名字
     transformers:     # 定义Transformer
        - name: "rate_of_change"
          parameters:
            target:
              name: "cpu_util"
              unit: "%"
              type: "gauge"
              max: 100
              scale: "100.0 / (10**9 * (resource_metadata.cpu_number or 1))"
     publishers:       # 定义Publisher
        - gnocchi://

    - name: cpu_delta_sink
     transformers:
        - name: "delta"
          parameters:
            target:
              name: "cpu.delta"
            growth_only: True
     publishers:
        - gnocchi://
```

以上为 CPU 的使用率定义了它的 Pipeline。当然，在 Ceilometer 中的监控数据中不仅有 CPU 使用率这一个计量项，还有其他许多计量项。在定义 Pipeline 时，既允许我们同时指定所有的计量项，也可以明确包含或排除某些计量项。

- 包含所有计量项：使用通配符*。
- 包含指定计量项：使用"meter_name"，如上述代码中所示。
- 排除指定计量项：使用"!meter_name"。

关于 Sinks 部分中 Transformer 的名字，在 Ceilometer 中也做了限定，只有表 10.1 中的名字可以使用。

表 10.1　Transformer 名字

Transformer 名字	在配置文件中对应的名字
Accumulator	accumulator
Aggregator	aggregator
Arithmetic	arithmetic
Rate of change	rate_of_change
Unit conversion	unit_conversion
Delta	delta

同样的，我们也可以为 Event 定义 Pipeline，前面介绍的 Meter 相关的 Pipeline 的定义位于文件 /etc/ceilometer/Pipeline.yaml 中，而与 Event 相关的 Pipeline 的定义则放在了 /etc/ceilometer/event_pipeline.yaml 中，如下：

```
---
sources:
    - name: event_source
      events:
          - "*"
      sinks:
          - event_sink
sinks:
    - name: event_sink
      transformers:
      publishers:
          - gnocchi://
```

Event 类型的 Pipeline 将会使用与 Meter 的 Pipeline 一样的过滤逻辑，这里就不再多讲了。

10.4　计量项

Ceilometer 的计量项比较多，本节并不会针对所有的计量项进行讲解，仅会讲解其中较为常见的计量项。

注意：关于计量项的查看，读者也可以借助 Ceilometer 的 CLI，在 Ceilometer 中，与 Item 相关的命令都是与计量项相关的。

表 10.2 是 Ceilometer 中计算部分的计量项，这里没有列出全部计量项，只是罗列了比较常用的。

表 10.2　Ceilometer 计量项

Name	Type	Unit	Resource	Origin	Support	Note
Meters added in the Mitaka release or earlier						
memory	Gauge	MB	instance ID	Notification	Libvirt、Hyper-V	虚拟机内存
memory.usage	Gauge	MB	instance ID	Pollster	Libvirt、Hyper-V、vSphere、XenAPI	虚拟机内存使用量
memory.resident	Gauge	MB	instance ID	Pollster	Libvirt	物理机上所有虚拟机的内存使用量
cpu	Cumulative	Ns	instance ID	Pollster	Libvirt、Hyper-V	CPU 运行时间
cpu.delta	Delta	Ns	instance ID	Pollster	Libvirt、Hyper-V	CPU 的变化量
cpu_util	Gauge	%	instance ID	Pollster	vSphere、XenAPI	CPU 平均使用率
vcpus	Gauge	Vcpu	instance ID	Notification	Libvirt、Hyper-V	虚拟机分配的虚拟 CPU 的个数
disk.read.requests	Cumulative	Request	instance ID	Pollster	Libvirt、Hyper-V	磁盘的读请求数
disk.read.requests.rate	Gauge	request/s	instance ID	Pollster	Libvirt、Hyper-V、vSphere	磁盘平均读取速率
disk.write.requests	Cumulative	request	instance ID	Pollster	Libvirt、Hyper-V	磁盘写请求数
disk.write.requests.rate	Gauge	request/s	instance ID	Pollster	Libvirt、Hyper-V、vSphere	磁盘平均写请求速率
disk.iops	Gauge	count/s	instance ID	Pollster	Hyper-V	磁盘 iops
disk.device.latency	Gauge	ms	disk ID	Pollster	Hyper-V	磁盘平均写延时
disk.capacity	Gauge	B	instance ID	Pollster	Libvirt	虚拟机所支持的最多磁盘数量
disk.usage	Gauge	B	instance ID	Pollster	Libvirt	磁盘使用量
network.outgoing.bytes	Cumulative	B	interface ID	Pollster	Libvirt、Hyper-V	接收字节数

在 Ceilometer 中，它支持我们通过已有的计量去生成新的计量项，如以下计量项可以通过 rate_of_change 生成新的计量项：

- cpu_util
- cpu.delta
- disk.read.requests.rate
- disk.write.requests.rate
- disk.read.bytes.rate
- disk.write.bytes.rate
- disk.device.read.requests.rate
- disk.device.write.requests.rate
- disk.device.read.bytes.rate
- disk.device.write.bytes.rate
- network.incoming.bytes.rate
- network.outgoing.bytes.rate
- network.incoming.packets.rate
- network.outgoing.packets.rate

注意：上面提到的计量我们在真正的生产实践中并一定全会用到，读者也没有必要花太多的时间去记忆这些计量项，只需要对它们有个大体了解即可，用到的时候再通过文档去查询即可。

10.5　Agent 和 Plugin

本节将会带领大家学习 Ceilometer 中的 Agent 和 Plugin。众所周知，在 Ceilometer 中有许许多多的 Agent 和 Plugin，但有时候我们难免会遇到一些没有满足我们需求的情况，因此，我们就需要定制化开发满足我们需要的 Agent 和 Plugin，之所以可以很轻松地编写 Agent 和 Plugin，得益于 Ceilometer 开放的架构设计。

同前面我们学过的其他组件类似，Ceilometer 的插件也是需要事先在 setup.cfg 中进行定义的。我们先看一下 Ceilometer 中目前支持哪些 Plugin，如下所示：

```
root@dev:/opt/stack/ceilometer# grep -rin "^ceilometer." setup.cfg
46:ceilometer.notification =  # 与Notification相关的插件
56:ceilometer.discover.compute = # Ceilometer compute Agent所支持的Discover插件
59:ceilometer.discover.central = # IPMI Agent所支持的Discover插件
79:ceilometer.discover.ipmi =  # Central Agent所支持的Discover插件
82:ceilometer.poll.compute =  # Ceilometer Compute Agent所支持的Poll插件
133:ceilometer.poll.ipmi =   # IPMI Agent所支持的Poll插件
147:ceilometer.poll.central =  # Central Agent所支持的Poll插件
212:ceilometer.builder.poll.central = #
215:ceilometer.metering.storage = # 计量项存储插件
223:ceilometer.compute.virt =
229:ceilometer.hardware.inspectors =
232:ceilometer.transformer =  # Ceilometer Transformer插件
240:ceilometer.sample.publisher = # Sample发布相关的插件
255:ceilometer.event.publisher = # 事件发布相关的插件
268:ceilometer.event.trait_plugin =
286:ceilometer.dispatcher.meter = # Dispatch相关的插件
292:ceilometer.dispatcher.event = # Dispatch相关的插件
```

下面是 poll.central 插件在 setup.cfg 中的定义：

```
147 ceilometer.poll.central =
148     ip.floating = ceilometer.network.floatingip:FloatingIPPollster
149     image.size = ceilometer.image.glance:ImageSizePollster
150     port = ceilometer.network.statistics.port_v2:PortPollster
151     port.uptime = ceilometer.network.statistics.port_v2:PortPollsterUptime
152     port.receive.packets = ceilometer.network.statistics.port_v2:PortPollsterReceivePackets
153     port.transmit.packets = ceilometer.network.statistics.port_v2:PortPollsterTransmitPackets
154     port.receive.bytes = ceilometer.network.statistics.port_v2:PortPollsterReceiveBytes
155     port.transmit.bytes = ceilometer.network.statistics.port_v2:PortPollsterTransmitBytes
156     port.receive.drops = ceilometer.network.statistics.port_v2:PortPollsterReceiveDrops
157     port.receive.errors = ceilometer.network.statistics.port_v2:PortPollsterReceiveErrors
```

```
     158     rgw.containers.objects = ceilometer.objectstore.rgw:ContainersObjects
Pollster
     159     rgw.containers.objects.size = ceilometer.objectstore.rgw:ContainersSize
Pollster
     160     rgw.objects = ceilometer.objectstore.rgw:ObjectsPollster
     161     rgw.objects.size = ceilometer.objectstore.rgw:ObjectsSizePollster
     162     rgw.objects.containers = ceilometer.objectstore.rgw:ObjectsContainers
Pollster
     163     rgw.usage = ceilometer.objectstore.rgw:UsagePollster
     164     storage.containers.objects = ceilometer.objectstore.swift:ContainersOb
jectsPollster
     165     storage.containers.objects.size = ceilometer.objectstore.swift:Containers
SizePollster
     166     storage.objects = ceilometer.objectstore.swift:ObjectsPollster
     167     storage.objects.size = ceilometer.objectstore.swift:ObjectsSizePollster
     168     storage.objects.containers =
ceilometer.objectstore.swift:ObjectsContainersPollster
     169     switch.port = ceilometer.network.statistics.port:PortPollste
```

从上面我们可以看出，poll.central 这类 Agent 主要采集的是计算节点之外的数据。

10.5.1 Polling Agents

前面的 10.2.2 小节对 Polling Agents 数据收集的方式作了一个简单介绍，其实 Polling Agents 中还有很多内容需要了解，下面我们来详细讲述。

Polling Agents 用于获取相关的服务数据，它可以运行在控制节点上，也可以运行在计算节点上，运行在不同节点上的 Agent 所处理的数据有所不同。

运行在计算节点上的 Agent，可以查询并获取计算资源的使用情况，这些 Agent 对采集到的数据一般都进行一些简单处理，如：加 tag，即，将 resource_id、tenant_id、user_id 等作为 tag 加到所采集到的数据中，然后将数据通过消息队列发送到相应的 Collector 中。

对运行在控制节点上的 Agent 而言，它收集的数据类型将会比较多，通常来说，它主要通过 OpenStack 中其他服务提供的 RESTful API 来收集不同服务的数据。

在 Ceilometer 中，所有的 Agent 都定义在 ceilometer/agent 这个路径中，如下：

```
root@dev:/opt/stack/ceilometer/ceilometer/agent# tree
.
├── discovery
│   ├── endpoint.py
│   ├── __init__.py
│   ├── localnode.py
│   └── tenant.py
├── __init__.py
├── manager.py
├── plugin_base.py
```

manager.py 文件中最重要的一个类就是 AgentManager，它的 __init__() 方法如下：

```
     234     def __init__(self, worker_id, conf, namespaces=None, pollster_list=None):
     235         namespaces = namespaces or ['compute', 'central']
     236         pollster_list = pollster_list or []
     237         group_prefix = conf.polling.partitioning_group_prefix
     ...
```

```
257            # 如果没有输入任何Namespace，那么我们将会使用默认值 ['compute', 'central']
258            #
      259            extensions = (self._extensions('poll', namespace, self.conf).
extensions
      260                          for namespace in namespaces)
      261            # 从Pollster中获取Extensions
      262            extensions_fb = (self._extensions_from_builder('poll', namespace)
      263                             for namespace in namespaces)
264            if pollster_list:
265                extensions = (moves.filter(_match, exts)
266                              for exts in extensions)
267                extensions_fb = (moves.filter(_match, exts)
268                                 for exts in extensions_fb)
269
270            self.extensions = list(itertools.chain(*list(extensions))) + list(
271                itertools.chain(*list(extensions_fb)))
...
      276            discoveries = (self._extensions('discover', namespace,
      277                                            self.conf).extensions
      278                           for namespace in namespaces)
```

在类初始化时，它会从 Namespace（ceilometer.poll.agent）中读取一些插件进行加载，关于插件的加载主要是通过方法 self._extensions() 来实现的，代码如下：

```
331        def _extensions(self, category, agent_ns=None, *args, **kwargs):
332            namespace = ('ceilometer.%s.%s' % (category, agent_ns) if agent_ns
333                         else 'ceilometer.%s' % category)
334            return self._get_ext_mgr(namespace, *args, **kwargs)
```

最终将会返回一个 ExtensionManager 的实例。

实例化完成后，当 Agent 启动时，同时也会启动一个 Polling 的周期性任务：

```
386        def start_polling_tasks(self):
...
391            data = self.setup_polling_tasks()
...
396
397            # 每一个Poll相关的任务都对应一个线程
398            self.polling_periodics = periodics.PeriodicWorker.create(
399                [], executor_factory=lambda:
400                futures.ThreadPoolExecutor(max_workers=len(data)))
401
402            for interval, polling_task in data.items():
403                delay_time = interval + delay_polling_time
404                # 周期任务
405                @periodics.periodic(spacing=interval, run_immediately=False)
406                def task(running_task):
407                    self.interval_task(running_task)
408                # 启动多个线程
409                utils.spawn_thread(utils.delayed, delay_time,
410                                   self.polling_periodics.add, task, polling_task)
```

第 404～407 行的周期任务中会通过 self.interval_task() 调用 poll_and_notify() 去获取数据并发送通知。

提示：学习了这么多组件后，相信大家肯定也具有了模块化的设计思路，在以后的工作中，应当多加练习，勤加使用。

如果我们需要实现自己的 Agent，需要为相应的 Agent 实现 get_samples()方法。

```
148     def poll_and_notify(self):
149         """获取数据并发送通知."""
150         cache = {}
151         discovery_cache = {}
152         poll_history = {}
153         for source_name in self.pollster_matches:
154             for pollster in self.pollster_matches[source_name]:
…
186                 try:
187                     polling_timestamp = timeutils.utcnow().isoformat()
188                     samples = pollster.obj.get_samples(
189                         manager=self.manager,
190                         cache=cache,
191                         resources=polling_resources
192                     )
```

10.5.2 Plugins

一个 Polling Agent 可以支持多种获取不同信息的插件，然后将这些获取到的数据发送给相应的 Collector，正如我们上节所看到了，如果用户不指定获取哪些数据，那么，Agent 默认将会激活所有的插件。

本小节将会从以下两个比较典型的插件入手，给大家介绍 Ceilometer 插件相关的内容。

- ceilometer.compute.pollsters.cpu.CPUPollster
- ceilometer.telemetry.notifications.TelemetryApiPost

这两个插件比较具有代表性，前者展示了如何通过 Pollster 从外部获取数据；后者是如何将一个存在于 OpenStack 消息队列中的事件通知发送到 Ceilometer。

1. ceilometer.compute.pollsters.cpu.CPUPollster

在本章节一开始，我们简略地看过 Ceilometer 中所支持的插件，其中有一个插件为 ceilometer.poll.compute，关于这个插件的定义可以在 setup.cfg 中看到，代码如下：

```
82 ceilometer.poll.compute =
…
103     cpu = ceilometer.compute.pollsters.instance_stats:CPUPollster
104     cpu_util = ceilometer.compute.pollsters.instance_stats:CPUUtilPollster
105     cpu_l3_cache = ceilometer.compute.pollsters.instance_stats:CPUL3CachePollster
106     network.incoming.bytes = ceilometer.compute.pollsters.net:IncomingBytesPollster
107     network.incoming.packets = ceilometer.compute.pollsters.net:IncomingPacketsPollster
108     network.outgoing.bytes = ceilometer.compute.pollsters.net:OutgoingBytesPollster
109     network.outgoing.packets = ceilometer.compute.pollsters.net:OutgoingPacketsPollster
…
```

第 10 章　Ceilometer——数据采集组件

```
116     memory.usage = ceilometer.compute.pollsters.instance_stats:MemoryUsage
Pollster
117     memory.resident = ceilometer.compute.pollsters.instance_stats:Memory
ResidentPollster
118     memory.swap.in = ceilometer.compute.pollsters.instance_stats:MemorySwap
InPollster
…
122     disk.capacity = ceilometer.compute.pollsters.disk:CapacityPollster
```

通过这个插件，我们可以采集到诸如 CPU 使用率、磁盘使用率及内存使用率等相关数据。下面就其中一个插件，如 CPU（ceilometer.compute.pollsters.instance_stats:CPUPollster）来具体看一下，它定义的路径为：ceilometer/compute/pollsters：

```
root@dev:/opt/stack/ceilometer/ceilometer/compute/pollsters# tree
.
├── disk.py
├── __init__.py
├── instance_stats.py
├── net.py
└── util.py

0 directories, 5 files
```

从这些文件的名称上我们也很容易区分各自的作用，如 instance_stats.py 主要是与虚拟机的状态信息（CPU、内存等）有关，定义了不同数据对应的 Sample 名字，代码如下：

```
root@dev:/opt/stack/ceilometer/ceilometer/compute/pollsters# grep -rin sample_
name instance_stats.py
   26:    sample_name = 'cpu'
   37:    sample_name = 'cpu_util'
   43:    sample_name = 'memory.usage'
   49:    sample_name = 'memory.resident'
   55:    sample_name = 'memory.swap.in'
   61:    sample_name = 'memory.swap.out'
   67:    sample_name = 'perf.cpu.cycles'
   72:    sample_name = 'perf.instructions'
   77:    sample_name = 'perf.cache.references'
   82:    sample_name = 'perf.cache.misses'
   87:    sample_name = 'memory.bandwidth.total'
   93:    sample_name = 'memory.bandwidth.local'
   99:    sample_name = 'cpu_l3_cache'
```

2．ceilometer.telemetry.notifications.TelemetryApiPost

本插件的定义位于 ceilometer/telemetry/notifications 中。这个目录中的文件相对比较简单，我们只需要关注名为 notifications.py 的文件即可，其中的内容比较简单，代码如下：

```
20 class TelemetryBase(plugin_base.NotificationBase):
…
34 class TelemetryIpc(TelemetryBase):
35     """处理来自Notification Bus中的数据
36
37     计量数据可以通过REST API发送或Polling Agent去主动获取
38     """
```

```
39
40      event_types = ['telemetry.api', 'telemetry.polling']
41
42      def process_notification(self, message):
43          samples = message['payload']['samples']
44          for sample_dict in samples:
45              yield sample.Sample(
46                  name=sample_dict['counter_name'],
47                  type=sample_dict['counter_type'],
48                  unit=sample_dict['counter_unit'],
49                  volume=sample_dict['counter_volume'],
50                  user_id=sample_dict['user_id'],
51                  project_id=sample_dict['project_id'],
52                  resource_id=sample_dict['resource_id'],
53                  timestamp=sample_dict['timestamp'],
54                  resource_metadata=sample_dict['resource_metadata'],
55                  source=sample_dict['source'],
56                  id=sample_dict['message_id'])
```

10.6 案例实战——Heat 与 Ceilometer 结合，搭建一个弹性伸缩系统

在前面章节中，我们对 Heat 组件进行了详细讲解，本章的前 5 节对于 Ceilometer 进行了深入的分析，通过分析可以知道，Ceilometer 可以采集 OpenStack 中组件的数据，并且可以产生告警信息，当 Ceilometer 将此告警信息发送给 Heat 后，Heat 可以根据实际情况实现主机组的弹性伸缩。本节将会把 Heat 与 Ceilometer 结合，通过二者的配合，从而实现弹性伸缩系统的搭建。

提示：本节设计开发的弹性伸缩系统是基于 Heat 和 Ceilometer 来实现的，当然，读者也可以结合自己系统的特点，选择合适的数据采集与告警通知系统。笔者在实际工作中使用过 Heat+Ceilometer 及 Heat+Zabbix 两种方式进行弹性系统的设计与开发。

10.6.1 系统介绍

通过前几节的学习，我们从原理上理解了 Ceilometer，但是理解原理只是一方面，更重要的是如何将之应用到实际应用中。本小节将会从应用的角度，以搭建一个"弹性伸缩系统"为例，展示如何通过 Heat 与 Ceilometer 的结合，对此系统中资源的生命周期进行管理。

本"弹性伸缩系统"的结构相对比较简单，其示意图如图 10.13 所示。

系统初始化时，有一个主机组和事先设定的监控项，主机组中有三台虚拟机，监控项可以有多种，此处以 CPU 的使用率为例，假设 CPU 的使用率达到 90%以上时就会触发告警。当 Heat 收到告警后，会自动触发主机组扩容，即新建虚拟机，当虚拟机创建完成后，再借助于 Loadbalancer 将系统的负载均分到主机组中的所有主机上。同样的，当 CPU 的使用率低于某一个值（比如 10%）时，同样会触发类似的过程，不同的是，这次 Heat 需要减少虚拟机的数量，完成后再进行负载的再分配。

以上就是我们所要实现的效果及系统的结构图，那么上述系统我们如何通过 Heat 自动创建呢？方法很简单：

（1）准备 YAML 模板。

（2）运行 Heat CLI 命令创建系统。

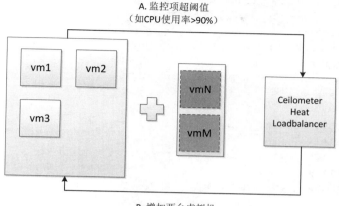

图 10.13 "弹性伸缩系统"示意图

10.6.2 准备模板

经过简单的两步，我们就可以很方便地创建出我们所需要的系统。第一步是准备模板。模板 asg.yaml 的内容如下：

```
 1 heat_template_version: 2015-04-30
 2
 3 parameters:
 4   image:
 5     type: string
 6     default: d0b228f8-e8ee-485d-b375-73c2ce536853
 7   flavor:
 8     type: string
 9     default: m1.small
10   network:
11     type: string
12     default: 57590f0a-c2a1-4105-8dc4-a28a0e61d68b
13   user_data:
14     type: string
15     default: |
16       #!/bin/bash
17       touch /home/jeguan.log
18       echo "test"> /home/jeguan.log
19
20 resources:
21   asg:
22     type: OS::Heat::AutoScalingGroup
23     properties:
24       max_size: 6
25       min_size: 1
26       desired_capacity: 1
27       cooldown: 20
28       resource:
29         type: OS::Nova::Server
```

```
30         properties:
31           image: {get_param: image}
32           flavor: {get_param: flavor}
33           networks:
34             - network: {get_param: network}
35           user_data_format: RAW
36           user_data: {get_param: user_data}
37
38   scal_up:
39     type: OS::Heat::ScalingPolicy
40     properties:
41       auto_scaling_group_id: {get_resource: asg}
42       scaling_adjustment: 1
43       adjustment_type: change_in_capacity
44
45   scal_down:
46     type: OS::Heat::ScalingPolicy
47     properties:
48       auto_scaling_group_id: {get_resource: asg}
49       scaling_adjustment: -1
50       adjustment_type: change_in_capacity
51
52   cpu_alarm_high:
53     type: OS::Ceilometer::Alarm
54     properties:
55       meter_name: cpu_util
56       statistic: avg
57       period: 60
58       evaluation_periods: 1
59       threshold: 30
60       alarm_actions:
61         - {get_attr: [scal_down, alarm_url]}
62       comparison_operator: gt
63
64   cpu_alarm_low:
65     type: OS::Ceilometer::Alarm
66     properties:
67       meter_name: cpu_util
68       statistic: avg
69       period: 60
70       evaluation_periods: 1
71       threshold: 20
72       alarm_actions:
73         - {get_attr: [scal_up, alarm_url]}
74       comparison_operator: lt
```

第 21~36 行,我们将会定义一个主机组,这个主机组的类型为 OS::Heat::AutoScalingGroup,位于这个主机组中的虚拟机与正常的虚拟机没有什么不同,Heat 会从模板层面对这些虚拟机进行分组。

第 38~50 行,定义了两种策略,即添加主机与减少主机的策略,这个策略需要配合 Ceilometer Alarm 一起使用。

第 52~74 行,定义了 Ceilometer Alarm 资源,这里我们设置了告警触发的条件。

当有 Ceilometer 告警产生时，会触发 scal_up/scal_down 策略中的一个，从而实现虚拟机的动态添加与删除。需要注意的是，上述模板仅为示例模板，并不能真正用于生产，因为在生产中，我们还需要在上述模板中定义负载均衡，从而实现负载的分配。

> 提示：通过上述模板创建的 Stack 是存在嵌套关系的，所以如果前面在学习 Heat 时没有搞明白嵌套的实现，那么可以通过对本小节模板的学习理解嵌套。

10.6.3 创建系统

学过 Heat 的相关知识的话，这一部分对大家来说并不陌生。创建系统的过程也十分简单：

```
heat stack-create asg.yaml asg_jeguan
```

（1）创建完成后，通过命令 heat stack-list 可以查看：

```
stack@dev:~$ heat stack-list
+--------------------------------------+------------+-----------------+----------------------+--------------+
| id                                   | stack_name | stack_status    | creation_time        | updated_time | project |
+--------------------------------------+------------+-----------------+----------------------+--------------+
| 05f557bc-2d26-4b91-a078-da2ff1904e6d | asg_jeguan | CREATE_COMPLETE | 2018-01-05T01:17:05Z | None         | a1454a8213e94604a8c8ab48d9fa1139 |
+--------------------------------------+------------+-----------------+----------------------+--------------+
```

（2）通过 heat resource-list –n 100 asg_jeguan 查看所创建的所有资源，如图 10.14 所示。

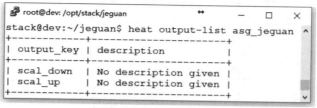

图 10.14　资源列表

（3）使用 heat output-list 查看所有输出，如图 10.15 所示。

图 10.15　output 变量

通过上述输出变量的值，我们可以手动触发伸缩策略。例如，通过 heat output-show 查看到 scal_up 的值为：

```
http://192.168.56.105/heat-api-cfn/v1/signal/arn%3AOpenStack%3Aheat%3A%3Aa145
4a8213e94604a8c8ab48d9fa1139%3Astacks/asg_jeguan/05f557bc-2d26-4b91-a078-da2ff190
4e6d/resources/scal_up?Timestamp=2018-01-05T01%3A17%3A07Z&SignatureMethod=HmacSHA
256&AWSAccessKeyId=db2a0f6a438f4353b75ca6c6a305e4c2&SignatureVersion=2&Signature=
```

```
tlv4FBOcrWc%2BUMbE95DZ2Fj%2Fqv5aLLTmOAZYuZ%2F72oo%3D
```

手动触发 scal_up 的方式:

```
curl -X POST "http://192.168.56.105/heat-api-cfn/v1/signal/arn%3AOpenStack%3Aheat
%3A%3Aa1454a8213e94604a8c8ab48d9fa1139%3Astacks/asg_jeguan/05f557bc-2d26-4b91-a07
8-da2ff1904e6d/resources/scal_up?Timestamp=2018-01-05T01%3A17%3A07Z&SignatureMeth
od=HmacSHA256&AWSAccessKeyId=db2a0f6a438f4353b75ca6c6a305e4c2&SignatureVersion=2&
Signature=tlv4FBOcrWc%2BUMbE95DZ2Fj%2Fqv5aLLTmOAZYuZ%2F72oo%3D"
```

要在 URL 两边加上引号才行，否则会无法识别 URL 中的特殊字符而报错。运行完上述命令后，我们可以看到系统中新添加了一台虚拟机。

提示：如果读者使用 Zabbix 方式产生告警，那么在创建 Zabbix 的 Action 时可以在其调用的脚本文件中写一个发送请求的代码，请求接收的 URL 地址就写上述 scal_up/scal_down 的值。

第 11 章 Glance——镜像组件

Glance 是为 OpenStack 中其他组件提供镜像服务的组件。Glance 的镜像服务包括：镜像发现、镜像注册、拉取虚拟机镜像等。当我们需要创建虚拟机时，其中一个步骤或是一个参数就是需要指定虚拟机所需要的 Image（镜像）文件，Image 文件默认就是通过 Glance 获取的。

本章将会从 Glance 的架构出发，依次对其安装部署过程及关键代码进行分析，通过对本章的学习，希望读者可以较好地理解 Glance 的基本原理和一些常用的功能。

11.1 Glance 架构分析

与 Nova、Neutron 组件相比，Glance 的架构比较简单，因为它所提供的功能并不是很多，所以学习曲线会相对平滑，读者不用花费太多的时间就可以入门。

Glance 的架构如图 11.1 所示。

从图 11.1 可以看出，Glance 和 OpenStack 中的其他服务类似，同样符合如下标准：

- 模块化设计
- 高可用
- 容错机制
- 可修复
- 开放架构

Glance 采用 C/S 架构，主机包括：glance-client、glance-api 和 glance-store 等服务。glance-api 提供 RESTful API，作为 WSGI 服务接收外部发送来的 REST 请求。在 glance-api 中有一个名为 Domain Controller 的模块，它的主要作用是把内部的一些任务细化成不同任务模块，每一个细化的模块都是被特定

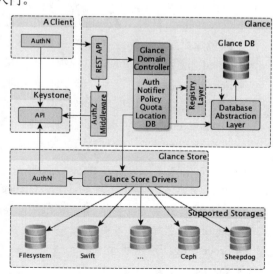

图 11.1 Glance 的架构

的 Layer 处理的。

glance-store 中有许多 Drivers，这些 Drivers 负责与外部存储后端或本地存储后端交互，实现 Image 数据持久化。目前为止，它所支持的存储后端有文件系统、Swift、Ceph 和 Sheepdog 等。

最后，我们再简单总结一下图 11-1 所示的不同部分。

- A Client：glance-client，接收命令行参数并调用 glance-api。
- REST API：glance-api。
- Database Abstraction Layer：提供 Glance 与数据库间的统一接口。
- Glance Domain Controller：Glance 中的主要服务，可以完成 Glance 的大部分工作，如认证、事件通知、策略控制和数据库连接等。
- Glance Store：对接不同的后端存储，为 Glance 提供一致性接口，屏蔽不同后端存储的差异。
- Registry Layer：提供 Glance Domain Controller 与 DAL 的安全访问。

11.2 状态分析

与 OpenStack 其他组件一样，Glance 内部也维护了自己的状态机，根据对象不同，可以将状态机分为两大类：服务状态和任务状态。

1. 服务状态

Glance 的服务状态机如图 11.2 所示。

分析如下：

- queued：镜像的认证信息已经被保存在 glance-registry 中，但是镜像数据并没有上传到 Glance 中，除此之外，镜像的大小也没有完成初始化设置。
- saving：表示镜像的原始数据正在上传到 Glance 中。当带有 x-image-meta-location 的 header 通过 POST/images 发送完成后，镜像将不再处于 saving 状态，因为这个时候镜像的数据已经可以在其位置获取。
- active：表示镜像已经创建完成，可以供其服务使用。当镜像的数据上传完毕或镜像在创建过程中镜像的大小被显式置为 0 时，镜像的状态就会变为 active。
- deactivated：表示非 Admin 用户将无法获取此镜像。处于这个状态的镜像将不被允许执行 Export 或镜像克隆等操作。
- killed：表示镜像在上传过程中出现了错误，这个镜像无法被使用。
- deleted：Glance 中已经存储了此镜像的信息，但是这个镜像将无法继续被使用，处于这样状态的镜像将会在一定时间后被清理掉。
- pending_delete：与 deleted 类似，唯一不同的就是处于这样状态的镜像还没有被完全删除掉，这个状态的镜像将会被执行恢复操作。

2. 任务状态

以上是 Glance 的服务状态，同样的 Glance 也有自己的任务状态。

Glance 组件有 4 个任务状态，如下：

- pending：挂起。
- processing：正在处理中。
- success：成功。
- failure：失败。

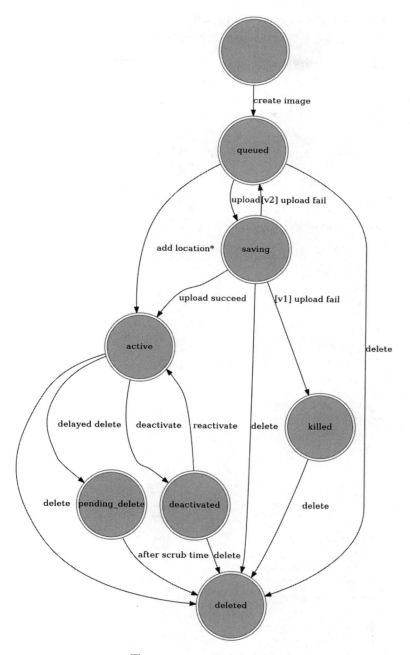

图 11.2　Glance 服务状态机

11.3　代码结构与概念分析

　　Glance 中的概念并不是特别多，而且只需要了解几个关键概念即可。在 Glance 中，我们将会引入"责任链"的概念，它主要是为了实现 Glance 中的某些处理流程，处于责任链中的每一个对象都将有机会执行用户请求，如果在请求传递过程中，没有对象对之处理，那么这个请求将会一直传递下去，直到此链上某一个对象决定处理此请求。

这一部分的实现代码位于 glance/glance/domain 和 glance/glance/gateway 中，前者定义公共接口，后者实现责任链的建立。Glance 主要源代码的目录结构如下：

```
root@dev:~/glance/glance# tree
.
├── api
├── async
│   ├── flows
│   │   ├── base_import.py
│   │   ├── convert.py
│   │   ├── __init__.py
│   │   ├── introspect.py
│   │   └── ovf_process.py
│   ├── __init__.py
│   ├── taskflow_executor.py
│   └── utils.py
├── domain
│   ├── __init__.py
│   └── proxy.py
├── gateway.py
├── glare
├── hacking
│   ├── checks.py
│   └── __init__.py
├── i18n.py
├── image_cache
├── __init__.py
├── location.py
├── notifier.py
├── opts.py
├── scrubber.py
├── quota
│   └── __init__.py
├── registry
│   ├── api
│   │   ├── __init__.py
│   │   ├── v1
│   │   │   ├── images.py
│   │   │   ├── __init__.py
│   │   │   └── members.py
│   │   └── v2
│   │       ├── __init__.py
│   │       └── rpc.py
│   ├── client
│   │   ├── __init__.py
│   │   ├── v1
│   │   │   ├── api.py
│   │   │   ├── client.py
│   │   │   └── __init__.py
│   │   └── v2
│   │       ├── api.py
│   │       ├── client.py
│   │       └── __init__.py
│   └── __init__.py
```

```
└── version.py
```

分析如下：

- api：这里主要是 RESTful API 实现的地方，现在 Glance 所支持的最新的 API 是 glance-api V2。
- asyc：提供异步处理机制。在 Glance 中引入了 Task 的概念，通过 TaskFlow 可以实现 Glance 流程的异步处理。

提示：关于 TaskFlow 的使用，读者也可以结合 Cinder 的代码来理解。

- domain：定义一些基类，如 Task、TaskFactory、Repo、TaskRepo 等。
- registry：在 glance-api V1 版本中，registry 是作为一个独立的服务 glance-registry 单独运行的，但在 glance-api V2 版本中，这个服务不再单独存在，而是合并进了 glance-api 服务中。
- location.py：指明 Image 数据的存放位置。
- scrubber.py：主要用来删除一些符合条件的镜像数据。在这个文件中定义了一个名为 Scrubber 的类，这个类中的方法 run()通过绿色线程执行并发删除任务。

11.3.1　Metadata 定义

从 J 版本开始，在 Glance 中引入了 Metadata 的概念，它的本质就是一些 key-value 对，有了 Metadata 概念后，我们可以向用户、服务、管理员或运营商提供一个公共的 API，他们可以通过这个公共的 API 定义特定的 Metadata，这些 Metadata 可以供其他资源（如 Volumes、Flavors）使用。定义 Metadata 时应该包含以下几个方面：

- key
- 描述
- 限制条件
- 可关联的资源类型

图 11.3 是 DevStack 安装 Glance 中，Metadata 表的结构。

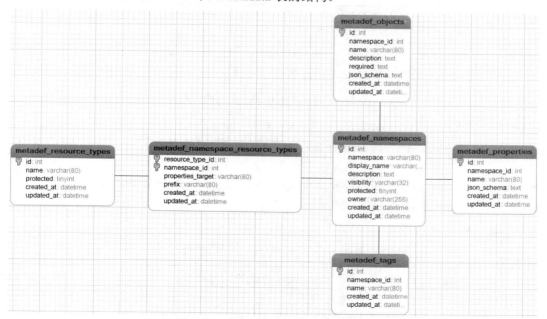

图 11.3　Glance Metadata 数据库结构

有可能大家对 Metadata 这个概念还有点儿模糊，实际上我们可以把 Metadata 理解为任意的 key-value 对或是一些用户定义的"标签"，表 11.1 罗列了 OpenStack 其他服务中用到的 Metadata。

表 11.1 OpenStack 其他服务中用到的 Metadata

Nova	Cinder	Glance
Falvor ● extra specs	Volume & Snapshot ● image metadata ● metadata	Image & Snapshot ● properties ● tags
Host aggregate ● metadata	Volume type ● extra specs ● qos specs	
Servers ● metadata ● scheduler_hints ● tags		

为了更好地理解 Metadata，我们用图 11.4 来展示 Metadata 中不同概念之间的关系：

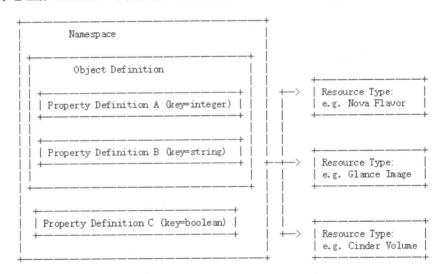

图 11.4 Metadata 中概念之间的关系

分析如下：

- Namespace：Metadata 要在 Namespace 中进行定义，这里也指定了 Metadata 进行 CRUD 操作时的范围。
- Properties：定义并限定 Metadata 的属性，每一个 Property 的属性被限定只能使用 string、interger、number、boolean、array 类型。
- Objects：Property 的集合。
- Resource Type Association：说明了 Resource Type 与 Objects 之间的关联关系。

提示：在诸如 Nova 等组件中，也有 Metadata 的概念，用户可以对其 Metadata 进行修改，以期达到对资源进行定制化的需求。

11.3.2 Domain 模型

本小节将要介绍的知识点在前面的模块中都没有涉及过，它的出现，极大地方便了 Glance 代码的编写。Domain 模型的设计是为了将一个复杂对象逻辑的实现细化成一层层独立的执行层，每一个子层都会包含其上一层的信息，这个结构有点儿类似于生活中见到的洋葱的构造。不同层次之间，既不是子类父类的继承关系，也不是单纯的装饰器关系。

每个层次都会通过 glance/domain/proxy.py 中的类定义自己的方法，程序执行之初，所有的操作都是在最上层的执行层执行，当上层的执行层执行完成后，才会将请求发送到较下层的执行层执行。不同执行层之间的嵌套关系可以通过 glance/gateway:Gateway 或 glance/domain/proxy.py:Helper 类实现，各层的依赖可以是无条件依赖，当然，用户也可以根据需要实现有条件的依赖。

通过查看 glance/domain/proxy.py 文件可以很容易的发现，所有的 Proxy 类的定义都遵循以下三个步骤：

（1）定义类

```
class Task(object)
    task_id = _proxy("task", "task_id")
    type = _proxy("task", "type")
```

其中，方法_proxy()的定义如下：

glance/domain/proxy.py
```
def _proxy(target, attr):
    def get_attr(self):
        return getattr(getattr(self, target), attr)

    def set_attr(self, value):
        return setattr(getattr(self, target), attr, value)

    def del_attr(self):
        return delattr(getattr(self, target), attr)

    return property(get_attr, set_attr, del_attr)
```

（2）实现 def __init__(self, base, task_proxy_class,=None task_proxy_kwargs=None, **kwargs)。
（3）实现方法 def meth1(*args, **kwargs)，以便下层的执行层进行调用。

```
def meth1(*args, **kwargs):
    …
    self.base.meth1(*args, **kwargs)
    …
```

Gateway 是一种用于表示不同 Domain 模型之间关系的机制，它可以获取不同 Domain 模型中的对象。下面我们通过一个具体的实例看一下用户如何实现自己的 Gateway。

【示例 11-1】自定义 Gateway 方法

（1）定义一个 Base 类，它的主要作用是为其他的 Proxy 类提供统一接口。

```
class Base(object):
    """ domain model 的基类。"""
    msg = "Hello Domain"

    def print_msg(self):
```

```python
        print(self.msg)

    def sum_numbers(self, *args):
        return sum(args)
```

（2）定义 LoggerProxy 类，用于处理相关的日志文件。

```python
class LoggerProxy(object):
    """定义一个进行log处理的类."""
    def __init__(self, base, logg):
        self.base = base
        self.logg = logg

    # 用于表示要获取内层执行层的属性
    msg = _proxy('msg')

    def print_msg(self):
        # 写log并把请求继续传递到下一层执行层
        self.logg.write("Message %s has been written to the log") % self.msg
        self.base.print_msg()

    def sum_numbers(self, *args):
        # 仅仅实现执行层的传递
        return self.base.sum_numbers(*args)
```

（3）定义一个验证入参正确性的类。

```python
class ValidatorProxy(object):
    """验证入参正确性的类。"""
    def __init__(self, base):
        self.base = base

    msg = _create_property_proxy('msg')

    def print_msg(self):
        self.base.print_msg()

    def sum_numbers(self, *args):
        # 检查正确性并透传
        for arg in args:
            if arg <= 0:
                return "Only positive numbers are supported."
        return self.base.sum_numbers(*args)
```

定义完上述三种类后，那么针对上述类的 Gateway 方法的定义如下：

```python
def gateway(logg, only_positive=True):
    base = Base()
    logger = LoggerProxy(base, logg)
    if only_positive:
        return ValidatorProxy(logger)
    return logger

domain_object = gateway(sys.stdout, only_positive=True)
```

11.3.3 Task 定义

对于一个镜像文件而言,它可能会比较大,前面我们在学习 Nova 创建虚拟机的过程时了解到,虚拟机在创建时,Nova 会对虚拟机制的镜像转换格式,像这样对大镜像进行格式转换处理的操作,往往都比较耗费系统资源,另外,我们也不希望仅通过一个方法的实现就可以处理所有类型的镜像文件。特别是像公有云这样的云平台,它们本身对于安全性的要求较私有云而言会高不少,所以公有云的开发人员更希望对用户上传的不同类型的镜像进行安全性认证,这一认证过程,从部署人员的角度来看,又是一个相对耗费资源的操作。

为了解决上述问题,Glance 中引入了 Task 机制。它的主要设计理念就是为了实现请求与操作的异步处理,在云平台中,有些操作我们并不会立刻需要知道它的执行是否成功。通常遇到的情况是,当执行了某些操作后,我们又去继续执行了其他操作,当其他操作执行过程中或执行完成时,我们再回过头来检查上次操作的结果。异步设计的最大好处是允许系统同时并行执行多项任务,而任务之间不会因为其他任务的执行而受到阻塞。

引入 Task 的另外一个原因是满足 OpenStack 使用 Glance 的需求。Glance 提供了分类、存储和传递虚拟机镜像的功能,所以,它必须可以与 OpenStack 中的其他组件进行交互。以 Nova 为例,当它在创建虚拟机时,它需要向 Glance 中发送 REST 请求获得镜像,并且 Nova 也将上传镜像作为启动虚拟机过程中的重要环节,不仅如此,在 Nova 的有些接口中,也明确指明了对 Glance API 的调用。

通过把镜像资源与 Task 资源分离开来,开发人员可以比较方便地处理资源与请求路由的过程,资源与 Task 分开处理可以满足不同场景的需求。例如,对于资源的请求(/V2/images)我们期待的是快速应呼,即刻返回;而对于 Task 的请求(/V2/tasks),往往实时性要求并不是特别高。

提示:定义一个合理的 Task,有助于对实际问题的分析与解决。

Task 的定义可以从 glance/domain/proxy.py 中查看,如下所示:

```
class Task(object):
    def __init__(self, base):
        self.base = base

    task_id = _proxy('base', 'task_id')
    type = _proxy('base', 'type')
    status = _proxy('base', 'status')
    owner = _proxy('base', 'owner')
    expires_at = _proxy('base', 'expires_at')
    created_at = _proxy('base', 'created_at')
    updated_at = _proxy('base', 'updated_at')
    task_input = _proxy('base', 'task_input')
    result = _proxy('base', 'result')
    message = _proxy('base', 'message')
```

11.4 Glance 的安装与配置

为了简化安装过程,本节默认以 File 作为后端存储,即镜像上传和保存位置位于控制节点上的某个目录中,一般默认存放镜像的目录为/var/lib/glance/images。由于我们采用的是本地存储,所以在进行安装部署前请确保本地磁盘有充足的空间。另外,由于采用本地存储方式,故这种方式不适用于多节点部署。

部署之前我们再来总结一下 Glance 中的服务。

- **glance-api**：接收外部 REST 请求，从而将镜像获取、镜像存储等请求发送到 Glance 内部其他服务。
- **glance-registry**：存储、获取与镜像相关的 Metadata 数据，如镜像大小、镜像类型等。
- **database**：将镜像的元数据存储在预先配置好的存储后端，如 MySQL 等。
- **storage repository for image files**：可以理解为镜像仓库，Glance 中支持多种不同的镜像仓库，如对象存储、RADOS 块存储、HTTP 等。
- **metadata definition service**：提供一个定义 Metadata 的 API。这些 Metadata 可以被不同的服务（Flavor、Volume、Aggregates 等）使用。

11.4.1 Glance 安装部署

本小节我们将一步步带领大家安装 Glance 服务。与其他服务的安装过程类似，其安装过程可以分为三步。

1. 准备阶段

准备阶段的主要工作是创建 Glance 数据库和管理用户权限。

（1）创建 Glance 的数据库及数据库中的表。

```
stack@dev:~$ mysql -u root -p
MariaDB [(none)]> CREATE DATABASE glance;
MariaDB [(none)]> GRANT ALL PRIVILEGES ON glance.* TO 'glance'@'localhost' \
  IDENTIFIED BY 'GLANCE_DBPASS';
MariaDB [(none)]> GRANT ALL PRIVILEGES ON glance.* TO 'glance'@'%' \
  IDENTIFIED BY 'GLANCE_DBPASS';
```

（2）设置认证相关的环境变量。

```
source admin-openrc
```

（3）创建 Glance 用户。

```
stack@dev:~$ OpenStack user create --domain default --password-prompt glance

User Password:
Repeat User Password:
+---------------------+----------------------------------+
| Field               | Value                            |
+---------------------+----------------------------------+
| domain_id           | default                          |
| enabled             | True                             |
| id                  | 3f4e777c4062483ab8d9edd7dff829df |
| name                | glance                           |
| options             | {}                               |
| password_expires_at | None                             |
+---------------------+----------------------------------+
```

为此用户配置 admin 角色：

```
stack@dev:~$OpenStack role add --project service --user glance admin
```

（4）创建 Glance 服务。

```
stack@dev:~$ OpenStack service create --name glance \
  --description "OpenStack Image" image
```

```
+-------------+--------------------------------+
| Field       | Value                          |
+-------------+--------------------------------+
| description | OpenStack Image                |
| enabled     | True                           |
| id          | 8c2c7f1b9b5049ea9e63757b5533e6d2 |
| name        | glance                         |
| type        | image                          |
+-------------+--------------------------------+
```

（5）创建 Glance 相关的 Endpoints：internal endpoint、admin endpoint、public endpoint。

```
stack@dev:~$ OpenStack endpoint create --region RegionOne \
  image public http://controller:9292

+--------------+----------------------------------+
| Field        | Value                            |
+--------------+----------------------------------+
| enabled      | True                             |
| id           | 340be3625e9b4239a6415d034e98aace |
| interface    | public                           |
| region       | RegionOne                        |
| region_id    | RegionOne                        |
| service_id   | 8c2c7f1b9b5049ea9e63757b5533e6d2 |
| service_name | glance                           |
| service_type | image                            |
| url          | http://controller:9292           |
+--------------+----------------------------------+

stack@dev:~$ OpenStack endpoint create --region RegionOne \
  image internal http://controller:9292

+--------------+----------------------------------+
| Field        | Value                            |
+--------------+----------------------------------+
| enabled      | True                             |
| id           | a6e4b153c2ae4c919eccfdbb7dceb5d2 |
| interface    | internal                         |
| region       | RegionOne                        |
| region_id    | RegionOne                        |
| service_id   | 8c2c7f1b9b5049ea9e63757b5533e6d2 |
| service_name | glance                           |
| service_type | image                            |
| url          | http://controller:9292           |
+--------------+----------------------------------+

stack@dev:~$ OpenStack endpoint create --region RegionOne \
  image admin http://controller:9292

+--------------+----------------------------------+
| Field        | Value                            |
+--------------+----------------------------------+
```

```
| enabled      | True                             |
| id           | 0c37ed58103f4300a84ff125a539032d |
| interface    | admin                            |
| region       | RegionOne                        |
| region_id    | RegionOne                        |
| service_id   | 8c2c7f1b9b5049ea9e63757b5533e6d2 |
| service_name | glance                           |
| service_type | image                            |
| url          | http://controller:9292           |
+--------------+----------------------------------+
```

2．安装并配置

（1）安装 Glance 的 YUM 包。

```
yum install openstack-glance
```

（2）修改 Glance 的配置文件。Glance 的配置文件路径为/etc/glance/glance-api.conf。

修改 Glance 的数据库连接：

```
[database]
# …
connection = mysql+pymysql://glance:GLANCE_DBPASS@controller/glance
```

修改认证服务相关信息及 paste_deploy 相关信息：

```
[keystone_authtoken]
# …
auth_uri = http://controller:5000
auth_url = http://controller:35357
memcached_servers = controller:11211
auth_type = password
project_domain_name = default
user_domain_name = default
project_name = service
username = glance
password = GLANCE_PASS

[paste_deploy]
# …
flavor = keystone
```

配置 Glance 使用本地存储：

```
[glance_store]
# …
stores = file,http
default_store = file
filesystem_store_datadir = /var/lib/glance/images/
```

以上是对 glance-api 服务的相关配置的修改，同样的，还需要对 glance-registry 服务的相关配置进行修改。

修改数据库连接：

```
[database]
# …
connection = mysql+pymysql://glance:GLANCE_DBPASS@controller/glance
```

修改认证服务信息和 paste_deploy：

```
[keystone_authtoken]
# …
auth_uri = http://controller:5000
auth_url = http://controller:35357
memcached_servers = controller:11211
auth_type = password
project_domain_name = default
user_domain_name = default
project_name = service
username = glance
password = GLANCE_PASS

[paste_deploy]
# …
flavor = keystone
```

（3）同步数据库。

```
# su -s /bin/sh -c "glance-manage db_sync" glance
```

3．验证阶段

经过上述配置后，我们还需要做最后几件事情，包括启动、验证等。

（1）设置 Glance 服务开机启动。

```
# systemctl enable openstack-glance-api.service \
  openstack-glance-registry.service
```

（2）启动 Glance 服务。

```
# systemctl start openstack-glance-api.service \
  openstack-glance-registry.service
```

（3）验证安装的正确性。

获取镜像列表：

```
[root@controller1 ~]# glance image-list
+--------------------------------------+---------------------+
| ID                                   | Name                |
+--------------------------------------+---------------------+
| d97a0783-2a55-4990-bc24-949cc23c45eb | centos5.4-x64       |
| 061e5303-1851-4376-9526-b1fb27b12085 | centos5.5-x64       |
| ac3f9bc0-32d8-4c0a-96d2-681ae8a20b15 | centos6.4-x64       |
| f9bb8904-8e36-489d-83c0-234e16ecd177 | centos6.5-x64       |
| d1e42261-e608-41d1-924c-3f772b3d4832 | centos6.6           |
| d0fb5ecf-432e-45e2-9740-f4a349b0dd4c | centos7             |
| 3ea667ea-54fd-4775-8569-6bd37b44984a | centos7-x64         |
+--------------------------------------+---------------------+
```

创建镜像：

```
[root@controller1 ~]# glance image-create --disk-format raw --container-format bare --file windows2008-x64.qcow2 --name je_image
```

提示：glance image-create 命令里有许多参数，其中--property 参数可以设置镜像的一些属性。

11.4.2 Glance 基本配置

Glance 的基本配置项都是通过配置文件的形式读入到 Glance 相应服务中的。当启动 Glance 服务时，我们需要指定配置文件，如果没有指定配置文件，那么 Glance 将会按照如下路径进行查找：

```
~/.glance
~/
/etc/glance
/etc/
```

进入到 Glance 的默认配置文件目录，可以发现针对 Glance 的配置文件有如下几个：

```
[root@controller1 glance]# ls
glance-api.conf              # glance-api的配置文件
glance-api-paste.ini         # 针对glance-api的paste框架路由配置
glance-registry.conf         # glance-registry的配置文件，存取镜像的metadata数据
glance-scrubber.conf         # 定期执行删除操作，删除相关镜像的数据
schema-image.json            # 标准参数
glance-cache.conf            # Glance中的缓存
glance-registry-paste.ini    # 针对glance-registry的paste框架路由配置
policy.json                  # 策略文件
```

Glance 默认把 glance-api.conf 与 glance-api-paste.ini 文件存放在同一个路径下面，当然，也支持用户指定目录进行存放，关于 glance-api-paste.ini 路径的相关配置可以从 glance-api.conf 中找到：

```
[paste_deploy]
# 定义Paste配置文件的路径
#config_file = glance-api-paste.ini
```

我们在前面介绍 Glance 时提到过，Glance 可以支持多种不同的后端存储，下面看一下如何为 Glance 配置 RBD 为后端存储。

【示例 11-2】 修改 Glance 后端存储为 RBD。

注意：RBD 为后端存储时，需要事先安装 Librados 和 Librdb 包，对于 Debian 系统而言，只安装 python-ceph 包即可，因为这个包中已包含了前两者。

（1）为了使用 RBD，需要在 glance-api.conf 配置文件中做如下修改：

```
rbd_store_pool = rbd        # 指定使用RBD存储作为后端存储
rbd_store_cheunk_size = 4   # Cheunk的大小，是指镜像文件将会以4MB为最小单位进行切割
rados_connect_timout = 0    # Rados的连接超时时间
rbd_store_ceph_conf = PATH  # Ceph的配置文件路径，默认情况下，Ceph的配置文件存放在
                            # /etc/ceph/ceph.conf中
rbd_store_user = NAME       # 这不是一个必须的选项，只有当RADOS认证开启时这个选项才会有用
```

（2）还需要设置一下 keyring 的值：

```
[client.glance]
keyring=/etc/glance/rbd.keyring
```

好了，一切准备就绪。假设我们有一个名为 Glance 的用户，需要使用名为 Images 的资源池时，我们就可以进行如下操作：

```
rados mkpool images
```

```
ceph-authtool --create-keyring /etc/glance/rbd.keyring
ceph-authtool --gen-key --name client.glance --cap mon 'allow r' --cap osd 'allow
                                rwx pool=images' /etc/glance/rbd.keyring
ceph auth add client.glance -i /etc/glance/rbd.keyring
```

11.5 镜像缓存

我们可以通过配置文件，设置 glance-api 服务使用本地镜像缓存，一个本地镜像缓存是将镜像的复本存储在本地文件系统中，这样做的一个好处就是可以提高 Glance 服务的可扩展能力，在镜像缓存之前，只有一个 glance-api 为之服务，当有了镜像缓存后，可以对 glance-api 进行水平扩展，使得更多的 glance-api 可以对外提供服务。但是对于终端用户而言，他们并不会感知到镜像缓存的存在，他们也无须关心镜像是从本地缓存中拉取还是从实际的后端存储中拉取。

当调用 curl -X GET http:/ipaddress:port/v2/images/<IMAGE_ID>时，用户可以获得镜像的详情，但是对于镜像缓存而言，此时并没有实现镜像缓存的自动管理。下面我们一起看一下如何通过配置文件设置镜像缓存，以实现对镜像缓存的自动管理。

配置 glance-cache 主要有两个文件/etc/glance-api.conf 和/etc/glance-cache.conf。下表 11.2 中涉及的配置项在这两个文件中都会存在，所以在进行配置时，一定要保持相同参数在不同文件中值的一致性。

表 11.2 glance-cache 通用配置

配置项名称	说明
image_cache_dir	这是镜像缓存的根目录，它的值必须事先设置，因为在代码中并没有为此变量设置默认值
image_cache_sqlite_db	是一个相对路径，文件数据库 sqlite 用于管理镜像的缓存
image_cache_max_size	用于指定 glance-cache-pruner 将会删除的镜像文件的大小，即 glance-cache-pruner 将会保证缓存中的文件大小不大于 image_cache_max_size 的值
image_cache_driver	缓存管理的驱动，如 sqlite
image_cache_stall_time	表示一个未上传完成的镜像可以在缓存中所保留的最长时间，当超过这个时间后，这个未完成上传的镜像将会被删除

下面看一下针对 glance-cache 的配置项，它存放在 glance-cache.conf 文件中，如表 11.3 所示。

表 11.3 glance-cache.conf 的配置

admin_user	Admin 用户的用户名
admin_password	Admin 用户的密码
admin_tenant_name	Admin 租户的用户名
auth_url	Keystone 对外提供认证服务的 URL。如果我们在环境变量中已进行了设置，那么它将会从环境中获取
filesystem_store_datadir	如果我们使用本地文件系统作为缓存路径，那么这个变量的值将会用来指定缓存的存放路径
filesystem_store_datadirs	用于指定多个文件系统存储
registry_host	用于指定 glance-registry 的 URL

在上前讲解相关配置项时，我们提到过一个名为 image_cache_max_size 的配置项，它用于指定 Glance 从何时开始清理缓存，即 Glance 所保留的最大的缓存大小，当超过这个值时，它会自动进行清理操作。但是这里有一个特殊情况，当我们通过 GET/Images/IMAGE_ID 获取镜像时，镜像的缓存会自动写入到缓存文件中，而不会受此配置项的限制。所以针对这样的情况，我们必须手动执行 glance-cache-pruner 才能将这些缓存清理掉。当然，可以通过编写 Cron 定时任务的方式来代替上述手

动执行的过程。

随着系统使用时间的增长，缓存中将会残留大量处于 stalled 状态和 invalid 状态的镜像文件。前者主要是由于镜像缓存写入时失败造成的，后者是镜像文件在落盘时出错而导致的。不过庆幸的是，在 Glance 中也提供了相应的服务（glance-cache-cleaner）来清除这些文件，它的执行也可以使用类似于 glance-cache-pruner 的方式，通过 Cron 定时任务的方式执行。

11.6 案例实战——Glance 常见场景之镜像创建

前面我们对 Glance 的基本架构及其他一些知识进行了讲解，本节将对 Glance 中的关键代码进行深入分析，由于 glance-api 等是一些 WSGI Server，故其服务启动过程与之前讲解的服务启动过程的思路是一样的，此处不再分析。本节以 Glance 中最为常见的场景——镜像创建为例进行讲解。

提示：如果读者想使用 DevStack 来调试 Glance 的代码，那么可能调试方式会有一些差别。

通过命令行的方式创建一个名为 je_test 的镜像，在创建时，为了能够找到路由的路径，我们需开启 debug 模式，代码如下：

```
[root@controller1 ~]# glance --debug image-create --file cirros-0.3.4-x86_64-disk.img --container-format=bare --disk-format=qcow2 --name je_test
curl -g -i -X POST -H 'User-Agent: python-glanceclient' -H 'Content-Type: Application/json' -H 'Accept-Encoding: gzip, deflate' -H 'Accept: */*' -H 'X-Auth-Token: {SHA1}aa2d85d01d48a6e8e122a83bf5d0a2ef1deb39cb' -d '{"container_format": "bare", "disk_format": "qcow2", "name": "je_test"}' http://IPADDRESS:9292/v2/images

HTTP/1.1 201 Created
date: Tue, 09 Jan 2018 23:33:51 GMT
content-length: 683
content-type: Application/json; charset=UTF-8
location: http://IPADDRESS:9292/v2/images/d11786bf-c632-4f8a-8a12-4c6f25bbc94b
x-OpenStack-request-id: req-req-2f52fd98-d11d-4d57-bc7e-015494fd9ecb

{"container_format": "bare", "min_ram": 0, "updated_at": "2018-01-09T23:33:51Z", "file": "/v2/images/d11786bf-c632-4f8a-8a12-4c6f25bbc94b/file", "owner": "0c7bbcaad155450cb9ee9ce813a13d51", "id": "d11786bf-c632-4f8a-8a12-4c6f25bbc94b", "size": null, "user_id": "68a8800c156547849f65f689b3780683", "self": "/v2/images/d11786bf-c632-4f8a-8a12-4c6f25bbc94b", "disk_format": "qcow2", "datastore_uuid": "f7149ea9-faf8-4a2c-afa4-160f8c9187a3", "schema": "/v2/schemas/image", "status": "queued", "tags": [], "visibility": "private", "min_disk": 0, "virtual_size": null, "name": "je_test", "checksum": null, "created_at": "2018-01-09T23:33:51Z", "protected": false, "datastore_name": "SATA"}
```

从上述 debug 信息中可以看出，当有创建镜像的请求到达 glance-api 后，首先会将此请求路由到 v2/images 中，因为使用的是 POST 方法，所以这个请求路由到 v2/images 后会调用其中的 create()方法、create()方法的实现如下：

```
@utils.mutating
def create(self, req, image, extra_properties, tags):
    image_factory = self.gateway.get_image_factory(req.context)
    image_repo = self.gateway.get_repo(req.context)
```

```
            try:
                image = image_factory.new_image(extra_properties=extra_properties,
                                    tags=tags, **image)
                image_repo.add(image)
            …
            return image
```

在上述关键代码中,我们需要特别关注 image_factory 和 image_repo 变量。在 try 中的代码,其作用是生成 Image 的对象,并存放在 image_repo 中,需要注意的是,此时镜像只是存储在数据库中,并没有生成相应的镜像文件,此时镜像的大小为 None。image_factory.new_image()和 image_repo.add()形成了两条责任链,共同完成镜像的创建工作。

首先看一下 self.gateway.get_image_factory(req.context),其代码如下:

```
    def get_image_factory(self, context):
        image_factory = glance.domain.ImageFactory()
        store_image_factory = glance.location.ImageFactoryProxy(
            image_factory, context, self.store_api, self.store_utils)
        quota_image_factory = glance.quota.ImageFactoryProxy(
            store_image_factory, context, self.db_api, self.store_utils)
        policy_image_factory = policy.ImageFactoryProxy(
            quota_image_factory, context, self.policy)
        notifier_image_factory = glance.notifier.ImageFactoryProxy(
            policy_image_factory, context, self.notifier)
        if property_utils.is_property_protection_enabled():
            property_rules = property_utils.PropertyRules(self.policy)
            pif = property_protections.ProtectedImageFactoryProxy(
                notifier_image_factory, context, property_rules)
            authorized_image_factory = authorization.ImageFactoryProxy(
                pif, context)
        else:
            authorized_image_factory = authorization.ImageFactoryProxy(
                notifier_image_factory, context)
        return authorized_image_factory
```

从上述代码可以看出,在 get_image_factory()中依次将 domain.ImageFactory()、location.ImageFactoryProxy()、quota.ImageFactoryProxy()、policy.ImageFactoryProxy()、notifier.ImageFactoryProxy()的对象作为构造参数,最终返回 authorization.ImageFactoryProxy()的对象。

再看一下 self.gateway.get_repo(req.context),其代码如下:

```
    def get_repo(self, context):
        image_repo = glance.db.ImageRepo(context, self.db_api)
        store_image_repo = glance.location.ImageRepoProxy(
            image_repo, context, self.store_api, self.store_utils)
        quota_image_repo = glance.quota.ImageRepoProxy(
            store_image_repo, context, self.db_api, self.store_utils)
        policy_image_repo = policy.ImageRepoProxy(
            quota_image_repo, context, self.policy)
        notifier_image_repo = glance.notifier.ImageRepoProxy(
            policy_image_repo, context, self.notifier)
        if property_utils.is_property_protection_enabled():
            property_rules = property_utils.PropertyRules(self.policy)
            pir = property_protections.ProtectedImageRepoProxy(
```

```
                notifier_image_repo, context, property_rules)
            authorized_image_repo = authorization.ImageRepoProxy(
                pir, context)
        else:
            authorized_image_repo = authorization.ImageRepoProxy(
                notifier_image_repo, context)

        return authorized_image_repo
```

get_repo()这段代码的主要作用是获取一个镜像仓库,后续创建镜像时生成的镜像对象就存储于此。镜像创建过程中的另外一个比较重要的流程就是镜像上传,其实现代码位于:

```
glance/api/v2/image_data.py
    @utils.mutating
    def upload(self, req, image_id, data, size):
        image_repo = self.gateway.get_repo(req.context)
…
        try:
            image = image_repo.get(image_id)
            image.status = 'saving'
            try:
…
                image_repo.save(image, from_state='queued')
                image.set_data(data, size)

                try:
                    image_repo.save(image, from_state='saving')
…
        return image
```

归纳一下 upload() 上传镜像的主要步骤。

(1) 获取镜像仓库。

```
image_reop = self.gateway.get_repo(req.context)
```

(2) 根据镜像 ID 获取镜像,然后将镜像的 Status 设置为 saving 状态。

```
image = image_repo.get(image_id)
image.status = "saving"
```

(3) 将处于 queued 状态的镜像保存到数据库中。

```
image_repo.save(image, from_state="queued")
```

设置镜像的相关数据:

```
image.set_data(data, size)
```

这里的 set_data() 方法来自 glance/location/ImageProxy 类,这也是镜像真正上传的代码。

(4) 保存处于 saving 状态的镜像。

```
image_repo.save(image, from_state="saving")
```

以上通过对 Glance 关键代码的分析,相信大家对于 Glance 的工作流程有了更深层次的理解。根据本小节内容的讲解,大家可以回顾一下前几章节中的代码分析,我们很容易的可以发现,OpenStack 中许多服务,最后一步往往会涉及到数据的持久化问题,即写数据库。写入数据库的数据,不仅限于服务的终态数据,对于一些长流程的数据来说,还会伴随着状态机的维护等。

第 12 章

智能运维 Vitrage——RCA 组件

OpenStack 中的项目众多，再加之其开源、开放的架构组织模式，随着不同业务需要的增多，OpenStack 项目的复杂程度会不断升高。如此宠大的系统架构及多样化的业务模块下，对维护人员来说是一个十分艰巨的任务，他们需要了解各个模块的总体架构及业务逻辑，只有这样，才能在出现问题后有能力去做维护工作。但是像"双十一"这样的突发访问量而言，单纯依靠人工运维是不现实的，无论从实时性上讲还是从可操作性讲都将是一个巨大的挑战。

基于上述背景，本章将介绍 OpenStack 中的一个运维模块——Vitrage。这是一个基于机器学习算法的智能运维模块，可以对系统中的特定故障提前预知、提前解决。本章主要基于 P 版本的 Vitrage 讲解其基本架构、安装部署及其关键业务逻辑。

通过对本章的学习，希望读者有以下几点收获：
- 掌握 Vitrage 组件的基本架构
- 掌握 Vitrage 的安装部署过程
- 掌握如何向 Vitrage 中添加自定义资源
- 理解 Vitrage 中的告警案例分析

提示：Vitrage 作为社区中一个较为前沿的组件，在其内部引入了机器学习的算法，可以提前预知系统故障，从而达到在故障发生前就将故障修复的目的，它通常与 Mistral 组件结合使用。

12.1 Vitrage 架构

本节主要针对 Vitrage 的架构，分别从 High Level 架构和 Low Level 架构进行分析，由浅入深分析 Vitrage 的架构。希望读者通过对本章的学习，可以比较好地了解 Vitrage 的基本原理，以便为后续的学习打下坚实的基础。

说明：High Level 架构和 Low Level 架构是设计方面的两个术语，其实很简单。High Level 架构表示高层次的、高级别的设计，比如系统架构、数据库设计。Low Level 是具体而详细的设计，比如组件的内部机制、组件与组件之间的关联等。

12.1.1 High Level 架构设计

Vitrage 是 OpenStack 中一个专注于做 RCA（Root Cause Analysis）的组件，它可以自动分析 OpenStack 中的告警及事件通知，并根据系统数据自行处理部分问题，除此之外，它还可以通过分析其他模块发送来的数据，在问题发生前就将问题解决掉。

根据官方给出的介绍，它的主要功能有以下几点：
- 建立物理实体与虚拟资源的映射。
- 分析告警和触发状态变换。（即根据系统当前的运行状态，主动产生告警或修改状态）
- 对于告警和事件做 RCA 处理。
- 针对上述功能提供相应的 Horizon 插件。

图 12.1 展示了 Vitrage High Level 的逻辑架构图。从上向下依次可以归纳为三大部分：界面 UI（Vitrage Dashboard）、API（Vitrage API）、核心业务逻辑（Vitrage Graph）。

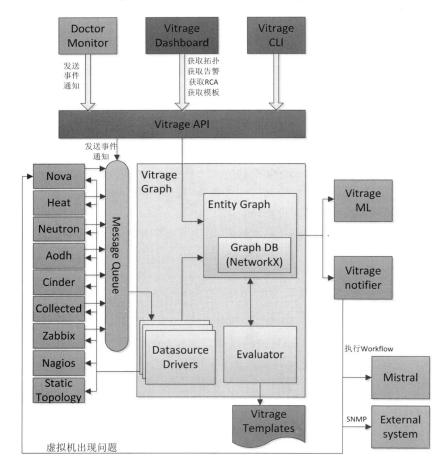

图 12.1 Vitrage 逻辑架构

其中，Vitrage Dashboard 主要是向用户直观地展示 Vitrage 的功能，可以方便地将其集成到 Horizon 中。

对于 API 接口之类的内容，我们无须花费过多的时间去了解。下面我们重点关注其内部的核心模块的业务逻辑及实现方式。Vitrage 主要的业务模块如下表 12.1 所示。

第 12 章 智能运维 Vitrage——RCA 组件

表 12.1 Vitrage 主要的业务模块

业务模块	说明
Vitrage Datasource	Vitrage 的数据源。通过这些 Vitrage Datasource，Vitrage 可以获取不同模块（如 Nova、Heat、Neutron 等）的信息及系统信息。这些信息可以是物理资源的信息、虚拟资源的信息及应用的信息。收集到的信息最终会被汇总到 Vitrage Graph 中。除了可以接收 OpenStack 自身模块的数据信息外，Vitrage 还支持来自 Zabbix、Nagios 及 Collectd 中的数据
Vitrage Graph	获取来自 Vitrage Datasource 中的数据及不同数据之间的关联关系。另外，在本模块中也实现了一些基本的图算法（如子串搜索、广度优先搜索、深度优先搜索等），这些算法将会被 Vitrage Evaluator 调用。其中，本模块中的 Entity Graph 使用了 NetworkX 库来实现一些复杂的图算法，并维护了不同节点之间的关联关系。在以后的版本中，社区考虑将会使用 Titan 或 Neo4j 来替换 NetworkX 库，主要原因是前者可以对数据做持久化处理，而后者是运行在内存中的
Vitrage Evaluator	逻辑处理模块。与 Vitrage Graph 协同工作，分析并处理 Vitrage Graph 中的数据信息，然后获取分析结果。这个模块同时也负责调用不同的模块来执行相应的 Action，如在不同的 Alarm 之间建立关联关系、触发分析得出的告警及设定分析状态
Vitrage Notifier	用于将 Vitrage 产生的告警及状态信息发送到 Vitrage 之外的其他模块，目前为止，共支持两种 Notifier，Aodh Notifier 和 Nova Notifier。前者用于在 Aodh 中触发 Aodh 告警，后者用于发送主机 Down 机的告警
Vitrage ML	这是一个用于集成机器学习算法的模块

Vitrage 组件运行的主要服务如下表 12.2 所示。

表 12.2 Vitrage 组件运行的主要服务

主要服务	说明
Vitrage-graph 服务	这是 Vitrage 中的主要服务，主要包含 Entity Graph 和模板 Evaluator。前者运行于内存之中，后者主要用于模板的解析与处理
vitrage-notifier 服务	事件通过服务。主要负责将 Vitrage 内部的告警和状态变化发送到 Virage 外部其他服务中，对于 O 版本的 Virage，它仅支持 Nova 中的 force-down API 和 SNMP
vitrage-api 服务	提供 RESTful API
vitrage-collector 服务	主要负责从不同 Datasource 中获取数据
vitrage-ml 服务	通过机器学习的方法分析告警信息
vitrage-persistor 服务	将来自于 Datasource 中的事件持久化到数据库中

提示：vitrage-ml 服务实际就是调用了机器学习相关的 Python 包，通过这些引入的包可以实现对系统预测的功能。

下面是通过 DevStack 安装的 O 版本 Vitrage 的相关服务：

```
stack@dev:~$ ps aux | grep vitrage
    stack     1101  0.0  0.2 271188 12128 ?        Ssl  Jan15   0:56 /usr/bin/python
/usr/local/bin/vitrage-ml --config-file /etc/vitrage/vitrage.conf
    stack     1122  0.0  0.2 271188 10116 ?        Ssl  Jan15   0:57 /usr/bin/python
/usr/local/bin/vitrage-notifier --config-file /etc/vitrage/vitrage.conf
    stack     9515 51.5  1.3 199304 64948 ?        Rs   20:30   0:03 /usr/bin/python
/usr/local/bin/vitrage-collector --config-file /etc/vitrage/vitrage.conf
    stack     9631  0.0  0.0  14224   940 pts/1    S+   20:30   0:00 grep --color=auto
vitrage
    stack    25919  0.7  0.4 479308 20344 ?        Ssl  15:21   2:26 /usr/bin/python
/usr/local/bin/vitrage-graph --config-file /etc/vitrage/vitrage.conf
    stack    32657  0.0  0.2 909104 13360 ?        Sl   07:35   0:32 (wsgi:vitrage-api
-k start
```

```
stack     32658  0.0  0.2 974680 12188 ?        S1    07:35   0:33 (wsgi:vitrage-api
-k start
```

在 DevStack 中，Vitrage 中的相关服务名称如下：

```
stack@dev:~$ systemctl list-unit-files | grep devstack@vitrage
devstack@vitrage-collector.service    enabled
devstack@vitrage-graph.service        enabled
devstack@vitrage-ml.service           enabled
devstack@vitrage-notifier.service     enabled
```

12.1.2 Low Level 架构设计

图 12.1 中给出一个相对 High Level 的 Vitrage 架构设计，本小节将会从更加细节的方面，给出一个比较详细的架构设计。图 12.2 是 Vitrage Low Level 的详细架构设计。

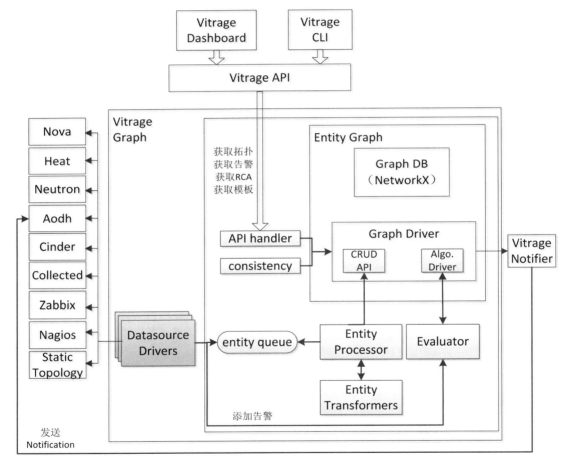

图 12.2 Vitrage Low Level 逻辑架构

前一小节讲过的模块不再赘述。下面看一下上节中未提到过和有差异的模块。

图 12.2 中的 Datasource Drivers 主要功能有两个：一个是 Datasource Drivers，负责接收来自外部组件的消息，并把这些消息发送到 Entity Queue 中；另一个是负责对接收到的数据进行整合，并将处理结果汇总到 Graph 中。

提示：NetworkX 是一个进行图运算的 Python 包，借助这个包，可以很方便地实现图算法，从而实现不同资源间关联关系的建立与维护。

图 12.2 中还出现了一个新的模块 Consistency。它的主要功能是负责 Entity Graph 中的状态与云平台实际的状态一致。当 Vitrage 服务启动时，它可以实现对 Vitrage Graph 的初始化操作，当服务启动之后，它是一个被周期性调用的服务，确保 Vitrage Graph 的正确性。

Consistency 包含以下功能：
- 删除错误的节点。
- 处理 Vitrage 错过的 DeleteEngity 事件，但不会删除一些特定的告警信息。
- 确保所有的 Entity 都存在于 Graph 中。

12.2　Vitrage 安装部署

Vitrage 的安装部署相对来说比较简单，如果前面的章节认真学习过，相信对于本节所涉及的安装部署的过程不会太陌生。本节将基于 CentOS 7 来讲解其手动方式安装过程及 DevStack 方式安装过程。

12.2.1　手动方式安装部署 Vitrage

先看一下如何通过手动方式进行安装部署。整个安装部署的过程可以分为安装、配置、设置用户与验证等几个步骤。

（1）安装 Vitrage 和 Vitrage Client。

```
$ sudo pip install vitrage python-vitrageclient
```

如果需要指定特定版本进行安装，可以使用以下方式：

```
$ sudo pip install vitrage==VITRAGE_VERSION
$ sudo pip install python-vitrageclient=VITRAGE_CLIENT_VERSION
```

有关所支持的版本，可以自行查阅 Vitrage 项目 wiki。

（2）修改配置文件。

与其他的服务类似，它的配置文件也默认放在了/etc/下面，如果不存在/etc/vitrage 路径，用户需自行创建，要注意一点是，新创建的路径的属性需要为 755，具体创建过程如下：

```
$ mkdir /etc/vitrage
$ chmod 755 /etc/vitrage

$ mkdir /etc/vitrage/static_datasources
$ chmod 755 /etc/vitrage/static_datasources

$ mkdir /etc/vitrage/templates
$ chmod 755 /etc/vitrage/templates

$ sudo mkdir /var/log/vitrage
$ sudo chmod 755 /var/log/vitrage
```

上述操作完成后，我们还需要将代码中的 api-paste.ini 文件复制到/etc/vitrage 下面，将代码中 datasources_values 文件夹复制到/etc/virage/datasources_values 目录下。

最后修改/etc/vitrage/vitrage.conf 文件，添加以下内容：

```
[DEFAULT]
# debug = False     # 是否允许开启Debug模式
transport_url = <transport-url>  # 设置Transport的URL
# notifiers = nova    # 设置Notifiers

[service_credentials]
auth_url = http://<ip>:5000  # Keystone的URL
region_name = RegionOne  # Region信息
project_name = admin     # 租户的名称
password = <password>    # 租户密码
project_domain_id = default  # Domain信息
user_domain_id = default
username = admin
auth_type = password

[keystone_authtoken]
auth_uri = http://<ip>:5000
project_domain_name = Default
project_name = service
user_domain_name = Default
password = <password>
username = vitrage
auth_url = http://<ip>:35357
auth_type = password
```

以上都是常规配置，对于 Vitrage 来说，除了上述配置外，它还有几个较为重要的配置：

① 配置 Datasources。

```
[datasources]
types = nova.host,nova.instance,nova.zone,static,aodh,cinder.volume,neutron.network,neutron.port,heat.stack,doctor
```

② 配置 Datasources 的事件通知。

● 使用来自 Aodh 的事件通知。

修改/etc/aodh/aodh.conf 文件：

```
[oslo_messaging_notifications]
driver = messagingv2
topics = notifications,vitrage_notifications
```

● 使用来自 OpenStack 中其他组件（如 Nova、Cinder、Neutron、Heat 和 Aodh）的通知。

在对应模块的配置文件中添加以下内容：

```
[DEFAULT]
notification_topics = notifications,vitrage_notifications
notification_driver=messagingv2
```

（3）创建 Vitrage 用户并绑定用户角色。

```
OpenStack user create vitrage --password password --domain=Default
OpenStack role add admin --user vitrage --project service
OpenStack role add admin --user vitrage --project admin
```

（4）创建 Vitrage Endpoint。

```
OpenStack service create rca --name vitrage --description="Root Cause Analysis Service"
OpenStack endpoint create vitrage --region <region> public http://<ip>:8999
```

```
OpenStack endpoint create vitrage --region <region> internal http://<ip>:8999
OpenStack endpoint create vitrage --region <region> admin http://<ip>:8999
```

(5)启动 Vitrage 相关服务。

```
systemctl enable vitrage-collector
systemctl enable vitrage-graph
systemctl enable vitrage-api
systemctl enable vitrage-notifier

systemctl start vitrage-collector
systemctl start vitrage-graph
systemctl start vitrage-api
systemctl start vitrage-notifier
```

(6)验证上述安装过程的正确性。

```
vitrage topology show
```

通过上述步骤,我们已经把 Vitrage 的关键模块都安装配置完成了,如果还需要安装 vitrge-dashboard,可以使用如下方式:

```
$ pip install vitrage-dashboard
```

12.2.2 通过 DevStack 安装 Vitrage

下面学习一下如何通过 DevStack 进行安装。

在通过 DevStack 安装部署环境时,用户首先需要提供的就是 local.conf 文件(官方要求),对 local.conf 文件进行如下配置:

(1)配置 Enable Vitrage 插件。

```
[[local|localrc]]
enable_plugin vitrage https://git.OpenStack.org/OpenStack/vitrage
```

(2)添加以下配置以便可以接收来自 Nova 的 Notification。

```
[[post-config|$NOVA_CONF]]
[DEFAULT]
notification_topics = notifications,vitrage_notifications
notification_driver=messagingv2
```

(3)添加以下配置以便可以接收来自 Neutron 的 Notification。

```
[[post-config|$NEUTRON_CONF]]
[DEFAULT]
notification_topics = notifications,vitrage_notifications
notification_driver=messagingv2
```

(4)添加以下配置以便可以接收来自 Cinder 的 Notification。

```
[[post-config|$CINDER_CONF]]
[DEFAULT]
notification_topics = notifications,vitrage_notifications
notification_driver=messagingv2
```

(5)添加以下配置以便可以接收来自 Heat 的 Notification。

```
[[post-config|$HEAT_CONF]]
[DEFAULT]
notification_topics = notifications,vitrage_notifications
```

```
notification_driver=messagingv2
```

（6）添加以下配置以便可以接收来自 Aodh 的 Notification。

```
[[post-config|$AODH_CONF]]
[oslo_messaging_notifications]
driver = messagingv2
topics = notifications,vitrage_notifications
```

（7）安装 vitrage-dashboard。

```
enable_plugin vitrage-dashboard https://git.OpenStack.org/OpenStack/vitrage-dashboard
```

当上述 local.conf 文件修改完成后，再切换到 stack 用户，执行 ./stack.sh 即可进行安装。

提示：使用 DevStack 进行环境部署时，一定要使用 stack 用户。

12.3 Vitrage 模板

在第 7 章中，我们学习了一些与 Heat 相关的模板，它的最大的好处就是可以复用，节约运维成本，便于对场景进行抽象。那么对于 Vitrage 而言，模板也是非常有用的一个"工具"，本章节主要从模板的结构、模板的加载过程及自定义模板的开发等三个方面进行讲解。

12.3.1 Templates（模板）的结构

在 Vitrage 中，使用 Templates 表示产生 deduced 告警、设置 deduced 状态及检测和设置 RCA 链接的规则，Templates 是 YAML 格式的文件。

下面看一下模板的基本结构：

```
metadata:
  version:           # 模板的版本信息
  name:              # 模板的名字
  description:       # 模板的描述（可选项）

definitions:
  entities:
     - entity: …
     - entity: …
  relationships:
     - relationship: …
     - relationship: …

includes:
   - name:           # 模板Metadata中定义的名字
   - name: …

scenarios:
    - scenario:
       condition:    # Action执行的条件
       actions:
           - action: …
```

一个 Vitrage Templates 被分成了 4 部分，详细如下：

（1）**metadata**：模板的元数据部分，包含了模板的基本信息。
（2）**definitions**：定义 entities 和 relationship。如果没有 includes，那么 definitions 是必需项。
- entities：描述 Template 模板中 scenarios 部分定义的不同资源（Resources）及告警（Alarm），与 Entity Graph 中的顶点相对应。
- relationships：Entity 之间的关系，是一个逻辑概念，与 Entity Graph 中的边相对应。

（3）**includes**：（可选项）如果被添加到模板中，它的值应该取自模板中 metadata 部分定义的名字；如果只需要引用本模板中 metadata 中定义的名字，那么 includes 可以省略掉。

（4）**scenarios**：一系列的判断条件。每一个 scenario 都由以下两部分组成。
- condition：判定条件。Template 会根据前面定义的 entities 和 relationship 来分析条件是否成立。现在支持的所有操作符有 and、or、not 和()。
- action：当上述条件满足时，相应的操作。

还有一种模板类型叫作 Definition Template，示例如下。

```
name:  # Definition模板的名字，不允许重复。它可以在常规模板的inlucdes部分使用。
description:  # 模板描述
definitions:
    entities:
      - entity: ...
      - entity: ...
    relationships:
      - relationship: ...
      - relationship: ...
```

与常规模板的不同之处在于，Definition 模板中不含有 includes 和 scenarios 这两部分。如果 definition 模板添加到了常规模板的 includes 中，那么在 definition 模板中定义的 entities 和 relationships 可以在常规模板中使用。

提示：与 Heat 创建 Stack 时所使用的模板类似，Vitrage 中使用的模板也是 YAML 格式，只是这两类模板中所定义的资源不同。

了解了其基本知识后，我们看一个具体实例。以下模板的作用就是当 Host 处于 ERROR 状态时，触发一个告警。

【示例 12-1】Host 处于 ERROR 状态时，触发告警的模板。

代码如下：

```
metadata:
   name: deduced_alarm_for_all_host_in_error
   description: raise deduced alarm for all hosts in error
definitions:
   entities:
     - entity:
         category: RESOURCE
         type: nova.host
         state: error
         template_id: host_in_error
scenarios:
  - scenario:
      condition: host_in_error
      actions:
        - action:
```

```
                action_type: raise_alarm
                properties:
                   alarm_name: host_in_error_state
                   severity: critical
                action_target:
                   target: host_in_error
```

需要说明的有如下几点：
- 模板中并没有定义 relationships 部分。
- 触发的条件是 Host 处于 ERROR 状态。
- state 和 serverity 是不区分大小写的。

12.3.2 模板的加载过程

在上一节介绍 Vitrage 模板时，已经学习了如何编写模板（示例 12-1），那么本小节将针对模板的加载过程进行介绍。

用户编写完 Vitrage 模板后，Vitrage 可以根据用户提供的模板数据构建出 entities、relationships 以及 scenarios。以下便是 Vitrage 中 entities、relationships 和 scenarios 的取值。

```
expected_entities = {
  'alarm': Vertex(vertex_id='alarm',
                  properties={'vitrage_category': 'ALARM',
                              'vitrage_type': 'nagios',
                              'name': 'HOST_HIGH_CPU_LOAD',
                              }),
  'resource': Vertex(vertex_id='resource',
                     properties={'vitrage_category': 'RESOURCE',
                                 'vitrage_type': 'nova.host',
                                 })
}

expected_relationships = {
  'alarm_on_host': EdgeDescription(
    edge=Edge(source_id='alarm',
              target_id='resource',
              label='on',
              properties={'relationship_type': 'on'}),
    source=expected_entities['alarm'],
    target=expected_entities['resource']
  )
}

expected_scenario = Scenario(
  id='basic_template-scenario0',
  condition=[
    [ConditionVar(symbol_name='alarm_on_host',
                  positive=True)]],
  actions=[
    ActionSpecs(
      type='set_state',
      targets={'target': 'resource'},
      properties={'state': 'SUBOPTIMAL'})],
  subgraphs=template_data.scenarios[0].subgraphs,  # ignore subgraphs
```

```
        entities=expected_entities,
        relationships=expected_relationships
)
```

entities 和 relationships 都是以 template_id 作为 Key 值进行加载的，需要注意的是，entities 和 relationships 的 key-value 并不会添加到 scenarios 的仓库中，即 template_id 是与某一个模板文件相关联的，并非是全局变量。在同一个模板文件中出现重复的 template_id 是非法的，但是可以存在两个 entities，除 template_id 属性外，其他属性都相同，例如：

```
- entity:
    category: RESOURCE
    type: nova.instance
    template_id: instance1
- entity:
    category: RESOURCE
    type: nova.instance
    template_id: instance2
```

Scenario 的属性如下表 12.3 所示。

表 12.3 Scenario 的属性与说明

属性名称	说明
id	由模板名字和 Scenario 的索引共同组成
version	版本号
condition	由操作符和 template_id 组成的表达式
actions	ActionSpecs 的列表
subgraphs	在 entity 中满足特定条件的 Graph。任何一个被匹配的 subgraph 都将会执行相应的 Action
entities	实体
relationships	关联关系
enabled	可用性设置

- id：由模板名字和 Scenario 的索引共同组成。
- version：版本号。
- condition：由操作符和 template_id 组成的表达式。
- actions：ActionSpecs 的列表。
- subgraphs：在 entity 中满足特定条件的 Graph。任何一个被匹配的 subgraph 都将会执行相应的 Action。
- entities：实体。
- relationships：关联关系。
- enabled：可用性设置。

12.3.3 添加自定义模板

在有些场景下，系统提供的模板并不能完全满足我们的需求，那么在这种情况下，我们就需要开发自己的模板，然后将模板提供给 Vitrage 使用。

1. 添加步骤及常用参数

Vitrage 模板的添加比较简单，可以分为两步：

（1）将自定义模板放在/etc/vitrage/templates 路径下。
（2）重启 vitrage-graph 服务。

当完成上述步骤后，vitrage-graph 会加载此模板，在加载模板之前，它首先会对模板的合法性进行验证，并将验证结果存放于日志文件中以便后续查看，如果模板没有通过验证，那么将会被跳过，可以继续加载其他模板。

在编写模板时，用到的一些常用参数及它们的取值如表 12.4 所示。

表 12.4 常用参数及取值范围

所属 Block	Key	取值范围	备注
entity	category	Alarm、Resource	
entity（Alarm）	type	任意字符串	
entity（Resource）	type	openStack.cluster nova.zone nova.host nova.instance cinder.volume switch	这些仅是 Vitrage 中的默认值，如果用户在后续添加了新的 Datasources，那么新的取值也将会被添加并得到支持
Action	action_type	raise_alarm set_state add_causal_relationship mark_down	

提示：表 12.4 中提到的内容，了解一下即可，不必全部记住，可以即查即用。

2. Vitrage 的模板特色

Vitrage 的模板吸取了 Heat 模板的经验，支持在模板中使用系统定义的方法来获取资源的 ID、资源属性等信息，但其也有自己的特色。

Vitrage V2 版本引入了一个新的方法：get_attr，它仅限于 execute_mistral 的 Action，其用法如下：

```
scenario:
  condition: alarm_on_host_1
  actions:
    action:
      action_type: execute_mistral
      properties:
        workflow: demo_workflow
        input:
          host_name: get_attr(host_1,name)
         # 使用方法：get_attr(template_id, attr_name)
          retries: 5
```

Vitrage 可以支持多种 Action，如 raise_alarm、set_state、add_causal_relationship、mark_down、execute_mistral。

（1）raise_alarm：在 entity 上产生 deduced 告警。其使用示例为：

```
action:
  action_type : raise_alarm
```

```
      properties:
        alarm_name: some problem    # 必选项。Action的名字
        severity: critical          # 必选项。需要与定义的一致 "vitrage.yaml"
      action_target:
        target: instance            # 必选项。事先在definitions中定义过，表示会触发此entity
                                    # 告警，target的值不允许为alarm
```

（2）set_state：设定 entity 的状态。需要注意的是，这里仅仅设置 entity 在 Vitrage 中的状态，并不会影响 entity 在 Datasources 中的状态。其使用示例为：

```
action:
  action_type : set_state
    properties:
      state: error                  # 必选项。需要与在datasource_values YAML
                                    # 文件中定义的值一致
    action_target:
      target: host                  # 必选项。 用于表明对哪个Entity修改状态，这些
                                    # Entity需要事先在definitions中定义过
```

（3）add_causal_relationship：为两个 Alarm 添加它们之间的因果关系。其使用示例为：

```
action:
  action_type : add_causal_relationship
    action_target:
      source: host_alarm            # 必选项。触发Host产生告警的Alrm。在definition
                                    # 中有定义
      target: instance_alarm        # 必选项。由源Alarm引起的告警，它的值也是需要在
                                    # definition中事先定义
```

（4）mark_down：设置 entity 的 mark_down 字段，可以与 Nova 中的 Notifier 一起使用从而实现对主机的关机操作。其使用示例为：

```
action:
  action_type : mark_down
    action_target:
      target: host # mandatory. entity (from the definitions section, only host) to be marked as down
```

（5）execute_mistral：执行 Mistral 的 WorkFlow。其使用示例为：

```
action:
  action_type: execute_mistral
    properties:
      workflow: demo_workflow  # mandatory. The name of the workflow to be
                               # executed
    input:           # optional. A list of properties to be passed to the workflow
      farewell: Goodbye and Good Luck!
      employee: John Smith
```

12.4 Vitrage Evaluator

前面讲解 Vitrage 的架构图时稍微提到过 Vitrage Evaluator 模块，本节我们将对这个模块进行详细讲解。

Vitrage Evaluator 主要负责解析 Vitrage Templates 中的应用场景，不同的应用场景会与特定的 Action 进行关联，某一个应用场景被触发时，Vitrage Evaluator 负责触发与此应用场景相关联的 Action。除此之外，它还负责维护不同 Action 之间的关联关系，如相互协同的 Action、相互叠加的 Action。

提示：Vitrage Evaluator 是 Vitrage 中十分关键的服务，所以我们应该多花一些时间与精力认真学习本节的内容。

图 12.3 是 Vitrage Evaluator 的一个架构及流程图。在进行架构分析之前，我们先看一下两个比较重要的概念。

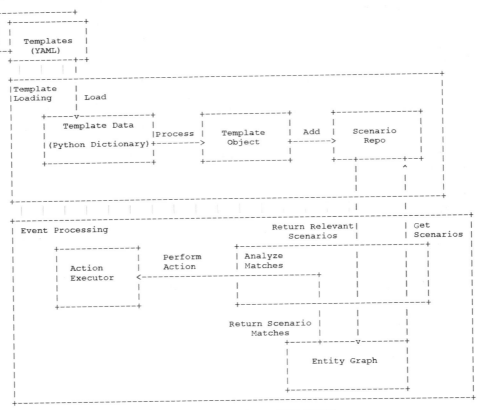

图 12.3　Vitrage Evaluator 架构流程图

（1）events：当 Entity Graph 中的事件被触发时，Evaluator 将会接收到相关的事件通知，当 Graph 中的任意元素（边、顶点）发生变化（创建、更新和删除等）时，都会向 Evaluator 发送事件通知（Notification）。这个 Notification 主要包含两部分：一部分是元素变化前的值；另一部分是元素变化后的取值。

（2）actions：执行或不执行。当 Entity Graph 满足某一应用场景时，相应的 Action 将会被执行；相反的，当先前触发的应用场景不存在时，与其对应的 Aciton 将不会再继续被执行。所以对于任意一种 Action，都有两个基本操作：执行和不执行。例如，对于 raise_alarm 这个 Action 而言，它将会在"执行"的过程中触发 Alarm；在"不执行"的过程中取消触发 Alarm。

图 12.3 中有 Template Loading 模块。Vitrage 的默认路径为/etc/vitrage/templates。当服务启动时，所有的模板都将会被加载到 Scenario Repository 中，在进行模板加载过程中，同时会对模板的正确性进行验证，如果检测到非法模板，那么将会自动过滤掉不予加载。

Scenario Repository 支持在 Entity Graph 中通过顶点或边进行查询，即当我们提供了一个 Graph 元素时，Scenario Repository 将会返回所有满足此条件的所有的 Scenario。

目前为止所支持的一些操作包括：

（1）Scenario Evaluator 可以接收 Entity Graph 中特定元素的告警。

（2）Scenario Evaluator 可以通过查询 Scenario Repository 中相关 Scenario 特定元素的 before 状态和 current 状态。

（3）不同类型的 Scenario 会使用不同的分析和过滤准则，产生不同的 Scenario 集合，从而避免 do/undo 操作的冲突。

（4）每一种与 before 元素相关的 Scenario，Scenario Evaluator 都会通过查询 Entity Graph 来获取系统中所有满足条件的模式，所选出的元素都会在 Action 集合中添加一个 undo 的 Action。

（5）每一种与 current 元素相关的 Scenario，Scenario Evaluator 都会通过查询 Entity Graph 来获取系统中所有满足条件的模式，所选出的元素都会在 Action 集合中添加一个 do 的 Action。

（6）Action 集合中所有的 Action（do/undo），分析它们相互之间的依赖关系及它们与当前处于 Active 状态的 Action 之间的关系，然后将分析结果形成一个新的 Action 集合。

在 Vitrage 初始化期间，Scenario Evaluator 将会等待所有的 Datasources 都执行完各自的 get_all 方法后才会由 de-active 状态变为 active 状态，当 Evaluator 变为 active 之后，Consistency 才会触发 Entity Graph 中其他元素的相关 Scenario。

不同的 Scenario，相互之间可能会重叠，例如，可能存在两个 Scenario，它们都要执行 set_state 方法来实现某资源状态的设定。对于此类具有重叠性的 Scenario 而言，我们需要对之进行特殊处理。目前，支持对以下三种 Action 执行重叠处理：

- set_state
- raise_alarm
- add_causal_relationship

上述三类 Action，如果出现重叠现象，将会采取"最高优先级"的原则，即对于 set_state 而言，将会比较两个 set_state 中的 state 状态，选其中一个最坏状态值作为这两个 Action 执行结果；对于 raise_alarm 而言，将会挑选所有的 Action 中严重程度最高的 Action 结果作为最终的结果。

为了达到上述目标，Vitrage 对所有的 Action 都维护一个 in-memory 的记录，所有的这些记录都可以通过"事件目标"进行查询。

12.5 自定义 Datasources

Vitrage 默认会加载一些 Datasources，但是随着业务的扩展，已有的 Datasources 或许不能完全满足我们的需求，因此，需要添加自定义的 Datasources。

提示：开源开放的架构设计，可以很方便地让用户添加自定义的 Datasources。

Vitrage 中 Datasources 的代码路径为 vitrage/datasources。进入上述路径，可以看到系统中目前默认支持的 Datasources，代码如下：

```
root@dev:/opt/stack/vitrage/vitrage/datasources# ll
drwxr-xr-x 14 stack stack    4096 Aug 31 11:02 ./
drwxr-xr-x 16 stack stack    4096 Jan 14 19:46 ../
-rw-r--r--  1 stack stack    4924 Aug 30 23:53 alarm_driver_base.py
-rw-r--r--  1 stack stack     686 Aug 30 23:53 alarm_properties.py
-rw-r--r--  1 stack stack    2500 Aug 30 23:53 alarm_transformer_base.py
drwxr-xr-x  2 stack stack    4096 Aug 31 11:02 aodh/
drwxr-xr-x  3 stack stack    4096 Aug 31 11:02 cinder/
drwxr-xr-x  3 stack stack    4096 Aug 31 11:02 collectd/
-rw-r--r--  1 stack stack    1784 Aug 30 23:53 collector_notifier.py
drwxr-xr-x  2 stack stack    4096 Aug 31 11:02 consistency/
drwxr-xr-x  2 stack stack    4096 Aug 31 11:02 doctor/
-rw-r--r--  1 stack stack    3600 Aug 30 23:53 driver_base.py
-rw-r--r--  1 stack stack    4387 Aug 31 11:02 driver_base.pyc
drwxr-xr-x  3 stack stack    4096 Aug 31 11:02 heat/
-rw-r--r--  1 stack stack    2564 Aug 30 23:53 __init__.py
-rw-r--r--  1 stack stack    2040 Aug 30 23:53 launcher.py
-rw-r--r--  1 stack stack    3706 Aug 30 23:53 listener_service.py
drwxr-xr-x  2 stack stack    4096 Aug 30 23:53 nagios/
drwxr-xr-x  4 stack stack    4096 Aug 31 11:02 neutron/
drwxr-xr-x  5 stack stack    4096 Aug 31 11:02 nova/
-rw-r--r--  1 stack stack     806 Aug 30 23:53 resource_transformer_base.py
-rw-r--r--  1 stack stack    5038 Aug 30 23:53 services.py
drwxr-xr-x  2 stack stack    4096 Aug 31 11:02 static/
drwxr-xr-x  2 stack stack    4096 Aug 31 11:02 static_physical/
-rw-r--r--  1 stack stack   12096 Aug 30 23:53 transformer_base.py
drwxr-xr-x  3 stack stack    4096 Aug 30 23:53 zabbix/
```

以 Heat Datasources 为例，看一下其路径下有哪些文件：

```
root@dev:/opt/stack/vitrage/vitrage/datasources/heat# tree
.
├── __init__.py
└── stack
    ├── driver.py
    ├── __init__.py
    └── transformer.py
```

添加 Datasources 比较简单，其添加步骤可以归纳为：

（1）为新添加的 Datasources 取一个名字，然后将它放在 vitrage/datasources 路径下。

（2）进入到上一步创建的 Datasources 路径中，实现 Datasources 的 Driver 类和 Transformer 类。

（3）在步骤（1）创建的路径中添加文件__init__.py，添加完成后，其模块可以引用本模块中的代码。

（4）在__init__.py 文件中添加以下内容：

```python
from oslo_config import cfg
from vitrage.common.constants import DatasourceOpts as DSOpts
from vitrage.common.constants import UpdateMethod

YOUR_DATASOURCE = 'yourdatasource.path'

OPTS = [
    cfg.StrOpt(DSOpts.TRANSFORMER,
            default='vitrage.datasources.yourdatasource.transformer.'
                    'YOURTransformer',
            help='Transformer类的路径',
            required=True),
    cfg.StrOpt(DSOpts.DRIVER,
            default='vitrage.datasources.yourdatasource.driver.'
                    YOURDriver,
            help='Driver类的路径',
            required=True),
    cfg.StrOpt(DSOpts.UPDATE_METHOD,
            default=UpdateMethod.PUSH,
            help='None: updates only via Vitrage periodic snapshots.'
                 'Pull: updates every [changes_interval] seconds.'
                 'Push: updates by getting notifications from the'
                 ' datasource itself.',
            required=True),
]
```

上述 OPTS 中的三个参数必须提供，其他参数用户可以根据需要在此基础上自行添加。

（5）如果需要为此 Datasources 建立别名，可以添加一个名为 entities 的 OPT，并在其中列出所有别名。

（6）如果需要通过 DevStack 安装时，自动加载自定义的 Datasources，需要给 Datasources 添加 type 属性。

① 在 devstack.settings 文件中的 types 属性中添加 Datasources 的名字。

② 如果自定义的 Datasources 不是 OpenStack 中的基本项目，在 devstack.plugin.sh 中添加以下内容：

```
# 删除 <datasource_name> vitrage datasource if <datasource_name> Datasource 没有
# 安装

if ! is_service_enabled <datasource_name>; then
    disable_vitrage_datasource <datasource_name>
fi
```

12.6 案例实战——Vitrage 中的告警解决方案

Aodh 是社区中一个负责产生告警的模块，用户可以根据需要自定义告警阈值，当达到告警阈值时，会自动触发告警。

提示： 在新版本的 Ceilometer 中也是使用了 Aodh 作为告警产生的一种方式。

Vitrage 可以以 Aodh 作为其中的一个 Datasources，接收来自 Aodh 的告警，如图 12.4 所示。

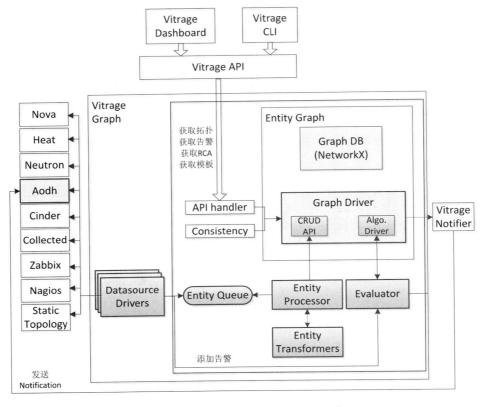

图 12.4 将 Aodh 告警添加到 Vitrage 中

图 12.4 中颜色加深部分就是 Aodh 告警添加过程，归纳为以下几步：

（1）通过 Vitrage 中的 Aodh Driver 查询所有的 Aodh 告警。

（2）Aodh Driver 将相应的事件发送到 Entity Queue 中。

（3）Entity Processor 通过轮询 Entity Queue 从而获得所有的 Aodh 事件，例如虚拟机（Instance2）的 CPU 使用率超过了事先设定的阈值。

（4）Entity Processor 将从 Entity Queue 中获得的 Aodh 事件发送到 Aodh 的 Entity Transformer 中，经过 Entity Transformer 处理后，将会返回一个以 Alarm 数据作为顶点、Alarm 与虚拟机关联关系作为边的图结构。

（5）Entity Processor 将从 Entity Transformers 中获得的图结构添加到 Entity Graph 中。

变化前后的 Entity Graph 结构如图 12.5 所示。

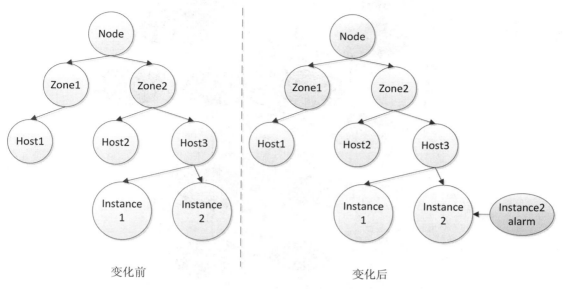

图 12.5　Entity Graph 变化前后结构图

提示：类似于 Vitrage 的预测系统，正确有效地维护好不同资源之间的关联关系对于预测模型来说十分重要。

Vitrage 除了可以接收来自 Aodh 的告警外，同样的，它也可以接收来自 Zabbix 的告警通知，社区中比较推荐的一个故障恢复方案是基于 Zabbix 和 Mistral 来实现的。前者主要用于监控系统中的监控数据，后者可以接收 Vitrage 的指令，执行特定的 WorkFlow，如图 12.6 所示。

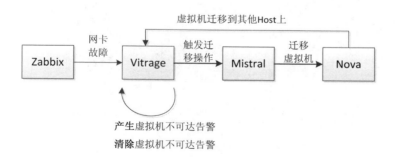

图 12.6　故障恢复

Zabbix 监控到外网或租户网不可达时，将会产生一个告警；Vitrage 收到来自诸如 Zabbix 的监控工具的告警后，首先将它添加到 Entity Graph 中，以此告警为图的顶点，通过边建立与出现故障的 Host 及网卡的关联关系；在模板中找到符合此场景的 Scenatios，并执行如下操作：

（1）产生 deduced 告警，将出现故障的 Host 添加到 Vitrage 的 Entity Graph 中。

（2）在 Vitrage 中修改此 Host 的状态（有可能也会通知 Nova 进行相应的修改）。

（3）建立不同告警之间的关联关系，如图 12.7 所示。

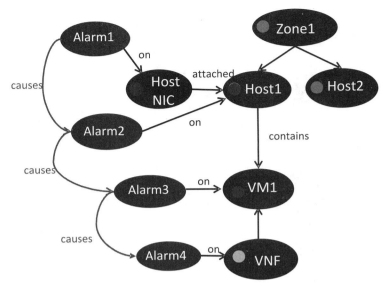

图 12.7　告警关联关系

上述告警添加完成后，可以根据需要在 Nova 中也进行相应的状态设定。

第 13 章
OpenStack 其他组件及智能运维方案

OpenStack 中的组件相互之间都是独立的，不同的组件可以根据需要协同工作，共同完成某项任务。对于不同的组件，从架构设计上而言，无非就是路由框架加内部服务的实现；从功能上而言，每一种组件都有其各自关注的功能点。

前几章都是从 OpenStack 的基础功能模块中选取组件进行分析与讲解，本章将从常见组件中选取功能较为典型与通用的组件进行讲解。

通过对本章的学习，希望读者有以下几点收获：
- 熟悉 Mistral 的基本架构
- 掌握通过 Mistral 实现对虚拟机及其他云资源的管控方法
- 掌握 Mistral 中 WorkFlow 的创建
- 了解 Senlin 组件的功能及架构
- 了解当前智能运维在云平台中的应用

提示：在笔者看来，OpenStack 的运维是一个大而复杂的工程，对于普通运维人员来讲，挑战性很大，所以，运维方面的研究，也渐渐成了 OpenStack 不得不面临和解决的问题了。简单来说，OpenStack 的运维主要解决两大问题，即故障预测与故障修复。当然这不是全部的运维工作，只是笔者觉得相较其他而言这是比较重要的两个问题。

13.1　Mistral——工作流组件

Mistral 是一个与工作流相关的组件，可以处理一些长流程业务及定时任务。有些服务的功能可能需要由多个之间具有相互关联的步骤共同完成，才能得到最终的执行结果。上面提到的"步骤"，可能运行在不同的环境中并且相互之间有执行顺序进行约束。

"步骤"的本质就是一个个进程，如果把这些进程看作是一些任务以及任务之间事务的话，那么这些进程就可以被 Mistral 所管理，Mistral 可以负责管理这些任务和事务的状态、执行顺序、并行处理、同步问题及高可用。另外，Mistral 可以灵活得设置并调度执行定时任务。在 Mistral 中，这些任务和事务统称为 WorkFlow，即工作流。

13.1.1 Mistral 应用场景

Mistral 专注于处理长流程的业务，这样讲大家可能会感到比较抽象，到底什么样的流程算是长流程呢？除了处理长流程的业务之外，它还能做哪些事情呢？在讲架构之前，先给大家讲解一下 Mistral 可以处理哪些比较典型的业务。

1．定时任务

用户可以通过 Mistral 在云平台中定义自己的定时任务。定时任务的形式可以是多种多样的，可以在虚拟机中运行本地脚本（如 Shell 脚本、Python 脚本），也可以是向云平台中其的组件发送 REST 请求，如用户可以用 Nova 组件发送 REST 请求，从而实现虚拟机的创建与删除等操作。除了以上简单操作外，Mistral 还可以将多个 Task 通过 WorkFlow 的形式组合在一起，按照事先设置的执行计划一个一个执行相关 Task，并且对这些 Task 的执行过程提供管理与监控，如启动/停止/暂停相关 Task、获取当前 Task 的运行状态及其他监控。

2．云环境部署

这里所说的"云环境部署"并不是说要部署云平台，而是在云平台中创建资源。例如，用户可以通过此功能，在云平台中创建多个虚拟机并在虚拟机中部署相关的应用实例，如通过 Mistral 可以创建虚拟机，并在虚拟机中部署 Tomcat 服务。

3．处理长流程业务逻辑

在处理长流程业务时，我们希望当某一个环节出错时，并不会影响其他环节的继续执行，即当某个环节出错时，可以有新的环节出现并替代出错的环节，从而可以让任务继续执行下去。处理这样的事件，Mistral 可以说非常擅长，用户需要做的就是将整个流程切分成多个不同的 Task 并传给 Mistral，Mistral 在此扮演的角色就是一个 Coordinator，它可以决定任务的执行时间。

4．大数据分析与报表

数据分析师可以把 Mistral 当作一个爬取数据的工具。例如，为了生成财务报表，分析师需要整合一些步骤从而获取相关数据，然后对这些数据进行处理，针对这样一个应用场景，我们可以将上述操作看作是 Mistral 中的一个 Task，实现上述应用，实质上就是通过 Mistral 执行一次 Task。

5．热迁移

用户通过创建相应的 Task，可以实现虚拟机的热迁移。例如，用户可以在 Ceilometer 中创建一个告警资源，并给此告警资源创建告警规则，假设当 CPU 的使用率达到 90%及以上时，Ceilometer 就会产生告警，Mistral 接收到此告警消息后，会主动触发虚拟机的热迁移操作。

13.1.2 Mistral 中的重要概念

1．Cron Trigger

它是一个允许定期执行 WorkFlow 的对象，用户通过它可以规定某个 WorkFlow 在接收到什么特定参数后开始执行以及执行的频率。cron-pattern 用于设置 Mistral 中 Execution 的执行频率，它的格式与 Linux 中的 Crontab 格式类似。

2．WorkFlow

WorkFlow 是 Mistral 模板中最为重要的一部分，是一种可以使用多种方式表示的处理流程，这里提到的"流程"实质上就是用户想要完成的一些功能。每一个 WorkFlow 都会由一个或多个 Task 所构成，这些 Task 说明了完成该流程所需要经过的步骤。WorkFlow 有两种类型。

- Direct WorkFlow：此类型的 WorkFlow 的执行流程是顺序执行的，即只有当前一个事务正确完成后，后面的事务才会有机会被执行，当所有的事务都执行完成后，才会认为此 WorkFlow 已经全部完成。
- Reverse WorkFlow：此类型的 WorkFlow 中相互之间具有依赖性，如图 13.1 所示。在图中所示的例子中，Task T1 被选为目标 Task，根据 Mistral 对此类型 WorkFlow 的处理逻辑，以下任务的执行流程为 T7->T8->T5-> T6->T2->T1。从上述分析中可以看出，并不会执行 T3 和 T4，因为二者与 T1 不存在任何关系。

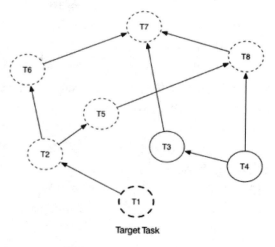

图 13.1　Reverse WorkFlow

提示：当读者在看到 WorkFlow 这一概念后，是否会想起前面章节我们讲到过的 TaskFlow，这两者都可以用来处理长流程的业务逻辑。

3. Action

Action 与 Task 绑定，表明当 Task 被执行时将会执行的操作。Action 有同步与异步之分，如图 13.2 所示。对于前者而言，当 mistral-engine 将请求发送给 Task Executor 后，需要等待 Task Executor 的执行结果；对于后者而言，mistral-engine 将会把执行 Action 的请求发送到第三方的服务中，由第三方服务负责维护与上报执行状态。

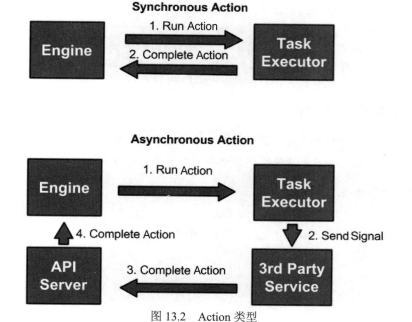

图 13.2　Action 类型

4. Execution

Execution 是可执行的对象，分为 WorkFlow Execution、Task Execution 和 Action Execution。

5. WorkBook

用户可以通过 WorkBook 将多个 WorkFlow 或 Action 整合到一个模板中，然后将这个模板上传到 Mistral。当模板上传完成后，Mistral 会解析此模板，将模板中的 WorkFlow 和 Action 分拆开来，以便通过其各自的 API（/workflows 和/actions）就能访问相关资源，WorkBook 被解析后，它将不再有任何作用。

图 13.3 是 WorkBook 上传过程及上传完成后的示意图。用户准备的 WorkBook 中可以存在多个 WorkFlow 和 Action，当 WorkBook 上传到 Mistral 后，这些 WorkFlow 和 Action 被分成了各自独立的资源，需要注意的一点是，分拆后的 WorkFlow 和 Action 的命名规则为：

workbook_name + "." + resource_name（即 WorkFlow 名字/action 名字）

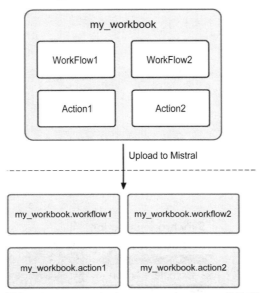

图 13.3　WorkBook、WorkFlow 与 Action 的关系

13.1.3　Mistral 功能介绍

提示：了解功能，或者说知道它能完成什么事情，这样可以帮助我们更加直观地入手一个新的模块，学会使用后，再去研究其内部业务逻辑，也是一种不错的学习方法。

1. Task Result/Data Flow

允许不同的 Task 之间进行数据传递。即 TaskA 产生的数据可以被在其后运行的 TaskB 所使用。以下代码表示了如何在不同的 Task 之间进行数据传递：

```
version: '2.0'

my_workflow:
  input:
    - host
    - username
```

```
    - password
  tasks:
    task1:
      action: std.ssh host=<% $.host %> username=<% $.username %> \
              password=<% $.password %>
      input:
        cmd: "cd ~ && ls"
      on-complete: task2

    task2:
      action: do_something data=<% task(task1).result %>
```

2. Task Affinity

用于指定某些 Taks 在特定的 Mistral Executor 上执行。常见的两种情况如下：

（1）需要在单个 Executor 上执行 Task。

（2）需要在任意 Executor 上相同的命名空间中执行 Task。

为了能够使用此功能，需对 Mistral 的配置进行修改，代码如下：

```
[executor]
host = my_favorite_executor
```

修改完成后需要重启 Mistral Executor。

3. Task 策略

从任何 Mistral Task 中都可以通过 policy.json 配置策略，Policy 决定了 Task 流的执行，用户可以自行设置此策略。在 Mistral 中有 6 种类型的策略：

（1）pause_before

（2）wait-for

（3）wait-before

（4）wait-after

（5）超时

（6）尝试

Task 策略主要通过 YAML 模板来表示，代码如下：

```
my_task:
  action: my_action
  pause-before: true
  wait-before: 2
  wait-after: 4
  timeout: 30
  retry:
    count: 10
    delay: 20
    break-on: <% $.my_var = true %>
```

4. 循环遍历

此功能是遍历用户输入的数据，最常见的形式就是借助 with-items 来实现，代码如下：

```
with-items:
  - var1 in <% YAQL_expression_1 %>
```

```
- var2 in <% YAQL_expression_2 %>
…
- varN in <% YAQL_expression_N %>
```
5. 支持超时策略

13.1.4　Mistral 架构分析

图 13.4 是 Mistral 的基本架构，其基本架构中包含的服务有如下几项。
- API Server：可以对外提供 REST API，外部监控器可以通过这个 API 获取并监控 WorkFlow 的执行状态。
- Engine：从 WorkFlow 中获取 Task，用于管理和控制 WorkFlow 的执行。它可以知道哪个 Task 已准备完成并将它们放在消息队列中，可以支持不同的 Task 之间相互传递参数。
- Task Executor：执行 Task 中的 Action，它可以从消息队列中获取 Task、运行 Action 并且将执行结果返回给 Mistral Engine。
- Scheduler：存储并执行延迟调用。它是 Mistral 中最为重要的一个模块，可以协调 Mistral Engine 和 Mitral Executor，以保证其可以按正确的 WorkFlow 执行。
- Persistence：用于存储 WorkFlow 的定义、执行状态以及过往 Execution 的执行结果。

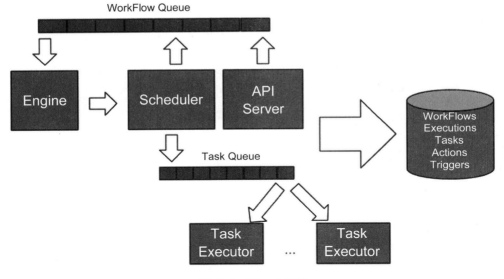

图 13.4　Mistral 架构

13.1.5　Mistral 实战应用

提示：下面两个实战案例都是生产中经常会用到的。

本小节选取了两个不同角度的案例进行分析，"示例 13-1"主要针对开发者而言，带领大家看一下如何为 Mistral 添加自定义 Action；"示例 13-2"针对用户而言，以实际应用中数据获取为例，向大家展示如何将 Mistral 应用到实际应用中。

【示例 13-1】为 Mistral 添加用户自定义 Action。

Mistral 设计之初就考虑到了代码的可扩展性，不同的模块，其设计都很方便用户进行自定义开发。添加自定义的 Action，可以遵循以下步骤：

（1）添加自定义类并继承自 mistral.actions.base.Action。

```
from mistral.actions import base  # 引入base.Action类，这是所有自定义类的基类
# 添加自定义Action类，它继承自base.Action
class RunnerAction(base.Action):
    def __init__(self, param):
        # 初始化类的变量，可以使用此变量存储传入的数据
        # 在真正的生产中，不仅仅存在一个参数，用户可以根据需要自行扩展
        self.param = param

    def run(self):
        # 返回执行结果。因为这只是一个示例，所以在run()方法中并没有做实际的有价值的逻辑
        # 如果用户需要执行自己的特定逻辑，只需要将之放在run()中执行即可
        return {'status': 0}
```

（2）把自定义类名添加到 setup.cfg 命名空间中。

在之前讲解其他模板时，我们曾经提到过 setup.cfg 文件，这个文件中的内容会在服务安装或启动时加载，通过这里的配置，我们可以很方便地找到 REST 请求的路由路径。同样的，对于 Mistral 来说，它也存在这样一个文件，在其中有一个与 Action 相关的字段 mistral.actions，Mistral 中所有的 Action 都会添加到这里，所以，当我们添加了自定义的 Action 时，需要将自定义 Action 添加到 mistral.action 中，代码如下：

```
[entry_points]
mistral.actions =
    example.runner = my.mistral_plugins.somefile:RunnerAction
```

（3）重新安装 Mistral。

（4）同步数据库。

```
mistral-db-manage -config-file /etc/mistral/mistral.conf populate
```

经过上述步骤后，我们就可以在 Mistral 模板中使用自定义的 Action 了，代码如下：

```
my_workflow:
  tasks:
    my_action_task:
      action: example.runner
      input:
        param: avalue_to_pass_in
```

上述 WorkBook 只定义了一个 WorkFlow、一个 Task 和一个 Action。其中 action 后面的值应该与我们在 setup.cfg 中设置的值保持一致，input 的参数名应该与自定义 Action 中的变量（param）一致。

【示例 13-2】通过 Mistral 获取虚拟机数据。

本案例从应用角度教大家如何根据实际情况开发 Mistral 模板，目的是从众多虚拟机中批量获取虚拟机的数据，如果数据获取成功，则将获取的数据通过邮件发送；如果获取失败，则需要向邮件中发送错误信息来通知用户。

提示：Mistral 可以很方便地让用户自定义一些周期性任务或定时任务，对于像数据获取这类任务，我们可以将之看作是周期性任务或定时任务的一种，具体怎么区分，还是要看它是如何实现的。

（1）定义 WorkFlow。先规划一下 WorkFlow 中需要定义哪些 Task。在 WorkFlow 中，如没有特殊说明，Task 的执行一般是根据 Task 出现的先后顺序执行的。

代码如下：

```
---
version: '2.0'

crawl_data_from_vms:
  tasks:
    schedule_get_data:
    get_vms:
    get_hosts:
    get_data:
    send_report_email:
    send_error_email:
```

（2）实现 schedule_get_data。这里定义 schedule_get_data 的目的就是为了遍历执行所有的 Host 和 VM，代码如下：

```
schedule_get_data:
  on-success:
    - get_hosts: <% $.vm_ids != null %>
    - get_vms: <% $.vm_ids = null %>
```

（3）实现 get_vms。获取所有的虚拟机，当虚拟机获取成功后，会返回虚拟机的 UUID，然后将会执行 get_hosts 这个 Task，代码如下：

```
get_vms:
  action: nova.servers_list
  publish:
    vm_ids: <% task(get_vms).result.id %>
  keep-result: false
  on-success:
    - get_hosts
```

虚拟机的获取调用了 nova.servers_list 这个 Action，它是在系统初始化时进行加载的一个方法，这个方法最终会调用 NovaClient 中的相关方法获取所有的虚拟机。

（4）实现 get_hosts。with-items 用于遍历所有$.vm_ids 中的值，对这里面的值执行相同的操作：执行 action nova.servers_get server=<% $.id %>获取虚拟机的详细信息，通过 publish 格式化虚拟机的信息并将结果返回，以便下一个 Task 可以使用。执行成功后，会执行这个 Task 的 get_data。

代码如下：

```
get_hosts:
  with-items: id in <% $.vm_ids %>
  action: nova.servers_get server=<% $.id %>
  publish:
    hosts: <% task(get_hosts).result.select({ip => $.addresses.get($.addresses.keys().first()).where($.get("OS-EXT-IPS:type") = fixed).first().addr}).ip %>
  keep-result: false
  on-success:
    - get_data
```

（5）实现 get_data。对步骤（4）中获取到的所有 Host 执行相同的 std.ssh_proxied 操作。当操作执行成功时，将会执行 Task 的 send_report_email 来发送邮件；执行失败时，将会执行 Task 的 send_error_email 来发送错误信息。

代码如下:

```
get_data:
  with-items: host in <% $.hosts %>
  action: std.ssh_proxied
  input:
    host: <% $.host %>
    username: <% $.username %>
    private_key_filename: <% $.private_key_filename %>
    gateway_host: <% $.gateway_host %>
    cmd: "cat <% $.filename %>"
  on-success:
    - send_report_email: <% $.smtp_server != null %>
  on-error:
    - send_error_email: <% $.smtp_server != null %>
```

由于本 Task 中需要输入参数,我们在 WorkFlow 开始处需要添加 input 字段定义此处所需要的参数。

```
input:
  - gateway_host
  - private_key_filename: id_rsa
  - vm_ids: null
  - username: ubuntu
  - filename: /var/log/auth.log

  # 邮件信息
  - smtp_server: null
  - smtp_password: null
  - from_email: null
  - to_email: null
```

(6)最后实现邮件发送的 Task,代码如下:

```
send_report_email:
  action: std.email
  input:
    from_addr: <% $.from_email %>
    to_addrs: [<% $.to_email %>]
    smtp_server: <% $.smtp_server %>
    smtp_password: <% $.smtp_password %>
    subject: VMs data from tenant
    body: |
      VMs data from tenant <% $.OpenStack.project_id %>:
      <% json_pp(task(get_data).result).replace("\\n", "\n") %>

send_error_email:
  action: std.email
  input:
    from_addr: <% $.from_email %>
    to_addrs: [<% $.to_email %>]
    smtp_server: <% $.smtp_server %>
    smtp_password: <% $.smtp_password %>
    subject: (ERROR) VMs data from tenant
```

```
    body: |
      Failure while getting data from VMs: <% execution().state_info %>
```

完成以上步骤后,我们就可以得到一个"数据获取"的 WorkFlow 了,那么如何执行上述 WorkFlow 完成我们的预期呢?

(1) 加载 WorkFlow,代码如下:

```
mistral workflow-create crawl_specific_data.yaml
```

(2) 创建 input.json,用于向 WorkFlow 传递入参,代码如下:

```
{
    "private_key_filename": "my_key.pem",
    "gateway_host": "192.168.56.1",
    "from_email": "from_email@gmail.com",
    "to_email": "to_email@ gmail.com",
    "smtp_server": "smtp.gmail.com:587",
    "smtp_password": "secret"
}
```

(3) 启动 WorkFlow,代码如下:

```
mistral execution-create crawl_data_from_vms input.json
```

(4) 查看 WorkFlow 的执行状态,代码如下:

```
mistral execution-get <execution_id>
```

当 WorkFlow 的状态变为 SUCCESS 后就表明 Execution 成功执行了。

13.2　OpenStack 智能运维解决方案

谈到 OpenStack,一个难以避免的话题就是运维,对于 OpenStack 的运维而言,随着其项目的不断增多,传统的"人肉运维"方式显然不能满足当下及以后的需求。目前,社区中已有与运维相关的组件,或是单独完成(如 Datadog),或是多个组件共同完成(如 Mistral+Vitrage),许多厂商也都结合容器竞相开发自己的运维模块,容器属于轻量级,启动速度比较快,可以快速影响系统变化。

容器技术可以将 OpenStack 虚拟机数量增加到四倍以上,微服务和 SDDC(软件定义数据中心)又将进一步增加运维人员所要管理的 IT 资源的数量及分析问题、定位问题的难度。使用 AI 的方式对 OpenStack 系统进行监控、调试和纠错的方案仍处于初级阶段,面对强大的 AI,在 OpenStack 中似乎没有发挥其拥有的功能。

不同厂商的智能运维框架都不尽相同。如宜信开源的 AIOps 三大利器:UAVStack、Wormhole、DBus。它开发的 UAVStack[①]是一个智能服务技术栈,是研发运维一体化的解决方案,开源系列包括全维监控(UAV.Monitor)、应用性能管理(UAV.APM)、服务治理(UAV.ServiceGovern)、微服务计算(UAV.MSCP)。其中,UAV.Monitor+APM 为智能运维采集全维监控数据,是一站式的"全维监控+应用运维"解决方案。

提示: 在社区中出现了一个基于容器进行 OpenStack 部署的解决方案,从运维的角度来看,这样可以极大地简化 OpenStack 中运维出现的问题,借助容器轻量化的实现及快速启动的特点,完全可以

---

① UAVStack 官网: https://uavorg.github.io/main

使用容器的高可用替代 Pacemaker+Crosync 提供的高可用方案。

13.2.1 可视化的 Dynatrace

早在巴塞罗那峰会时，就出现了几款可以提供运维可视化、智能化的解决方案。先来看一款名为 Dynatrace 的产品。这是一个可视化的资源管控平台，包含了对各种资源的监控和监控数据的采集，并且分了不同的层面。对于应用层数据，支持用户提供关键字，从而实现对应用所涉及的所有资源的查询与关联；对于 OpenStack 来说，有针对 OpenStack 集群的分析管理，例如，可以管理集群下面运行了多少虚拟机、多少磁盘、多少网络等，也可以实现对网络带宽的监控，监控当前网络是否处于饱和状态，通过对资源的分级，可以方便用户对问题进行分层定位与处理。

图 13.5 是 Dynatrace 官网给出的一张示例图，图中展示了部分监控项的可视化图形。

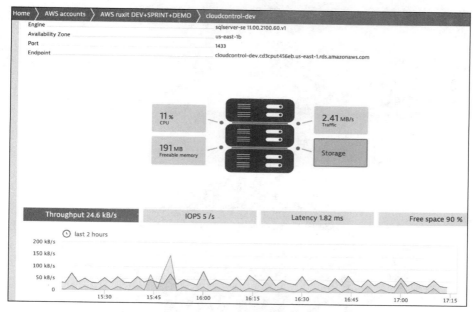

图 13.5 Dynatrace 图形界面

从图 13.5 可以看出，该产品实时监控当前网卡的吞吐率、IOPS、时延及磁盘的剩余空间等。在其官方给出的介绍中，可以看出，它除了支持可图形、可视化外，还提供了基于 AI 的数据分析功能、全栈搜索功能、自动修复功能等。

它可以实现对不同云平台的监控与运维自动化，以数据中心为例，在它提供的监控方案中，它将数据中心一共分为五层。

- 第一层：数据中心。
- 第二层：物理主机。
- 第三层：物理机上运行的虚拟机或某些进程。
- 第四层：基于进程对不同的服务进行分类。
- 第五层：整合不同的服务，从而形成一整个"应用"。

13.2.2 VirtTool Networks

从 VirtTool Networks 的名字上可以看出，它是一个专注于网络问题的产品。它使得对分析 OpenStack 中的网络问题更加方便快捷。

首先，通过它提供的图形界面，可以清晰地看到整个系统中的实时网络连接图，如图 13.6 所示。

其次，它也可以获取某一时刻系统中网络设备上的流量热点，可以方便用户查看当前系统中，哪个节点上的网络流量比较大或已达到峰值，如图 13.7 所示。

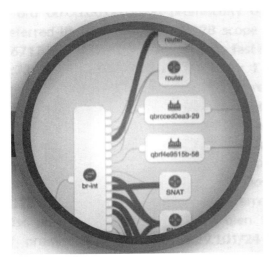

图 13.6　实时网络连接　　　　　　　　图 13.7　网络流量热点监控

通过选中某个虚拟机或网络，可以查看相关资源的局部细节，如图 13.8 所示。

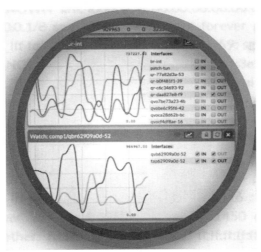

图 13.8　云平台资源详细信息

除上述功能外，它还可以监控云平台中任意节点处的流量及流量包的传输路径，这样可以方便跟踪与查询网络中的丢包现象。

无论面对多么复杂的平台系统，也不管内部运行多么复杂的业务，要想针对平台做到快速故障定位，可以从以下两点入手：

- 平台中数据可视化展示。
- 平台中数据资源的关联。

前者可以提供更加友好、更加人性化的交互体验，这一点可以从 Zabbix 中得到较好的认证。它是一个专注于监控的产品，但它还是提供了较为简单的图形化界面，从界面上可以清晰地看出模板、被监控的主要监控项、Action 及 Mediatype 之间的关联关系。像 MySQL 这样的产品，在可视化方面还是相对逊色了许多。

后者一方面可以更好地为前者服务，但更重要的一点是，它可以将云平台中相对比较零散的数据进行收集然后做聚合处理，将原先看似孤立的数据整合成一张大大的数据网，有了这张数据的关系网，我们再去进行故障分析与定位就相对容易多了。

13.2.3 智能运维 Vitrage

Vitrage 是社区中一个对系统进行 RCA 的项目，在第 12 章中我们已对其架构进行了详细介绍，那么本小节将从运维应用的角度来分析其在 OpenStack 智能运维中的应用。

提示：在多次 OpenStack 峰会上，Nokia 都展示了其通过 Mistral 和 Vitrage 实现自动运维和故障修复的案例。

我们先来看这样一个简单场景，即当系统中的 CPU 负载过高时，Vitrage 将会如何去感知这一变化？感知后继而如何将系统恢复到正常状态？从感知到状态恢复可以归结为以下四步。

1. 产生告警

当 Zabbix 监控到某个主机上的 CPU 负载过高时，Vitrage 将会产生一个聚合的告警信息，此告警信息会与该主机上的虚拟机相关联，然后将虚拟机的状态设置为 suboptimal，如图 13.9 所示。

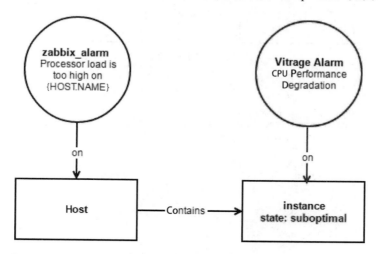

图 13.9　产生告警信息

这一过程可以通过模板来表示，代码如下：

```
- scenario:
    condition: high_cpu_load_on_host and host_contains_instance
    actions:
     - action:
        action_type: raise_alarm
        action_target:
         target: instance
        properties:
         alarm_name: CPU performance degradation
         severity: warning
```

```
    - action:
        action_type: set_state
        action_target:
          target: instance
        properties:
          state: SUBOPTIMAL
```

2. RCA

当 CPU 过高的主机上有虚拟机，并且此虚拟机上 CPU 的负载也在持续升高时，Vitrage 负责分析产生告警的原因，并建立这三者之间的因果关系，如图 13.10 所示。

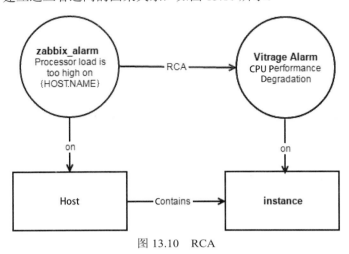

图 13.10 RCA

同样可以用模板表示，代码如下：

```
- scenario:
    condition: high_cpu_load_on_host and host_contains_instance and alarm_on_instance
    actions:
      - action:
          action_type: add_causal_relationship
          action_target:
            source: zabbix_alarm
            target: instance_alarm
```

3. 设置主机的状态

当该主机上的 CPU 过高时，将主机的状态设置为 suboptimal，如图 13.11 所示。

相应的模板为：

```
- scenario:
    condition: high_cpu_load_on_host
    actions:
      - action:
          action_type: set_state
          action_target:
            target: host
          properties:
            state: SUBOPTIMAL
```

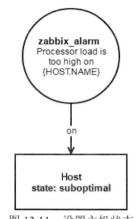

图 13.11 设置主机状态

4. 触发状态恢复

关于其状态恢复的过程，可以通过与 Mistral 结合来实现。Mistral 是一个工作流组件，可以实现对长流程业务的合理管控。针对本示例中的问题，Vitrage 与 Mistral 结合时的工作流程如图 13.12 所示。

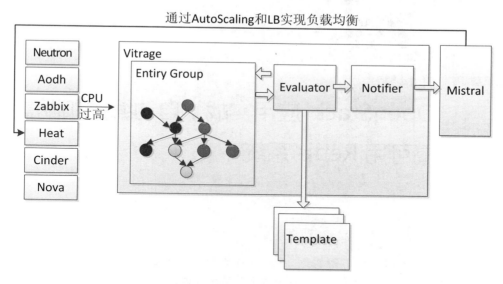

图 13.12 状态恢复流程

Vitrage 接收到 CPU 负载过高的消息，会通过 Mistarl 类型的 Notifier 将此消息发送到 Mistral 组件上，Mistral 收到 Vitrage 发送的事件通知后，会调用相应的模板，继而调用 HeatClient 实现 AutoScaling 及负载的均衡处理，从而可以将一台虚拟机的负载分配到其他虚拟机上，达到降低负载的作用。

提示：在运维中，比较重要的方面就是如何对故障进行预测，预测完成后，如何基于预测的结果实现相应操作的制定与资源的编排。谈到资源编排，不仅云平台中有这个概念，容器中也会有类似的概念，比如 K8S 可以看作是一种提供编排（不仅限于编排）服务的项目。

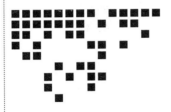

第 14 章

OpenStack 应用实战：自动编排和配置高可用 Redis 系统

OpenStack 中的子项目众多，每拿出一个项目都会有许多与之关联的项目实战，对于 OpenStack 而言，它提供的更多的是一个基础架构，基于这个开源的架构，我们可以在上面开展我们的项目，有的项目是围绕着虚拟机开展的（如 Nova），有的项目是围绕着编排开展的（如 Heat、Senlin 等）。

那么，接下来本章就基于虚拟机，并借助编排服务来向大家展示如何在 OpenStack 中自动编排与配置一个高可用的 Redis 系统，由于需要对系统自动配置，所以本章一开始会对 cloud-init 从安装配置到调试一一进行讲解。

通过对本章的学习，希望读者有以下几点收获：

- 掌握 cloud-init 的工作原理；
- 掌握 cloud-init 的安装与配置；
- 掌握 cloud-init 的调试方法；
- 了解如何通过 cloud-init 搭建 Redis 集群。

14.1 利用 cloud-init 配置虚拟机

cloud-init 是一个开源的 Linux 工具，目前大多数 Linux 都有支持，它可以在虚拟机运行初期实现对虚拟机资源的配置，如设置用户名、调整磁盘大小、更改 SSH 选项、生成 SSH 公钥、安装软件包等，它可以完成的功能非常强大，不仅限于以上提到的几项功能。

在 OpenStack 中，创建虚拟机时，可以通过指定参数 --user-data 的方式把用户的配置脚本（user-data）注入虚拟机中，从而启动对虚拟机进行配置的目的。下面简单看一下如何使用 cloud-init 对虚拟机进行配置，假设我们所使用的镜像中已安装了 cloud-init。

本例中我们用的 user-data-script.sh 脚本内容如下：

```
#!/bin/sh
passwd ubuntu<<EOF
Testing123
```

```
Testing123
EOF
```

（1）cloud-init 开始运行时，首先会打开虚拟机的 SSH 密码认证，然后允许以 root 用户登录。

（2）执行以上脚本修改虚拟机的密码。

我们可以通过以下命令启动一个虚拟机：

```
nova boot --flavor m1.small --image centos --user-data ./user-data-script.sh test_cloud-init
```

通过--user-data 参数，就可以把用户提供的脚本注入到虚拟机的内容中，当 cloud-init 运行到服务的最后一个阶段 cloud_final_modules 时，就会调用 scripts-user 来执行以上 Userdata 数据。

以上传入的 Userdata 数据，可以在登录到虚拟机后，通过以下命令查看：

```
[root@cloud ]# curl http://169.254.169.254/2009-04-04/user-data
#!/bin/sh
passwd ubuntu<<EOF
Testing123
Testing123
EOF
```

14.1.1 cloud-init 的安装与配置

本小节以在 CentOS 上安装 cloud-init 为例，讲解其安装与配置方法。在 CentOS 上安装 cloud-init 非常简单，可以直接执行以下命令：

```
yum install cloud-init.x86_64
```

安装完成后，进行适当配置，再将此虚拟机制作成 qcow2 格式的镜像文件，然后再传到 OpenStack 云平台中，就可以通过镜像创建虚拟机了。

提示：cloud-init 是一个十分重要且十分好用的工具，通过它，可以很方便地实现对虚拟机的配置及服务的安装等。

下面我们重点看一下如何对 cloud-init 进行配置。cloud-init 的配置文件路径为/etc/cloud/cloud.cfg，此目录下除了 cloud.cfg 文件外，还有一些其他文件，目录结构如下：

```
[root@redis-cluster-redis-server0-csrww74rgq7k cloud]# pwd
/etc/cloud
[root@redis-cluster-redis-server0-csrww74rgq7k cloud]# tree
.
├── cloud.cfg
├── cloud.cfg.d
│   ├── 05_logging.cfg
│   └── README
└── templates
    ├── chef_client.rb.tmpl
    ├── hosts.debian.tmpl
    ├── hosts.redhat.tmpl
    ├── hosts.suse.tmpl
    ├── resolv.conf.tmpl
    ├── sources.list.debian.tmpl
    └── sources.list.ubuntu.tmpl
```

```
2 directories, 10 files
```

目录中的内容可能会因版本或操作系统的不同而有所差别，这里只讲解 cloud.cfg 文件，其他文件不作解释。

以下是经过裁剪的 cloud-init 的配置文件。

```
[root@redis-cluster-redis-server0-csrww74rgq7k cloud]# vim cloud.cfg
 1 disable_root: 0
 2 ssh_pwauth:   1
 3
 4 datasource_list: ['ConfigDrive']
 5
 6 cloud_init_modules:
 7  - migrator
 8  - bootcmd
 9  - write-files
10  - growpart
11  - resizefs
12  - set_hostname
13  - update_hostname
14  - update_etc_hosts
15  - rsyslog
16  - users-groups
17  - ssh
18
19 cloud_config_modules:
20  - mounts
21  - locale
22  - set-passwords
23  - yum-add-repo
24  - package-update-upgrade-install
25  - timezone
26  - puppet
27  - chef
28  - salt-minion
29  - mcollective
30  - disable-ec2-metadata
31  - runcmd
32
33 cloud_final_modules:
34  - rightscale_userdata
35  - scripts-per-once
36  - scripts-per-boot
37  - scripts-per-instance
38  - scripts-user
39  - ssh-authkey-fingerprints
40  - keys-to-console
41  - phone-home
42  - final-message
43
44 system_info:
45   default_user:
46     name: centos
47     lock_passwd: true
48     gecos: Cloud User
49     groups: [wheel, adm, systemd-journal]
50     sudo: ["ALL=(ALL) NOPASSWD:ALL"]
```

```
51      shell: /bin/bash
52    distro: rhel
53    paths:
54      cloud_dir: /var/lib/cloud
55      templates_dir: /etc/cloud/templates
56    ssh_svcname: sshd
```

（1）第 1~2 行代码设置允许虚拟机可以使用 root 用户登录，并设置 ssh 登录。

（2）第 4 行代码，这里通过 datasource_list 指定数据源为 ConfigDrive。数据源是指 user-data/meta-data 取自何处，一般来讲，user-data 是指系统或用户所需要的数据，如用户提供的文件、YAML 模板及一些 Shell 脚本等，它主要用来对虚拟机做一些参数配置；meta-data 是指与虚拟机基本参数有关的，如主机名、网络地址等。

随着代码的更新，cloud-init 的数据源有以下几种。

- EC2：这是使用较为广泛的一种获取元数据的方式，此方法继承于 AWS，是 cloud-init 默认采用的一种方式。要通过这种方式获取源数据，虚拟机必须能够访问 169.254.169.254 这个 IP 地址。在 OpenStack 的环境中，我们实际并没有这个 IP，之所以能路由到这个 IP 地址，最本质的做法就是通过设置 Namespace 中的 iptables，从而把发向 169.254.169.254 的请求路由到 nova-metadata API 监听 IP 和端口上，代码如下：

```
iptables -t nat -A PREROUTING -d 169.254.169.254/32 -p tcp -m tcp -dport 80 -j
DNAT --to-destination 192.168.100.23:8775
```

其中，192.168.100.23 这个 IP 应该与 metadata_listen（/etc/nova/nova.conf）和 nova_metadata_ip（/etc/neutron/metadata_agent.ini）中配置的一致。

- ConfigDrive：这种方式是针对于 OpenStack 的一种获取元数据的方法。通过这种方式，虚拟机可以不必访问 169.254.169.254 这个 IP，这种向虚拟机注元数据的方式，是把 CDROM 设备挂载到虚拟机，然后 Nova 可以直接从 CDROM 设备上读取用户提供的配置数据。

我们可以通过虚拟机的 UUID 找到虚拟机所在的计算节点，然后登录到这个计算节点进入目录查看文件：

```
[root@compute2 7a30c516-5e80-4ea2-ae95-fe602c06104c]# cat
/var/lib/nova/instances/ 7a30c516-5e80-4ea2-ae95-fe602c06104c/libvirt.xml
…
      <disk type="file" device="cdrom">
        <driver name="qemu" type="raw" cache="none"/>
        <source file="/var/lib/nova/instances/7a30c516-5e80-4ea2-ae95-fe602c06104c/
disk.config"/>
        <target bus="ide" dev="hdd"/>
      </disk>
…
```

这里的 disk.config 就是我们使用 ConfigDrive 时所挂载的设备，通过以下方式可以查看 disk.config 中的内容：

```
[root@compute2 7a30c516-5e80-4ea2-ae95-fe602c06104c]# mount -o loop disk.config
/mnt
[root@compute2 7a30c516-5e80-4ea2-ae95-fe602c06104c]# tree
.
├── ec2
│   ├── 2009-04-04
│   │   ├── meta-data.json
│   │   └── user-data
│   └── latest
```

```
│       ├── meta-data.json
│       └── user-data
└── OpenStack
    ├── 2012-08-10
    │   ├── meta_data.json
    │   └── user_data
    ├── 2013-04-04
    │   ├── meta_data.json
    │   └── user_data
    ├── 2013-10-17
    │   ├── meta_data.json
    │   ├── user_data
    │   └── vendor_data.json
    └── latest
        ├── meta_data.json
        ├── user_data
        └── vendor_data.json

8 directories, 14 files
```

需要说明的是，不同的 Hypervisor，所使用的挂载设备也会有所不同。

提示：通过 ConfigDrive 方式进行虚拟机的配置是受网络影响最小的一种方式，相较于 Metadata 服务的方式，它无须等待网卡启动，便可执行配置脚本的操作。

另外，如果要使用这种方式，需相应地修改/etc/nova/nova.conf 的内容，添加 force_config_drive=True，需要注意的是，只有 vfat 和 ISO9660 磁盘格式才支持使用 ConfigDrive 方式。

- OpenNebula
- Alt Cloud
- NoCloud：允许用户在无网络服务的状态下提供 user-data 和 metadata。
- CloudStack
- Fallback/None：主要用来避免 cloud-init 因找不到 Datasource 而出现异常，从而导致后续程序无法正常执行。
- MAAS

数据源可以在 /etc/cloud/cloud.cfg 中通过 datasource_list 来指定，也可以在 /etc/cloud/cloud.cfg.d/90_dpkg.cfg 中通过 datasource_list 指定，比如我们需要使用多种 Datasoruce，可以作如下定义：

```
datasource_list: [ NoCloud, AltCloud, CloudStack, ConfigDrive, Ec2, None ]
```

（3）第 6~42 行，用于指定 cloud-init 不同的阶段应该实现的功能，即不同脚本的执行顺序。概括起来，cloud-init 会按以下 4 个阶段执行任务：

- init-local。这是 cloud-init 执行的第一个阶段，当运行到此阶段时，虚拟机本身并不知道应该如何去配置网络。如果使用的 Datasource 是 ConfigDrive，那么 cloud-init 就会从 ConfigDrive 中获取配置信息，然后将网络相关的配置信息写入到/etc/sysconfig/network-scripts/ifcfg-xxx 中；如果使用的不是 ConfigDrive 方式，那么应该将虚拟机所在的网络设置成 DHCP 方式，因为只有当网络正确配置后，才能访问 metadata 服务，获取 metadata 数据。
- init。初始化阶段。
- config。配置部分参数的阶段。
- final。这是 cloud-init 运行的最后一个阶段，相当于虚拟机执行到 rc.local 阶段，这一阶段主要是执行包安装、配置插件管理（如 Puppet、Chef 等）、执行用户脚本（user-scripts 和 runcmd 都是在这个阶段执行）等。

以上 4 个阶段分别对应 4 个不同的 Systemd 管理的服务，如下所示：

```
[root@redis-cluster cloud]# ls /usr/lib/systemd/system/cloud-*service -alh
-rw-r--r-- 1 root root 400 Apr  2  2014 /usr/lib/systemd/system/cloud-config.service
-rw-r--r-- 1 root root 405 Apr  2  2014 /usr/lib/systemd/system/cloud-final.service
-rw-r--r-- 1 root root 325 Apr  2  2014 /usr/lib/systemd/system/cloud-init-local.service
-rw-r--r-- 1 root root 416 Apr  2  2014 /usr/lib/systemd/system/cloud-init.service
```

在正常情况下，当执行到 init、config 和 final 这三个阶段前，虚拟机的网络都已经配置好了，并且也可以正常获取到 Metadata 数据，虚拟机中完成定制化的配置就是由这三个模块中的脚本实现的。例如，在 cloud_config_modules 阶段开启了 set_hostname 功能，那么，cloud-init 首先会尝试从 /etc/cloud/cloud.cfg 读取 Hostname 变量的值，如果找不到，则会从 Metadata 的 Hostname 参数中读取变量的值，然后设置虚拟机的主机名。

每个阶段执行的模块代码都位于：

`/usr/lib/python2.7/site-packages/cloudinit/config`

例如，set_hostname 模块的实现代码位于：

`/usr/lib/python2.7/site-packages/cloudinit/config/cc_set_hostname.py`

前面提到过 cloud-init 支持的数据源方式中有一种叫作 EC2，对于这种方式，我们可以登录到虚拟机内部，通过 HTTP 的方式手动获取 Userdata 和 Metadata。

获取版本信息：

```
[root@redis-cluster cloud]# curl 169.254.169.254
1.0
2007-01-19
2007-03-01
2007-08-29
2007-10-10
2007-12-15
2008-02-01
2008-09-01
2009-04-04
    latest
```

选取一个版本：

```
[root@redis-cluster cloud]# curl 169.254.169.254/2009-04-04
    meta-data/
    user-data
```

查看 Metadata 数据，Metadata 中包含的是与虚拟机基本配置相关的数据：

```
[root@redis-cluster cloud]# curl 169.254.169.254/2009-04-04/meta-data
ami-id
ami-launch-index
ami-manifest-path
```

```
block-device-mapping/
hostname
instance-action
instance-id
instance-type
kernel-id
local-hostname
local-ipv4
placement/
public-hostname
public-ipv4
ramdisk-id
reservation-id
security-groups
```

查看 Userdata 数据，可以发现，这里的 Userdata 实际上就是用户输入的脚本文件。当然，Userdata 也不仅限于用户提供的脚本，还包含配置文件（如 Content-Type: text/cloud-conifg）、启动任务等。

```
[root@redis-cluster cloud]# curl 169.254.169.254/2009-04-04/user-data
#!/bin/sh
passwd ubuntu<<EOF
Testing123
Testing123
EOF
```

从这里也可以帮助我们更好地理解 Metadata 与 Userdata 中都有哪些数据。用户传入到虚拟机的 Userdata 还可以在虚拟机的以下目录中找到，part-001 就是用户传入的 Userdata 脚本。

```
[root@redis-cluster scripts]# pwd
/var/lib/cloud/instances/7a30c516-5e80-4ea2-ae95-fe602c06104c/scripts
[root@redis-cluster scripts]# ls
part-001
```

14.1.2　cloud-init 对 VM 进行配置

前一小节单纯从 cloud-init 的角度讲解了如何安装与配置 cloud-init，另外还介绍了 cloud-init 的原理和执行过程。之所以先对 cloud-init 的原理进行讲解，是为了让大家从总体上对 cloud-init 有一个比较清楚的认识，揭开了 cloud-init 的神秘面纱后，对于我们后续问题的分析有很大的帮助。

了解了如何安装配置 cloud-init 及其原理仅仅是第一步，更重要的是我们应该知道如何去使用它，那么本小节将从应用的角度进一步剖析 cloud-init 在虚拟机配置方面的实践。本小节假定大家已经按照 14.1.1 节中的知识成功在镜像中安装并配置了 cloud-init。

我们知道，cloud-init 可以对虚拟机实行定制化配置，它的数据来源可以是 ConfigDrive 方式，也可以是 EC2 方式，两者步骤类似。下面我们看一下 OpenStack 中，以采用 EC2 方式为例介绍 cloud-init 如何通过 RESTful API 获取 Metadata 数据。

OpenStack 通过 RESTful API 获取 Metadata 数据需要以下三个服务相互配合。

- **nova-api-metadata**。接收并处理由虚拟机发出的请求。比如，在虚拟机中执行 curl 169.254.169.254 命令时，就需要 nova-api-metada 从 Header 中获取此虚拟机的 UUID，然后根据虚拟机的 UUID 再从数据库中获取虚拟机的 Metadata 数据并返回。
- **neutron-metadata-agent**。把虚拟机的 UUID 和虚拟机所在的 Project ID 添加到请求的 Header

中，然后将虚拟机发出的 Metadata 请求转发到 nova-api-metadata 服务的节点中，由 nova-api-metadata 从数据库中获取虚拟机的 Metadata 数据并返回给虚拟机。

- **neutron-ns-metadata-proxy**。用于隔离节点中的物理网络与虚拟机中的虚拟网络。在 OpenStack 中，虚拟机中发送的获取 Metadata 的请求都通过 Namespace 中的 qrouter-xxxx 和 qdhcp-xxxx 作为网络出口，由于不同的 Namespace 相互之间是隔离的，所以引入了 neutron-ns-metadata-proxy，以实现请求可以在不同的 Namespace 之间进行跳转的需求。

提示：对于 Metadata 的获取，上述三个服务缺一不可，其中任何一个服务出现问题，将无法获取 Metadata 的值。

在 DevStack 环境中，以上三个服务的名字会有所不同。图 14.1 是 OpenStack 中 Metadata 的请求路径。

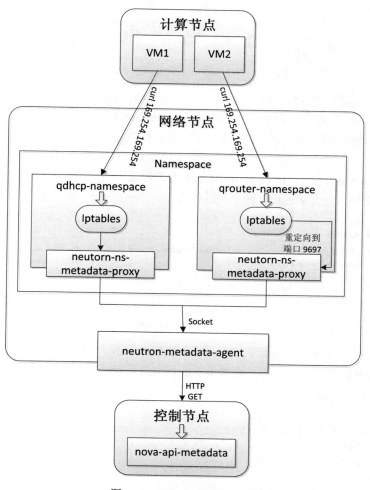

图 14.1　Metadata 请求路径

以手动执行"curl 169.254.169.254"请求为例，对上图进行简单分析。从图 14.1 中可以看出，虚拟机发送了"curl 169.254.169.254"后，此请求的跳转路径为：

（1）虚拟机（VM）首先将请求发送到网络节点上的 Namespace。

（2）neutron-ns-metadata-proxy 服务对请求进行处理，将 router-id 和 network-id 添加到请求的 Header

中，然后通过 Socket 发送到 neutron-metadata-agent。

（3）neutron-metadata-agent 继续对请求进行处理，根据由 neutron-ns-metadata-proxy 添加的 router-id 和 network-id，获取虚拟机的 UUID 和虚拟机所在的 tenant-id，并将它们添加到请求头中，最后将请求发送到 nova-api-metadata。

（4）nova-api-metadata 根据请求头中虚拟机的 UUID 和虚拟机所在的 tenant-id 从数据库中查询后得到虚拟机的 Metadata 数据，然后将此数据原路返回给虚拟机。

提示：169.254.169.254 不是一个真正的 IP 地址，而是一个内置的假的 IP 地址。

上面提到的 nova-api-metadata 服务运行在控制节点上，其监控的端口是 8775，如图 14.2 所示。

```
stack@dev: ~
2636 /usr/local/bin/uwsgi --ini /etc/nova/nova-metadata-uwsgi.ini
2639 /usr/local/bin/uwsgi --ini /etc/nova/nova-metadata-uwsgi.ini
2641 /usr/local/bin/uwsgi --ini /etc/nova/nova-metadata-uwsgi.ini
stack@dev:~$ lsof -i:8775
COMMAND   PID USER   FD   TYPE DEVICE SIZE/OFF NODE NAME
uwsgi    1001 stack   5u  IPv4  15635      0t0  TCP *:8775 (LISTEN)
uwsgi    2641 stack   5u  IPv4  15635      0t0  TCP *:8775 (LISTEN)
stack@dev:~$
```

图 14.2　nova-api-metadata 进程及端口

这是通过 DevStack(Pike) 运行环境查看的，在生产环境中，nova-api-metadata 服务的名字会有所不同。从图 14.2 中可以看出，进程号为 1001 的 nova-api-metadata 服务所占用的端口为 8775，在 nova.conf 中会指定 nova-metadata 服务启动时的进程数量，如果没有明确指定，则会根据系统 CPU 的核数来确定进程数。

图 14.3 显示，nova.conf 中 nova-api-metadata 的进程数设为了 2，所以图 14.2 中只显示了三个 nova-api-metadata 进程（一个父进程，两个子进程）。

```
stack@dev: ~
stack@dev:~$ cat /etc/nova/nova.conf | grep metadata
metadata_workers = 2
metadata_listen = 0.0.0.0
service_metadata_proxy = True
stack@dev:~$
```

图 14.3　nova-api-metdata 配置

另外，在 Pike 版本的 DevStack 中，如果想开启 nova-api-metadata 服务，我们还需要将 service_metadata_proxy 设为 True，以下是 Metadata 相关的配置：

```
/etc/nova/nova.conf:
[DEFAULT]
metadata_listen=192.168.56.105
metadata_listen_port=8775
metadata_workers=8
[neutron]
service_metadata_proxy=true
metadata_proxy_shared_secret= neutron_metadata_proxy_secret

/etc/neutron/metadata_agent.ini:
[DEFAULT]
auth_url=http://192.168.56.105:5000/v2.0
auth_region=RegionOne
```

第 14 章　OpenStack 应用实战：自动编排和配置高可用 Redis 系统

```
admin_tenant_name=service
admin_user=neutron
admin_password=OpenStack_network
nova_metadata_ip=192.168.56.105
nova_metadata_port = 8775
metadata_proxy_shared_secret=neutron_metadata_proxy_secre
```

在图 14.1 所示的 Metadata 请求路径中，可以看到 nova-api-metadata 服务需要与 neutron-metadata-agent 相连，因为虚拟机是运行在计算节点上的，而 nova-api-metadata 运行在控制节点上，并且此服务走的是管理网络，所以，虚拟机无法直接通过 http://controller_ip:8775 访问 Metadata 服务。

掌握了 Metadata 的请求路径，对于我们后续 cloud-init 中的问题定位很重要，由于有网络因素的参与，所以，并不能保证 cloud-init 每次都能正常运行，当 cloud-init 运行出现异常时，我们定位问题的其中一个思路，就是需要查看日志中是否有网络不通的情况，如果有，再去看一下以上提到的服务是否都正常运行。

提示：如果读者在使用 Nova 时够细心的话，可以发现，当从页面上创建虚拟机时，其中有一项是"用户数据"，这里的"用户数据"就是用户传给 cloud-init 的脚本，当虚拟机创建完成后，这个脚本会通过 cloud-init 执行。

理解了原理后，下面我们通过一个实例来看一下，如何通过 cloud-init 对虚拟机进行配置。

【示例 14-1】通过 cloud-init 配置虚拟机。

本实例要实现的功能：通过 Heat 创建一个虚拟机，虚拟机创建完成后，利用 cloud-init 在/home/目录下新建一个/home/jeguan_test_cloud-init.txt 文件，并将"test cloud-init..."写入到此文件中。

本例中使用的 YAML 模板如下：

```
heat_template_version: 2015-04-30

parameters:
  image:
    type: string
    default: 33f71c89-94e2-41d1-9bdb-e5b262edc08a

  flavor:
    type: string
    default: m1.small

  private_network:
    type: string
    default: d2d129f9-4ea7-4779-80a7-cac0f78be556

resources:

  my_server_test_cloud-init:
    type: OS::Nova::Server
    properties:
      image: { get_param: image}
      flavor: { get_param: flavor}
      networks:
        - network: {get_param: private_network}
```

```
        user_data_format: RAW
        config_drive: True
        user_data:
          str_replace:
            template: |
            #!/bin/bash
            touch /home/jeguan_test_cloud-init.txt
            echo test_str > /home/jeguan_test_cloud-init.txt
            params:
              test_str: "test cloud-init…"
```

注意 user_data 这一部分中的脚本，这个脚本最终会通过 ConfigDrive 的方式传入到虚拟机内，然后通过 cloud-init 完成虚拟机的配置。

使用 Heat 命令创建一个 Stack，这个 Stack 中的资源就是我们所要创建的虚拟机，如图 14.4 所示。

stack@dev: ~/jeguan

```
[root@controller1 guanzenghui]# heat stack-create -f server.yaml guan
+--------------------------------------+------------+--------------------+----------------------+
| id                                   | stack_name | stack_status       | creation_time        |
+--------------------------------------+------------+--------------------+----------------------+
| 278630e0-f0f6-4fdc-ab8d-0403067c3851 | guan       | CREATE_IN_PROGRESS | 2017-10-15T08:53:08Z |
+--------------------------------------+------------+--------------------+----------------------+
[root@controller1 guanzenghui]# heat stack-list
+--------------------------------------+------------+-----------------+----------------------+
| id                                   | stack_name | stack_status    | creation_time        |
+--------------------------------------+------------+-----------------+----------------------+
| 278630e0-f0f6-4fdc-ab8d-0403067c3851 | guan       | CREATE_COMPLETE | 2017-10-15T08:53:08Z |
+--------------------------------------+------------+-----------------+----------------------+
```

图 14.4　创建 Stack

从图 14.4 中可以看到，Stack 已经创建完成，下面登录到虚拟机内部看一下，文件/home/jeguan_test_cloud-init.txt 是否已经成功创建，并且检查其中的内容是否为我们设置的内容，如图 14.5 所示。

stack@dev: ~/jeguan

```
[root@guan-my-server-test-cloud-init home]# pwd
/home
[root@guan-my-server-test-cloud-init home]# ls
centos jeguan_test_cloud-init.txt
[root@guan-my-server-test-cloud-init home]# cat jeguan_test_cloud-init.txt
test cloud-init...
```

图 14.5　cloud-init 执行结果

从图 14.5 可以看到，cloud-init 已成功将我们的数据写到了虚拟机内部。关于 cloud-init 的执行过程，可以查看/var/log/cloud-init.log 来获取。

另外，这里提一下目录/var/lib/cloud，这个目录下存放着我们传入的 Userdata，如图 14.6 所示。

stack@dev: ~/jeguan

```
[root@guan-my-server-test-cloud-init scripts]# pwd
/var/lib/cloud/instance/scripts
[root@guan-my-server-test-cloud-init scripts]# ls
part-001
[root@guan-my-server-test-cloud-init scripts]# cat part-001
#!/bin/bash
touch /home/jeguan_test_cloud-init.txt
echo test cloud-init...
```

图 14.6　cloud-init Userdata 目录

图 14.6 中的文件 part-001 就是我们传入到虚拟机内部的 Userdata 数据，cloud-init 也正是使用这个数据对虚拟机进行配置的。有关 cloud-init 的具体执行流程已在前一节介绍过了，这里不再赘述，如果对 cloud-init 的执行流程有疑问，请参考 14.1.1 节所讲的内容。

以上是使用 Heat 模板的方式提供 Userdata，我们也可以不通过 Heat，在创建虚拟机时，直接传入

第 14 章　OpenStack 应用实战：自动编排和配置高可用 Redis 系统

参数--user-data 提供用户脚本。例如，所使用的用户脚本的名字依然为 jeguan_test_cloud-init.txt，创建虚拟机时，使用如下命令：

```
stack@dev:~/jeguan$ nova boot --flavor m1.small --nic net-id=1ae2dab9-85b3-42a2-8c7c-ffe47a3e5e39 --image 1ae2dab9-85b3-42a2-8c7c-ffe47a3e5e39 --user-data jeguan_test_cloud-init.txt test_cloud-init
```

这两种方式，后台最终调用的是同一个接口，都是调用 NovaClient 中的接口，这一个知识点在第 7 章已有所涉及。

从前两小节介绍中，我们可以了解到获取 Metadata 常用的有两种方式：ConfigDrive 和 REST API。第一种方式，无论是否启用了 DHCP，所有的网卡都可以正常启动并且正确配置；第二种方式，cloud-init 只会尝试启动第一块网卡，如果虚拟机有多块网卡，cloud-init 也只会启动第一块网卡，其他网卡不做处理。所以，建议尽可能使用 ConfigDrive 方式传递 Metadata。

这两种方式各有弊端：REST API 获取 Metadata 的方式，经常会碰到一个问题，Metadata 获取不成功，导致 Instance 启动很慢；ConfigDrive 方式也不是完美的，要使用这种方式，也有一些限制，比如，磁盘格式只能是 vfat 或 ISO9660，并且 ConfigDrive 不支持对虚拟机进行热迁移。

14.1.3　cloud-init 调试过程与问题分析

前两节分别从理论与实践的角度介绍了 cloud-init 在虚拟机配置中所起的作用以及如何通过 cloud-init 实现定制化配置，这些内容都是假定没有出现任何问题时的正常实现步骤，但是在自建环境或是生产环境中，往往会出现各种意料之外的问题，那么 cloud-init 在虚拟机定制化过程中出现问题时，我们应该如何去定位与分析呢？本节会从 cloud-init 调试的角度，带领大家一起看一下如何对 cloud-init 进行调试。

提示：对于一个应用来说，如果我们无法对之进行调试，那么当遇到问题时，这样的应用一般会比较难用，对于 cloud-init 来说，其调试方法还是比较简单的，希望读者可以掌握其调试技巧。

/var/lib/cloud 中存放了所有与 cloud-init 相关的文件，进入/var/lib/cloud 目录后，可以看到有如下目录结构：

```
[root@jeguan-my-server-test-cloud-init-djleqrnspmss cloud]# tree
.
├── data
│   ├── instance-id
│   ├── previous-datasource
│   ├── previous-instance-id
│   ├── result.json
│   └── status.json
├── handlers
├── instance -> /var/lib/cloud/instances/95af61ad-722c-4ebf-9dd2-80190ebe674f
├── instances
│   └── 95af61ad-722c-4ebf-9dd2-80190ebe674f
│       ├── boot-finished
│       ├── cloud-config.txt
│       ├── datasource
│       ├── handlers
│       ├── obj.pkl
│       ├── scripts
```

```
│   │       └── part-001
│   ├── sem
│   │   ├── config_chef
│   │   ├── config_keys_to_console
│   │   ├── config_locale
│   │   ├── config_mcollective
│   │   ├── config_mounts
│   │   ├── config_package_update_upgrade_install
│   │   ├── config_phone_home
│   │   ├── config_puppet
│   │   ├── config_rightscale_userdata
│   │   ├── config_rsyslog
│   │   ├── config_runcmd
│   │   ├── config_salt_minion
│   │   ├── config_scripts_per_instance
│   │   ├── config_scripts_user
│   │   ├── config_set_hostname
│   │   ├── config_set_passwords
│   │   ├── config_ssh
│   │   ├── config_ssh_authkey_fingerprints
│   │   ├── config_timezone
│   │   ├── config_users_groups
│   │   ├── config_write_files
│   │   ├── config_yum_add_repo
│   │   └── consume_data
│   ├── user-data.txt
│   ├── user-data.txt.i
│   ├── vendor-data.txt
│   └── vendor-data.txt.i
├── scripts
│   ├── per-boot
│   ├── per-instance
│   ├── per-once
│   └── vendor
├── seed
└── sem
    └── config_scripts_per_once.once

15 directories, 38 files
[root@jeguan-my-server-test-cloud-init-djleqrnspmss cloud]# pwd
/var/lib/cloud
```

目录分析如下:

(1) data/: 存放虚拟机的 UUID、数据源信息，在 status.json 中存放了 cloud-init 每个阶段执行的开始时间和结束时间及每个阶段的执行结果，这些信息也可以从虚拟机中的 /var/log/messages 中查看。

```
[root@jeguan-my-server-test-cloud-init-djleqrnspmss data]# cat status.json
{
 "v1": {
  "init": {
   "start": 1508203263.538692,
   "finished": 1508203264.084964,
   "errors": [],
```

```
    "end": null
  },
  "datasource": "DataSourceConfigDriveNet [net,ver=2][source=/dev/sr0]",
  "modules-config": {
    "start": 1508203264.685711,
    "finished": 1508203264.792074,
    "errors": [],
    "end": null
  },
  "modules-final": {
    "start": 1508203265.353275,
    "finished": 1508203265.471534,
    "errors": [],
    "end": null
  },
  "init-local": {
    "start": 1508203261.143466,
    "finished": 1508203261.438437,
    "errors": [],
    "end": null
  },
  "stage": null
}
}
```

（2）instances/：这里存放了所有的虚拟机信息，其中会有许多子文件目录，并且每个文件目录都是以虚拟机的 UUID 命名，比如，本例中，虚拟机的 UUID 是 95af61ad-722c-4ebf-9dd2-80190ebe674f，那么，在 instances/目录下，会有一个名为 95af61ad-722c-4ebf-9dd2-80190ebe674f 的文件夹。

```
[root@jeguan-my-server-test-cloud-init-djleqrnspmss instances]# ls
95af61ad-722c-4ebf-9dd2-80190ebe674f
```

这个路径中我们经常会用到的是./scripts 中的文件，其中./scripts/part-001 就是我们通过--user-data 传进去的内容：

```
[root@jeguan-my-server-test-cloud-init-djleqrnspmss scripts]# cat part-001
#!/bin/bash
touch /home/jeguan_adsf_cloud-init.txt
echo "adsf cloud-init…"
[root@jeguan-my-server-test-cloud-init-djleqrnspmss scripts]#
```

这是一个 Shell 脚本，我们可以手动执行它。

（3）sem/：存放着诸如 per-boot、per-instance 之类的仅执行一次的脚本。

其他的目录不作解释。

下面我们看一下如何手动去触发调试 cloud-init。

1．删除相关文件

因为我们是针对某一个虚拟机进行调试，所以需要进入/var/lib/cloud 中的虚拟机对应的目录，把目录中的 boot-finished 和 sem/config_scripts_user 删除，代码如下：

```
[root@jeguan-my-server-test-cloud-init-djleqrnspmss 95af61ad-722c-4ebf-9dd2-80190ebe674f]# ls
boot-finished  cloud-config.txt  datasource  handlers  obj.pkl  scripts  sem
```

```
user-data.txt   user-data.txt.i   vendor-data.txt   vendor-data.txt.i
    [root@jeguan-my-server-test-cloud-init-djleqrnspmss 95af61ad-722c-4ebf-9dd2-
80190ebe674f]# rm -rf boot-finished
    [root@jeguan-my-server-test-cloud-init-djleqrnspmss 95af61ad-722c-4ebf-9dd2-
80190ebe674f]# rm -rf sem/config_scripts_user
    [root@jeguan-my-server-test-cloud-init-djleqrnspmss 95af61ad-722c-4ebf-9dd2-
80190ebe674f]# pwd /var/lib/cloud/instances/95af61ad-722c-4ebf-9dd2-80190ebe674f
    [root@jeguan-my-server-test-cloud-init-djleqrnspmss 95af61ad-722c-4ebf-9dd2-
80190ebe674f]#
```

2. 执行测试模块

执行以下命令重新触发 cloud-init，执行用户传入的 Userdata 脚本：

```
cloud-init modules --mode final
```

通过以上两步，可以再次执行 cloud-init 的 final 模块，由于用户传入的脚本是在 cloud_final_modules 阶段，通过 scripts-user 模块来执行的，所以当运行了第二步中的命令后，用户传入的脚本会再次被执行。

提示：对于 cloud-init 来说，它实际上内部包含了许多 Python 脚本文件，不同的执行过程会调试不同的 Python 脚本。

第一步中删除的两个文件，目的是让 cloud-init 认为此环境是一个新的未执行过 cloud-init 的环境，我们可以理解为它们是 cloud-init 执行结束的一个标致。

如果我们不小心把/var/lib/cloud/instances/$UUID 删除了，那么需要执行以下命令来触发 cloud-init 重新执行：

```
cloud-init init
cloud-init modules --mode final
```

以上是从功能模块触发的角度来介绍如何进行 cloud-init 模块调试，当 cloud-init 执行出现问题时，要定位问题，最先想到的应该是从/var/log/cloud-init.log 中来获取错误信息，日志中会明确记录每一个阶段的执行时间与执行结果，另外还会有一些简要的网络配置信息。

如果网络方面出现了问题，比如无法连接 169.254.169.254 这个 IP 了，需要根据图 14.1 所示的 Metadata 请求路径逐一排除。

另外一个比较常见的问题是，当我们通过安装了 cloud-init 的镜像启动虚拟机时，虚拟机会出现启动太慢的情况，出现这个问题最可能的原因是我们使用了不恰当的 Datasouce 配置或是虚拟机的网络出现了问题。

针对前者，可以通过以下命令查看，发现这两条日志的时间间隔相差了 60s，这个时延是由于虚拟机无法连接 169.254.169.254 这个 IP 导致的。

```
    [root@jeguan-my-server-test-cloud-init-djleqrnspmss ~]# journalctl -u
cloud-init
    …
    Oct 18 08:19:33 cloud-init[780]: [CLOUDINIT] __init__.py[DEBUG]: Merging using
located merger
    Oct 18 08:21:13 cloud-init[780]: [CLOUDINIT] DataSourceGCE.py[DEBUG]: http://
169.254.169.254 is not reachable
    …
```

对上述问题的解决，有两个方案，一个方案是根据图 14.1 所示，定位出无法连接 169.254.169.254 的原因；另一个方案是修改 cloud-init 的 Datasource 配置，如果条件允许的话，我们应该尽量使用

ConfigDrive 方式来配置 Datasource。

14.2 Redis 数据库的 HA 实现及 Redis 集群的创建

通过前几章的介绍，我们对 OpenStack 及其中的组件有了一个比较深入的了解，本节我们将会利用前面讲到的知识，通过 Heat 组件来自动搭建一个 Redis HA 系统和 Redis 集群。此处不会涉及太多 Redis 原理的知识，只是从用户的角度来讲解。

提示：本节之所以使用 Redis 作为例子，主要是因为它的使用比较广泛，当学完本节后，希望读者可以针对自己的需求，部署出所需的环境。

14.2.1 Redis HA 方案实现

这一小节介绍如何通过 Heat 来搭建一个 Redis HA 系统，创建完成后，会包含一个 Master 节点和多个 Slave 节点，通过 Keepalived 服务为 Master 分配一个 VIP 并保证 VIP 始终与 Master 节点绑定。在这个系统中，当 Master 节点产生故障时，会由 Redis Sentinel 服务从 Redis Slave 节点中挑选一个节点来充当 Master 节点的角色，随后，Keepalived 会把之前 Master 节点上的 VIP 重新绑定到新的 Master 节点上。当原来的 Master 节点恢复后，它会自动变为 Slave 节点。外部可以通过 Master 节点上的 VIP 访问到本系统，对于用户而言，并不会感知系统内部角色的变换及 VIP 的再绑定过程。

Redis HA 集群拓扑结构如图 14.7 所示。

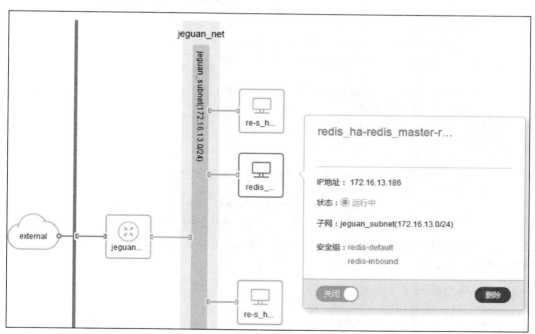

图 14.7　Redis HA 系统拓扑结构

从图 14.7 中可以看出系统中共有三个 Redis 节点：1 个 Master Node，2 个 Slave node，三个节点位于同一个网段中。

Redis HA 高可用系统，可以保证单个 Redis 实例的高可用，适用于业务量比较小的应用。各个软件包的信息如表 14.1 所示。

表 14.1　软件包版本信息

Redis	Ruby	Keepalived	tcl	CentOS	ruby-gem
4.0.2	2.4.2	1.2.13	8.6.7	7.0.1406	redis-4.0.0.gem

系统的搭建步骤可以概括为以下几步。

1. 准备 Redis 镜像

（1）准备 CentOS 镜像。

（2）安装并配置 cloud-init。

（3）安装 Redis、Ruby、Keepalived、tcl、gem。

（4）配置 Keepalived。

2. 准备 Heat 模板[①]

我们会在模板中创建一个 Master 节点和多个 Slave 节点，同时，也会创建一个 Port，用于表示 VIP，然后通过 Userdata 把这个 Port 上的 IP 写到 Keepalived 的配置文件中。

（1）创建 Redis Master 节点，通过 config_drive 方式把 Userdata 注入到虚拟机内部，并通过 cloud-init 进行配置，代码如下：

```
redis_master:
  type: OS::Nova::Server
  properties:
    image: {get_param: default_image}
    flavor: {get_param: master_flavor}
    security_groups:
      - {get_resource: inbound_security_group}
      - {get_resource: default_security_group}
    networks:
      - network: {get_param: private_network}
    user_data_format: RAW
    config_drive: True
    user_data:
      str_replace:
        template: {get_file: redis_master_user_data.sh}
        params:
          $vip_address: {get_attr: [vip, fixed_ips, 0, ip_address]}
          $slave_num: {get_param: desired_slave_capacity}
```

（2）创建 Redis Slave 节点。配置方式同 Redis Master 节点。这里我们使用的是 ResourceGroup，这样做的好处是可以同时创建多个 Redis 节点，代码如下：

```
redis_slave_group:
  type: OS::Heat::ResourceGroup
  depends_on: redis_master
  properties:
    count: {get_param: desired_slave_capacity}
    resource_def:
      type: OS::Nova::Server
```

---

① 系统模板：https://github.com/double12gzh/redis_HA-keepalived-sentinel-reids/blob/master/base_redis_HA.yaml

```
      properties:
        image: { get_param: default_image }
        flavor: { get_param: slave_flavor }
        security_groups:
          - {get_resource: inbound_security_group}
          - {get_resource: default_security_group}
        networks:
          - network: {get_param: private_network}
        user_data_format: RAW
        config_drive: True
        user_data:
          str_replace:
            template: {get_file: redis_slave_user_data.sh}
            params:
              $index: "%index%"
              $master_ip: {get_attr: [redis_master, first_address]}
              $slave_num: {get_param: desired_slave_capacity}
              $vip_address: {get_attr: [vip, fixed_ips, 0, ip_address]}
```

（3）创建安全组，用于开放 Redis 端口。Redis 服务默认的端口是 6379，这里我们依然使用这个端口，如果想指定其他端口，可以将 port_range_min 和 port_range_max 更改为其他的值，代码如下：

```
inbound_security_group:
  type: OS::Neutron::SecurityGroup
  properties:
    name: redis-inbound
    rules:
      - direction: ingress
        remote_group_id: {get_param: clients}
        remote_mode: remote_group_id
        protocol: tcp
        port_range_min: 6397
        port_range_max: 6397
```

（4）创建一个 Port，Port 上的 IP 被 Keepalived 作为 VIP 使用，通过创建 Port 的方式把此 IP 占用，另一方面可以防止此 IP 出现冲突，代码如下：

```
# Set up the internal VIP (managed by keepalived)
vip:
  type: OS::Neutron::Port
  properties:
    name: redis-vip
    network: { get_param: private_network}
    security_groups:
      - { get_resource: inbound_security_group }
```

提示：VIP 的使用比较广泛，在基于 Pacemaker 和 Cronsync 实现的高可用解决方案中也使用到了 VIP，使用 VIP 一个最大的好处就是，当用户对集群进行访问时，它只需要向 VIP 发送请求即可，不用关心它调用的是哪个节点的哪个服务。

3. 准备配置脚本[①]

Master 节点的配置脚本中的部分内容如下,其他内容可以参阅 Redis 安装中的 redis.conf。

```bash
#!/bin/bash
…
set -x

# 设置redis_server 和redis_sentinel的端口
redis_server_port="6379"
redis_sentinel_port="26379"

master_ip=`ifconfig eth0 | grep -w "inet"| awk '{print $2}'`
keepalived_router_id=`cat /proc/sys/kernel/random/uuid`

function setup_redis_server_conf()
{
    cat > /etc/redis/redis.conf <<EOF
maxmemory 256mb
daemonize yes

pidfile "/var/run/redis_${redis_server_port}.pid"
logfile "/var/log/redis/redis.log"
dir "/tmp"

port ${redis_server_port}
bind 0.0.0.0
…
dbfilename dumpredis-${redis_server_port}.rdb

# 创建sentinel的配置文件,配置文件中需要指明Master节点的IP和Port。注意,这个配置文件会
# 被动态修改,所以,如果我们想要修改这个文件,尽量把新增的内容写到文件的开头处,否则新
# 增的内容会被覆盖掉
function setup_redis_sentinel_conf()
{
    cat > /etc/redis/sentinel.conf <<EOF
    daemonize yes
    port ${redis_sentinel_port}
    protected-mode no
    logfile /var/log/redis/sentinel.log
    pidfile /var/run/sentinel.pid

    sentinel monitor mymaster ${master_ip} ${redis_server_port} $(($slave_num - 1))
    sentinel down-after-milliseconds mymaster 30000
    sentinel parallel-syncs mymaster 1
    sentinel failover-timeout mymaster 180000
    EOF
}
```

[①] 配置脚本:https://github.com/double12gzh/redis_HA-keepalived-sentinel-reids/blob/master/redis_master_user_data.sh
https://github.com/double12gzh/redis_HA-keepalived-sentinel-reids/blob/master/redis_slave_user_data.sh

```bash
# 配置Keepalived服务，将VIP的信息写入virtual_ipaddress
function setup_and_keepalived_start()
{
   cat > /etc/keepalived/keepalived.conf << EOF
   …
   vrrp_instance VI_1 {
   …
   virtual_ipaddress {
         $vip_address
       }
   …
   EOF

   chkconfig keepalived on
   service keepalived restart
}

# 将redis_server进程添加到Systemd服务中，通过Systemd管理redis-server的运行状态
function setup_redis_server_systemd()
{
   cat > /usr/lib/systemd/system/redis-server.service <<EOF
   [Unit]
   Description=redis-server on ${redis_server_port}
   After=syslog.target
   After=network.target

   [Service]
   Type=forking
   ExecStart=/usr/local/bin/redis-server /etc/redis/redis.conf
   ExecStop=/usr/local/bin/redis-cli shutdown
   PrivateTmp=true

   [Install]
   WantedBy=multi-user.target
   EOF
}

# 将redis_sentinel添加到Systemd服务中，通过Systemd管理redis-sentinel的运行状态
function setup_redis_sentinel_systemd()
{
   cat > /usr/lib/systemd/system/redis-sentinel.service <<EOF
   [Unit]
   Description=redis-sentinel on ${redis_sentinel_port}
   Documentation=http://redis.io/documentation
   After=network.target remote-fs.target nss-lookup.target

   [Service]
   Type=forking
   PIDFile=/var/run/sentinel.pid
```

```
    ExecStart=/usr/bin/redis-sentinel /etc/redis/sentinel.conf
    ExecReload=/bin/kill -s HUP \$MAINPID
    ExecStop=/bin/kill -s QUIT \$MAINPID
    PrivateTmp=true

    [Install]
    WantedBy=multi-user.target
    EOF
}

setup_redis_server_conf
setup_redis_sentinel_conf

setup_redis_server_systemd
setup_redis_sentinel_systemd

systemctl daemon-reload

systemctl enable redis-server redis-sentinel
systemctl start redis-server redis-sentinel

setup_and_keepalived_start
```

4. 验证系统是否部署正常

系统搭建后还需要进行验证,比如主从切换是否正常,所需要的进程是否都已经启动,下面是详细步骤。

(1) 查看各个节点上的 redis-server 和 redis-sentinel 进程是否正常启动。

```
[root@redis-ha-redis-master-rj72p3anod5f ~]# ps aux | grep redis
root      1797  0.2  0.2 147288  9764 ?        Ssl  20:50   0:00 /usr/local/bin/redis-server 0.0.0.0:6379
root      1803  0.2  0.1 145240  7764 ?        Ssl  20:50   0:00 redis-sentinel *:26379 [sentinel]
root      2740  0.0  0.0 112640   976 pts/0    S+   20:54   0:00 grep --color=auto redis
[root@redis-ha-redis-master-rj72p3anod5f ~]#
```

(2) 查看节点的角色(Master 还是 Slave。此处使用的是默认端口 6379,如果使用其他端口并在 /etc/redis/redis.conf 中加了 bind YOUR_BIND_IP,那么就需要执行 redis-cli –p YOUR_PORT –h YOUR_BIND_IP)。

提示：如果读者对 redis-cli 命令不是特别熟悉,建议使用 redis-cli --help 命令进行查看。

- Master 节点。从这里我们可以看到它有两个 Slave 节点,分别是 Slave0 和 Slave1。

```
[root@redis-ha-redis-master-rj72p3anod5f ~]# redis-cli -p 6379 -h 0.0.0.0
0.0.0.0:6379> info replication
# Replication
role:master
connected_slaves:2
slave0:ip=172.16.13.188,port=6379,state=online,offset=64753,lag=1
slave1:ip=172.16.13.187,port=6379,state=online,offset=64753,lag=1
```

第 14 章　OpenStack 应用实战：自动编排和配置高可用 Redis 系统　❖　353

```
master_replid:1736f8cd46c1eb1f78c4cdef3130f6aa78b3863f
master_replid2:0000000000000000000000000000000000000000
master_repl_offset:64753
second_repl_offset:-1
repl_backlog_active:1
repl_backlog_size:1048576
repl_backlog_first_byte_offset:1
repl_backlog_histlen:64753
0.0.0.0:6379>
```

- Slave 节点。这里可以看到它所属的 Master 节点是 172.16.13.186。

```
[root@re-s-ha-redis-slave-group-4q2ilw7cdxru-0-merb6ycj2llg ~]# redis-cli -p 6379 -h 0.0.0.0
0.0.0.0:6379> info replication
# Replication
role:slave
master_host:172.16.13.186
master_port:6379
master_link_status:up
master_last_io_seconds_ago:1
master_sync_in_progress:0
slave_repl_offset:87749
slave_priority:100
slave_read_only:1
connected_slaves:0
master_replid:1736f8cd46c1eb1f78c4cdef3130f6aa78b3863f
master_replid2:0000000000000000000000000000000000000000
master_repl_offset:87749
second_repl_offset:-1
repl_backlog_active:1
repl_backlog_size:1048576
repl_backlog_first_byte_offset:1
repl_backlog_histlen:87749
0.0.0.0:6379>
```

（3）查看 sentinel 是否正常启动

```
redis-cli -p 26379 info sentinel
```

（4）进行读写测试。

在 Master 节点上执行如下写命令：

```
[root@redis-ha-redis-master-rj72p3anod5f ~]# redis-cli -p 6379 -h 0.0.0.0
0.0.0.0:6379> set name "Jeffrey Guan"
OK
0.0.0.0:6379>
```

在 Slave 节点上执行如下读命令：

```
[root@re-s-ha-redis-slave-group-4q2ilw7cdxru-0-merb6ycj2llg ~]# redis-cli -p 6379 -h 0.0.0.0
0.0.0.0:6379> get name
"Jeffrey Guan"
0.0.0.0:6379>
```

（5）测试主从切换。

切换前的基本拓扑结构如图 14.8 所示。

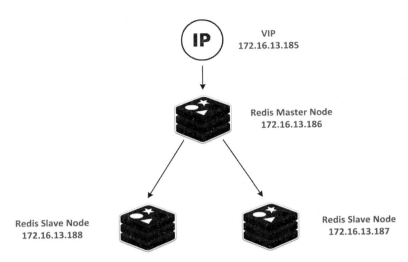

图 14.8　Redis HA 系统主从切换前的基本拓扑结构

先看一下 Master 节点上的 IP 信息，应该可以看到 eth0 有两个 IP，其中 172.16.13.185 这个是 VIP，由 Keepalived 管理。

提示：Keepalived 起初是专为 LVS 负载均衡软件设计的，用来管理并监控 LVS 集群系统中各个服务节点的状态，它不但可以管理 LVS，还可以作为 Haproxy 等的高可用解决方案软件。

- Master 节点的 IP 信息，可以看到，此时 Master 节点有一个 VIP。

```
[root@redis-ha-redis-master-rj72p3anod5f ~]# ip a
1: lo: <LOOPBACK,UP,LOWER_UP> mtu 65536 qdisc noqueue state UNKNOWN
    link/loopback 00:00:00:00:00:00 brd 00:00:00:00:00:00
    inet 127.0.0.1/8 scope host lo
       valid_lft forever preferred_lft forever
    inet6 ::1/128 scope host
       valid_lft forever preferred_lft forever
2: eth0: <BROADCAST,MULTICAST,UP,LOWER_UP> mtu 1500 qdisc pfifo_fast state UP qlen 1000
    link/ether fa:16:3e:ea:e0:64 brd ff:ff:ff:ff:ff:ff
    inet 172.16.13.186/24 brd 172.16.13.255 scope global dynamic eth0
       valid_lft 85813sec preferred_lft 85813sec
    inet 172.16.13.185/32 scope global eth0
       valid_lft forever preferred_lft forever
    inet6 fe80::f816:3eff:feea:e064/64 scope link
       valid_lft forever preferred_lft forever
```

- Slave 节点信息，可以看到，Slave 节点上没有 VIP。可以使用同样的方法去查看其他的 Slave 节点，相信得出的结论应该是一样的。

```
[root@re-s-ha-redis-slave-group-4q2ilw7cdxru-0-merb6ycj2llg ~]# ip a
1: lo: <LOOPBACK,UP,LOWER_UP> mtu 65536 qdisc noqueue state UNKNOWN
    link/loopback 00:00:00:00:00:00 brd 00:00:00:00:00:00
    inet 127.0.0.1/8 scope host lo
       valid_lft forever preferred_lft forever
    inet6 ::1/128 scope host
```

第 14 章　OpenStack 应用实战：自动编排和配置高可用 Redis 系统

```
        valid_lft forever preferred_lft forever
    2: eth0: <BROADCAST,MULTICAST,UP,LOWER_UP> mtu 1500 qdisc pfifo_fast state UP qlen
1000
        link/ether fa:16:3e:2e:4b:45 brd ff:ff:ff:ff:ff:ff
        inet 172.16.13.187/24 brd 172.16.13.255 scope global dynamic eth0
          valid_lft 85824sec preferred_lft 85824sec
        inet6 fe80::f816:3eff:fe2e:4b45/64 scope link
          valid_lft forever preferred_lft forever
```

执行以下命令将 Master 节点上的 redis-server 关掉，然后查看 Master 节点上的 IP 信息，发现 eth0 的 172.16.13.185 这个 IP 已经不存在了。

```
[root@redis-ha-redis-master-rj72p3anod5f ~]# ps aux | grep redis
root      1797  0.1  0.2 147288  9764 ?        Ssl  20:50   0:01 /usr/local/bin/
redis-server 0.0.0.0:6379
root      1803  0.2  0.1 145240  7764 ?        Ssl  20:50   0:01 redis-sentinel
*:26379 [sentinel]
root      4554  0.0  0.0 112640   976 pts/0    S+   21:01   0:00 grep --color=auto
redis
[root@redis-ha-redis-master-rj72p3anod5f ~]# kill -9 1797
[root@redis-ha-redis-master-rj72p3anod5f ~]# ps aux | grep redis
root      1803  0.2  0.1 145240  7764 ?        Ssl  20:50   0:01 redis-sentinel
*:26379 [sentinel]
root      4613  0.0  0.0 112640   980 pts/0    S+   21:01   0:00 grep --color=auto
redis
[root@redis-ha-redis-master-rj72p3anod5f ~]# ip a
1: lo: <LOOPBACK,UP,LOWER_UP> mtu 65536 qdisc noqueue state UNKNOWN
    link/loopback 00:00:00:00:00:00 brd 00:00:00:00:00:00
    inet 127.0.0.1/8 scope host lo
       valid_lft forever preferred_lft forever
    inet6 ::1/128 scope host
       valid_lft forever preferred_lft forever
2: eth0: <BROADCAST,MULTICAST,UP,LOWER_UP> mtu 1500 qdisc pfifo_fast state UP qlen
1000
    link/ether fa:16:3e:ea:e0:64 brd ff:ff:ff:ff:ff:ff
    inet 172.16.13.186/24 brd 172.16.13.255 scope global dynamic eth0
       valid_lft 85693sec preferred_lft 85693sec
    inet6 fe80::f816:3eff:feea:e064/64 scope link
       valid_lft forever preferred_lft forever
[root@redis-ha-redis-master-rj72p3anod5f ~]#
```

查看 Slave 节点上的 IP 信息，发现 172.16.13.185 这个 IP 已漂到了此 Slave 节点上，同时发现此 Slave 节点已变成了 Master 的角色。其中，角色的变换由 redis-sentinel 控制，VIP 的漂移由 Keepalived 控制。

```
[root@re-s-ha-redis-slave-group-4q2ilw7cdxru-1-ftdajerozp4z ~]# ip a
1: lo: <LOOPBACK,UP,LOWER_UP> mtu 65536 qdisc noqueue state UNKNOWN
    link/loopback 00:00:00:00:00:00 brd 00:00:00:00:00:00
    inet 127.0.0.1/8 scope host lo
       valid_lft forever preferred_lft forever
    inet6 ::1/128 scope host
       valid_lft forever preferred_lft forever
2: eth0: <BROADCAST,MULTICAST,UP,LOWER_UP> mtu 1500 qdisc pfifo_fast state UP qlen
1000
```

```
        link/ether fa:16:3e:68:07:0c brd ff:ff:ff:ff:ff:ff
        inet 172.16.13.188/24 brd 172.16.13.255 scope global dynamic eth0
           valid_lft 85422sec preferred_lft 85422sec
        inet 172.16.13.185/32 scope global eth0
           valid_lft forever preferred_lft forever
        inet6 fe80::f816:3eff:fe68:70c/64 scope link
           valid_lft forever preferred_lft forever
You have new mail in /var/spool/mail/root
[root@re-s-ha-redis-slave-group-4q2ilw7cdxru-1-ftdajerozp4z ~]#
```

再到原先的 Master 节点上把 redis-server 启动起来,查看其 IP 信息及角色,发现它没有了 VIP,并且角色变为了 Slave。

```
[root@redis-ha-redis-master-rj72p3anod5f ~]# redis-cli info replication
# Replication
role:slave
master_host:172.16.13.188
master_port:6379
master_link_status:up
master_last_io_seconds_ago:2
master_sync_in_progress:0
slave_repl_offset:210910
slave_priority:100
slave_read_only:1
connected_slaves:0
master_replid:67b479dee278eddd337e6a40ecfa4965861b32b5
master_replid2:0000000000000000000000000000000000000000
master_repl_offset:210910
second_repl_offset:-1
repl_backlog_active:1
repl_backlog_size:1048576
repl_backlog_first_byte_offset:135372
repl_backlog_histlen:75539
[root@redis-ha-redis-master-rj72p3anod5f ~]# ip a
1: lo: <LOOPBACK,UP,LOWER_UP> mtu 65536 qdisc noqueue state UNKNOWN
    link/loopback 00:00:00:00:00:00 brd 00:00:00:00:00:00
    inet 127.0.0.1/8 scope host lo
       valid_lft forever preferred_lft forever
    inet6 ::1/128 scope host
       valid_lft forever preferred_lft forever
2: eth0: <BROADCAST,MULTICAST,UP,LOWER_UP> mtu 1500 qdisc pfifo_fast state UP qlen 1000
    link/ether fa:16:3e:ea:e0:64 brd ff:ff:ff:ff:ff:ff
    inet 172.16.13.186/24 brd 172.16.13.255 scope global dynamic eth0
       valid_lft 85281sec preferred_lft 85281sec
    inet6 fe80::f816:3eff:feea:e064/64 scope link
       valid_lft forever preferred_lft forever
[root@redis-ha-redis-master-rj72p3anod5f ~]#
```

提示: Redis 实现了主从切换,可以保证集群的高可用。但是在进行主从切换时,也是存在一定风险的,并不能完全保证在进行主从切换时数据不丢失。

切换后的拓扑结构如图 14.9 所示。

第 14 章　OpenStack 应用实战：自动编排和配置高可用 Redis 系统

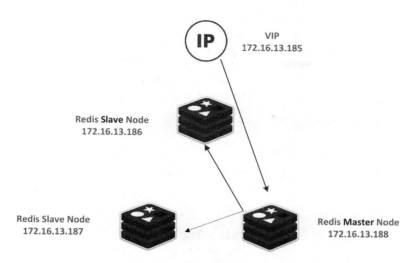

图 14.9　Redis HA 系统主从切换后的拓扑结构

关于 VIP 漂移，可以查看 log:/var/log/message。

查看 Master 节点上的/var/log/message 文件，可以看到 VIP 被移除了。

```
Sep 30 21:02:26 base-server-with-network Keepalived_vrrp[1836]: VRRP_Group(VG_1) Syncing instances to FAULT state
Sep 30 21:02:26 base-server-with-network avahi-daemon[397]: Withdrawing address record for 172.16.13.185 on eth0.
Sep 30 21:02:26 base-server-with-network Keepalived_healthcheckers[1835]: Netlink reflector reports IP 172.16.13.185 removed
```

Slave 节点上，通过查看/var/log/message 可以看到 VIP 被添加了。

```
Sep 30 21:02:13 base-server-with-network Keepalived_healthcheckers[1837]: Netlink reflector reports IP 172.16.13.185 removed
Sep 30 21:02:13 base-server-with-network avahi-daemon[430]: Withdrawing address record for 172.16.13.185 on eth0.
Sep 30 21:02:13 base-server-with-network Keepalived_vrrp[1838]: SMTP alert successfully sent.
Sep 30 21:02:25 base-server-with-network Keepalived_vrrp[1838]: VRRP_Instance(VI_1) Transition to MASTER STATE
Sep 30 21:02:25 base-server-with-network Keepalived_vrrp[1838]: VRRP_Group(VG_1) Syncing instances to MASTER state
Sep 30 21:02:26 base-server-with-network Keepalived_vrrp[1838]: VRRP_Instance (VI_1) Entering MASTER STATE
Sep 30 21:02:26 base-server-with-network Keepalived_vrrp[1838]: VRRP_Instance (VI_1) setting protocol VIPs.
Sep 30 21:02:26 base-server-with-network Keepalived_vrrp[1838]: VRRP_Instance (VI_1) Sending gratuitous ARPs on eth0 for 172.16.13.185
Sep 30 21:02:26 base-server-with-network Keepalived_vrrp[1838]: Remote SMTP server [127.0.0.1]:25 connected.
Sep 30 21:02:26 base-server-with-network Keepalived_healthcheckers[1837]: Netlink reflector reports IP 172.16.13.185 added
```

```
Sep 30 21:02:26 base-server-with-network avahi-daemon[430]: Registering new
address record for 172.16.13.185 on eth0.IPv4.
    Sep 30 21:02:26 base-server-with-network Keepalived_vrrp[1838]: SMTP alert
successfully sent.
    Sep 30 21:02:31 base-server-with-network Keepalived_vrrp[1838]: VRRP_Instance
(VI_1) Sending gratuitous ARPs on eth0 for 172.16.13.185
```

14.2.2　Redis Cluster 集群实现

Redis 集群是一个可以供多个 Redis 节点间进行数据存储与共享的 Redis 系统，它在一定程度上可以保证 Redis 系统的高可用性，即当其中某个节点（如 Master 节点）挂掉后，会有相应的节点（如 Slave 节点）承担起本节点的角色，从而继续提供服务，用户不会感知到这一切换的过程。

Redis 集群不会把所有的数据都存放在同一个节点，它会对数据进行切片，然后把数据分片存储，当有个别或部分节点失败后，不至于影响后续命令的处理。为了容错个别节点失败或不可达的情况，集群采用了主从复制的模型。对于集群中的每个节点，都会有 N-1 个复本。

本节搭建的集群拓扑结构如图 14.10 所示。

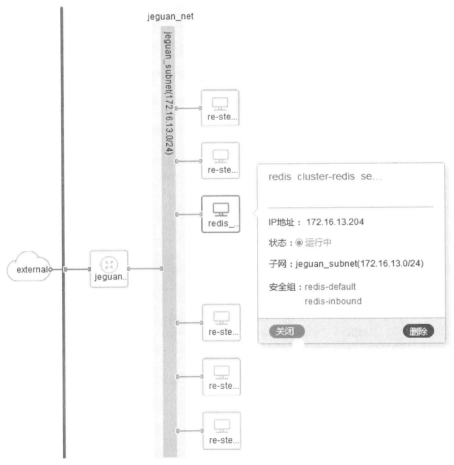

图 14.10　Redis 集群拓扑结构

从图 14.10 中可以看出，集群共有六个节点，其中，三个节点作为 Master 节点，另外三个节点作为 Slave 节点，这三个节点都挂载同一个网段的网络，每个 Redis 节点都会通过 SecurityGroup 开放相应的端口，最后通过路由器与外网联通。

提示：对于本节讲解的 Redis 集群解决方案来说，需要特定版本的 Redis 才能支持，笔者使用的是 Redis 4.0.2 版本。

此集群适用于业务量比较大的应用。集群中相关软件的版本信息如表 14.2 所示。

表 14.2 软件包版本信息

Redis	Ruby	Keepalived	tcl	CentOS
4.0.2	2.4.2	1.2.13	8.6.7	7.0.1406

集群的搭建步骤可以概括为以下几步：
（1）准备 Redis 镜像。
（2）准备 Heat 模板[①]。
（3）准备配置脚本[②]。
（4）验证集群部署是否正常。
下面详细看一下每一步的执行过程。
（1）准备 Redis 镜像。

为了安装方便，这里会事先在镜像中安装表中提到的软件包（Redis、Ruby、Keepalived、tcl）。如果环境允许连外网，也可以在线安装软件，与前者相比，后者在升级方面会相对灵活。镜像的具体过程请参阅 14.2.1 节中镜像的准备，此处不再赘述。

提示：使用此种方式准备的镜像，一个最大的缺点就是不易于升级，如果需要对其中的软件包再次升级，需要重新制作镜像。

（2）准备 Heat 模板。

模板中定义了两个 SecurityGroup 和多个 Redis 节点。其中，创建 redis_server0 资源主要是为了作为其他节点的"同步节点"，它可以收集其他节点的网络信息，也可以监测其他节点上 Redis 服务是否运行正常，如果 Redis 服务运行正常，那么它调用 redis-trib.rb 创建集群。以下是系统模板：

```
heat_template_version: 2015-04-30

description: |
  redis cluster with the minium nodes: 3 master nodes + 3 slave nodes
  create redis cluster with redis-trib.rb automatically.

parameters:
  default_image:
    type: string
  slave_flavor:
    type: string
  private_network:
    type: string
```

---

① 模板文件：https://github.com/double12gzh/redis_cluster/blob/master/base_redis_cluster.yaml
② 配置脚本：https://github.com/double12gzh/redis_cluster/blob/master/redis_server0_user_data.sh
　　　　　　https://github.com/double12gzh/redis_cluster/blob/master/redis_server_group_user_data.sh

```yaml
  public_network:
    type: string
  system_name:
    type: string
    default: redis
  clients:
    type: string
  number_of_server_nodes:
    type: number
    description: the minium num is 3 master nodes and 3 slave nodes

resources:
  inbound_security_group:
    type: OS::Neutron::SecurityGroup
    properties:
      name: redis-inbound
      rules:
        - direction: ingress
          remote_group_id: {get_param: clients}
          remote_mode: remote_group_id
          protocol: tcp
          port_range_min: 6397
          port_range_max: 6397
  default_security_group:
    type: OS::Neutron::SecurityGroup
    properties:
      name: redis-default
      rules:
        - direction: egress
          remote_ip_prefix: 0.0.0.0/0
        - direction: ingress
          remote_ip_prefix: 0.0.0.0/0
          port_range_min: 22
          port_range_max: 22
          protocol: tcp

  redis_server0:
    type: OS::Nova::Server
    properties:
      image: { get_param: default_image }
      flavor: { get_param: slave_flavor }
      security_groups:
        - {get_resource: inbound_security_group}
        - {get_resource: default_security_group}
      networks:
        - network: {get_param: private_network}
      user_data_format: RAW
      config_drive: True
      user_data:
        str_replace:
          template: {get_file: redis_server0_user_data.sh}
          params:
```

第 14 章　OpenStack 应用实战：自动编排和配置高可用 Redis 系统

```
          $slave_num: {get_param: number_of_server_nodes}

  redis_slave_group:
    type: OS::Heat::ResourceGroup
    properties:
      count: 5
      resource_def:
        type: OS::Nova::Server
        properties:
          image: { get_param: default_image }
          flavor: { get_param: slave_flavor }
          security_groups:
            - {get_resource: inbound_security_group}
            - {get_resource: default_security_group}
          networks:
            - network: {get_param: private_network}
          user_data_format: RAW
          config_drive: True
          user_data:
            str_replace:
              template: {get_file: redis_server_group_user_data.sh}
              params:
                $slave_num: {get_param: number_of_server_nodes}
                $redis_server0_ip: {get_attr: [redis_server0, first_address]}
```

（3）准备配置脚本。

同 14.2.1 节中对 Redis HA 系统的创建类似，这里我们以 config-drive 的方式把 Userdata 注入到 Redis 节点内部，然后通过 cloud-init 调用这个脚本，从而实现对各个 Redis 节点进行配置与创建集群的目的。

提示：这里使用 config-drive 的方式是为了最大限度地减少对网络的依赖。

redis-server0 节点的配置脚本 redis_server0_user_data.sh 部分内容如下（注意：/etc/redis/redis.conf 中只显示了与集群配置相关的内容，其他内容已省略，其他内容请参考 Redis 安装包中的 redis.conf）：

```bash
#!/bin/bash
set -x    # 开启脚本Debug模式

#设置用户名密码及端口信息。
server_password="r00tme"
server_username="root"
server_ssh_port="8222"
redis_port="6379"

my_ip=`ifconfig eth0 | grep -w "inet"| awk '{print $2}'`   #获取本机的IP信息

function setup_redis_conf()
{
    cat > /etc/redis/redis.conf <<EOF
…
# 配置Redis集群，这是最简单的配置
# 集群相关的配置
dir "/tmp"
```

```
    appendonly yes
    daemonize yes

    cluster-enabled yes
    cluster-node-timeout 15000
    cluster-config-file /etc/redis.conf

    logfile "/var/log/redis/redis.log"
    pidfile "/var/run/redis_${redis_port}.pid"
    # 集群相关的配置
    ...
EOF
}
...
# 监测各个节点上Redis的运行情况
function check_reids_status() {
    # 检查所有Redis的运行状态, 如果有节点上的Redis处于stop状态, 则会尝试远程重启
    ...
}

# 通过redis-trib.rb创建Redis集群, 并借助Expect模板与用户交互
function pre_create_redis_cluster() {
    iplist=$1

    iplist2=`echo $iplist | sed $"s/$/:${redis_port}/g"`
    ip_ports=`echo $iplist2 | sed $"s/ /:${redis_port} /g"`

    # check redis status
    check_reids_status "$iplist"

    ln -s /opt/ruby/bin/ruby /usr/bin/ruby
    cmd="
      set timeout -1\n
      spawn /usr/local/bin/redis-trib.rb create --replicas 1 $ip_ports\n
      expect {\n
        \"Can I set the above configuration? (type \'yes\' to accept):\" {send \"yes\r\"}\n
      }\n
      expect eof\n
    "

    echo -e $cmd | /usr/bin/expect
}

# 将Redis服务添加到Systemd中, 并设置服务开机启动
function setup_and_start_redis() {
    cat > /usr/lib/systemd/system/redis.service <<EOF
[Unit]
Description=Redis In-Memory Data Store
After=network.target
```

```
[Service]
Type=forking
ExecStart=/usr/local/bin/redis-server /etc/redis/redis.conf
ExecStop=/usr/bin/redis-cli shutdown
Restart=always

[Install]
WantedBy=multi-user.target
EOF
  systemctl daemon-reload
  systemctl enable redis.service
  systemctl start redis.service
}

# 配置Redis的配置文件/etc/redis/redis.conf
setup_redis_conf
```

提示：在进行 Shell 脚本的编写过程中，我们尽量采用模块化的方式进行，即将不同的步骤抽象成一个个方法，这样便于以后维护。

```
# 启动Redis进程
setup_and_start_redis

cp /root/redis-stable/src/redis-trib.rb /usr/local/bin/
cp /root/redis-stable/src/redis-trib.rb /usr/bin/

# 保存所有虚拟机的IP
if [ ! -f "/home/iplist.txt" ]
then
  touch /home/iplist.txt
fi

# 保存当前Server的IP
echo $my_ip >>/home/iplist.txt

# loop to add other servers' ips.
…

# 保存所有Redis Server的IP
iplist=$(cat /home/iplist.txt)

# 开始创建Redis集群
pre_create_redis_cluster "$iplist"
```

redis_server_group_user_data.sh的主要代码如下：

```
#!/bin/bash
…
function setup_redis_conf()
{
    cat > /etc/redis/redis.conf <<EOF
maxmemory 256mb
```

```
    port ${redis_port}
    bind ${my_ip}

    # begin: 配置Redis集群
    dir "/tmp"

    daemonize yes
    appendonly yes

    cluster-enabled yes
    cluster-config-file /etc/redis.conf
    cluster-node-timeout 15000

    pidfile "/var/run/redis_${redis_port}.pid"
    logfile "/var/log/redis/redis.log"
    # end: 配置Redis集群
    …
    }
    …
    setup_redis_conf
    setup_and_start_redis

    cp /root/redis-stable/src/redis-trib.rb /usr/local/bin/

    flag=1
    while [ $flag -ne 0 ]
    do
      ping -c 1 -W 1 $redis_server0_ip
      flag=$?
    Done
    # 将本机的IP信息添加到远程主机redis_server0上,这样做的目的是方便reids_server0感知此节
    # 点,以便将此节点添加到Redis集群中。
    auto_ssh ${server_username}@$redis_server0_ip ${server_password} "echo ${my_ip}
> /home/${my_ip}.iplist"
```

（4）验证集群部署是否正常。

查看 Redis 运行情况：

```
[root@redis-cluster-redis-server0-csrww74rgq7k ~]# ps aux | grep redis
root      1794  0.1  0.3 149336 11888 ?        Ssl  22:08   0:00 /usr/local/bin/
redis-server 172.16.13.204:6379 [cluster]
root      2100  0.0  0.0 112640   980 pts/0    S+   22:18   0:00 grep --color=auto
redis
[root@redis-cluster-redis-server0-csrww74rgq7k ~]# netstat -ntlp | grep redis
tcp        0      0 172.16.13.204:16379     0.0.0.0:*               LISTEN
1794/redis-server 1
tcp        0      0 172.16.13.204:6379      0.0.0.0:*               LISTEN
1794/redis-server 1
```

写验证：

```
[root@redis-cluster-redis-server0-csrww74rgq7k ~]# redis-cli -p 6379 -h 172.16.
```

```
13.204 -c
    172.16.13.204:6379> set hello world
    OK
    172.16.13.204:6379> keys *
    1) "hello"
    172.16.13.204:6379>
```

读验证:

```
[root@re-ster-redis-slave-group-acd75gljixpl-1-pm3qwqkvb7b4 ~]# redis-cli -p
6379 -h 172.16.13.205 -c
    172.16.13.205:6379> keys *
    (empty list or set)
    172.16.13.205:6379> get hello
    -> Redirected to slot [866] located at 172.16.13.204:6379
    "world"
    172.16.13.204:6379>
```

提示：上面所采用的验证方式，只能简单验证一下功能是否可用，如果在生产过程中，建议多添加一些测试用例进行测试，特别是对主从切换期间数据不一致问题进行重点测试。

第 15 章 OpenStack 架构与代码实践

前面在讲解 OpenStack 中的不同模块时，或多或少针对不同模块代码进行过分析。本章作为代码开发实战，首先会从总体上带领读者看一下 OpenStack 中的项目一般会遵循什么样的架构设计思路、代码结构设计思路，以上思路理清后，最后以两个实际例子展示如何在基于上述思路设计的 OpenStack 组件中进行一般的代码开发。

通过对本章的学习，希望读者有以下几点收获：
- 掌握 OpenStack 架构及代码设计思路
- 掌握 OpenStack 中自定义模块的开发

15.1 OpenStack 架构设计思路

OpenStack 以每年两个版本的速度不断演进，所以 OpenStack 的架构也是不断向前发展的。回顾一下 E 版本的 OpenStack，它只有 5 个组件：Nova、Galnce、Swift、Horizon 和 Keystone；当发展到 F 版本后，其核心组件发展到了 7 个，比 E 版本多了 Neutron 和 Cinder 两个组件，分别实现 Compute Network 和 Compute Volume 的功能，但是从后续的发展中可以看出，它们远远超出了 Compute Network 和 Compute Volume 所支持的功能。

在众多模块中，如果我们找不出一个较为通用的逻辑，而是一味地就模块而学习，势必会"一叶障目、不见泰山"，达不到触类旁通的效果，往往还容易陷入"繁忙"的模块学习中。

15.1.1 业务架构设计思路

OpenStck 做得比较好的一点就是架构设计比较通用，对于不同的模块，其业务架构设计方面一般满足以下设计思路：
- REST API 接收外部请求。
- Scheduler 负责调度服务。
- Worker 负责任务分配。

- Driver 负责任务实现。
- 消息队列负责组件内部通信。
- 数据库服务。

接下来分别介绍上述设计思路。

（1）**REST API 接收外部请求**。OpenStack 中的逻辑关系需要各个组件之间的信息传输来实现，而不同组件间的消息传递与交互是通过各个组件的 REST API 进行的。可以理解为，REST API 是所有服务的入口，它对外接收客户发来的 REST 请求，对内实现请求转发。

REST API 还有一个好处就是可以对外隐藏内部实现细节，提供统一的访问接口，由于其模块化的设计，REST API 可以很方便地与第三方系统集成；在大规模环境下，REST API 可以采用分布式部署的方式，从而极大地提高了 API 的可用性。

（2）**Scheduler 负责调度服务**。这里所说的 Scheduler 只是一个统称，并不是说每一个组件中都有一个 xxx-scheduler 服务，但是大部分组件中都有一个提供类似功能的服务，它可能单独存在，也可能与其他服务结合在一起共同提供服务。

我们以 Nova 为例来说明一下 Scheduler 的调度服务。当我们创建虚拟机时，往往需要选择出合适的计算节点，然后在这个节点上创建虚拟机，那么，这里对节点的筛选就需要借助 nova-scheduler 的调度功能。

（3）**Worker 负责工作服务**。上面提到的 Scheduler 只负责任务的分配，类似于公司中的项目经理，它会统筹大家的工作，把工作分配给合适的人去做，而 Worker 才是真正执行相关任务的服务。例如，在 Nova 中，nova-compute 就是 Worker；在 Heat 中，heat-engine 就是 Worker，在许多组件中，我们可以把 xxx-engine 看作是不同的 Worker。

当把负责调度的 Scheduler 和负责工作的 Worker 分开后，使得 OpenStack 更加容易扩展，这也使得我们可以从不同的方面考虑如何去提高系统的并发性与应对大规模请求的场景。

（4）**Driver 负责任务实现**。为了拥抱不同的技术，OpenStack 采用了大量的 Driver。例如，在 Nova 组件中，nova-compute 服务可以支持多种不同的 Hypervisor，用户可以根据需要通过配置文件进行配置，当修改完配置文件后，重新启动服务即可；在 Glance 组件中，它支持多种存储后端，如本地文件系统、Ceph、Cinder 和 Swift 等。

其实说白了，之所以可以支持各种不同的 Driver，是因为不同的组件会有各自的 Driver 框架，用户只需要把符合需求的 Driver 配置好即可使用。Driver 框架的存在，也降低了上层开发人员对底层知识的要求。上层开发人员无须关心底层 Driver 是如何实现的，Diver 的实现完全可以交给专业的人员去做。

（5）**消息队列负责组件内部通信**。通过前几章的学习，相信大家对这个内容并不会感到陌生，消息队列的产生，极大地解耦了同一组件的不同服务，使得它们可以实现分布式独立部署。在生产中，我们经常使用的消息队列调用方式有同步调用和异步调用。

同步调用，从调用关系上来看，是 REST API 直接调用组件内部服务，以 Nova 为例，同步调用就是 nova-api 服务直接调用 nova-scheduler 且等待返回结果。在这种方式下，当后端没有返回响应时，REST API 服务将一直处于等待状态。

异步调用，与同步调用相反，即当 REST 请求发出后，发送方并不会等待接收方的响应而是直接返回。

（6）**数据库服务**。OpenStack 中每一个组件都需要维护各自的状态信息，所以各个组件后端都会有一个数据库服务与之对应。

15.1.2 部署架构设计思路

模块化的业务架构极大地将不同组件进行了解耦，正因如此，也使得同一组件不同服务之间实现了解耦。这样一来，非但不同的组件可以实现分布式部署，连同一组件的不同服务也可以实现分布式部署。近几年随着容器技术的兴起，OpenStack 组件分离及服务模块化的设计更加容易实现容器化部署。

提示：社区中已经有一个针对 OpenStack 部署的较为成熟的容器化部署方案，这个项目的名字叫 Kolla。

抛开容器化，我们看一下 OpenStack 在部署上有着怎样的设计思路。

上一节是从逻辑关系及相互之间的通信关系分析了 OpenStack 的业务设计架构，属于上层的软件逻辑架构，众所周知，OpenStack 是一个分布式的系统，它就得解决上层逻辑与底层物理架构映射的问题，除此之外，还需要考虑如何才能合理地将不同组件安装到实际的物理服务器上、同一组件不同服务应该如何进行部署等问题。

OpenStack 的部署粗略的可以分为两种。

1. All-in-One 部署

适用于开发环境、学习环境。因为 OpenStack 发展速度比较快，如果我们对某个组件感兴趣，可以通过此种方式快速搭建一套含有此组件的 OpenStack 环境。目前关于快速搭建的工具主要有 DevStack 和 RDO 两种。另外，通过 Fuel 也可以快速搭建，但这种方式在使用方面比较笨重。

2. 分布式部署

也可以称作集群部署，即将不同的组件及同一组件的不同服务分别进行部署，可以部署在同一个物理服务器上，也可以根据实际需要部署到不同的物理服务器上。

虽然我们这里提到了两种部署方式，但是 OpenStack 的部署也不是一成不变的，而是需要根据实际的生产实践需求设计不同的落地方案。在真正的生产中部署时，需要对 OpenStack 中的计算、网络、存储等资源提前进行规划，针对不同的规划方案，又延伸出两种部署架构：简单部署架构和复杂部署架构。

1. 简单部署架构

这是一个满足简单生产环境的简易部署方案，此种方案的部署一般节点角色较为简单，网络设置也不是特别复杂。

（1）节点角色。仅包含控制节点、计算节点、存储节点。OpenStack 的大多数服务都部署在控制节点上，如认证服务、镜像服务。控制节点也可以称为管理节点，主要用于调度本节点及其他节点上的相关服务；计算节点是指虚拟机运行时所在的物理服务器；存储节点主要提供存储服务，特别像 Ceph 这种分布式存储，一般会将存储单独部署在存储节点上。

这里没有提到网络节点，实际上，网络节点在 OpenStack 中是非常重要的，网络出了问题，那么很多服务都将无法正常运行。为什么这里没有单独提到"网络节点"这一角色呢，因为网络节点往往可以与控制节点部署在一起。另外，存储节点也必须单独部署，这需要看我们使用的是什么样的存储结构，一般来说，存储节点可以与计算节点部署在一起的，例如，当我们使用 Sheepdog 作为后端存储时，可以将之与计算节点部署在一起。

（2）网络部署。虽然网络既可以单独部署，也可以与其他节点一起部署，这里还是要单独来说明一下，因为网络规划的好坏，极大地影响了整个云平台的稳定性、安全性与可维护性。

这里我们暂且将部署网络服务的节点称为网络节点吧（虽然它有可能与上面提到的节点角色有所

重叠）。网络节点部署时一般分为三类：管理网、存储网、数据网和上联网。

- 管理网。它负责管理节点与其他节点间的通信，管理节点可以通过这个网络实现对其他服务的管理。
- 存储网。是计算节点访问存储节点的网络，其他节点向存储设备中读写数据时都会走这个网络。
- 数据网。也称作内部网，OpenStack 内部组件通信时使用。在云平台中的同一个物理服务器上，可能同时存在着大量的虚拟机，不同虚拟机之间需要通信，那么诸如此类的内部通信，就需要经过数据网。
- 上联网。也有人称之为外网，可以对外提供服务的网络。

以上就是简单部署架构，虽然是简单部署，但还是遵循着分布式部署的思想，组件、服务分布式部署，网络按功能划分并进行部署。上述简单部署可以满足对云平台要求不高的用户。在上述部署方案中，并没有考虑高可用的问题，也没有考虑多区域的问题等复杂特性。

2. 复杂部署架构。

此种部署方式可以说是在前一种部署方式的基础上进行的设计与实现。在复杂架构设计时，首先需要考虑的问题就是高可用问题，高可用的实现方式有多种，可以将同一组件部署到不同的节点上来实现高可用，也可以通过第三方工具实现高可用。Pacemaker + Corosync 是一种较为常见的高可用方式，前者实现对资源的管理，后者为前者提供通信服务。容器技术出现后，社区也采取了积极的态度，借助 K8S 的高可用架构也可以实现 OpenStack 的高可用，此种部署方案需要将 OpenStack 组件部署到容器中。

另外，还需要考虑大规模高并发的情况。针对大规模的场景，我们需要把管理服务分别部署到不同的物理节点上，还可以考虑将同一组件的不同服务也进行剥离，实现分布式部署，这样一来，可以很容易地对 OpenStack 不同服务进行水平扩展。如某一时刻有大量创建虚拟机的请求到达，我们可以水平扩展相关的 Nova 服务（nova-api、nova-scheduler、nova-conductor 和 nova-compute）以提高应对高并发的能力。

15.1.3 平台用户角色设计

OpenStack 中功能众多，可以为我们提供 IaaS 服务（基础设施即服务），而一个完整的 IaaS 服务需要提供以下功能：

- 平台可以进行计费。
- 允许平台的所有者在平台中进行服务注册。
- 允许开发人员、运维人员各自创建并存储他们的自定义镜像。
- 允许运营管理员配置与修改平台的基础架构。

基于上述功能，OpenStack 最基本的平台用户角色可以如图 15.1 所示。

平台中共有四类用户角色：开发人员、运维人员、Owner 和运营人员，为不同的人员分配了各自所需的功能。

对于一个完整的云平台而言，在设计方面离不开上面提到的三类设计。友好的角色设计、良好的业务架构及灵活可变的部署方式，是云平台设计之初就必需仔细考虑的问题，三者缺一不可，否则必将使得平台的易用性和可操作性大打折扣。

370 ❖ OpenStack 架构分析与实践

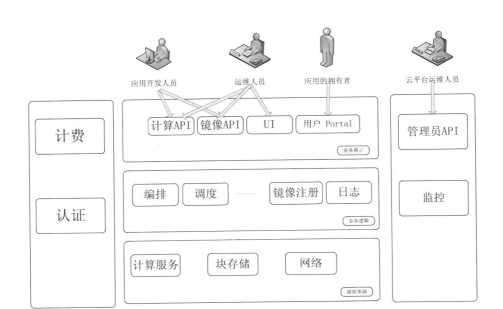

图 15.1 用户角色及功能对应关系示意

提示：对于角色来说，不同的云平台可以根据自身情况自定义一些角色，达到对不同人员进行资源隔离的目的，从而增加了云平台的安全性。

15.2 案例实战——向 Heat 中添加自定义资源

OpenStack 提供的开源开放的架构，可以方便用户添加自定义的 REST API，也方便用户对现有模块进行扩展。本节将会以 Heat 为例，向大家展示如何实现 Heat 与 Zabbix V2.2 的对接，即如何在 Heat 中添加自定义的 Zabbix 资源。

15.2.1 实现原理及思路分析

Heat 的核心是 Stack，Stack 又是由各种各样的资源组成的，Heat 除了自定义的大量资源外，还允许用户自定义需要的资源。

所有的默认资源和自定义资源都放在了 heat/engine/resources/路径中，通过查看目录中的内容可以看到如下结果：

```
[root@dev resources]#ll
total 136
drwxr-xr-x  4 root root  4096 Jan  4 16:36 ./
drwxr-xr-x  8 root root  4096 Jan  4 15:13 ../
-rw-r--r--  1 root root 10176 Jan  4 14:16 alarm_base.py
drwxr-xr-x  8 root root  4096 Jan  4 14:16 aws/
-rw-r--r--  1 root root  3340 Jan  4 14:16 __init__.py
drwxr-xr-x 21 root root  4096 Jan  4 14:16 OpenStack/
-rw-r--r--  1 root root  2224 Jan  4 14:16 scheduler_hints.py
-rw-r--r--  1 root root 12835 Jan  4 14:16 server_base.py
-rw-r--r--  1 root root 15267 Jan  4 14:16 signal_responder.py
-rw-r--r--  1 root root 26210 Jan  4 14:16 stack_resource.py
```

```
-rw-r--r-- 1 root root  7006 Jan  4 14:16 stack_user.py
-rw-r--r-- 1 root root 14219 Jan  4 14:16 template_resource.py
-rw-r--r-- 1 root root  7741 Jan  4 14:16 volume_base.py
-rw-r--r-- 1 root root  4374 Jan  4 14:16 wait_condition.py
```

其中所有与 OpenStack 相关的资源都存放在了上述路径下的 opentack 目录中。因此，受此启发，如果用户需要新增自定义的 Resources 资源，那么在当前路径下添加即可。本小节对于自定义资源是如何被加载进来的，不做详细说明。

在默认的版本中，Heat 是不支持创建 Zabbix 告警资源的，但是在实际生产中，许多厂商都会使用 Zabbix 作为一种监控方式，那么，我们应该如何在 Heat 中自定义 Zabbix 资源，实现 Heat 接收 Zabbix 告警，最终通过此告警触发 Heat 的 AutoScaling 呢？

要想实现上述功能，从 Zabbix 方面来看，需要做如下的工作：

（1）创建模板。
（2）创建 HostGroup。
（3）创建 Item 并关联到上述模板。
（4）创建 Trigger。
（5）创建 Media type。
（6）将 Media type 关联到 Zabbix 中的某个用户。
（7）创建 Action。

通过上面的操作，就可以得到一个关联有 Item、Trigger 的模板，可以登录到 Zabbix 界面查看这些资源。

从 Heat 方面来看，它需要自定义一种 Zabbix 资源（Resources），步骤如下：

（1）在 heat/engine/resources/ 路径下新建一个名为 zabbix 的目录。

```
heat/engine/resources/zabbix
```

（2）在此目录中添加两个文件：

```
[root@dev zabbix]#ls
alarm.py  __init__.py
[root@dev zabbix]#pwd
/root/submit/heat/heat/engine/resources/zabbix
```

我们需要在 alarm.py 中实现 Zabbix 资源的创建、删除等操作。

15.2.2 向 Heat 中添加 Zabbix 资源

对于自定义 Heat 的资源来说，它最主要的工作就是实现类的 handle_xxx() 方法和定义资源的 properties 及 attributes。以在 Heat 中添加 Zabbix HostGroup 资源为例，看一下如何实现资源添加。

提示：之所以选取 Zabbix 作为例子，是因为它是一种成熟且应用广泛的监控软件，在一些云平台提供商那里，它有成熟的使用案例。与 Heat 的结合，可以让开发人员远离繁重的运维监控开发。

（1）定义 ZabbixHostGroup 资源类及资源的 properties 和 attributes。

```python
class ZabbixHostGroup(BaseZabbixAPI):

    # 定义资源属性，这一部分内容是供编写模板时使用，用户在进行模板开发时，可以为这
    # 些字段提供自定义的值
```

```python
    PROPERTIES = (
        NAME,
    ) = (
        'name',
    )
    # 可以通过get_attr()来获取这些内容的值
    ATTRIBUTES = (
        NAME_ATTR,
    ) = (
        'name',
    )

    attributes_schema = {
        NAME_ATTR: attributes.Schema(
            _('Name of the hostgroup.'),
            type=attributes.Schema.STRING
        ),
    }

    properties_schema = {
        NAME: properties.Schema(
            properties.Schema.STRING,
            _('name of the hostgroup. '),
            required=True
        ),
    }

    def __init__(self, name, json_snippet, stack):
        """

        :param name:
        :param json_snippet:
        :param stack:
        """
        super(ZabbixHostGroup, self).__init__(name, json_snippet, stack)
```

（2）实现资源的 handle_xxx() 方法。这里仅实现了 handle_create() 方法和 handle_delete() 方法。

```python
    def handle_create(self):
        name = self.properties[self.NAME]
        random_str = str(uuid.uuid4())[0:8]

        hostgroup_name = "heat_" + name + "_hostgroup_" + random_str
        try:
    # 本例中使用的是Zabbix V2.2的API
            hg_id = self.zabbix_api.hostgroup_create(hostgroup_name)
        except Exception as e:
            raise exception.Error(
                _("Failed to create host group with ERROR: %s") % e)
    # 对于本资源而言，当成功创建完成后，都需要调用此方法将资源在Heat中的ID
    # 写入到数据库中。注意，这个ID并非资源真正的ID，它只是Heat为此资源在
    # 自己的数据库中定义的资源
        self.resource_id_set(hg_id)
```

```python
def handle_delete(self):
    if not self.resource_id:
        return True

    try:
        zabbix_api = self.zabbix_api
        zabbix_api.delete_resource(self.resource_id, "hostgroup.delete")
    except Exception as ex:
        raise exception.Error("Failed to delete hostgroup with "
                              "error: %s" % ex)
    else:
        return True
```

除了上面提到的两个方法外，用户还可以选择性地提供 handle_check()方法，这个方法的作用是可以被周期性地调用，从而检查资源创建或删除状态。

这里仅仅介绍了如何创建 HostGroup 资源，在 15.2.1 节中我们提到了需要创建许多 Zabbix 资源，由于篇幅的限制，不在这里一一讲解，如果大家感兴趣，可以到以下地址[①]查看下面资源的详情：

- 创建 Alarm 资源。
- 封装 Zabbix V2.2 API。

15.2.3　定义 Zabbix Action

当创建完模板并给模板绑定了监控项和告警规则并关联主机后，我们需要为 Zabbix 添加 Media type 和 Action，然后将 Media type 与 Action 进行关联，即在创建 Action 时指定使用 Media type。这里 Media type 的作用是将 Zabbix 告警发送到 Heat 的 OS::Heat::ScalingPolicy 资源的 alarm_url，所以我们需要重新实现 Media type 告警的发送方式。

提示：以下脚本主要是为了将告警信息发送到 alarm_url，从而实现对 Heat AutoScaling 的触发，所以我们需要把 alarm_url 的值写到 Send to 字段中。

上述告警发送中所用到的脚本代码如下：

```python
#!/usr/bin/env python
import argparse
import logging
from logging.handlers import RotatingFileHandler
import requests
import sys

'''
Expected input:
Send To: scaling_policy alarm_url
Subject: {TRIGGER.STATUS}
Message:
    host={HOST.NAME1}
    hostid={HOST.ID1}
    hostip={HOST.IP1}
```

---

① github 地址：https://github.com/double12gzh/heat/commit/f3823b4a3d77f36f2b06a3673dbb077476c29bd0

```
    triggerid={TRIGGER.ID}
    description={TRIGGER.NAME}
    rawtext={TRIGGER.NAME.ORIG}
    expression={TRIGGER.EXPRESSION}
    value={TRIGGER.VALUE}
    priority={TRIGGER.NSEVERITY}
    lastchange={EVENT.DATE} {EVENT.TIME}
'''

LOG_FILE = "/var/log/zabbix/send_alarm_to_heat.log"
LOG_MAX_SIZE = 100*1024*1024
LOG_FMT = '%(asctime)s.%(msecs).03d %(name)s[%(process)d] %(threadName)s %' \
          '(levelname)s - %(message)s'
LOG_DATE_FMT = '%Y.%m.%d %H:%M:%S'

ZABBIX_EVENT_TYPE = 'zabbix.alarm'

debug = False


def main():
    logging.info('Entering trigger heat autoscaling')

    parser = argparse.ArgumentParser()
    parser.add_argument('sendto', help='scaling policy alarm_url')
    parser.add_argument('topic', help='zabbix topic')
    parser.add_argument('body', help='zabbix body')
    args = parser.parse_args()

    logging.info('[heat] sendto=%s, topic=%s, body=%s',
                 args.sendto, args.topic, args.body)
    p_post = requests.post(args.sendto)
    logging.info('Leaving trigger heat autoscaling')

if __name__ == "__main__":
    if debug:
        logging.basicConfig(stream=sys.stderr, format=LOG_FMT,
                            datefmt=LOG_DATE_FMT, level=logging.DEBUG)
    else:
        logging.basicConfig(filename=LOG_FILE, format=LOG_FMT,
                            datefmt=LOG_DATE_FMT, level=logging.INFO)

    log = logging.getLogger()

    handler = RotatingFileHandler(filename=LOG_FILE,
                                  maxBytes=LOG_MAX_SIZE,
                                  backupCount=3)

    log.addHandler(handler)
    main()
```

当有告警产生时,Zabbix 会调用此脚本将告警信息发送到 Heat 的 alarm_url 中。

15.2.4 实现 AutoScaling 模板

前面我们对模板的开发已经进行了详细说明，这里不再进行讲解，只是将关键部分展示出来。

提示：社区对 AutoScaling 模板已有成熟的案例，用户只需要根据自身需求稍加修改即可使用。

```yaml
heat_template_version: 2015-04-30
parameters:
  image:
    type: string
  flavor:
    type: string
    default: m1.small
  network:
    type: string
  user_data:
    type: string

resources:
  asg:
    type: OS::Heat::AutoScalingGroup
    properties:
      max_size: 6
      min_size: 1
      desired_capacity: 1
      cooldown: 20
      resource:
        type: OS::Nova::Server
        properties:
          metadata: {"autoscalinggroup_server": {get_param: "OS::stack_id"}}
          image: {get_param: image}
          flavor: {get_param: flavor}
          networks:
            - network: {get_param: network}
          user_data_format: RAW
          user_data: {get_param: user_data}
          zabbix_template_id: {get_resource: zabbix_host_template}
          zabbix_host_group_id: {get_resource: zabbix_host_group}

  zabbix_alarm_high:
    type: OS::Zabbix::Trigger
    properties:
      key_: general_cpu_util_
      alarm_name: {get_param: "OS::stack_name"}
      statistic: avg
      period: 60
      threshold: 20
      alarm_actions:
        - {get_attr: [scale_up, alarm_url]}
      comparison_operator: ne
      zabbix_hostgroup_id: {get_resource: zabbix_host_group}
      zabbix_template_id: {get_resource: zabbix_host_template}
```

```yaml
  zabbix_alarm_low:
    type: OS::Zabbix::Trigger
    properties:
      key_: general_cpu_util_
      alarm_name: {get_param: "OS::stack_name"}
      statistic: avg
      period: 60
      threshold: 20
      alarm_actions:
        - {get_attr: [scale_dn, alarm_url]}
      comparison_operator: le
      zabbix_hostgroup_id: {get_resource: zabbix_host_group}
      zabbix_template_id: {get_resource: zabbix_host_template}

  zabbix_host_group:
    type: OS::Zabbix::HostGroup
    properties:
      name: {get_param: "OS::stack_name"}

  zabbix_host_template:
    type: OS::Zabbix::Template
    properties:
      name: {get_param: "OS::stack_name"}
      key_:
        - general_cpu_util_

  scale_up:
    type: OS::Heat::ScalingPolicy
    properties:
      auto_scaling_group_id: {get_resource: asg}
      scaling_adjustment: 1
      adjustment_type: change_in_capacity

  scale_dn:
    type: OS::Heat::ScalingPolicy
    properties:
      auto_scaling_group_id: {get_resource: asg}
      scaling_adjustment: -1
      adjustment_type: change_in_capacity

outputs:
  up:
    value: {get_attr: [scale_up, alarm_url]}
  dn:
    value: {get_attr: [scale_dn, alarm_url]}
```

模板编写完成后，再运行 heat stack-create -f yourtemplate stack_name 即可创建资源。

提示：在进行 Stack 创建时，首先需要确保用户所在项目的配额足够，否则会出现无法创建的情况。当出现错误时，用户可以使用命令"heat event-list{STACK_NAME}"和"heat resource-list –n 5 {STACK_NAME}"进行问题的定位。

15.2.5 资源查看

当资源成功创建后,可以登录到 Zabbix 页面查看相关资源。

1. 查看模板

依次找到 Configuration->Templates,如图 15.2 所示。

图 15.2　Zabbix 模板及关联资源

2. 查看 Items 和 Trigger

Items 和 Trigger 是告警功能非常重要的环节,在 Configuration->Hosts 下可以看到(见图 15.3)。

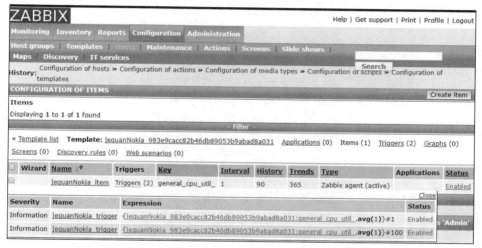

图 15.3　Item 和 Trigger

3. 查看 Media type

Media type 是我们的报警方式,在 Administration->Media types 下可以看到(见图 15.4)。

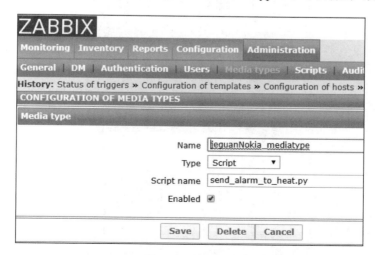

图 15.4 Mediatype

4. 查看 Action

Action 就是监控过程中的一系列动作，本例定义的 Action 在 Configuration→Actions 下可以看到（见图 15.5）。

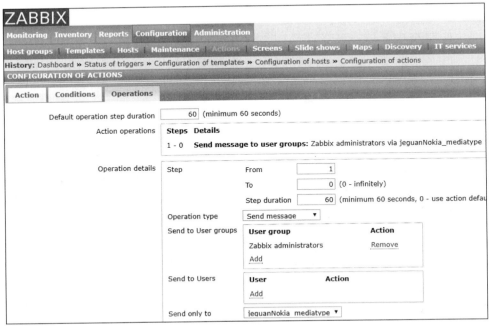

图 15.5　Action

提示：由于本书不是专注于 Zabbix 开发或使用的书籍，所以本小节只是简单罗列了上述程序执行完成后，在 Zabbix 中的效果。如果读者需要对 Zabbix 有较为深入的了解，还是建议阅读专业书籍。